J. Warnatz • U. Maas • R. W. Dibble

Verbrennung

Springer

Berlin
Heidelberg
New York
Barcelona
Hongkong
London
Mailand
Paris
Singapur
Tokio

J. Warnatz • U. Maas • R. W. Dibble

Verbrennung

Physikalisch-Chemische Grundlagen, Modellierung und Simulation, Experimente, Schadstoffentstehung

3., aktualisierte und erweiterte Auflage
mit 193 Abbildungen und 17 Tabellen

Springer

Prof. Dr. Dr. h. c. Jürgen Warnatz
Universität Heidelberg
Interdisziplinäres Zentrum
für Wissenschaftliches Rechnen
Im Neuenheimer Feld 368
D-69120 Heidelberg

Prof. Dr. Ulrich Maas
Universität Stuttgart
Institut für Technische Verbrennung
Pfaffenwaldring 12
D-70550 Stuttgart

Prof. Dr. Robert W. Dibble
University of California
Dept. of Mechanical Engineering
Etcheverry Hall
94720 Berkeley, CA, USA

ISBN 3-540-42128-9 3. Aufl. Springer-Verlag Berlin Heidelberg New York
ISBN 3-540-61546-6 2. Aufl. Springer-Verlag Berlin Heidelberg New York

Die Deutsche Bibliothek - CIP-Einheitsaufnahme
Warnatz, Jürgen:
Verbrennung : physikalisch-chemische Grundlagen, Modellierung und Simulation, Experimente, Schadstoffentstehung / Jürgen Warnatz ; Ulrich Maas ; Robert W. Dibble. - 3., aktualisierte und erw. Aufl. - Berlin ; Heidelberg ; New York ; Barcelona ; Hongkong ; London ; Mailand ; Paris ; Singapur ; Tokio : Springer, 2001
ISBN 3-540-42128-9

Springer-Verlag Berlin Heidelberg New York
ein Unternehmen der Springer Science+Business Media

http://www.springer.de

Einbandgestaltung: medio Technologies AG, Berlin
Satz: Reproduktionsfertige Vorlage der Autoren
Gedruckt auf säurefreiem Papier SPIN: 11328995 62/3111 – 5 4 3 2 1

Vorwort

Dieses Buch hat sich aus einer Vorlesungsausarbeitung über Verbrennung an der Universität Stuttgart entwickelt, deren Absicht es war, fortgeschrittene Studenten mit den Grundlagen der Verbrennung vertraut zu machen. Die erste Auflage wurde 1993 unter dem Namen „*Technische Verbrennung*" veröffentlicht und fand rasch Anklang bei Studenten, aber insbesondere auch bei Doktoranden, die im angesprochenen Gebiet arbeiten. Die vorliegende dritte Auflage (wie die zweite unter dem allgemeineren Namen „*Verbrennung*") beinhaltet eine weitgehende Überarbeitung der zweiten Auflage und ist der kurz zuvor veröffentlichten dritten englischen Auflage angeglichen.

Das Buch soll eine Basis darstellen, auf der eigene Forschungsarbeit in Hochschule und Industrie aufbauen kann. Aus diesem Grunde erfolgte die Behandlung vieler Themen recht kompakt mit umfangreichen Verweisen auf die entsprechende Literatur. Insbesondere erwarten wir, daß Verbrennungs-Ingenieure und -Forscher sich zunehmend auf die mathematische Modellierung und numerische Simulation verlassen müssen, um – im allgemeinen – Verbrennungsvorgänge zu verstehen und – im speziellen – Verbrennungstechniken zu entwickeln und zu verbessern, die höhere Effizienz und niedrigere Schadstoff-Emission miteinander verbinden. Entsprechend wird auf diese quantitative Art der Behandlung besonderer Wert gelegt.

Da dieses Buch der laufenden Forschung nahesteht, erwarten wir die konstante Notwendigkeit einer Überarbeitung und Aktualisierung. Alle Leser sind eingeladen, hierzu beizutragen durch Kritik und Kommentare an unsere Internet-Adresse an der *University of California* in Berkeley (*http://www.me.berkeley.edu/cal/book*). Computerprogramme und Daten zur Simulation von laminaren Flammen finden sich im Internet unter *http://reaflow.iwr.uni-heidelberg.de/software/*.

Verbrennung ist ein interdisziplinäres Gebiet, so daß die Autoren aus verschiedenen Umfeldern stammen und zu vielen verschiedenen Personen zu danken haben, als daß diese hier aufgeführt werden könnten. Eines haben wir jedoch gemeinsam: Wir drücken unseren Dank aus an die Kollegen an der *Combustion Research Facility* der *Sandia National Laboratories* in Livermore, California; die *CRF* war für uns ein fruchtbarer Begegnungsstätte.

Heidelberg, Stuttgart, Berkeley, im März 2001 *J. Warnatz, U. Maas, R. W. Dibble*

Inhaltsverzeichnis

1 Grundlegende Begriffe und Phänomene

1.1 Einleitung

Verbrennung ist die älteste Technik der Menschheit; sie wird wahrscheinlich seit mehr als 1 000 000 Jahren benutzt. Etwa 90% der weltweiten Energieversorgung (zum Beispiel in Verkehr, Stromerzeugung, Heizung) beruhen heute auf Verbrennungsvorgängen, so dass es in jedem Fall lohnenswert ist, sich mit diesem Thema zu befassen. Auch kleinste Verbesserungen können hier Riesensummen sparen helfen und zur Verbesserung der Umweltsituation führen.

Thema der Verbrennungsforschung war in der Vergangenheit sehr lange die Strömungsmechanik unter Berücksichtigung einfach einer Wärmefreisetzung durch die chemische Reaktion; diese Wärmefreisetzung wurde oft sogar nur mit Hilfe der Thermodynamik (also unter Annahme unendlich schneller Chemie) behandelt. Das ist einigermaßen nützlich, solange es nur um den effektiven Ablauf stationärer Verbrennungsprozesse geht, jedoch nicht genügend, wenn instationäre Prozesse unter Einschluss von Vorgängen wie Zündung und Löschung oder wenn die Schadstoffbildung behandelt werden sollen. Gerade die Schadstoffbildung bei der Verbrennung fossiler Brennstoffe wird hier aber das Hauptproblem der Zukunft sein.

Zentrales Thema dieses Buches ist daher, die Koppelung von chemischer Reaktion und Strömung zu behandeln; außerdem stehen hier verbrennungsspezifische Themen der Chemie (Oxidation von Kohlenwasserstoffen, große Reaktionsmechanismen, Vereinfachung von Reaktionsmechanismen) und verbrennungsspezifische Themen der Strömungsmechanik (turbulente Strömung mit Dichteänderung durch Wärmefreisetzung, eventuelle Erzeugung von Turbulenz durch Wärmefreisetzung) im Vordergrund der Behandlung.

Ziel dieses Buches ist es jedoch nicht, auf der Seite der chemischen Reaktion die Theorie der Reaktionsgeschwindigkeiten und experimentelle Methoden der Bestimmung von Geschwindigkeitskoeffizienten und Reaktionsprodukten zu behandeln (dies ist Aufgabe der Reaktionskinetik) oder auf der Seite der Strömungsmechanik die Turbulenztheorie und die Erfassung von komplexen Geometrien (dies fällt in das Gebiet der Strömungsmechanik), obwohl alle diese Dinge auch benötigt werden.

1.2 Einige grundlegende Begriffe

Bei der quantitativen Behandlung von chemisch reagierenden Gasströmungen (wie z. B. Verbrennungsprozessen) und den dabei auftretenden Gasmischungen werden einige grundlegende Definitionen und Begriffe verwendet, die an dieser Stelle kurz beschrieben werden sollen.

Eine *chemische Reaktion* ist der Austausch bzw. die Umlagerung von Atomen beim Stoß von Atomen oder Molekülen. Im Verlauf einer chemischen Reaktion, z. B.

$$\mathrm{HCN + OH \rightarrow CN + H_2O}\ ,$$

werden die Atome (relevant in der Verbrennung: C, H, O und N) *erhalten*; d. h., sie werden weder erzeugt noch vernichtet. Andererseits werden Moleküle (z. B. HCN, OH, CN und H_2O) im allgemeinen nicht erhalten. Eine auszugsweise Liste von Molekülen, die für die Verbrennung relevant sind, ist in Tabelle 1.1 wiedergegeben. Die Ausgangsmoleküle (*Reaktanden*) lagern sich um und ergeben dann die *Produkte*; simultan dazu wird Wärme abgegeben oder aufgenommen (mehr zur Energetik von chemischen Reaktionen in Kapitel 4).

Die *Stoffmenge* n_i (Einheit mol) ist ein Maß für die Anzahl von Teilchen (Atomen, Molekülen o. ä.) des Stoffes *i*, wobei 1 mol eines Stoffes $6{,}023 \cdot 10^{23}$ Teilchen (Atomen, Molekülen o. ä.) entspricht; dabei ist N_A die *Avogadro*-Zahl (auch *Loschmidt*-Zahl genannt) mit dem Zahlenwert $N_A = 6{,}023 \cdot 10^{23}\ \mathrm{mol^{-1}}$.

Der *Molenbruch* x_i des Stoffes *i* bezeichnet den Anteil der Stoffmenge n_i des Stoffes *i* an der Gesamtstoffmenge $n = \sum n_i$ der Mischung ($x_i = n_i / n$).

Die *Masse m* (Einheit kg) ist eine Grundgröße im SI-System. Der *Massenbruch* w_i ist der auf die Gesamtmasse *m* bezogene Massenanteil m_i des Stoffes *i* in einer Mischung ($w_i = m_i/m$).

Die *molare Masse* M_i (Einheit kg/mol) des Stoffes *i* ist die Masse der Stoffmenge 1 mol. Beispiele sind: $M_C = 0{,}012$ kg/mol, $M_H = 0{,}001$ kg/mol, $M_O = 0{,}016$ kg/mol, $M_{CH_4} = 0{,}016$ kg/mol. Die *mittlere molare Masse* $\overline{M}$ (Einheit kg/mol) eines Gemisches wird schließlich beschrieben durch den Zusammenhang $\overline{M} = \sum x_i M_i$), wobei die Molenbrüche x_i als Gewichtsfaktoren eingehen.

Oft werden statt Molen- oder Massenbrüchen die hundertfachen Werte (*Mol-%* bzw. *Massen-%*) benutzt. Für Massen- und Molenbrüche gelten die folgenden Zusammenhänge, die sich durch einfache Rechnung leicht verifizieren lassen (*S* bezeichnet die Anzahl verschiedener Spezies):

$$w_i = \frac{M_i\, n_i}{\sum_{j=1}^{S} M_j\, n_j} = \frac{M_i\, x_i}{\sum_{j=1}^{S} M_j\, x_j}\ , \tag{1.1}$$

$$x_i = \frac{w_i}{M_i}\,\overline{M} = \frac{w_i / M_i}{\sum_{j=1}^{S} w_j / M_j}\ . \tag{1.2}$$

Tab. 1.1. Liste von Molekülen, die für die Verbrennung relevant sind

	FAMILIE										
	Alkan	Alken	Alkin	Aren	Haloalkan	Alkohol	Äther	Amin	Aldehyd	Keton	Carbonsäure
Spezifisches Beispiel	CH_3-CH_3	CH_2=CH_2	HC≡CH		CH_3CH_2Cl	CH_3CH_2OH	CH_3OCH_3	CH_3NH_2	$CH_3\overset{\overset{O}{\Vert}}{C}H$	$CH_3\overset{\overset{O}{\Vert}}{C}CH_3$	$CH_3\overset{\overset{O}{\Vert}}{C}OH$
IUPAC-Name	Ethan	Ethen	Ethin	Benzol	Chlorethan	Ethanol	Methoxy-methan	Methylamin	Ethanal	Propanon	Ethansäure
Trivial-name	Äthan	Äthylen	Acetylen	Benzol	Äthylchlorid	Äthyl-alkohol	Dimethyläther	Methyl-amin	Acetaldehyd	Aceton	Essigsäure
Allgemeine Formel	RH	H_2C=CH_2 RCH=CH_2 RCH=CHR R_2C=CHR R_2C=CR_2	HC≡CH RC≡CH RC≡CR	ArH, ArR	RX	ROH	ROR	RNH_2 R_2NH R_3N	$R\overset{\overset{O}{\Vert}}{C}H$	$R\overset{\overset{O}{\Vert}}{C}R$	$R\overset{\overset{O}{\Vert}}{C}OH$
Funktionelle Gruppe	C–H C–C	$>C=C<$	–C≡C–	Aromatischer Ring	$-\overset{\vert}{\underset{\vert}{C}}-X$	$-\overset{\vert}{\underset{\vert}{C}}-OH$	$-\overset{\vert}{\underset{\vert}{C}}-O-\overset{\vert}{\underset{\vert}{C}}-$	$-\overset{\vert}{\underset{\vert}{C}}-\overset{\vert}{N}-$	$-\overset{\overset{O}{\Vert}}{C}-H$	$-\overset{\vert}{\underset{\vert}{C}}-\overset{\overset{O}{\Vert}}{C}-\overset{\vert}{\underset{\vert}{C}}-$	$-\overset{\overset{O}{\Vert}}{C}-OH$

Dichten sind mengenunabhängige (*intensive*) Größen, die sich als Quotient der entsprechenden mengenabhängigen (*extensiven*) Größen und des Volumens V ergeben. Beispiele sind

Massendichte (*Dichte*)	$\rho = m/V$	(in kg/m^3)
Stoffmengendichte (*Konzentration*)	$c = n/V$	(in mol/m^3) .

Es gilt dann (wie sich durch einfaches Nachrechnen leicht überprüfen lässt)

$$\frac{\rho}{c} = \frac{m}{n} = \overline{M} . \tag{1.3}$$

Bei chemischen Prozessen ist es üblich, Konzentrationen chemischer Spezies durch in eckige Klammern eingeschlossene Symbole zu bezeichnen (z. B. $c_{H_2O} = [H_2O]$).

Für die bei Verbrennungsprozessen vorliegenden Gase und Gasmischungen lässt sich eine einfache Zustandsgleichung angeben, die den Zusammenhang zwischen Temperatur, Druck und Dichte des Gases beschreibt (*ideales Gasgesetz*),

$$p\,V = n\,R\,T , \tag{1.4}$$

wobei p (in Pa) den Druck, V (in m^3) das Volumen, n (in mol) die Stoffmenge, T (in K) die absolute Temperatur und R die *allgemeine Gaskonstante* bezeichnen (R = 8,314 J·mol^{-1}·K^{-1}). Es gilt damit

$$c = \frac{p}{RT} \quad ; \quad \rho = \frac{p\overline{M}}{RT} = \frac{p}{RT\sum_{i=1}^{S}\frac{w_i}{M_i}} . \tag{1.5}$$

Bei sehr hohem Druck (nahe dem oder über dem *kritischen Druck*) oder bei tiefen Temperaturen (nahe der oder unter der *kritischen Temperatur*) müssen *Realgaseffekte* berücksichtigt werden. Dies geschieht mittels genauerer Zustandsgleichungen (z. B. *van der Waalssche* Zustandsgleichung; Einzelheiten in Lehrbüchern der physikalischen Chemie, z. B. Atkins 1996).

1.3 Grundlegende Flammentypen

In Verbrennungsprozessen werden Brennstoff und Oxidationsmittel (normalerweise Luft) gemischt und verbrannt. Es ist dabei nützlich, zwischen einigen grundlegenden Flammentypen zu unterscheiden, die im folgenden kurz beschrieben werden sollen. Diese Unterscheidung hängt davon ab, ob man zuerst mischt und später verbrennt (*vorgemischte Verbrennung*) oder ob Mischung und Verbrennung gleichzeitig ablaufen (*nicht-vorgemischte Verbrennung*); jeder dieser Verbrennungstypen kann weiter unterteilt werden, je nachdem, ob es sich um eine laminare oder eine turbulente Strömung handelt (siehe Tab. 1.2).

Laminare Vormischflammen: Bei laminaren Vormischflammen sind Brennstoff und Oxidationsmittel vorgemischt und die Strömung verhält sich laminar. Beispiele hierfür sind laminare flache Flammen und (unter speziellen Bedingungen) Bunsenbrennerflammen (siehe Abb. 1.1). Laminare Vormischflammen führen zu einer weit weniger intensiven Wärmefreisetzung als entsprechende turbulente Flammen. Angewandt wird die laminare Vormisch-Verbrennung z. B. in Haushaltsbrennern.

Tab. 1.2. Beispiele für Verbrennungssysteme, geordnet nach Vormischung und Strömungstyp

Mischungstyp	Strömungstyp	Beispiele
vorgemischt	turbulent	Otto-Motor stationäre Gasturbine
	laminar	flache Flamme Bunsen-Flamme
nicht-vorgemischt	turbulent	Kohlestaub-Verbrennung Flugzeug-Turbine Diesel-Motor
	laminar	Holzfeuer Strahlungsbrenner Kerze

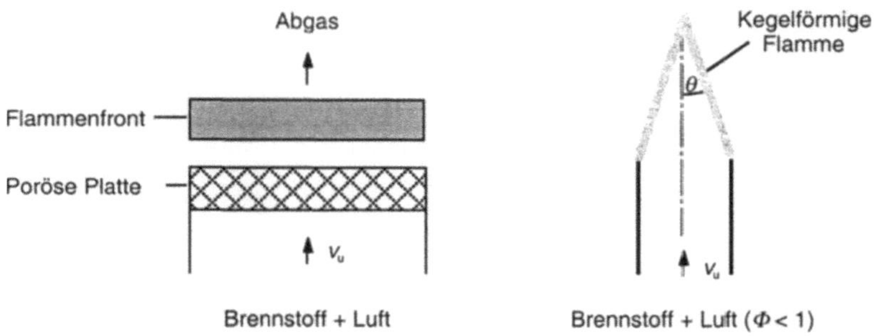

Abb. 1.1. Schematische Darstellung einer laminaren flachen Flamme (links) und einer Bunsenbrennerflamme (rechts)

Eine vorgemischte Flamme brennt *stöchiometrisch*, wenn Brennstoff (z. B. ein Kohlenwasserstoff) und Oxidationsmittel (z. B. Luft) sich gegenseitig vollständig verbrauchen unter Bildung lediglich von Kohlendioxid (CO_2) und Wasser (H_2O). Bei Überschuss von Brennstoff heisst die Verbrennung *fett*, bei Überschuss von Oxidationsmittel *mager*. Beispiele sind

$$
\begin{array}{llll}
2\,H_2 + O_2 & \rightarrow & 2\,H_2O & \text{(stöchiometrisch)} \\
3\,H_2 + O_2 & \rightarrow & 2\,H_2O + H_2 & \text{(fett)} \\
CH_4 + 2\,O_2 & \rightarrow & CO_2 + 2\,H_2O & \text{(stöchiometrisch)}\,.
\end{array}
$$

Jedes Stoffsymbol in solch einer Reaktionsgleichung repräsentiert dabei die Stoffmenge 1 mol. Die erste Gleichung bedeutet also: 2 mol H_2 reagieren mit 1 mol O_2 unter Bildung von 2 mol H_2O.

Schreibt man die Reaktionsgleichung so, dass sie den Umsatz von genau einem Mol Brennstoff beschreibt, so lässt sich der Molenbruch des Brennstoffs (Abkürzung Br) in einer stöchiometrischen Mischung leicht berechnen über

$$x_{\text{Br,stöch}} = \frac{1}{1+\nu} \tag{1.6}$$

Dabei ist ν die Stoffmenge der O_2-Moleküle in der Reaktionsgleichung bei vollständiger Umsetzung zu CO_2 und H_2O. Beispiel:

$$H_2 + 0{,}5\,O_2 \rightarrow H_2O \qquad \nu = 0{,}5 \qquad x_{H_2,\text{stöch.}} = 2/3\,.$$

Bei Verbrennung mit Luft muss außerdem berücksichtigt werden, dass trockene Luft nur zu ca. 21 % aus Sauerstoff besteht (daneben 78 % Stickstoff, 1 % Edelgase). Mit $x_{N_2} = 3{,}762\ x_{O_2}$ für Luft ergibt sich damit für den Molenbruch des Brennstoffs in einer stöchiometrischen Mischung mit Luft

$$x_{\text{Br,stöch}} = \frac{1}{1+\nu\cdot 4{,}762},\ x_{O_2,\text{stöch}} = \nu\cdot x_{\text{Br,stöch}},\ x_{N_2,\text{stöch}} = 3{,}762\cdot x_{O_2,\text{stöch}} \tag{1.7}$$

Auch hier ist mit ν die Stoffmenge der O_2-Moleküle in der Reaktionsgleichung bei vollständiger Umsetzung zu CO_2 und H_2O bezeichnet. Einige Beispiele sind in Tab. 1.3 aufgeführt.

Tab. 1.3. Beispiele für stöchiometrische Zahlen ν und für Brennstoff-Molenbrüche bei stöchiometrischen Bedingungen $x_{\text{Br,stöch}}$ in Brennstoff-Luft-Mischungen

Reaktion	ν	$x_{\text{Br, stöch.}}$
$H_2 + 0{,}5\ O_2 + 0{,}5\cdot 3{,}762\ N_2 \rightarrow H_2O + 0{,}5\cdot 3{,}762\ N_2$	0,5	29,6 mol-%
$CH_4 + 2{,}0\ O_2 + 2{,}0\cdot 3{,}762\ N_2 \rightarrow CO_2 + 2\ H_2O + 2{,}0\cdot 3{,}762\ N_2$	2,0	9,50 mol-%
$C_3H_8 + 5{,}0\ O_2 + 5{,}0\cdot 3{,}762\ N_2 \rightarrow 3\ CO_2 + 4\ H_2O + 5{,}0\cdot 3{,}762\ N_2$	5,0	4,03 mol-%
$C_7H_{16} + 11{,}0\ O_2 + 11{,}0\cdot 3{,}762\ N_2 \rightarrow 7\ CO_2 + 8\ H_2O + 11{,}0\cdot 3{,}762\ N_2$	11,0	1,87 mol-%
$C_8H_{18} + 12{,}5\ O_2 + 12{,}5\cdot 3{,}762\ N_2 \rightarrow 8\ CO_2 + 9\ H_2O + 12{,}5\cdot 3{,}762\ N_2$	12,5	1,65 mol-%

Mischungen aus Brennstoff und Luft werden durch eine *Luftzahl* λ oder deren reziproken Wert, das *Äquivalenzverhältnis* Φ, charakterisiert,

$$\lambda = 1/\Phi = \frac{x_{\text{Luft}}/x_{\text{Br}}}{(x_{\text{Luft}}/x_{\text{Br}})_{\text{stöch}}} = \frac{w_{\text{Luft}}/w_{\text{Br}}}{(w_{\text{Luft}}/w_{\text{Br}})_{\text{stöch}}}\,.$$

Diese Formel kann so umgeschrieben werden, dass man die Molenbrüche in einer Mischung mit dem Äquivalenzverhältnis Φ ausrechnen kann:

$$x_{\mathrm{Br}} = \frac{1}{1+\frac{4,762\cdot\nu}{\Phi}}\ ,\ x_{\mathrm{Luft}} = 1-x_{\mathrm{Br}}\ ,\ x_{\mathrm{O_2}} = x_{\mathrm{Luft}}/4{,}762\ ,\ x_{\mathrm{N_2}} = x_{\mathrm{O_2}}\cdot 3,762\,.$$

Man unterscheidet hiernach drei verschiedene Arten von Verbrennungsprozessen:

fette Verbrennung:	$\Phi > 1$	, $\lambda < 1$
stöchiometrische Verbrennung:	$\Phi = 1$	, $\lambda = 1$
magere Verbrennung:	$\Phi < 1$	, $\lambda > 1$.

Der Fortschritt laminarer flacher Vormischflammen lässt sich stets durch eine *laminare Flammengeschwindigkeit* v_{L} (in m/s) charakterisieren (manchmal auch als *laminare Brenngeschwindigkeit* bezeichnet), die nur vom jeweiligen Gemisch, dem Druck und der Anfangstemperatur abhängt (siehe Kapitel 8).

Ist bei einer laminaren flachen Flamme die Flammengeschwindigkeit v_{L} kleiner als die Anströmgeschwindigkeit v_{u} des Frischgases (vergl. Abb. 1.1), so hebt die Flamme ab. Aus diesem Grund muss für die flache Flamme immer die Ungleichung $v_{\mathrm{L}} \geq v_{\mathrm{u}}$ gelten. Kurz vor dem Abheben der Flamme ist $v_{\mathrm{L}} \approx v_{\mathrm{u}}$, so dass sich auf diese Weise laminare Flammengeschwindigkeiten (angenähert) messen lassen.

Auch beim Bunsenbrenner kann man näherungsweise annehmen, dass die Flamme flach ist (Flammendicke << Krümmungsradius). Es ergibt sich dann (siehe Abb. 1.1)

$$v_{\mathrm{L}} = v_{\mathrm{u}}\cdot\sin\phi. \tag{1.8}$$

Probleme bei dieser vereinfachten Betrachtung bereiten aber die Flammenspitze (die obige Annahme gilt hier nämlich nicht), die Abkühlung am Brennerrand und das relativ komplizierte Geschwindigkeitsfeld. Schwierigkeiten bei der Bestimmung der laminaren Flammengeschwindigkeit v_{L} und bessere experimentelle Methoden zu ihrer Messung werden von Vagelopoulos und Egolfopoulos (1998) diskutiert.

Turbulente Vormischflammen: Hier brennen Vormischflammenfronten in einem turbulenten Geschwindigkeitsfeld. Bei hinreichend geringer Turbulenz bilden sich lokal gekrümmte und gestreckte laminare Vormischflammenfronten aus, so dass die Beschreibung der turbulenten Vormischflamme oft als ein Ensemble von vielen laminaren Vormischflammen erfolgen kann. Dieses sogenannte *Flamelet*-Konzept wird in den Kapiteln 13 und 14 genauer behandelt.

Vorgemischte turbulente Verbrennung wird immer benutzt, wenn eine intensive Verbrennung auf kleinstem Raum stattfinden soll (Beispiele: Otto-Motor). Gegenüber der Verbrennung in nicht-vorgemischten Flammen (siehe unten) hat die vorgemischte Verbrennung den Vorteil, dass sie weitgehend rußfrei verläuft und dass hohe Temperaturen erzeugt werden. Da jedoch Brennstoff und Luft vorgemischt werden, erfordert sie erhöhte Sicherheitsvorkehrungen, damit das vorgemischte explosionsfähige Gemisch unmittelbar nach der Mischung auch wirklich verbrennt und sich keine großvolumigen (und damit sehr gefährlichen) Gaswolken bilden können.

Vormischflammen zeigen meist ein charakteristisches blaues oder manchmal blaugrünes Leuchten, das von der Lichtemission von angeregtem CH und C_2 bewirkt wird.

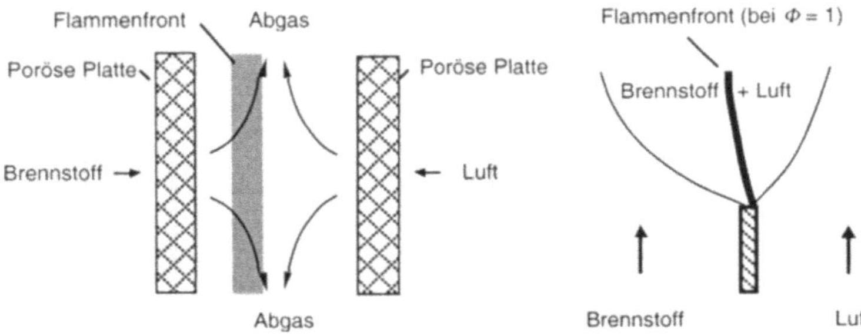

Abb. 1.2. Schematische Darstellung einer laminaren nicht-vorgemischten Gegenstrom-Flamme (links) und einer laminaren nicht-vorgemischten Gleichstrom-Flamme (rechts); die Flammenfront befindet sich immer in der Nähe der stöchiometrischen Ebene

Laminare nicht-vorgemischte Flammen: Bei *laminaren nicht-vorgemischten Flammen* (veraltet: *Diffusionsflammen*) werden Brennstoff und Oxidationsmittel erst während der Verbrennung gemischt. Die Strömung ist laminar. Beispiele hierfür sind *laminare nicht-vorgemischte Gegenstrom-* und *Gleichstrom-Flammen* (Abb. 1.2).

Die Flammenfronten von nicht-vorgemischten Flammen sind komplexer als die von Vormischflammen, da das Äquivalenzverhältnis Φ den ganzen Bereich von 0 (Luft) bis ∞ (reiner Brennstoff) abdeckt: $0 \leq \Phi < \infty$. Das heißt, fette Verbrennung findet auf der Brennstoff-Seite, magere auf der Luft-Seite statt. Die eigentliche Flammenfront, die sich oft durch intensives Leuchten anzeigt, ist in der Nähe der stöchiometrischen Zusammensetzung zu erwarten.

Turbulente nicht-vorgemischte Flammen: Hier erfolgt nicht-vorgemischte Verbrennung in einem turbulenten Geschwindigkeitsfeld. Auch hier können bei nicht allzu starker Turbulenz die schon erwähnten Flamelet-Konzepte zum Verständnis herangezogen werden (siehe Kapitel 13).

Aus den schon oben erwähnten Sicherheitsgründen werden in industriellen Feuerungen und Brennern überwiegend nicht-vorgemischte Flammen eingesetzt. Wenn nicht sehr aufwendige Mischtechniken verwendet werden, leuchten nicht-vorgemischte Flammen gelb wegen der thermischen Strahlung von glühenden Rußteilchen, die in den brennstoffreichen Bereichen der nicht-vorgemischten Flammen gebildet werden (siehe Kapitel 18).

Teilweise vorgemischte (laminare oder turbulente) nicht-vorgemischte Flammen: Diese Flammenform liegt im Übergangsbereich zwischen reinen Vormisch- und nicht-vorgemischten Flammen. Praktische Beispiele sind die (laminaren) Flammen in Gasherden oder die Bunsenflamme bei Zugabe von wenig Primärluft. Turbulente teilweise vorgemischte Verbrennung hat man z. B. in Dieselmotoren.

1.4 Übungsaufgaben

Aufgabe 1.1. a) Wieviel O_2 benötigt man zur stöchiometrischen Verbrennung von CH_4 und von C_8H_{18} (Stoffmengenverhältnis und Massenverhältnis)? b) Welche Molenbrüche und Massenbrüche besitzen stöchiometrische Gemische von CH_4 und von C_8H_{18} mit Luft? c) Wieviel Luft benötigt man zur Bereitung eines C_8H_{18}-Gemisches mit der Luftzahl $\lambda = 1{,}5$?

Aufgabe 1.2. Es soll ein Tresor gesprengt werden. Dazu wird ein kleines Loch in einen 100 l fassenden Panzerschrank gebohrt, 5 l H_2 eingefüllt ($T = 298$ K) und eine Zündschnur eingefädelt. Um Geräusche zu vermeiden, wird der Tresor in einem kalten See ($T = 280$ K) versenkt und gezündet. Die Reaktion kann als isochor (konstantes Volumen) angenommen werden. Untersuchen Sie das Resultat dieser Aktion unter der Annahme, dass der Tresor (Druck vor der Zündung: $p = 1$ bar) dem Sprengversuch standgehalten hat. a) Wieviel Mol Gas enthält der Tresor kurz vor der Zündung? Wie groß sind die Molenbrüche und Konzentrationen von H_2, O_2 und N_2 und die mittlere molare Masse? b) Wieviel Mol Gas sind nach der Reaktion noch übrig, wenn der Wasserstoff vollständig verbraucht wurde und das entstehende Wasser kondensiert? c) Wie groß sind der Druck und die mittlere molare Masse im Tresor lange nach der Reaktion? Ist der Tresor jetzt leichter oder schwerer als vor der Zündung?

2 Experimentelle Untersuchung von Flammen

Numerische Simulationen, die in den folgenden Kapiteln detailliert behandelt werden, gewinnen zunehmend an Bedeutung. Trotz des großen Fortschritts auf dem Gebiet der numerischen Simulation werden jedoch experimentelle Untersuchungen stets zu deren Unterstützung notwendig sein. Dafür gibt es mehrere Gründe:

- Vergleiche mit experimentellen Ergebnissen zeigen, dass gegebenenfalls vorher unbekannte chemische Reaktionen oder physikalische Gesetzmäßigkeiten entdeckt werden können. Durch diesen iterativen Vergleich von Simulation und Experiment erhält man neue Erkenntnisse (*Untersuchung*).
- Um bei numerischen Simulationen eine Näherungslösung mit einem vertretbaren Zeitaufwand zu erhalten, müssen *Modellgleichungen* gelöst werden, in denen bewusst Terme vernachlässigt oder vereinfacht wurden. Nur durch Erfahrung kann man beurteilen, welche Terme man vernachlässigen kann, ohne die Aussagekraft der Simulation zu schmälern. Diese Erfahrung erhält man durch Vergleich mit experimentellen Ergebnissen (*Verifikation*).

Allgemein lässt sich feststellen, dass Experimente Messergebnisse liefern, die genau das kritisch überprüfen, was Simulationen vorhersagen, nämlich Geschwindigkeiten, Temperatur und Teilchenkonzentrationen. Früher wurden experimentelle Methoden benutzt, die in das Verbrennungssystem eingriffen und es störten, wie z. B. Probenentnahme. Da die Modelle stets verbessert werden, müssen auch die experimentellen Untersuchungsmethoden immer genauer werden, um die zugrundeliegenden physikalisch-chemischen Prozesse zu analysieren.

Moderne experimentelle Methoden basieren zu einem großen Teil auf optischen Verfahren. Insbesondere *laserspektroskopische Methoden* haben einen großen Fortschritt auf dem Gebiet der Verbrennung gebracht. Dies wird in den Büchern von Eckbreth (1996) und Thorne (1988) und in einigen Zeitschriftenartikeln (siehe z. B. Wolfrum 1986, 1992, Kompa et al. 1993) deutlich. Die Verwendung von Laser-Techniken erfordert eine genaue Kenntnis der Molekülphysik und der Spektroskopie, die im Rahmen dieses Buches nicht vermittelt werden kann. In diesem Kapitel sollen nur einige Grundprinzipien diagnostischer Methoden kurz aufgezeigt werden.

Der Zustand eines chemisch reagierenden Gasgemisches in einem Punkt ist vollständig beschrieben, wenn Geschwindigkeit $\vec{v}$, Temperatur T, Druck p, Dichte ρ

und die Gaszusammensetzung x_i bzw. w_i bekannt sind. Moderne Methoden arbeiten mit einer hohen örtlichen und zeitlichen Auflösung, so dass selbst zweidimensionale und in Zukunft auch dreidimensionale Felder dieser Größen gemessen werden können. Weiterhin besteht naturgemäß ein Trend zu *berührungsfreien* optischen Methoden, die im Gegensatz zu konventionellen Verfahren, wie z. B. der Probenentnahme, nicht störend in das Verbrennungssystem eingreifen.

2.1 Geschwindigkeitsmessungen

Die Messung von Geschwindigkeiten in Strömungen bezeichnet man im allgemeinen als *Anemometrie*. Ein ziemlich einfaches Instrument zur Messung von Geschwindigkeiten ist das *Hitzdraht-Anemometer*. Bei diesem Verfahren wird in die zu vermessende Strömung ein elektrisch beheizter Platindraht eingebracht. Je nach Strömungsgeschwindigkeit ändert sich die Temperatur und damit der Widerstand des Platindrahtes, woraus sich Betrag und Richtung der Strömungsgeschwindigkeit berechnen lassen. Nachteile dieser Methode sind die Störung des Geschwindigkeitsfeldes durch die Sonde und die Tatsache, dass die Oberfläche des Platindrahtes katalytisch in den Verbrennungsprozess eingreifen kann. Trotzdem ist die Hitzdraht-Anemometrie eine der wichtigsten Methoden für Geschwindigkeitsmessungen und ist auch die Grundlage für elektronische Flussregler für Brennstoff und Luft.

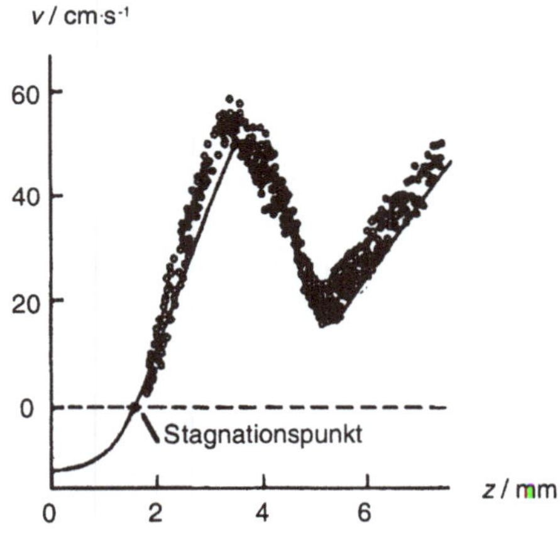

Abb. 2.1. Teilchenspur-Geschwindigkeitsmessungen (Punkte) und berechnete Geschwindigkeiten (Linie) in einer Gegenstrom-Diffusionsflamme. Der Brennstoff strömt bei $z = 0$ zu, die Luft bei $z = \infty$ (siehe Abb. 1.2 rechts).

Bei der *Laser-Doppler-Anemometrie* LDA (oder auch *Laser-Doppler-Velocimetrie* LDV genannt) werden Partikel dem Strömungssystem zugesetzt. Die Impulserhaltung bei der Lichtstreuung führt zu einem *Doppler-Effekt* (Frequenzänderung des Streulichts). Die geringe Frequenzänderung lässt sich durch Überlagerung mit dem ursprünglichen Laserlicht leicht messen. Sie ist proportional zu der Geschwindigkeit. Benutzt man zwei sich kreuzende Laserstrahlen, so lassen sich Betrag und Richtung der Geschwindigkeit im Kreuzungspunkt bestimmen. Wie alle Partikeltechniken misst LDA die Geschwindigkeit von *Partikeln*. Gas- und Partikelgeschwindigkeit sind ungefähr gleich, wenn die Partikel klein genug sind. Auf der anderen Seite ist die Intensität bei der Mie-Streuung ($d/\lambda > 1$) proportional zu d^2. Es zeigt sich, dass Partikel mit einem Durchmesser d von etwa einem Mikrometer für Unterschallströmungen einen guten Kompromiss darstellen.

Bei der *Teilchenspur*-Methode (engl.: *particle tracking)* werden einer Strömung Teilchen im Mikrometer-Bereich zugesetzt. Sie folgen – falls sie nicht zu schwer sind – der Strömung und können photographisch bei definierter Belichtungszeit anhand ihrer Teilchenspuren zur Vermessung von Geschwindigkeiten und sogar ganzer Geschwindigkeitsfelder verwendet werden. Ein Vergleich zwischen Teilchensspur-Geschwindigkeitsmessungen (Tsuji und Yamaoka 1971) und berechneten Geschwindigkeiten (Dixon-Lewis et al. 1985) in einer nicht-vorgemischten Gegenstromflamme (siehe Kapitel 9) ist in Abb. 2.1 dargestellt. Es zeigt sich, dass trotz einer Streuung der Messwerte diese Methode eine recht zuverlässige Bestimmung von Geschwindigkeiten erlaubt. Ein ähnliche Verfahren, das man *PIV* (für *particle image velocimetry*) nennt, benutzt einen Lichtschnitt eines gepulsten Lasers um die Partikel zu beleuchten. Durch mehrere Laserpulse erscheinen die Partikel als Lichtpunkte, die ihren Ort ändern. Näheres findet man in einem Übersichtsartikel von Mungal et al. (1995). Daraus lässt sich die Geschwindigkeit ermitteln. Auch bei diesen beiden Verfahren ist einer der Nachteile, dass die zugesetzten Teilchen den Verbrennungsprozess beeinflussen können.

2.2 Dichtemessungen

Üblicherweise wird die Dichte über das ideale Gasgesetz in Verbindung mit Temperatur- und Druckmessungen bestimmt.

Eine direkte Bestimmung der Dichte ergibt sich aus der Messung der Extinktion (bewirkt entweder durch Absorption oder Streuung) eines Laserstrahls, der in ein Medium eindringt. Gemäß dem Lambert-Beerschen Gesetz (Atkins 1996) ist die Adsorption gegeben durch

$$A = \log\left(\frac{I_{\text{ext}}}{I_{\text{laser}}}\right) = l \cdot c_i \cdot \sigma_{i,\text{ext}} ,$$

wobei l = Weglänge in der Probe der Konzentration c_i mit dem Extinktionskoeffizienten $\sigma_{i,\text{ext}}$ und $I_{\text{ext}}/I_{\text{laser}}$ das Verhältnis von anfänglicher Lichtintensität und der am Ende des Weges l ist. Genaue Messungen sind schwierig, wenn dieses Verhältnis für eine vorgegebene Weglänge nahe 1 liegt (transparentes Medium) oder nahe 0 (undurchdringliches Medium). Man kann jedoch durch Änderung entweder der Weglänge l oder der Konzentration c_i, eine messbare Absorption bekommen, die eine tomographische Rekonstruktion der Konzentration erlaubt (Nguyen et al. 1993) oder die Entwicklung z. B. einer Sonde für das Brennstoff-Luft-Verhältnis ermöglicht (Mongia et al. 1996).

Ein modernes optisches Verfahren für Dichtemessungen basiert auf dem Phänomen der *Rayleigh-Streuung*. Dies ist die elastische Streuung von Licht (Photonen) an Teilchen, die klein gegenüber der Wellenlänge λ des Lichts sind ($d/\lambda < 1$). Bei Lasern im sichtbaren Bereich erstreckt sich die Rayleigh-Streuung von Teilchen im Submikrometer-Bereich (Tabakrauch, Nebel, Ruß) bis zu Molekülen. Die elastische Lichtstreuung ist der Grund dafür, dass man einen Laserstrahl bei seinem Durchgang durch Luft sieht. Die Erfahrung zeigt, dass ein beträchtlicher Teil von der Mie-Streuung an in der Luft suspendierten Partikeln herrührt, während der Rest Rayleigh-Streuung von Molekülen ist. Die Intensität des Streulichts ist proportional zur Konzentration der streuenden Teilchen,

$$I_{\text{Streulicht}} \propto I_{\text{Laser}} \cdot l \cdot \Omega \cdot \eta \cdot \sum_i c_i \sigma_i \ , \tag{2.1}$$

mit l = Länge des beobachteten Laserstrahls (typischerweise ~ 1 mm), Ω = beobachteter Raumwinkel, η = Quantenausbeute des Detektors (typischerweise ~ 0,1) und σ_i = Streuquerschnitt der Partikel. Für typische Bedingungen (siehe Abb. 2.3) ist das Verhältnis der Temperaturen in unverbranntem und verbranntem Gas 1/7, was zu einer Abnahme von c und damit von $I_{\text{Streulicht}}$ um einen Faktor 7 führt.

Auch in kompressiblen Strömungen, in denen unter Umständen Temperatur und Druck nicht bekannt sind, kann man die Dichte über die Rayleigh-Streuung messen. Der Rayleigh-Streuquerschnitt hängt vom jeweiligen Gas ab. Methan streut um das 2,4-fache besser als Luft und man kann so das Brennstoff-Luft-Verhältnis bestimmen. Hierzu müssen Brennstoff und Luft gefiltert werde, um Mie-Streuung an (unerwünschten) Partikeln zu verhindern, die das Rayleigh-Signal stören würde. Auch die Streuung an Rußpartikeln wird stets mit der Streuung an Molekülen konkurrieren oder diese sogar überdecken.

Analog zur Mie-Streuung bei der LDA erfährt das Streulicht durch die Bewegung der Moleküle oder der Partikel eine Frequenzverschiebung. Da die Moleküle eine Geschwindigkeitsverteilung besitzen, die durch die Temperatur bestimmt wird, lässt sich aus der Bandbreite des Streulichts die Geschwindigkeitsverteilung und damit die Temperatur ermitteln. Ist das Gas in Bewegung, so lässt sich aus der Doppler-Verschiebung die Gasgeschwindigkeit bestimmen.

Durch die heute mögliche Veränderung der Frequenz des Laserlichtes kann man eine Koinzidenz mit der Frequenz der beobachteten Atom-Absorption herbeiführen. Das nicht-Doppler-verschobene Streulicht wird dann absorbiert, während das frequenzverschobene Licht diesen Filter passiert und nachgewiesen werden kann. Frühe Versuche benutzten Joddampf als Filter; spätere Beispiele für diese *Filter-Rayleigh-Streuung* (FRS) werden von Grimstead et al. (1996), Shirley und Winter (1993) und Mach und Varghese (1998) beschrieben.

2.3 Konzentrationsmessungen

Probenentnahme: Eine häufig verwendete Methode zur Bestimmung der Gemischzusammensetzung in einem Verbrennungssystem ist die Probenentnahme mittels *Flammensonden.* In das System werden Kapillaren eingeführt, deren Wände gekühlt werden, um eine Weiterreaktion der Verbrennungsprodukte in der Kapillare zu vermeiden (*Einfrieren* der Reaktion). Die eingefrorene Probe wird dann unter Verwendung vieler verschiedener Methoden analysiert. Die Frage, wie repräsentativ die gekühlte Probe für die tatsächliche Zusammensetzung an der Stelle der Probenentnahme (ohne Eingriff durch die Probenentnahme) ist, ist Gegenstand vieler Kontroversen.

Oft nimmt man an, dass die wichtigen Radikale OH, O und H in der Kapillare nicht mehr reagieren. Reaktionen von Radikalen besitzen aber eine sehr kleine Aktivierungsenergie und deswegen verlangsamt die Kühlung kaum diese chemischen Reaktionen. Außerdem sind die Reaktionszeiten oft kürzer als die zur Kühlung benötigte Zeit. Deswegen weichen die Ergebnisse von Probenentnahmen und optischen Methoden selbst für stabile Teilchen stark voneinander ab (siehe z. B. Nguyen et al. 1993). In jedem Fall verlangen numerische Simulationen immer mehr nach Messungen reaktiver Spezies, wie sie in der Verbrennungszone auftreten. In diesem Fall sind optische Verfahren die Methode der Wahl.

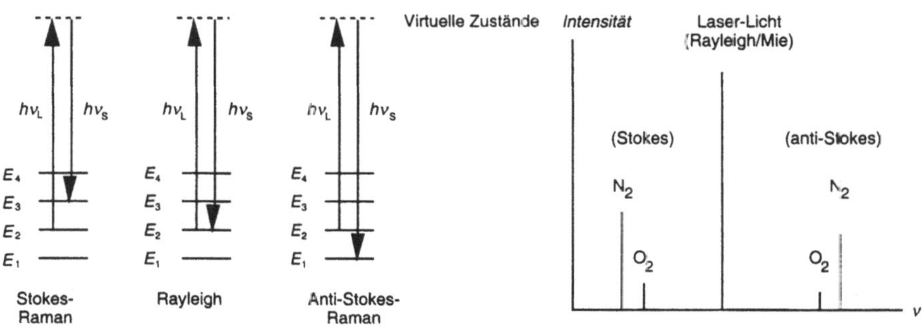

Abb. 2.2. Schematische Darstellung der Vorgänge bei der Rayleigh- und Raman-Spektroskopie, E_i = Schwingungszustände der betrachteten Molekülart, $h\nu_L$ = Energie des eingestrahlten Laserlichts, $h\nu_S$ = Energie des entstehenden Streulichts (h = Plancksches Wirkungsquantum, ν = Lichtfrequenz)

Raman-Spektroskopie: Wie in Abb. 2.2 dargestellt betrachtet man den Streuprozess am besten als Absorption eines Laser-Photons, das das Molekül in einen virtuellen Zustand anregt, der eine kurze Halbwertszeit von etwa 10 Femtosekunden besitzt. Wenn das Molekül in seinen ursprünglichen Zustand zurückkehrt, wird Rayleigh-Streulicht emittiert. Das Molekül kann jedoch auch in einen anderen Zustand zurückkehren. Dann hat das emittierte Photon weniger (oder mehr) Energie als das absorbierte Laser-Photon. Diesen inelastischen Streuprozess nennt man *Stokes-* (oder *anti-Stokes-*) *Raman-Streuung*.

In jedem Fall ist die Energiedifferenz zwischen dem Laserphoton und dem emittierten Photon proportional zur Energiedifferenz E_i der Schwingungszustände des Moleküls. Diese ist für alle Moleküle verschieden und deshalb hat das Raman-Streulicht verschiedener Moleküle verschiedene Wellenlängen. Das Streulicht lässt sich mit einem Spektrometer aufspalten; damit lassen sich die Beiträge der einzelnen Moleküle bestimmen. Wie die Rayleigh-Streuung ist auch die Raman-Streuung proportional zur Konzentration (Streuquerschnitte werden von Eckbreth 1996 angegeben).

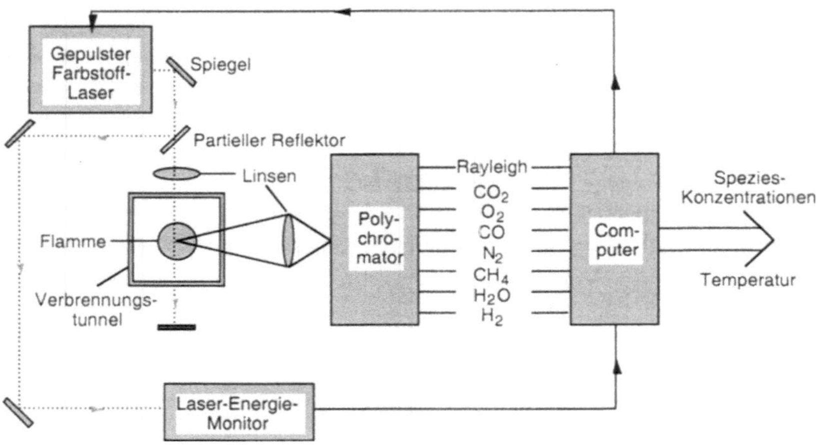

Abb. 2.3. Experimentelle Anordnung zur Konzentrations- und Temperaturmessung durch Raman- und Rayleigh-Spektroskopie (Masri et al. 1988)

Es ist sogar die simultane Messung mehrerer verschiedener Teilchenarten möglich (z. B. N_2, CO_2, O_2, CO, CH_4, H_2O, H_2, Dibble et al. 1987). Auch zweidimensionale Messungen (z. B. in turbulenten Flammen) sind möglich (Long et al. 1985).

Raman-Spektroskopie würde überall bei Verbrennungsprozessen eingesetzt werden, wenn der *Raman-Effekt* nicht so schwach wäre (der Raman-Streuquerschnitt ist etwa 2000 mal kleiner als der Rayleigh-Streuquerschnitt. Nur sehr leistungsfähige Laser erlauben die Verwendung der Raman-Spektroskopie in Verbrennungsprozessen, und selbst dann lassen sich nur Spezies mit Konzentrationen von mehr als 1% routinemäßig untersuchen. Trotz dieser Einschränkungen haben Raman-Messungen einen sehr großen Beitrag zum Verständnis von Verbrennungsprozessen geleistet.

CARS-Spektroskopie: Eng verwandt mit der Raman-Spektroskopie ist die CARS-Spektroskopie (*coherent anti-Stokes Raman spectroscopy*). Hier wird zusätzlich zu dem sogenannten Pump-Laser der Frequenz ν_P weiteres Laserlicht mit einer Frequenz ν_S eingestrahlt (sogenannter Stokes-Strahl, vergl. Abb. 2.4). Durch Wechselwirkung der Laserstrahlen mit dem Molekül entsteht schließlich Licht einer Frequenz ν_{CARS}, die gegeben ist durch $\nu_{CARS} = 2\nu_P - \nu_S$ (siehe Abb. 2.4).

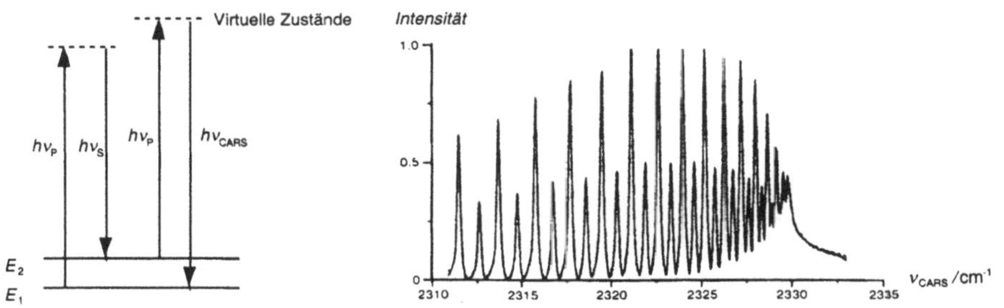

Abb. 2.4. Schematische Darstellung der Vorgänge bei der CARS-Spektroskopie; das experimentelle Spektrum $I = f(\bar{\nu}_{CARS})$ von N_2 bei $T = 1826$ K erhält man beim Durchfahren von ν_S; $\bar{\nu} = \nu / c$ (Farrow et al. 1982)

Die physikalischen Vorgänge bei diesem Prozess sind sehr komplex, so dass hier nicht näher auf sie eingegangen werden kann (siehe z. B. Eckbreth 1988, Thorne 1988). Bei konstanter Pumplaser-Frequenz können durch Änderung der Stokes-Laserfrequenz einzelne Energieniveaus des Moleküls abgetastet werden. Aus der Form des Spektrums lässt sich die Temperatur ermitteln, aus der Intensität die Teilchenkonzentrationen.

Ein großer Vorteil der CARS-Spektroskopie ist die Tatsache, dass insgesamt drei Laserstrahlen (zwei Pumpstrahlen, ein Stokes-Strahl) wechselwirken müssen. Durch spezielle Strahlanordnungen lässt sich deshalb eine sehr hohe *räumliche Auflösung* erzielen (siehe z. B. Hall und Eckbreth 1984, Eckbreth 1996). Durch gepulste Laserstrahlen lässt sich überdies eine hohe *zeitliche Auflösung* erreichen. Ein zweiter großer Vorteil der CARS-Spektroskopie ist die hohe Intensität des erzeugten CARS-Signals. Dieses Signal, das selbst ein kohärenter Laserstrahl ist, kann auch in Teilchen- oder Tröpfchen-beladenen Strömungen, in rußenden Systemen und Strömungen mit hohem Strahlungs-Hintergrund wie bei Flammen-erzeugten Diamantfilmen (Bertagnolli und Lucht 1996) leicht nachgewiesen werden. Nachteile der CARS-Spektroskopie sind der hohe experimentelle Aufwand und die sehr komplizierte Auswertung der Messdaten.

Laserinduzierte Fluoreszenz (LIF): Bei diesem berührungsfreien Verfahren wird abstimmbares Laserlicht zur selektiven Anregung eines elektronischen Übergangs in einem Molekül oder in einem Atom benutzt (siehe z. B. Wolfrum 1986). Bei diesem Übergang ändert sich die elektronische Struktur der Moleküle. Die Energieunterschiede zwischen Molekülen in elektronisch angeregten Zuständen und Molekülen im Grundzustand sind sehr groß. Aus diesem Grund muss zur Anregung energiereiches Licht (UV-Licht, ultraviolettes Licht) verwendet werden. Von den angeregten Zuständen kehrt das Molekül dann unter Abstrahlung von Licht wieder in energieärmere Zustände zurück (*Fluoreszenz*, siehe Abb. 2.5), wobei verschiedene Schwingungsenergiezustände erreicht werden können.

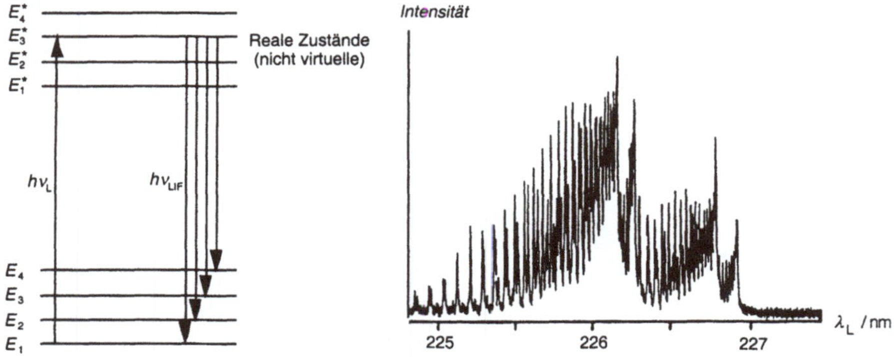

Abb. 2.5. Vorgänge bei der laserinduzierten Fluoreszenz; E_i^*, E_i = Schwingungsenergiezustände der elektronisch angeregten bzw. Grundzustands-Molekülen; ν_L, ν_{LIF} = Frequenzen des Anregungslasers bzw. des ausgestrahlten Fluoreszenzlichtes; das Anregungsspektrum $I = f(\lambda_L)$ von NO bei $T = 300$ K ergibt sich bei Durchfahren von ν_L; $\lambda = c/\nu$ (Westblom und Aldén 1989)

Es lässt sich nun die gesamte Fluoreszenz messen (*Anregungsspektrum*) oder die spektral (also wellenlängenspezifisch) aufgelöste Fluoreszenz (*Fluoreszenzspektrum*). Vorteile der LIF sind hohe Empfindlichkeit und Selektivität, da der Streuquerschnitt bei der Fluoreszenz typischerweise mehr als das Millionenfache des Rayleigh-Streuquerschnitts beträgt. Ein Problem ist jedoch, dass diese Messmethode geeignete elektronische Übergänge in den Molekülen oder Atomen erfordert. Nicht zuletzt bedingt durch die hohe Empfindlichkeit der LIF lassen sich viele verschiedene reaktive Zwischenprodukte messen, die nur in geringen Konzentrationen auftreten (z. B. H, O, N, C, OH, CH, CN, NH, HNO, SH, SO, CH_3O usw.).

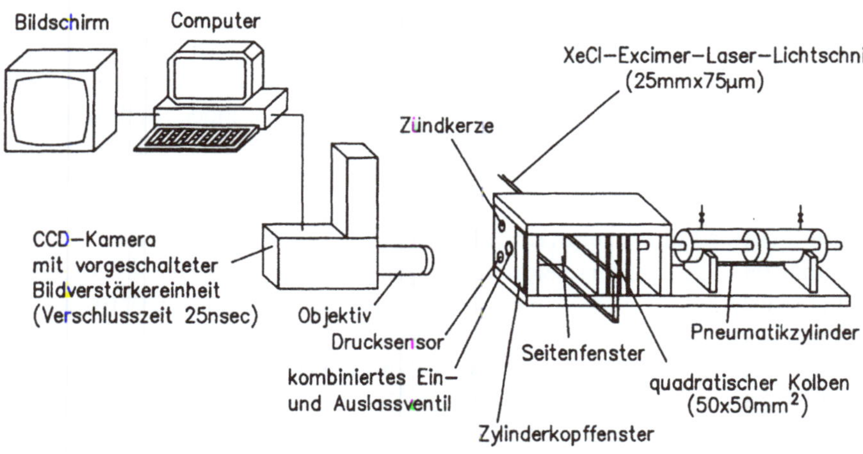

Abb. 2.6. Schematische Darstellung einer Apparatur für LIF-Spektroskopie mit Hilfe eines zweidimensionalen Laser-Lichtschnitts (Becker et al. 1991). Der Lichtschnitt tritt durch das Seitenfenster eines rechteckigen Kolbenmotors ein, die LIF wird am Zylinderkopf gemessen.

Besonders interessant ist die Möglichkeit zweidimensionaler Messungen. Hierzu wird durch geeignete optische Anordnungen eine Laser-Lichtschicht (*light sheet*) in das Verbrennungssystem eingekoppelt (bei mehreren Lichtschnitten sind selbst dreidimensionale Messungen möglich). Die erzeugte Fluoreszenz wird dann z. B. mit Hilfe eines zweidimensionalen Detektors (*Photodioden-Array*) erfasst, elektronisch gespeichert und kann dann ausgewertet werden (siehe Abb. 2.6 und 2.7); siehe Hanson (1986).

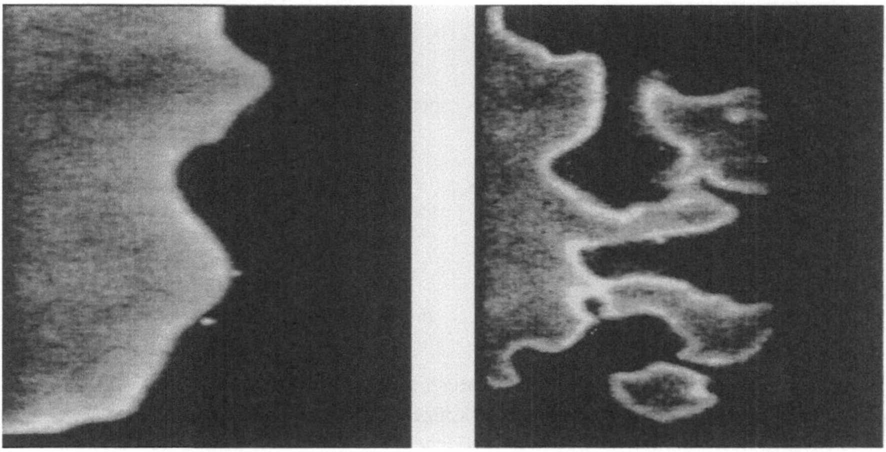

Abb. 2.7. Zweidimensionale Laser-Lichtschnittbilder (OH-LIF; siehe Abb. 2.6) in einem Otto-Versuchsmotor bei niedriger (links) und hoher (rechts) Turbulenz; bei hoher Turbulenz tritt Flammenlöschung auf, die für die Emission unverbrannter Kohlenwasserstoffe verantwortlich ist (Becker et al. 1991)

Ein spezielles Anwendungsgebiet sind Momentaufnahmen turbulenter Flammen (vergl. Kapitel 12-14). Abbildung 2.7 zeigt zweidimensionale Laser-Lichtschnittbilder (OH-LIF) in einem Otto-Versuchsmotor anhand derer man sehr schön den turbulenten Charakter des Verbrennungsprozesses erkennen kann. Durch Zusatz von fluoreszierenden Molekülen (NO_2, NO, CO) zum Brennstoff kann man Informationen über Bereiche mit oder ohne Brennstoff, Temperaturen usw. erhalten (siehe z. B. Paul et al. 1990, Tait und Greenhalgh 1992, Lozano et al. 1992, Bazil und Stepowski 1995, Wolfrum 1998). Meist sind diese Messungen jedoch nur qualitativer Natur, da eine genaue Eichung der Konzentrationsmessungen durch Fluoreszenzlöschung (Verlust der Anregungsenergie durch Stoß mit anderen Molekülen) verhindert wird, deren Einfluss in eine genaue Auswertung einzubeziehen ist (siehe z. B. Wolfrum 1986).

Zur quantitativen Auswertung benötigt man viele Daten. Trotzdem sind Messungen möglich, wie aus Abb. 2.8 ersichtlich ist. Dargestellt sind absolute Konzentrationen von OH und NO und relative Konzentrationen von CH. Selbst relative Konzentrationen liefern wertvolle Information über Form und Lage der CH-Radikalprofile.

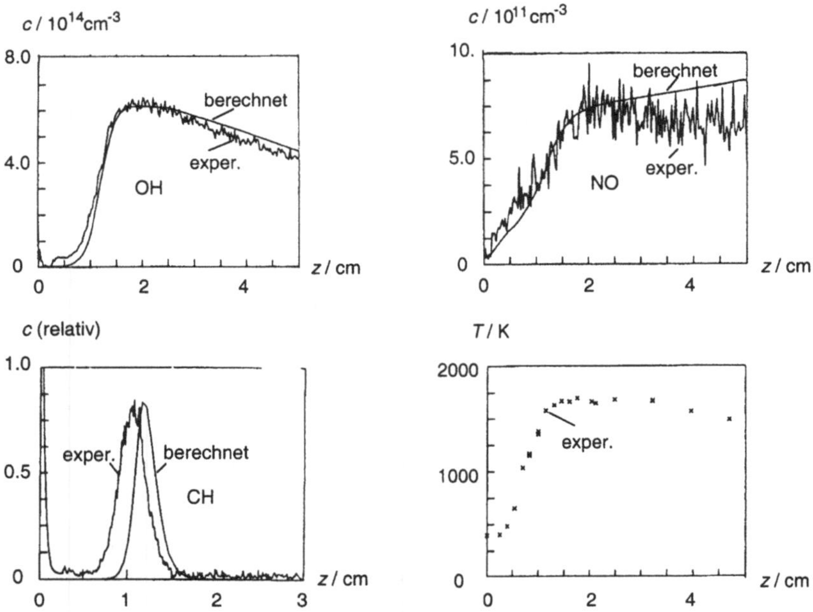

Abb. 2.8. LIF-Messungen von Temperaturprofilen, absoluten OH- und NO-Teilchenkonzentrationen und relativen CH-Teilchenkonzentrationen in einer vorgemischten laminaren flachen CH_4-Luft-Flamme bei $p = 40$ mbar (Heard et al. 1992). Die Simulationen basieren auf einem Reaktionsmechanismus, der dem in Kapitel 8 ähnlich ist.

2.4 Temperaturmessungen

Thermoelemente: Temperaturfelder lassen sich einfach mittels Thermoelementen messen. Dies sind Paare von Berührungsstellen zweier Metalle. Es wird eine Spannung erzeugt, die näherungsweise proportional zur Temperaturdifferenz zwischen den zwei Berührungsstellen ist (*thermoelektrischer Effekt*). Üblicherweise verwendet man je nach Temperaturbereich verschiedene Metallkombinationen (z. B. Platin/Platin-Rhodium oder Wolfram/Wolfram-Molybdän).

Der größte Nachteil von Thermoelementen ist, dass keine berührungsfreie Messung möglich ist (katalytische Reaktionen an der Oberfläche, Wärmeableitung durch die Drähte, Störung des Strömungsfeldes; siehe Fristrom 1995) und dass Strahlungsverluste auftreten. Deshalb kann die gemessene Temperatur (die des Metalles) mehrere hundert Kelvin von der Temperatur des Gases verschieden sein. Andererseits ist die Methode schnell und sehr billig und kann für qualitative Messungen verwendet werden. Zur genauen Temperaturmessung sind jedoch berührungsfreie optische Methoden wünschenswert; einen Vergleich zwischen Thermoelement-Messungen und solchen mit optischen Methoden geben Rumminger et al. (1996).

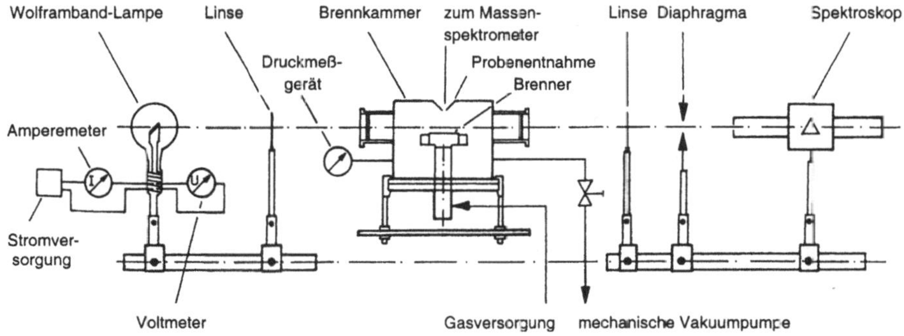

Abb. 2.9. Experimenteller Aufbau einer Apparatur zur kombinierten Messung von Temperaturen (Na-Linienumkehr) und Konzentrationen (Probenentnahme, Massenspektrometrie, OH-Absorption) in einer laminaren flachen Unterdruck-Vormischflamme (Warnatz et al. 1983)

Na-Linienumkehr-Methode: Bei diesem Verfahren wird den Reaktanden eine Natrium-haltige Verbindung zugesetzt. Natriumatome können unter Aufnahme von Energie gelbes Licht absorbieren oder aber bei hoher Temperatur genau dieses Licht emittieren.

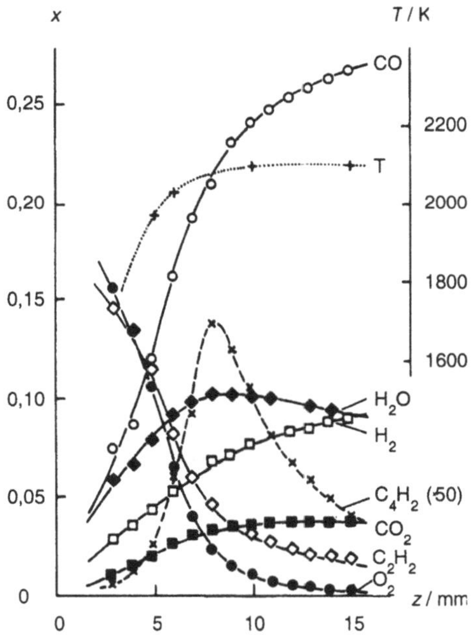

Abb. 2.10. Massenspektrometrisch bestimmte Molenbrüche und durch Na-Linienumkehr gemessene Temperaturen in einer laminaren flachen fetten vorgemischten Acetylen-Sauerstoff-Argon-Flamme (Warnatz et al. 1983)

Die gelbe Na-Emission von zugesetzten Na-Teilchen vor dem Hintergrund eines *schwarzen Strahlers* verschwindet genau dann, wenn die Teilchen dieselbe Temperatur wie der schwarze Strahler haben. Bei höherer Temperatur wird mehr Licht emittiert als absorbiert, bei tieferer Temperatur wird mehr absorbiert als emittiert (siehe Gaydon und Wolfhard 1979). Abb. 2.9 zeigt schematisch einen Versuchsaufbau und Abb. 2.10 zeigt mit diesem Aufbau erhaltene Temperaturmessungen (sowie massenspektroskopisch gemessene Konzentrationen) in einer laminaren flachen fetten vorgemischten Acetylen-Sauerstoff-Argon-Unterdruckflamme zusammen mit Ergebnissen von entsprechenden mathematischen Simulationen (siehe dazu auch Kapitel 3).

CARS-Spektroskopie: Ebenso wie Konzentrationen lassen sich auch Temperaturen mittels der CARS-Spektroskopie messen. Hierzu werden hochaufgelöste Spektren mit aus Moleküleigenschaften berechneten Spektren verglichen. Temperatur und Konzentration bei der Simulation des berechneten Spektrums werden dabei bis zur bestmöglichen Übereinstimmung variiert. Vorteile dieser Methode sind die hohe räumliche (etwa 1 mm^3) und zeitliche (etwa 10 ns) Auflösung, Nachteile sind die hohen Kosten und die sehr komplizierte Auswertung der Spektren, die auf dem stark nichtlinearen Zusammenhang zwischen Mess-Signal und Messgröße beruht (Sick et al. 1991).

Laserinduzierte Fluoreszenz: Die selektive Anregung verschiedener Energiezustände in Molekülen (z. B in OH-Radikalen) kann zur Bestimmung der Verteilung der Energie auf die verschiedenen Schwingungszustände *i* verwendet werden, die sich im einfachsten Fall gemäß der Boltzmann-Verteilung

$$N_i/N = g_i \cdot \exp(-E_i/RT)$$

verhält; dabei ist N_i die Besetzungszahl des Energieniveaus *i* mit der Energie E_i, $N = \sum N_i$ und g_i ein aus der Quantenmechanik bekannter Entartungsgrad. Daraus lassen sich die Temperaturen *T* bestimmen (siehe z. B. Eckbreth 1996, Thorne 1988). Allerdings muss die Konzentration an z. B. OH ausreichend hoch für den Nachweis sein; außerdem muss man Energieverluste des Laserstrahls und Selbstabsorption des Fluoreszenzlichtes berücksichtigen (Rumminger et al. 1996). Um dieses Problem zu umgehen, setzt man oft geeignete fluoreszierende Substanzen zu (z. B. NO, Seitzmann et al. 1985), die einigermaßen stabil sind und deshalb in ausreichender Konzentration vorliegen. Dabei muss man allerdings sicher sein, dass diese Zusätze den Verbrennungsablauf nicht stören.

2.5 Druckmessungen

Druckvariationen in Flammen sind nicht sehr groß, wenn keine Stoßwellen oder Detonationen auftreten, d. h. wenn sich die Strömung im Unterschall-Bereich befindet (man nennt die Strömung dann auch inkompressibel). Ist man nicht an geringen Druckschwankungen im Strömungssystem interessiert, so lässt sich der Druck leicht mittels herkömmlicher *Manometer* oder mit Hilfe von elektrischen *Kapazitätsmanometern* messen.

Oft treten jedoch schnelle zeitliche Druckänderungen auf (Beispiele sind hier Kolbenmotoren und die gepulste Verbrennung). Diese Druckschwankungen lassen sich relativ einfach mit *piezoelektrischen Umformern* messen. Diese sind im Prinzip Quarzkristalle, bei denen die durch Druckänderungen bedingte mechanische Deformation zu Änderungen der elektrischen Eigenschaften führen, welche sich messen lassen und dadurch Rückschlüsse auf den Druck erlauben. Dabei muss angenommen werden, dass der an der Wand gemessene Druck nicht stark von dem Druck im Inneren abweicht. Diese Annahme ist gerechtfertigt, wenn die zeitliche Druckänderung langsam gegenüber der Zeit ist, die der Schall zum Durchwandern des betrachteten Reaktionsraumes benötigt. Obwohl der Druck räumlich annähernd konstant ist, treten starke Dichteänderungen auf. Trotz dieser starken Dichteänderungen ist die Strömung näherungsweise inkompressibel, wenn das Quadrat der Machzahl M klein gegenüber Eins ist, d. h. für $M^2 << 1$ ist die Strömung trotz großer Dichteschwankungen inkompressibel.

Wenn sich die Machzahl dem Wert Eins nähert oder ihn überschreitet, wird die Strömung *kompressibel.* In solchen Strömungen sind optische Messmethoden wünschenswert, da die zeitlichen und räumlichen Druckschwankungen beträchtlich sind und Sensoren die Strömung stören (Hanson et al. 1990, McMillin et al. 1993).

2.6 Messung von Partikelgrößen

Bei mehrphasigen Verbrennungssystemen (wie Spray-Verbrennung, Kohlestaubverbrennung usw.) sind neben Geschwindigkeit, Temperatur und Konzentrationsfeldern die Größe und Verteilung der Brennstoffpartikel (Kohlestaubteilchen, Tröpfchen) von Bedeutung.

Auch zur Messung von Partikelgrößen lassen sich laserspektroskopische Methoden erfolgreich einsetzen. Meist wird Mie-Streuung (vergl. Abschnitt 2.1) eingesetzt, d. h. die Streuung von Licht an Partikeln, die größer sind als die Wellenlänge des verwendeten Lichts (Arnold et al. 1990a, Subramanian et al. 1995). Weiterhin lassen sich spezielle auf LIF basierende Techniken zur Bestimmung von Verteilung und Größen von Brennstofftröpfchen benutzen (Brown und Kent 1985).

Die Durchmesser von Tröpfchen in Brennstoff-Sprays und Kohleteilchen sind typischerweise im Bereich von 1 μm bis 100 μm. Die Streuung eines Laser-Lichtstrahls durch eine Wolke solcher Teilchen kann zur Bestimmung derer Größenverteilung benutzt werden. Diese Technik wird *Ensemble-Streuung* genannt und ist die Basis von erfolgreichen kommerziellen Instrumenten (siehe z. B. Harville und Holve 1997).

Für Flüssigkeiten ist die *Phasen-Doppler-Technik* eine Messmethode, die auf der Brechung des Lichts durch den Tropfen (also einem Linsen-Effekt) beruht. Eine

Übersicht über diese Technik findet sich bei Brena de la Rosa et al. (1992) und bei Bachalo (1995); es werden Einzelteilchen-Ereignisse untersucht, nicht das Ensemble-Verhalten.

Eine andere Einzelteilchen-Zählung, die sowohl für Tröpfchen als auch für Teilchen funktioniert, basiert auf der Vorwärts-Streuung von Licht, wenn das Teilchen den Laserstrahl durchquert (Holve und Self 1979a,b). Weiterhin können spezielle LIF-basierte Techniken benutzt werden, um die Größe von Tröpfchen und die Größenverteilung zu bestimmen (Brown und Kent 1985).

Wenn die Teilchengröße kleiner als 1 μm ist, wie es z. B. für Ruß, Zigarettenrauch, Staub oder Viren der Fall ist, muss man üblicherweise kollektive Streuung benutzen, da die Streuung eines Einzelteilchens zu schwach ist (im Bereich der Rayleigh-Streuung proportional zu d^6; eine Änderung des Teilchendurchmessers von 0,1 μm auf 10 nm führt zu einer Schwächung der Streuintensität um einen Faktor von 1 Million). Eine zuverlässige Messung des Teilchen-Volumenbruchs erhält man durch *Linien-Extinktion* eines Laserstrahls, wenn er eine Partikelwolke durchdringt (Hodkinson 1963, Flower und Bowman 1986). Ebenso wie bei der Filter-Rayleigh-Streuung von Gasen (siehe Abschnitt 2.2) kann hier die Verbreiterung der Frequenz des gestreuten Lichtes (verursacht durch die Brownsche Bewegung der Teilchen) zur Messung der Partikelgröße benutzt werden (*Dynamische Lichtstreuung* oder *Diffusionsverbreiterungs-Spektroskopie,* Penner et al. 1976a,b).

2.7 Simultane Anwendung verschiedener Laser-Diagnostiken

Die Einleitung zu diesem Kapitel hat betont, dass die Wechselwirkung zwischen Experiment und numerischer Simulation die optimale Basis für die Modellbildung bildet. Dabei tritt jedoch ein Ungleichgewicht auf: Die numerische Simulation sagt eine Menge von physikalischen Größen voraus, während das Experiment nur einige wenige physikalische Größen bestimmen kann. Die Erfahrung hat gezeigt, dass es relativ einfach ist, ein Modell so zu verbessern, dass genaue Übereinstimmung mit der Messung eines einzelnen Parameters (z. B. Temperatur, eine einzelne Konzentration usw.) erreicht werden kann. Eine beträchtlich größere Herausforderung ist der Vergleich von Simulationen mit Messungen mehrerer Parameter, sogar, wenn die Genauigkeit der Messungen mäßig ist. Zum Beispiel ist die Modellierung einer nicht-vorgemischten Strahlflamme weit schwieriger, wenn mäßig genaue Profile von Geschwindigkeit (z. B. über LDV) und Dichte (z. B. über Laser-Rayleigh-Streuung) vorhanden sind, als wenn nur eine sehr genaue Messung eines dieser Eigenschaften vorliegt.

Die in Abb. 2.11 gezeigte experimentelle Anordnung kombiniert Raman-Streuung und Fluoreszenz-Streuung für eine simultane Messung von Teilchen mit relativ großer und mit relativ kleiner Konzentration in Flammen. Die simultane Messung von Profilen vieler Skalare, die mit dieser Apparatur gemessen wurden, waren die Basis für erhebliche Modellverbesserungen (Barlow 1998).

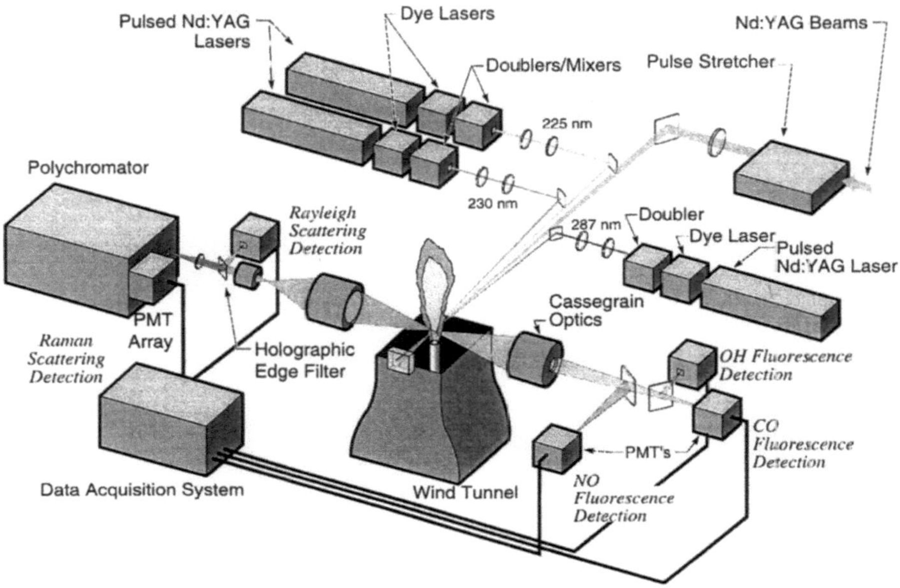

Fig. 2.11. Apparatur zur simultanen Messung von Teilchen mit relativ großer Konzentration und der Temperatur mit Hilfe der Raman-Streuung angeregt bei 532 nm (siehe Abb. 2.3), von CO durch LIF angeregt bei 230 nm, von NO durch LIF angeregt bei 225 nm und von OH durch LIF angeregt bei 287 nm (Barlow 1998)

2.8 Übungsaufgaben

Übung 2.1. Als Wissenschaftler in einer kleinen Firma werden Sie nach der Möglichkeit befragt, die Atemluft eines Patienten auf einem Operationstisch mittels Raman-Streuung zu messen. Zuerst wurde vorgeschlagen, O_2, N_2, CO_2 und N_2O (Lachgas) über die Infrarot-Absorption zu bestimmen. Sie weisen darauf hin, dass Sauerstoff und Stickstoff homonukleare Moleküle sind und keine Infrarot-Absorption aufweisen, aber Raman-aktiv sind. Die Raman-Streuquerschnitte legen die Verwendung eines Ultraviolett-Lasers nahe, aber der Rechtsanwald der Firma weist Sie daraufhin, dass dann spezielle Sicherheitsvorkehrungen notwendig sind, da man UV-Strahlung nicht sehen kann. Sie entscheiden sich für einen zuverlässigen frequenzverdoppelten Nd:YAG-Laser, der 8 W Leistung bei einer Wellenlänge von 532 nm (grünes Licht) liefert. Sie erinnern sich daran, dass Magre und Dibble (1988) 3000 Photo-Elektronen pro Joule bei Stickstoff in Raumluft bei Standardbedingungen von Druck und Temperatur (STP), 1 atm und 273,15 K, erhielten (die beobachte Länge des Laserstrahls war 1 mm). Schätzen Sie die benötigte Messdauer für die unten angegebenen Spezies unter der Annahme ab, dass die Standardabweichung des Messergebnisses

$\sigma = 3.16\ \%$ betragen soll. Nehmen Sie an, dass die Raman-Streuquerschnitte für alle Spezies dem des Stickstoffs entsprechen. Nehmen Sie weiterhin an, dass die räumliche Auflösung auf 8 mm herabgesetzt werden kann. Spezies: N_2, O_2, CO_2 und N_2O; Molenbrüche: 0,79, 0,20, 0,01 und 100 ppm.

3 Mathematische Beschreibung laminarer flacher Vormischflammen

Verbrennungsprozesse resultieren aus einer Vielfalt verschiedener Prozesse wie Strömung, chemischer Reaktion (siehe Kapitel 6 und 7) und molekularem Transport (z. B. Wärmeleitung, Diffusion, Reibung; siehe Kapitel 5). Bei einer Beschreibung von Verbrennungsprozessen müssen alle diese Vorgänge berücksichtigt werden.

Betrachtet man solch eine chemisch reagierende Strömung, so wird diese zu jeder Zeit und an jedem Ort durch Eigenschaften wie Druck, Dichte, Temperatur, Geschwindigkeit der Strömung und Zusammensetzung der Mischung beschrieben. Diese Größen können sich in Abhängigkeit sowohl von der Zeit als auch vom Ort ändern.

Einige Größen in dieser chemisch reagierenden Strömung haben die Eigenschaft, dass sie unabhängig von den stattfindenden Prozessen weder gebildet noch verbraucht werden können. Hierzu gehören die Energie, die Masse und der Impuls. Eine Bilanz über alle Prozesse, die diese *Erhaltungsgrößen* ändern, führt zu den Erhaltungsgleichungen, die die chemisch reagierende Strömung beschreiben. Eine detaillierte Beschreibung von Verbrennungsvorgängen unter Berücksichtigung aller möglichen Teilprozesse führt zu sehr komplizierten Erhaltungsgleichungen. Hier sollen aus diesem Grund die Erhaltungsgleichungen vorläufig nur für ein vereinfachtes Beispiel, eine laminare flache Vormischflamme (Hirschfelder und Curtiss 1949; Warnatz 1978b), hergeleitet werden (allgemeine Formulierung in Kapitel 11).

3.1 Erhaltungsgleichungen für laminare flache Vormischflammen

Ein einfaches Beispiel für die mathematische Behandlung von Verbrennungsprozessen sind laminare Vormischflammen auf einem flachen Brenner (siehe Abb. 3.1).

Nimmt man an, dass der Sinterbrenner ausreichend groß ist, so lassen sich Effekte an den Rändern des Brenners annähernd vernachlässigen. Man erhält eine ebene Flammenfront. Die Eigenschaften in dieser Flamme (z. B. die Temperatur und die Gemischzusammensetzung) hängen dann nur noch vom Abstand zum Brenner ab, d. h., man benötigt nur eine Ortskoordinate (z) zur Beschreibung. Für dieses Beispiel sollen nun die Erhaltungsgleichungen hergeleitet werden.

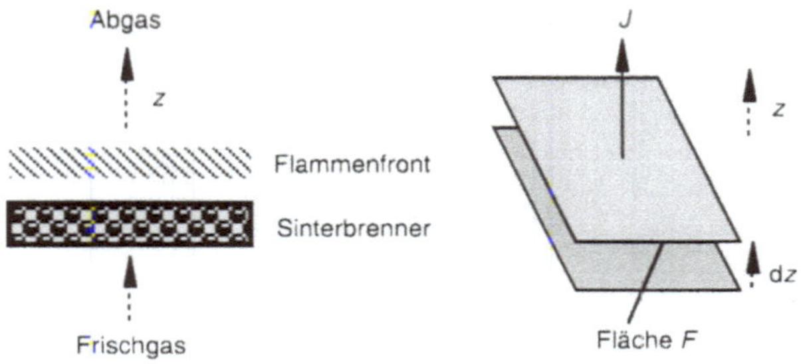

Abb. 3.1. Schematische Darstellung einer laminaren flachen Vormischflamme

Folgende Annahmen sollen vorgenommen werden, um die Behandlung zusätzlich zu vereinfachen:

- Es gilt das ideale Gasgesetz (siehe Abschnitt 1.1).
- Die Flamme wird nicht wesentlich durch externe Kräfte (z. B. Gravitation) beeinflusst.
- Das System ist kontinuierlich (die mittlere freie Weglänge von Molekülen ist klein gegenüber der Flammendicke).
- Es herrscht konstanter Druck (räumliche Druckschwankungen oder Stoßwellen treten nicht auf).
- Die kinetische Energie des Gasflusses kann vernachlässigt werden (es treten z. B. keine Stoßwellen auf).
- Der reziproke Thermodiffusionseffekt (*Dufour-Effekt*) kann vernachlässigt werden (siehe weiter unten).
- Wärmeflüsse auf Grund von Strahlung (z. B. Strahlung von glühenden Rußteilchen) sollen nicht betrachtet werden.
- Es herrscht lokales thermisches Gleichgewicht (d. h., man kann eine lokal einheitliche Temperatur verwenden, wie sie später in Abschnitt 4.4 eingeführt werden wird).
- Die Flamme ist stationär (d. h., es finden keine zeitlichen Änderungen statt).

Diese Annahmen sind bei typischen laminaren flachen Vormischflammen oft recht gut erfüllt.

Allgemein gilt für ein eindimensionales System (siehe Abbildung 3.1) für eine Erhaltungsgröße E (z = Ortskoordinate, t = Zeit)

$$\frac{\partial W}{\partial t} + \frac{\partial J}{\partial z} = Q \quad , \tag{3.1}$$

wobei W die *Dichte* der Erhaltungsgröße (= E/Volumen; Einheit [E]/m^3), J ein *Fluss* (genauer eine *Stromdichte*) der Erhaltungsgröße (= E/(Fläche·Zeit); Einheit [E]/(m^2·s)) und Q eine *Quelle* der Erhaltungsgröße (= E/(Volumen·Zeit); Einheit [E]/(m^3·s)) sind.

Gesamtmasse m des Gemisches: Bei der Erhaltung der Gesamtmasse ist die *Dichte* W in den Erhaltungsgleichungen gegeben durch die Massendichte ρ (in kg/m^3). Der *Fluss* J beschreibt die Bewegung von Masse und ergibt sich als Produkt der Dichte und der *mittleren Massengeschwindigkeit* des Schwerpunktes, welche auch als *Strömungsgeschwindigkeit* bezeichnet wird: $J = \rho\upsilon$ (in kg·m^{-2}·s^{-1}). Da bei chemischen Reaktionen Masse weder gebildet noch verbraucht wird, tritt in der Bilanzgleichung für die Gesamtmasse kein Quellterm auf ($Q = 0$). Es ergibt sich demnach durch Einsetzen in (3.1)

$$\frac{\partial \rho}{\partial t} + \frac{\partial(\rho\upsilon)}{\partial z} = 0 \,. \tag{3.2}$$

Diese Gleichung wird auch *allgemeine Kontinuitätsgleichung* (hier für eindimensionale Systeme) genannt.

Masse m_i der Teilchensorte i: Hier ist die *Dichte W* gegeben durch die *partielle Dichte* ρ_i der Teilchensorte i ($i = 1,\ldots,S$), die die Masse der Teilchen i pro Volumeneinheit angibt ($\rho_i = m_i/V = (m_i/m)(m/V) = w_i\,\rho$). Der *Fluss J* ergibt sich als Produkt der partiellen Dichte und der Massengeschwindigkeit υ_i der Teilchen i ($J = \rho_i\,\upsilon_i = w_i\,\rho\,\upsilon_i$) und besitzt die Einheit kg/(m^2·s).

Im Gegensatz zu der obigen Erhaltungsgleichung für die Gesamtmasse tritt hier ein Quellterm auf, der die Bildung oder den Verbrauch der Teilchen i durch chemische Reaktionen beschreibt. Er ist gegeben durch $Q = M_i\,(\partial c_i/\partial t)_{\text{chem}} = r_i$, wobei M_i die molare Masse der Teilchen i (in kg/mol), $(\partial c_i/\partial t)_{\text{chem}}$ die *Reaktionsgeschwindigkeit* des Stoffes i in chemischer Reaktion (molare Skala, Einheit mol·m^{-3}·s^{-1}) und r_i die Reaktionsgeschwindigkeit (Massenskala, in kg·m^{-3}·s^{-1}) bezeichnen. Es folgt somit aus Gleichung (3.1)

$$\frac{\partial(\rho w_i)}{\partial t} + \frac{\partial(\rho w_i \upsilon_i)}{\partial z} = r_i \,. \tag{3.3}$$

Die Massengeschwindigkeit υ_i der Teilchensorte i setzt sich zusammen aus der mittleren Massengeschwindigkeit υ des Schwerpunktes des Gemisches und einer zusätzlichen *Diffusionsgeschwindigkeit* V_i (relativ zum Schwerpunkt), die durch Massentransport aufgrund von Gradienten der Konzentration des betrachteten Stoffes i zustandekommt (siehe weiter unten),

$$\upsilon_i = \upsilon + V_i \,. \tag{3.4}$$

Durch einfaches Umformen (Produktregel für Differentiation) von (3.3) erhält man

$$w_i \frac{\partial \rho}{\partial t} + \rho \frac{\partial w_i}{\partial t} + \rho\upsilon \frac{\partial w_i}{\partial z} + w_i \frac{\partial(\rho\upsilon)}{\partial z} + \frac{\partial j_i}{\partial z} = r_i \,.$$

Dabei ist j_i eine abgekürzte Schreibweise für den *Diffusionsfluss* des Stoffes i (im Schwerpunktsystem),

$$j_i = \rho w_i V_i = \rho_i V_i \,.$$

Unter Berücksichtigung der allgemeinen Kontinuitätsgleichung (3.2) vereinfacht sich die obige Gleichung zu

$$\rho \frac{\partial w_i}{\partial t} + \rho \upsilon \frac{\partial w_i}{\partial z} + \frac{\partial j_i}{\partial z} = r_i \; . \tag{3.5}$$

Enthalpie *h* des Gemisches: Bei der Bilanzgleichung für die Enthalpie müssen die Beiträge der verschiedenen Teilchen berücksichtigt werden. In diesem Fall ergibt sich für die einzelnen Terme in Gleichung (3.1)

$$\begin{aligned} W &= \sum_j \rho_j h_j &&= \sum_j \rho w_j h_j && \mathrm{J/m^3} \\ J &= \sum_j \rho_j \upsilon_j h_j + j_q &&= \sum_j \rho \upsilon_j w_j h_j + j_q && \mathrm{J/(m^2 \cdot s)} \\ Q &= 0 &&&& \text{(Energieerhaltungssatz).} \end{aligned}$$

Dabei ist h_j die *spezifische Enthalpie* des Stoffes j (in den Einheiten J/kg) und j_q ein *Wärmefluss*, der dem weiter oben verwendeten Diffusionsfluss j_i entspricht und durch Transport von Wärme aufgrund von Gradienten der Temperatur zustandekommt (siehe weiter unten). Der Term $\Sigma \rho_j \upsilon_j h_j$ beschreibt die Enthalpie-Änderung aufgrund der Strömung der Teilchen (bedingt durch die mittlere Massengeschwindigkeit υ und die Diffusionsgeschwindigkeit V_j). Einsetzen in (3.1) unter Berücksichtigung des Zusammenhanges $\upsilon_j = \upsilon + V_j$ ergibt

$$\sum_j \frac{\partial}{\partial z}(\rho \upsilon w_j h_j) + \sum_j \frac{\partial}{\partial z}(\rho V_j w_j h_j) + \frac{\partial j_q}{\partial z} + \sum_j \frac{\partial}{\partial t}(\rho w_j h_j) = 0 \; .$$

Für den ersten und den vierten Summanden (T_1, T_4) erhält man unter Verwendung von (3.3) und (3.4)

$$\begin{aligned} T_1 + T_4 &= \sum_j \left[\rho \upsilon w_j \frac{\partial h_j}{\partial z} + h_j \frac{\partial(\rho \upsilon w_j)}{\partial z} \right] + \sum_j \left[\rho w_j \frac{\partial h_j}{\partial t} + h_j \frac{\partial(\rho w_j)}{\partial t} \right] \\ &= \rho \upsilon \sum_j w_j \frac{\partial h_j}{\partial z} + \rho \sum_j w_j \frac{\partial h_j}{\partial t} + \sum_j h_j \left[\frac{\partial(\rho \upsilon w_j)}{\partial z} + \frac{\partial(\rho w_j)}{\partial t} \right] \\ &= \rho \upsilon \sum_j w_j \frac{\partial h_j}{\partial z} + \rho \sum_j w_j \frac{\partial h_j}{\partial t} + \sum_j h_j r_j - \sum_j h_j \frac{\partial j_j}{\partial z} . \end{aligned}$$

Für den zweiten Summanden (T_2) in der Gleichung oben ergibt sich durch Umformung

$$= \sum_j \rho w_j V_j \frac{\partial h_j}{\partial z} + \sum_j h_j \frac{\partial(\rho w_j V_j)}{\partial z} \; .$$

Summation über alle Terme unter Berücksichtigung von $j_j = \rho w_j V_j$ liefert dann schließlich den Zusammenhang

$$\rho v \sum_j w_j \frac{\partial h_j}{\partial z} + \rho \sum_j w_j \frac{\partial h_j}{\partial t} + \sum_j h_j r_j + \sum_j j_j \frac{\partial h_j}{\partial z} + \frac{\partial j_q}{\partial z} = 0 \ . \qquad (3.6)$$

Die beiden Größen j_j und j_q (Diffusionsfluss und Wärmefluss) müssen noch in Abhängigkeit von den Eigenschaften der Mischung (Druck, Temperatur und Zusammensetzung) bestimmt werden. Die empirischen Gesetze, die diesen Größen zugrundeliegen, werden im nächsten Abschnitt behandelt.

3.2 Wärme- und Stofftransport

In Abschnitt 3.1 wurde erwähnt, dass Konzentrationsgradienten einen Stofftransport durch *Diffusion* und Temperaturgradienten einen Wärmetransport durch *Wärmeleitung* bewirken. Diese Prozesse lassen sich mit Hilfe der Thermodynamik irreversibler Prozesse (Hirschfelder et al. 1964, Bird et al. 1960) erklären. Der Einfachheit halber sollen hier aber nur die empirischen Gesetzmäßigkeiten dargestellt werden.

Für den Wärmefluss j_q ergibt sich aus einer Vielzahl von Messungen das empirische Gesetz

$$j_q = -\lambda \frac{\partial T}{\partial z} \qquad \mathrm{J/(m^2 \cdot s)}\ , \qquad (3.7)$$

wobei λ die *Wärmeleitfähigkeit* des betrachteten Gemisches (in $\mathrm{J \cdot K^{-1} \cdot m^{-1} \cdot s^{-1}}$) ist. Für den Diffusionsfluss j_i erhält man

$$j_i = \frac{c^2}{\rho} M_i \sum_j M_j D_{ij} \frac{\partial x_j}{\partial z} - \frac{D_i^{\mathrm{T}}}{T} \frac{\partial T}{\partial z} \qquad \mathrm{kg/(m^2 \cdot s)}\ , \qquad (3.8)$$

wobei c die molare Konzentration ist; die D_{ij} (Einheit $\mathrm{m^2/s}$) sind dabei *Multikomponenten-Diffusionskoeffizienten*, die x_j Molenbrüche und D_i^{T} der *Thermodiffusions-Koeffizient* (in $\mathrm{kg \cdot m^{-1} \cdot s^{-1}}$) des Stoffes i aufgrund des vorliegenden Temperaturgefälles. Die Eigenschaft, dass Teilchen aufgrund von Temperaturgradienten transportiert werden (Thermodiffusion), bezeichnet man auch als *Soret-Effekt*. Bei praktischen Anwendungen ist für den Diffusionsfluss j_i der vereinfachte Ansatz

$$j_i = -D_i^{\mathrm{M}} \rho \frac{w_i}{x_i} \frac{\partial x_i}{\partial z} - \frac{D_i^{\mathrm{T}}}{T} \frac{\partial T}{\partial z} \qquad (3.9)$$

meist hinreichend genau. Hier bezeichnet D_i^{M} den Diffusionskoeffizient der Teilchensorte i in die Mischung der restlichen Teilchen (vergl. Kapitel 5). Diese vereinfachte Formulierung ist für binäre Mischungen und für Stoffe, die nur in Spuren vorliegen ($w_i \to 0$), äquivalent zu (3.8). Die Annahme einer starken Verdünnung in einer Überschuss-Komponente ist z. B. gut erfüllt in Flammen mit dem Oxidationsmittel Luft, wo dann Stickstoff in großem Überschuss vorhanden ist.

3.3 Die Beschreibung einer laminaren flachen Vormischflammenfront

Zur vollständigen Beschreibung einer laminaren flachen Vormischflammenfront (Warnatz 1978a) müssen als Funktion von z die Temperatur T, der Druck p, die Geschwindigkeit υ und die partiellen Dichten ρ_i ($i = 1,...,S$ für S Stoffe) bzw. die Gesamtdichte ρ und die S-1 linear unabhängigen Massenbrüche $w_1,...,w_{S-1}$ bekannt sein ($w_S = 1 - w_1 - ... - w_{S-1}$). Unter Verwendung der oben angegebenen Erhaltungsgleichungen lassen sich diese Größen berechnen.

Der Druck wird als konstant angenommen (siehe Kapitel 3.1) und gleicht damit dem vorgegebenen Außendruck. Die Dichte ρ erhält man bei bekannten Werten von Temperatur, Druck und Zusammensetzung aus dem idealen Gasgesetz (1.4).

Die Geschwindigkeit υ erhält man aus der allgemeinen Kontinuitätsgleichung (3.2). Da Stationarität (d. h. keine zeitliche Abhängigkeit) vorausgesetzt wurde, vereinfacht sich Gleichung (3.2) zu

$$\partial(\rho\upsilon)/\partial z = 0 \qquad \text{bzw.} \qquad \rho\upsilon = \text{const.} \tag{3.10}$$

Mit Hilfe des vorgegebenen Massenflusses $(\rho\upsilon)_\mathrm{u}$ des unverbrannten Gases lässt sich dann υ an jedem Punkt in der Flamme berechnen.

Die Berechnung der Massenbrüche w_i ($i = 1, ..., S$-1) erfolgt schließlich durch Lösen der Teilchenerhaltungsgleichungen. Thermodiffusion, die nur für Stoffe mit sehr kleiner molarer Masse (in der Praxis H, H_2 und das kaum auftretende Edelgas He) einen merklichen Beitrag darstellt, soll hier vernachlässigt werden. Dann ergibt sich durch Einsetzen des Diffusionsflusses j_i (Gleichung 3.9) in die Massenerhaltung (3.5) bei Annahme einer annähernd konstanten mittleren molaren Masse

$$\rho\frac{\partial w_i}{\partial t} = \frac{\partial}{\partial z}\left(D_i^\mathrm{M}\,\rho\frac{\partial w_i}{\partial z}\right) - \rho\upsilon\frac{\partial w_i}{\partial z} + r_i\,. \tag{3.11}$$

Die Temperatur lässt sich mittels der Energieerhaltungsgleichung bestimmen. Durch Einsetzen des Wärmeflusses j_q (3.7) und unter Berücksichtigung von $c_{p,j}\mathrm{d}T = \mathrm{d}h_j$ und $c_p = \Sigma w_j c_{p,j}$ (spezifische Wärmekapazität der Mischung (in $\mathrm{J{\cdot}kg^{-1}{\cdot}K^{-1}}$) erhält man

$$\rho c_p\frac{\partial T}{\partial t} = \frac{\partial}{\partial z}\left(\lambda\frac{\partial T}{\partial z}\right) - \left(\rho\upsilon c_p + \sum_j j_j c_{p,j}\right)\frac{\partial T}{\partial z} - \sum_j h_j r_j\,. \tag{3.12}$$

Damit sind genügend Bestimmungsgleichungen zur Lösung des Problems gegeben. Sie bilden (nach Ausdifferenzieren) ein partielles Differentialgleichungssystem der Form

$$\frac{\partial Y}{\partial t} = A\frac{\partial^2 Y}{\partial z^2} + B\frac{\partial Y}{\partial z} + C\,.$$

Die numerische Lösung dieses Differentialgleichungssystems soll in Kapitel 8 beschrieben werden. Insbesondere werden dabei die Konsequenzen, die sich aus der

Form des Quellterms C (d. h. in diesem Fall die Reaktionsgeschwindigkeiten r_i) für das Lösungsverfahren ergeben, diskutiert werden.

Die in (3.11) und (3.12) vorkommenden Terme sollen nun näher beschrieben werden. Die Terme der Form $\partial Y/\partial t$ bezeichnen die jeweilige zeitliche Änderung der verschiedenen Größen am Ort z, die zweiten Ableitungen beschreiben den Transport (Diffusion, Wärmeleitung), die ersten Ableitungen beschreiben die Strömung (in (3.12) ist $\Sigma j_j c_{p,j}$ noch ein Korrekturglied, das Transport von Wärme durch Diffusion von Teilchen beschreibt), und die ableitungsfreien Terme beschreiben die lokale Änderung durch chemische Reaktion (siehe Kapitel 6 und 7). Der Einfluss der verschiedenen Terme lässt sich am besten erkennen, wenn man vereinfachte Systeme betrachtet, bei denen man einzelne Prozesse vernachlässigen kann.

Beispiel 3.1: Man betrachtet ein ruhendes, chemisch nicht reagierendes (inertes) Gemisch. Dann verschwinden sowohl die Strömungs- als auch die Quellterme. Nimmt man an, dass λ und $D_i^{\mathrm{M}}\rho$ nicht vom Ort z abhängen, so erhält man die vereinfachten Gleichungen

$$\frac{\partial w_i}{\partial t} = D_i^{\mathrm{M}} \frac{\partial^2 w_i}{\partial z^2} \quad \text{und} \quad \frac{\partial T}{\partial t} = \frac{\lambda}{\rho c_p} \frac{\partial^2 T}{\partial z^2} \,. \tag{3.13}$$

(2. *Ficksches Gesetz*) (2. *Fouriersches Gesetz*)

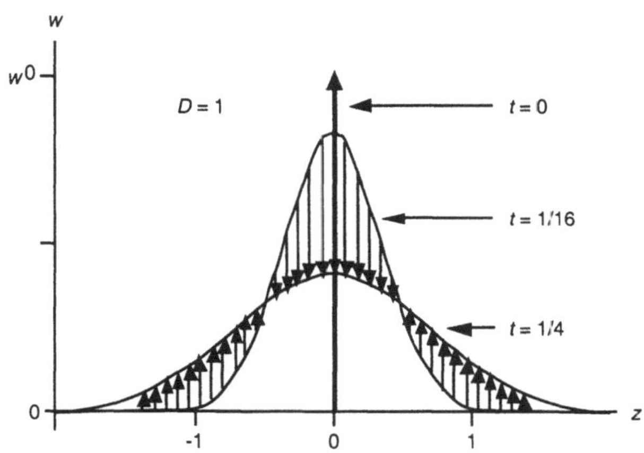

Abb. 3.2. Typischer Verlauf eines diffusiven Prozesses (in dimensionslosen Einheiten)

Beide Gesetze beschreiben das Auseinanderlaufen von Profilen durch diffusive Prozesse, wobei die zeitliche Änderung proportional zur Krümmung (= 2. Ableitung) der Profile ist und letztlich zu einer Gleichverteilung führt. Gleichungen der Form (3.13) lassen sich leicht analytisch lösen (Braun 1988). Eine spezielle Lösung der Diffusionsgleichung, die das Auseinanderlaufen der Profile verdeutlicht, ist in Abb. 3.2 dargestellt und gegeben durch

$$w_i(z,t) = w_i^0 \frac{1}{\sqrt{4\pi Dt}} \exp\left(-\frac{z^2}{4Dt}\right) . \tag{3.14}$$

Man erkennt, dass z. B. ein Teilchenhaufen, der sich anfangs zur Zeit $t = 0$ an der Stelle $z = 0$ befindet, sich über den ganzen Raum verteilt. Die Profile sind in diesem Beispiel zu jeder Zeit durch Gauß-Profile mit dem mittleren Fehlerquadrat $2 \cdot Dt$ gegeben.

Beispiel 3.2: Es soll nun ein Gemisch betrachtet werden, in dem keine chemische Reaktion und keine Transportvorgänge stattfinden. Man erhält aus Gleichungen (3.11) oder (3.12)

$$\frac{\partial Y}{\partial t} = -\upsilon \frac{\partial Y}{\partial t} \qquad (Y = w_i, T) \tag{3.15}$$

Die Gleichung beschreibt Konvektion mit der Geschwindigkeit υ. Die zeitliche Änderung ist jeweils proportional zur Steigung (= 1. Ableitung) des Profils. Auch diese Gleichung lässt sich exakt lösen (John 1981), wobei die Lösung gegeben ist durch $Y(z,t) = Y(z-\upsilon t, 0)$. Während der Zeit t findet also eine Verschiebung des Profils um den Weg $\upsilon \cdot t$ statt. Die Form des Profils ändert sich hierbei nicht (siehe Abb. 3.3).

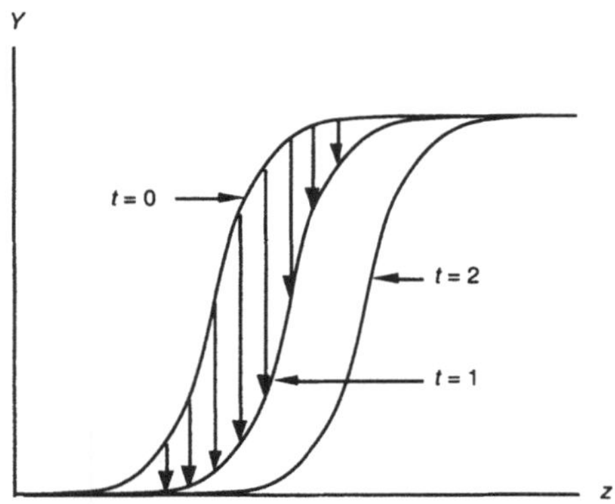

Abb. 3.3. Schematische Darstellung eines Konvektionsprozesses

Beispiel 3.3: Der dritte vereinfachte Fall ergibt sich schließlich, wenn man ein ruhendes Gemisch betrachtet und Transportvorgänge ausschließt. Man erhält

$$\frac{\partial w_i}{\partial t} = \frac{r_i}{\rho} \quad \text{und} \quad \frac{\partial T}{\partial t} = -\frac{\sum h_j r_j}{\rho c_p} . \tag{3.16}$$

Diese *Geschwindigkeitsgesetze* der Reaktionskinetik beschreiben den Stoffumsatz bei chemischen Reaktion und die damit verbundene sogenannte *Wärmetönung*. Es handelt sich um gewöhnliche Differentialgleichungssysteme, zu deren Behandlung die genaue Form von r_i bekannt sein muss. Darauf wird in den Kapiteln 6 bis 8 eingegangen werden. Im Chemieingenieurwesen ist dieser Grenzfall unter dem Namen *Satzreaktor* (englisch: *batch reactor*) bekannt; wenn die Zeit über eine konstante Strömungsgeschwindigkeit in eine Entfernung umgewandelt wird, spricht man von einem *Rohrreaktor* (englisch: *plug flow reactor*).

Beispiel 3.4: Ein wichtiges Problem mit weitreichenden Auswirkungen auf das Verständnis von Diffusions/Konvektionsanordnungen und turbulenten Strömungen ist das Gegenstrom-System, das in Abb. 3.4a wiedergegeben ist. Eine von links kommende Strömung trifft dabei auf eine entsprechende von rechts kommende. Beide Strömungen weichen nach oben und unten aus; die Geometrie kann zweidimensional planar oder axialsymmetrisch sein. Zum einfacheren Verständnis soll angenommen werden, dass die Strömung nichtreaktiv ist ($C = 0$) mit konstanter Dichte, Diffusivität und Temperatur und mit Konzentrationen c^+ von der rechten und c^- von der linken Seite. Entlang der Symmetrielinie (r=0, z) existieren keine Gradienten von c, so dass das Problem auf ein eindimensionales zurückgeführt werden kann, das durch die Gleichungen (3.11) und (3.12) beschrieben wird, wobei der instationäre Term weggelassen ist,

$$D\frac{\partial^2 c}{\partial z^2} - \upsilon\frac{\partial c}{\partial z} = 0 \,. \tag{3.17}$$

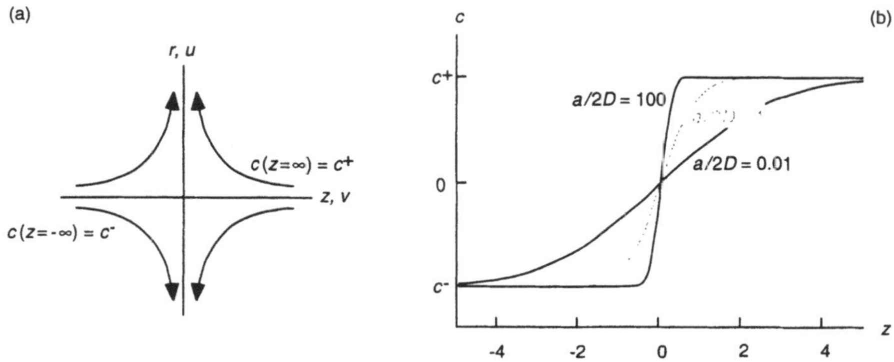

Abb. 3.4. (a) Schematische Beschreibung des 1D-Gegenstromes und (b) Lösung von (3.18)

Die stationäre Lösung ergibt sich durch Ausgleich von Konvektion und Diffusion. Wenn u und υ die Geschwindigkeiten in r- bzw. z-Richtung repräsentieren, ist das Geschwindigkeitsfeld für eine stationäre inkompressible Potentialströmung gegeben durch $u = a{\cdot}r$ und $\upsilon = -a{\cdot}z$. Es gibt eine analytische Lösung von (3.17),

$$c(z) = c^- + \frac{c^+ - c^-}{2}\left\{1 + \mathrm{erf}\left(z\sqrt{a/(2D)}\right)\right\}, \tag{3.18}$$

die in Abb. 3.4b aufgetragen ist. Ein Anwachsen des Verhältnisses $a/2D$ resultiert in einem steileren Gradienten grad c und einer Zunahme der Mischungsgeschwindigkeit.

Beispiel 3.5: Die oben dargestellten Erhaltungsgleichungen ermöglichen unter Verwendung der notwendigen Daten (Transportkoeffizienten, chemische Reaktionsdaten, thermodynamische Daten) eine vollständige Berechnung der Temperatur und der Konzentrationsprofile in laminaren flachen Flammen in Abhängigkeit vom Abstand z zum Brenner (siehe oben). Solche berechneten Profile lassen sich mit experimentellen Ergebnissen (wie sie in Kapitel 2 beschrieben worden sind) vergleichen. Ein typisches Beispiel für eine Ethin (C_2H_2)-Sauerstoff-Flamme bei Unterdruck ist in Abbildung 3.5 dargestellt.

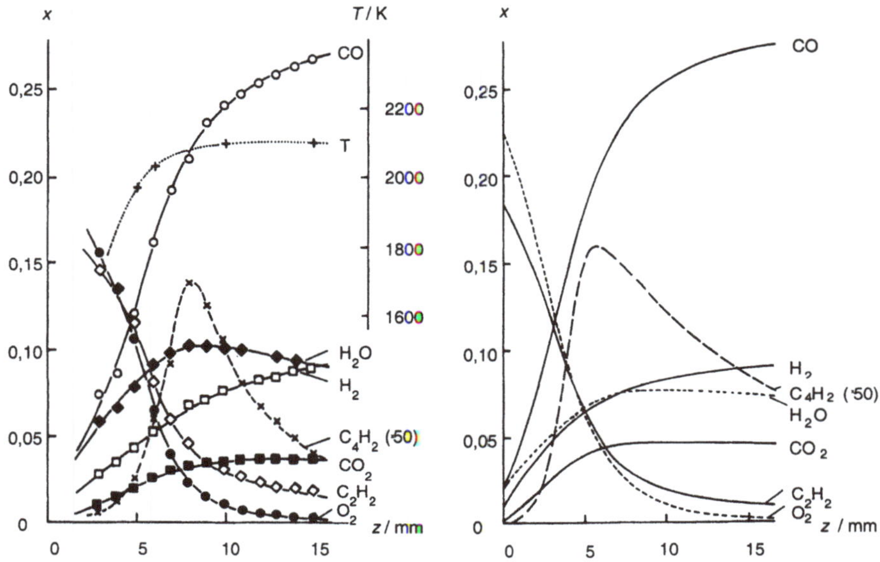

Abb. 3.5. Profile der Temperatur und der Molenbrüche von stabilen Spezies in einer flachen Ethin (Acetylen)-Sauerstoff-Flamme (verdünnt mit Argon) bei Unterdruck. Links: experimentelle Ergebnisse (siehe Kapitel 2); rechts: berechnete Profile (siehe Kapitel 8); dabei wurde auf die Lösung der Enthalpie-Erhaltung verzichtet und der experimentelle Temperaturverlauf in den Rechnungen benutzt (Warnatz et al. 1983)

3.4 Übungsaufgaben

Aufgabe 3.1: Bestimmen Sie die Lage der Flammenfront eines in Luft brennenden Ethanol-Tropfens mit einem konstanten Durchmesser von 30 µm. Annahmen: Die Reaktion laufe unendlich schnell ab, d. h. die Flammenfront sei unendlich dünn und befinde sich an der Stelle stöchiometrischen Verhältnisses von Brennstoff- und Sauerstoff-Massenstrom. Die Reaktion läuft nach $C_2H_5OH + 3\ O_2 \rightarrow 2\ CO_2 + 3\ H_2O$ ab. Der Diffusionskoeffizient und die Dichte seien konstant und für alle Stoffe gleich.

4 Thermodynamik von Verbrennungsvorgängen

Die Thermodynamik erlaubt die Berechnung von Stoffeigenschaften, wie spezifischen Wärmekapazitäten c_p oder spezifischen Enthalpien h, die in den Erhaltungsgleichungen auftreten. Weiterhin lassen sich mittels der Thermodynamik Gleichgewichtstemperatur und Gleichgewichtszusammensetzung des Abgases hinter einer Verbrennungsfront ermitteln.

Die Thermodynamik ist eine in sich geschlossene Theorie, die allein auf der Annahme von drei Hauptsätzen beruht (siehe Lehrbücher der Thermodynamik). Die *Hauptsätze der Thermodynamik* sind Erfahrungssätze, d. h. sie sind durch experimentelle Untersuchungen belegt, können aber nicht bewiesen werden. Da diese Hauptsätze von sehr grundlegender Natur sind (siehe weiter unten), stellen die aus ihnen abgeleiteten Gesetzmäßigkeiten fundamentale Zusammenhänge dar, die auch bei einer Weiterentwicklung des Verständnisses des molekularen Aufbaus der Materie ihre Gültigkeit behalten.

4.1 Der Erste Hauptsatz der Thermodynamik

Der *1. Hauptsatz der Thermodynamik* beruht auf dem *Jouleschen Versuch*, bei dem einem thermisch isolierten System Arbeit zugeführt wird. Aus der Temperaturerhöhung im System lässt sich die Wärmemenge berechnen, die der zugeführten mechanischen Arbeit äquivalent ist.

Die allgemeine Formulierung des 1. Hauptsatzes geht auf Hermann von Helmholtz zurück. Sie besagt, dass die Summe aller Energieformen in einem abgeschlossenen System konstant ist. Die Änderung der inneren Energie $\mathrm{d}U$ eines Systems ist demnach gegeben als die Summe der zugeführten Wärme δQ und der am System verrichteten Arbeit δW,

$$\mathrm{d}U = \delta Q + \delta W. \tag{4.1}$$

Hierbei benutzt man die Vorzeichenkonvention, dass dem System zugeführte Energie positive, dem System entzogene Energie negative Werte besitzt. Von besonderer

Bedeutung sind die zwei verschiedenen Symbole d und δ für infinitesimale Änderungen in (4.1). Das Symbol d beschreibt eine differentielle Änderung einer *Zustandsfunktion* Z, deren Wert nur vom Zustand des betrachteten Systems, jedoch nicht von der Art, wie er erreicht wurde, abhängt (d. h. von dem Weg, auf dem die Zustandsänderung stattfindet). Diese Eigenschaft lässt sich einfach formulieren durch die Bedingung, dass das zyklische Integral der Zustandsänderung identisch 0 ist,

$$\oint \mathrm{d}Z = 0 . \tag{4.2}$$

Arbeit kann einem System in vielfältiger Weise zugeführt werden. Beispiele sind

- *Elektrische Arbeit*, z. B. die bei einer Ladungsänderung dq in einem elektrischen Potential e verrichtete Arbeit $e \cdot \mathrm{d}q$
- *Oberflächenarbeit*, d. h. die bei einer Oberflächenänderung dO gegen die Oberflächenspannung σ verrichtete Arbeit $\sigma \cdot \mathrm{d}O$
- *Hubarbeit* im Schwerefeld, d. h. die bei einer Anhebung einer Masse m um die Höhe dx verrichtete Arbeit $mg \cdot \mathrm{d}x$ (mit g = Erdbeschleunigung)
- *Volumenarbeit* , d. h. Arbeit $- p \cdot \mathrm{d}V$, die verrichtet werden muss, um das Volumen eines Gases bei konstantem Druck p um dV zu ändern.

Für die Behandlung der thermodynamischen Daten wird im folgenden außer der Volumenarbeit keine dieser Arbeitsformen benötigt. Der 1. Hauptsatz lautet demnach

$$\mathrm{d}U = \delta Q - p\mathrm{d}V \tag{4.3}$$

bzw.

$$\mathrm{d}U = \delta Q \quad \text{für } V = \text{const.} \tag{4.4}$$

Die Änderung der inneren Energie U entspricht demnach bei konstantem Volumen der zugeführten Wärmemenge.

Chemische Prozesse werden oft bei konstantem Druck durchgeführt. Aus diesem Grund definiert man eine neue Zustandsfunktion, die *Enthalpie H* mittels

$$H = U + pV \tag{4.5}$$

bzw.

$$\mathrm{d}H = \mathrm{d}U + p\mathrm{d}V + V\mathrm{d}p . \tag{4.6}$$

Einsetzen von (4.3) ergibt

$$\delta H = \delta Q + V\mathrm{d}p \tag{4.7}$$

bzw.

$$\mathrm{d}H = \delta Q \quad \text{für } p = \text{const.} \tag{4.8}$$

4.2 Standard-Bildungsenthalpien

Enthalpie-Änderungen lassen sich nach den Gleichungen (4.4) bzw. (4.8) mit Kalorimetern (z. B. *Verbrennungsbomben*) messen. Hierbei wird eine chemische Substanz zusammen mit Sauerstoff unter hohem Druck in einem Autoklaven verbrannt. Die Verbrennungsbombe (siehe Abb. 4.1) befindet sich in einem Wasserbad, das gegen die Umgebung thermisch isoliert ist. Aus der Wärme δQ, die in das Wasserbad während der Reaktion übergeht, lässt sich die Änderung der inneren Energie dU bei der Verbrennung bestimmen (Kalibrierung durch elektrische Heizung; siehe Gleichungen (4.13) und (4.14). Messbar sind nur Energieänderungen.

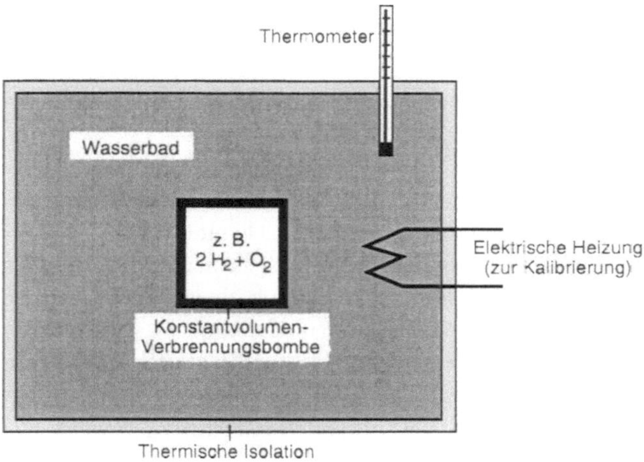

Abb. 4.1. Schematische Darstellung einer Verbrennungsbombe

Eine chemische Reaktion ist in ihrer allgemeinsten Form gegeben (bei reversibler Durchführung) durch den Ausdruck

$$\nu_1 A_1 + \nu_2 A_2 + \ldots + \nu_S A_S = 0 \qquad \text{bzw.} \qquad \Sigma \nu_i A_i = 0\,, \tag{4.9}$$

wobei A_i Stoffsymbole und ν_i die *stöchiometrischen Koeffizienten* bezeichnen sollen ($\nu_i > 0$ für Produkte, $\nu_i < 0$ für Reaktanden). Für die Verbrennung von Knallgas

$$2\,H_2 + O_2 \rightarrow 2\,H_2O$$

ergibt sich z. B.

$$2\,H_2 + O_2 - 2\,H_2O = 0$$

mit

$$A_1 = H_2,\ A_2 = O_2,\ A_3 = H_2O,\ \nu_1 = -2,\ \nu_2 = -1,\ \nu_3 = +2\,.$$

Die Änderung der inneren Energie oder Enthalpie bei einer chemischen Reaktion ist dann gegeben durch die Summe der inneren Energien oder Enthalpien der beteiligten Stoffe, multipliziert mit den entsprechenden stöchiometrischen Koeffizienten,

$$\Delta_R H = \Sigma \nu_i \Delta H_i \tag{4.10}$$

$$\Delta_R U = \Sigma \nu_i \Delta U_i\,. \tag{4.11}$$

Absolutwerte für innere Energien oder Enthalpien lassen sich auf diese Art nicht bestimmen. Aus diesem Grund legt man für alle chemischen Elemente willkürlich einen Bezugszustand fest. Man vereinbart dabei: Reine Elemente in ihrem stabilsten Zustand bei T = 298,15 K und p = 1 bar (*Standardzustand*) haben die Enthalpie Null.

Es ist für jedes chemische Element eine Festlegung nötig, da Elemente nicht durch chemische Reaktionen ineinander umwandelbar sind. Unter Verwendung dieser Bezugszustände können nun auf die im folgenden geschilderte Weise auch absolute Enthalpien eingeführt werden. Man vereinbart: Die *Standard-Bildungsenthalpie* $\Delta \overline{H}^0_{f,298}$ eines Stoffes ist die Reaktionsenthalpie $\Delta_R \overline{H}^0_{f,298}$ seiner Bildungsreaktion aus den reinen Elementen bei der Temperatur T = 298,15 K und dem Druck p = 1 bar (bezeichnet mit „0"); früher: bei p = 1 atm.

Beispiel: $1/2\ O_2(g) \rightarrow O(g)$ $\Delta_R \overline{H}^0_{f,298} = 249{,}2$ kJ/mol

Aus der Definition der Standard-Bildungsenthalpie ergibt sich in diesem Falle dann $\Delta \overline{H}^0_{f,298}(O,g) = 249{,}2$ kJ/mol. Der Querstrich bezeichnet dabei molare Größen, d. h., hier ist die Enthalpie eines Mols Sauerstoffatome gemeint (siehe nächster Abschnitt).

Oft können die interessierenden Reaktionen (Herstellung eines Stoffes aus den Elementen) nicht ablaufen. Da die Enthalpie eine Zustandsfunktion ist, kann man sie jedoch indirekt bestimmen. Diese Methode geht auf Hess (1840) zurück und soll am Beispiel der Standard-Bildungsenthalpie von Ethen (C_2H_4) erklärt werden. Ethen lässt sich nicht direkt aus seinen Elementen (Kohlenstoff und Wasserstoff) darstellen. Die Reaktionsenthalpien bei der Verbrennung von Graphit, Wasserstoff und Ethen lassen sich jedoch einfach bestimmen. Addiert man die drei Reaktionsgleichungen und die zugehörigen Reaktionsenthalpien, $\Delta_R \overline{H}^0_{298} = \sum \nu_i \Delta \overline{H}^0_{f,298,i}$, so erhält man die Standard-Bildungsenthalpie für das Ethen (Äthylen) $\Delta \overline{H}^0_{f,298}(C_2H_4,g) = 52{,}1$ kJ/mol.

Nr.	Reaktion						$\Delta_R \overline{H}^0_{f,298}$ (kJ/mol)
(1)	2 C(Graphit)	+	2 O_2(g)	=	2 CO_2(g)		-787,4
(2)	2 H_2(g)	+	O_2(g)	=	2 H_2O(l)		-571,5
(3)	2 CO_2(g)	+	2 H_2O(l)	=	C_2H_4(g)	+ 3 O_2(g)	+1411,0
(1)+(2)+(3)	2 C(Graphit)	+	2 H_2(g)	=	C_2H_4(g)		+52,1

Die in Klammern stehenden Symbole geben dabei den Aggregatzustand der Elemente bei Normalbedingungen an, wobei g für gasförmig, l für flüssig stehen (die Enthalpien z. B. dieser beiden Aggregatzustände unterscheiden sich um die Verdampfungsenthalpie). Standard-Bildungsenthalpien einiger Stoffe sind in Tab. 4.1 angegeben.

4.3 Wärmekapazitäten

Wird einem System Wärme zugeführt, so ändert sich seine Temperatur. Die *Wärmekapazität C* eines Systems beschreibt die Temperaturänderung dT, die stattfindet, wenn dem hier gerade betrachteten System eine Wärmemenge δQ zugeführt wird,

$$C = \delta Q/\mathrm{d}T\,. \tag{4.12}$$

Die Wärmekapazität hängt immer davon ab, unter welchen Bedingungen die Wärme dem System zugeführt wird. Befindet sich z. B. ein System unter konstantem Druck, so wird die zugeführte Wärmemenge außer zur Erhöhung der Temperatur auch zur Verrichtung von Volumenarbeit (nämlich zur Expansion des Systems) verwendet. Aus diesem Grund ist die Wärmekapazität hier größer als bei Zustandsänderungen mit konstantem Volumen ($C_p > C_V$).

Tab. 4.1. Standard-Bildungsenthalpien und Standard-Entropien (siehe weiter unten) einiger häufig vorkommender Stoffe (Stull und Prophet 1971, Kee et al. 1987, Burcat 1984)

Stoff	Formel	$\Delta\overline{H}^0_{f,298}$ [kJ/mol]	$\overline{S}^0_{298}$ [J/mol·K]
Sauerstoff	O_2(g)	0	205,04
Sauerstoff-Atom	O(g)	249,2	160,95
Ozon	O_3(g)	142,4	238,8
Wasserstoff	H_2(g)	0	130,57
Wasserstoff-Atom	H(g)	218,00	114,60
Wasser	H_2O(g)	-241,81	188,72
Wasser	H_2O(l)	-285,83	69,95
Hydroxyl	OH(g)	39,3	183,6
Chlor	Cl_2(g)	0	222,97
Chlor-Atom	Cl(g)	121,29	165,08
Chlorwasserstoff	HCl(g)	-92,31	186,97
Stickstoff	N_2(g)	0	191,50
Stickstoff-Atom	N(g)	472,68	153,19
Stickstoffmonoxid	NO(g)	90,29	210,66
Stickstoffdioxid	NO_2(g)	33,1	239,91
Kohlenstoff	C(s,Graphit)	0	5,74
Kohlenstoff	C(s,Diamant)	1,895	2,38
Kohlenstoff	C(g)	716,6	157,99
Kohlenmonoxid	CO(g)	-110,53	197,56
Kohlendioxid	CO_2(g)	-393,5	213,68
Methan	CH_4(g)	-74,85	186,10
Ethan	C_2H_6(g)	-84,68	229,49
Ethen	C_2H_4(g)	52,10	219,45
Ethin	C_2H_2(g)	226,73	200,83
Propan	C_3H_8(g)	-103,85	269,91
Benzol	C_6H_6(g)	82,93	269,20
Methanol	CH_3OH(g)	-200,66	239,70
Ethanol	C_2H_5OH(g)	-235,31	282,00
Dimethylether	CH_3OCH_3(g)	-183,97	266,68

Damit ergibt sich dann aus den Formulierungen (4.4) und (4.8) des 1. Hauptsatzes für konstantes Volumen bzw. für konstanten Druck,

$$V = \text{const.:} \qquad \mathrm{d}U = \delta Q = C_V \mathrm{d}T\,, \tag{4.13}$$

$$p = \text{const.:} \qquad \mathrm{d}H = \delta Q = C_p \mathrm{d}T\,. \tag{4.14}$$

Experimentell lassen sich C_V und C_p bestimmen, indem man einem System eine kleine definierte Wärmemenge (z. B. Erwärmung durch einen Heizdraht) zuführt und die Temperaturänderung misst. Außerdem lassen sich C_V und C_p mit Hilfe der statistischen Thermodynamik theoretisch berechnen (siehe Lehrbücher der statistischen Thermodynamik).

Mit der Kenntnis von C_p oder C_V ($C_p = C_V + nR$ für ideale Gase durch Kombination von 4.5, 4.13, 4.14 und dem idealen Gasgesetz) lassen sich aus (4.13) und (4.14) die Temperaturabhängigkeiten von U und H ableiten. Durch Integration erhält man

$$V = \text{const.:} \qquad U_T = U_{298\,\mathrm{K}} + \int_{298\,\mathrm{K}}^{T} C_V \mathrm{d}T' \tag{4.15}$$

$$p = \text{const.:} \qquad H_T = H_{298\,\mathrm{K}} + \int_{298\,\mathrm{K}}^{T} C_p \mathrm{d}T'\,. \tag{4.16}$$

Die thermodynamischen Größen U, H und C hängen von der Stoffmenge ab (sie sind extensive Größen). In vielen Fällen ist es jedoch vorteilhafter, mit stoffmengenunabhängigen Größen zu rechnen.

Aus diesem Grund definiert man molare und spezifische Größen. *Molare Größen* beschreiben innere Energie, Enthalpie, Wärmekapazität usw. bezogen auf ein Mol Stoffmenge. Sie sollen im folgenden durch einen Querstrich gekennzeichnet werden (n = Stoffmenge):

$$\overline{C} = C/n; \qquad \overline{U} = U/n; \qquad \overline{H} = H/n \qquad \text{usw.}$$

Spezifische Größen beschreiben innere Energie, Enthalpie, Wärmekapazität usw. bezogen auf die Einheitsmasse (z. B. 1 kg). Sie sollen im folgenden durch kleine Buchstaben gekennzeichnet werden (m = Gesamtmasse des Systems):

$$c = C/m; \qquad u = U/m; \qquad h = H/m \qquad \text{usw.}$$

4.4 Der Zweite Hauptsatz der Thermodynamik

Zahlreiche physikalisch-chemische Prozesse verletzen nicht den 1. Hauptsatz der Thermodynamik, finden der Erfahrung nach aber trotzdem nie statt. Zwei Körper unterschiedlicher Temperatur werden, sobald zwischen ihnen ein Energieaustausch ermöglicht wird, eine gemeinsame Temperatur erreichen. Der umgekehrte Prozess ist nicht möglich (man wird nie beobachten, dass sich ein Körper erwärmt, während sich der andere abkühlt). Aus dieser Beobachtung resultiert der 2. *Hauptsatz der Thermodynamik*:

> Ein Prozess, der einzig und allein Wärme einem kalten Körper entzieht und diese an einen warmen Körper abgibt, ist unmöglich.

Eine andere (äquivalente) Form des 2. Hauptsatzes besagt, dass zwar Arbeit vollständig in Wärme, Wärme aber nicht vollständig in Arbeit umgewandelt werden kann. Der 2. Hauptsatz enthält somit Information über die Richtung thermodynamischer Prozesse.

Thermodynamische Prozesse, bei denen ein System ohne Änderungen in der Umgebung in seinen Anfangszustand zurückkehren kann, bezeichnet man als *reversibel*. Für solche Prozesse ist es notwendig und hinreichend, dass sich das System in lokalem Gleichgewicht befindet (Beispiele sind Verdampfung und Kondensation). Bei irreversiblen Prozessen ist eine Rückkehr in den Ausgangszustand nur möglich, wenn sich die Umgebung des Systems ändert (z. B. Verbrennungsprozesse).

Während die einem System zugeführte Wärmemenge vom Weg abhängt und damit keine Zustandsfunktion ist, existiert eine extensive Zustandsfunktion, die Entropie S, für die gilt

$$\mathrm{d}S = \frac{\delta Q_{\text{rev.}}}{T} \qquad \text{bzw.} \qquad \mathrm{d}S > \frac{\delta Q_{\text{irrev.}}}{T} . \tag{4.17}$$

Dabei bezeichnen die Indizes *rev.* einen *reversiblen* und *irrev.* einen *irreversiblen* Prozess. Dieser Zusammenhang ist eine weitere äquivalente Formulierung des 2. Hauptsatzes der Thermodynamik. Es gilt somit für abgeschlossene Systeme ($\delta Q = 0$)

$$(\mathrm{d}S)_{\text{rev.}} = 0 \qquad \text{bzw.} \qquad (\mathrm{d}S)_{\text{irrev.}} > 0 . \tag{4.18}$$

Die Entropieänderung bei einem reversiblen thermodynamischen Prozess erhält man durch Integration von (4.17) als

$$S_2 - S_1 = \int_1^2 \frac{\delta Q_{\text{rev}}}{T} . \tag{4.19}$$

Der Begriff der Entropie lässt sich mittels der statistischen Theorie der Thermodynamik auch als ein Maß für die Unordnung eines Systems erklären. Auf diese Betrachtungsweise soll hier nicht eingegangen werden. Einzelheiten findet man in Lehrbüchern der statistischen Theorie der Wärme.

4.5 Der Dritte Hauptsatz der Thermodynamik

Der 2. Hauptsatz (siehe Abschnitt 4.4) beschreibt die Entropieänderung bei thermodynamischen Prozessen. Es hat sich jedoch herausgestellt, dass Entropien (im Gegensatz zu den Enthalpien) einen durch die Natur festgelegten Nullpunkt haben.

Der 3. *Hauptsatz der Thermodynamik* formuliert dieses Vorhandensein eines absoluten Nullpunktes der Entropie als

$$\lim_{T \to 0} S = 0 \qquad \text{für ideale Kristalle reiner Stoffe.} \tag{4.20}$$

Analog zu freier Energie und Enthalpie definiert man *Standard-Entropien* S° als Entropien beim Standarddruck. *Reaktionsentropien* $\Delta_R S$ sind (analog zu Reaktionsenthalpie usw.) festgelegt als

$$\Delta_R S = \sum_i \nu_i S_i \ . \tag{4.21}$$

Für die Temperaturabhängigkeit der Entropie ergibt sich aus (4.17) mit (4.13) und (4.14)

$$\mathrm{d}S = \frac{C_V}{T}\mathrm{d}T \quad \text{bzw.} \quad S_T = S_{298\,\mathrm{K}} + \int_{298\,\mathrm{K}}^{T} \frac{C_V}{T'}\mathrm{d}T' \qquad (\text{rev., } V = \text{const.}) \tag{4.22}$$

$$\mathrm{d}S = \frac{C_p}{T}\mathrm{d}T \quad \text{bzw.} \quad S_T = S_{298\,\mathrm{K}} + \int_{298\,\mathrm{K}}^{T} \frac{C_p}{T'}\mathrm{d}T' \qquad (\text{rev., } p = \text{const.})\ . \tag{4.23}$$

Tabellenwerte von $\overline{S}^0_{298\,\mathrm{K}}$ sind in Tabelle 4.1 aufgeführt, so dass die Berechnung von Reaktionsenthalpien und Reaktionsentropien für einfache Beispiele möglich wird.

4.6 Gleichgewichtskriterien und Thermodynamische Funktionen

Ersetzt man im 1. Hauptsatz (4.3) die zugeführte Wärmemenge durch den Ausdruck für die Entropie (4.17), so erhält man die Ungleichung

$$\mathrm{d}U + p\,\mathrm{d}V - T\,\mathrm{d}S \le 0 \ , \tag{4.24}$$

wobei das Gleichheits-Zeichen für reversible, das Kleiner-Zeichen für irreversible Prozesse gilt.

Ein typischer reversibler Prozess ist die Einstellung eines chemischen Gleichgewichts, z. B.

$$\mathrm{A} + \mathrm{B} + \ldots = \mathrm{C} + \mathrm{D} + \ldots$$

Zugabe z. B. einer differentiell kleinen Menge von A verschiebt das Gleichgewicht nach rechts, Wegnahme einer differentiell kleinen Menge von A verschiebt das Gleichgewicht nach links (*le Chateliersches Prinzip des kleinsten Zwanges*). Man erhält demnach als Gleichgewichtsbedingung

$$\mathrm{d}U + p\mathrm{d}V - T\mathrm{d}S = 0 \tag{4.25}$$

bzw.

$$(\mathrm{d}U)_{V,S} = 0\,. \tag{4.26}$$

Diese Gleichgewichtsbedingung ist aber wegen der ungünstig festgelegten Nebenbedingungen V = const. und S = const. für praktische Anwendungen kaum zu gebrauchen, da die Entropie für die Praxis (nicht direkt mess- und regelbar) eine unhandliche Größe ist.

Zur Formulierung praktikabler Gleichgewichtsbedingungen muss man daher, wie schon bei der Einführung der Enthalpie (siehe Abschnitt 4.1), geeignete neue thermodynamische Funktionen einführen, die zu praxisgerechten Nebenbedingungen führen. Ersetzt man deshalb in (4.25) $T\mathrm{d}S$ durch $\mathrm{d}(TS)$ - $S\mathrm{d}T$, so erhält man nach Umformung für das Gleichgewicht die Bedingung

$$\mathrm{d}(U - TS) + p\mathrm{d}V + S\mathrm{d}T = 0 \tag{4.27}$$

bzw. mit einer neuen Zustandsfunktion $F = U - TS$, die als *Freie Energie* bezeichnet wird,

$$(\mathrm{d}F)_{V,T} = 0\,. \tag{4.28}$$

Entsprechend ergibt sich durch weitere Umformung dieses Ausdrucks der Zusammenhang

$$\mathrm{d}(U - TS + pV) - V\mathrm{d}p + S\mathrm{d}T = 0\,, \tag{4.29}$$

so dass man mit einer weiteren Zustandsfunktion (*Freie Enthalpie* oder *Gibbs-Energie*) $G = F + pV = H - TS$ im chemischen Gleichgewicht die wegen der handlichen Nebenbedingungen oft benutzte Formulierung angeben kann:

$$(\mathrm{d}G)_{p,T} = 0 \tag{4.30}$$

4.7 Gleichgewicht in Gasmischungen; Chemisches Potential

Das *chemische Potential* μ_i eines Stoffes i in einem Gemisch ist definiert als die partielle Ableitung der Freien Enthalpie G nach der Stoffmenge n_i,

$$\mu_i = \left(\frac{\partial G}{\partial n_i}\right)_{p,T,n_j}\,. \tag{4.31}$$

Dabei bedeuten die Indizes, dass p, T und alle n_j außer n_i konstant gehalten werden. Für einen reinen Stoff ist natürlich

$$\mu = \left(\frac{\partial G}{\partial n}\right)_{p,T} = \left(\frac{\partial n\overline{G}}{\partial n}\right)_{p,T} = \overline{G}\,. \tag{4.32}$$

Es soll nun nach einem in der Praxis benutzbaren Ausdruck für das chemische

Potential eines Stoffes i in einer Gasmischung gefragt werden. Dazu betrachtet man für T = const. die Gibbs-Energie. Nach (4.29) gilt

$$(\mathrm{d}G)_T = V\mathrm{d}p\,. \tag{4.33}$$

Integration unter Zuhilfenahme des idealen Gasgesetzes führt dann zu dem Ergebnis

$$G(T,p) = G^0(T) + \int_{p^0}^{p} V\,\mathrm{d}p' = G^0(T) + \int_{p^0}^{p} nRT\frac{\mathrm{d}p'}{p'} = G^0(T) + nRT\cdot\ln\frac{p}{p^0}\,. \tag{4.34}$$

Differentiation nach der Stoffmenge n ergibt

$$\mu = \mu^0(T) + RT\cdot\ln(p/p^0)\,. \tag{4.35}$$

Entsprechend ergibt sich (auf die recht längliche Herleitung soll hier verzichtet werden) in einem idealen Gasgemisch

$$\mu_i = \mu_i^0(T) + RT\cdot\ln(p_i/p^0)\,. \tag{4.36}$$

In Verallgemeinerung des *totalen Differentials* der Gibbs-Energie eines reinen Stoffes

$$\mathrm{d}G = V\mathrm{d}p - S\mathrm{d}T$$

gilt mit der Definition des chemischen Potentials in einer idealen Gas-Mischung

$$\mathrm{d}G = V\mathrm{d}p - S\mathrm{d}T + \sum_i \mu_i \mathrm{d}n_i\,. \tag{4.37}$$

Betrachtet man nun eine im vorliegenden Gemisch ablaufende chemische Reaktion $\Sigma \nu_i \mathrm{A}_i = 0$ und führt die stoffunabhängige *Reaktionslaufzahl* ξ mittels des Zusammenhanges $\mathrm{d}n_i = \nu_i \mathrm{d}\xi$ ein (d. h. zum Beispiel: $\mathrm{d}\xi = 1$ für 1 mol Formelumsatz; siehe Abb. 4.2), so ergibt sich aus (4.37) bei festgehaltenen T und p im Gleichgewicht ($\mathrm{d}G = 0$)

$$\Sigma\, \nu_i \mu_i = 0\,. \tag{4.38}$$

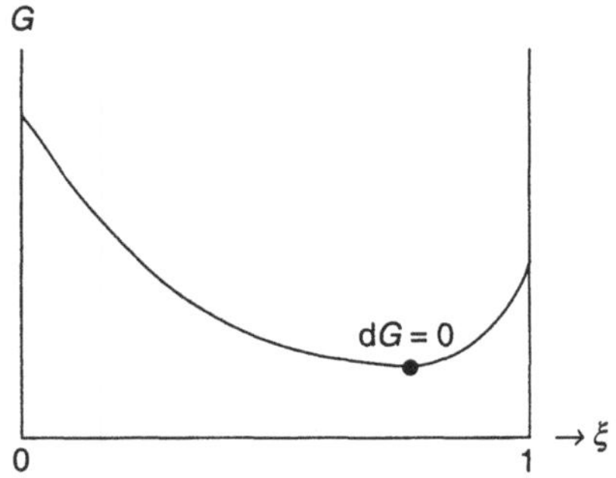

Abb. 4.2. Schematische Illustration der Beziehung zwischen G und ξ

Betrachtet man nun insbesondere wieder ein reagierendes Gasgemisch im chemischen Gleichgewicht, so kann man (4.35) für die chemischen Potentiale in (4.38) einsetzen und erhält

$$\sum_i \nu_i \mu_i^0 + RT \sum_i \nu_i \ln \frac{p_i}{p^0} = 0 \tag{4.39}$$

bzw.

$$\sum_i \nu_i \mu_i^0 + RT \ln \prod_i \left(\frac{p_i}{p^0} \right)^{\nu_i} = 0 \,. \tag{4.40}$$

Beachtet man, dass $\Sigma \nu_i \, \mu_i^0 = \Sigma \nu_i \overline{G}_i^0 = \Delta_R \overline{G}^0$ die molare Gibbs-Energie der betrachteten chemischen Reaktion ist, und führt man als Abkürzung die *Gleichgewichtskonstanten* K_p bzw. K_c der betrachteten Reaktion

$$K_p = \prod_i \left(\frac{p_i}{p^0} \right)^{n_i} \quad \text{und} \quad K_c = \prod_i \left(\frac{c_i}{c^0} \right)^{n_i} \tag{4.41}$$

ein, so ergeben sich die für die weitere Behandlung wichtigen thermodynamischen Beziehungen

$$K_p = \exp(-\Delta_R \overline{G}^0 / RT) \quad \text{und} \quad K_c = \exp(-\Delta_R \overline{F}^0 / RT) \,. \tag{4.42}$$

Quantitative Aussagen über die Gleichgewichtszusammensetzung einer Gasmischung sind mit Hilfe von (4.41) nun möglich; (4.42) gibt dabei an, wie man die benötigten Gleichgewichtskonstanten aus thermodynamischen Daten bestimmen kann.

4.8 Bestimmung von Gleichgewichtszusammensetzungen in der Gasphase

In diesem Abschnitt soll die Berechnung der Gleichgewichtszusammensetzung im Abgas eines Verbrennungsvorganges beschrieben werden (näheres bei Gordon und McBride 1971, Reynolds 1986). Zur Illustration wird ein repräsentatives Beispiel (eine stöchiometrische Ethen-Sauerstoff-Verbrennung) behandelt.

Auswahl des betrachteten Stoffsystems: Zur Beschreibung einer Mischung im Gleichgewicht müssen zunächst die im System vorkommenden verschiedenen Stoffe bestimmt werden (S = Anzahl verschiedener Stoffe). Hierbei müssen alle für das Problem relevanten Spezies berücksichtigt werden. Bei Bedarf kann dieses Stoffsystem erweitert werden um auch z. B. Spezies, die nur in Spuren auftreten, zu berücksichtigen.

Beispiel: Zur Beschreibung des Abgases bei der Verbrennung eines stöchiometrischen Gemisches von Ethen (Äthylen) mit Sauerstoff (im folgenden soll eine Temperatur von 2973 K im Abgas angenommen werden; zur Berechnung von adiabatischen Flammentemperaturen siehe Abschnitt 4.9) benötigt man, wenn Spurenstoffe nicht berücksichtigt werden sollen, die Stoffe

$$CO_2, CO, H_2O, H_2, O_2, O, H, OH \qquad (S = 8) .$$

Kohlenwasserstoffe (z. B. der Brennstoff C_2H_4) sind im Abgas von stöchiometrischen Gemischen nicht wesentlich enthalten. In fetten Gemischen müssen lediglich CH_4 (Methan) und C_2H_2 (Ethin, Acetylen) berücksichtigt werden. Wird mit Luft verbrannt, muss man N_2 und gegebenfalls Schadstoffe wie NO und HCN berücksichtigen.

Bestimmung der Komponenten des Stoffsystems: Jedes Gemisch aus S Stoffen besitzt eine Anzahl von kleinsten Bestandteilen (z. B. die beteiligten chemischen Elemente), die nicht weiter zerlegt werden sollen (*Komponenten*). Diese Komponenten sind Erhaltungsgrößen im System und können nicht durch chemische Reaktionen ineinander umgewandelt werden. Das Gleichgewicht im System ist eindeutig bestimmt durch diese Komponenten. Die tatsächliche Gemischzusammensetzung ergibt sich dann dadurch, dass chemische Reaktionen das System in das Gleichgewicht führen.

Beispiel: Im C_2H_4-O_2-System liegen insgesamt $K = 3$ verschiedene chemische Elemente, d. h. Komponenten, vor: C, H und O. Für das vorliegende Beispiel sollen jedoch als kohlenstoffhaltige Komponente CO, als sauerstoffhaltige O_2 und als wasserstoffhaltige H_2 verwendet werden. Diese Komponenten sind nun keine Erhaltungsgrößen mehr, da sie durch chemische Reaktionen verbraucht oder gebildet werden können.

Die Auswahl dieser Komponenten dient allein dazu, das System eindeutig zu bestimmen; einziger Grund für die Wahl dieser speziellen Komponenten ist, dass die entsprechenden Molenbrüche bzw. Partialdrücke im Gegensatz zu den Werten für die Elemente vernünftig handhabbare Zahlenwerte besitzen.

Es sei hier kurz angemerkt, dass bei der Wahl der Komponenten Vorsicht geboten ist. CO_2 kann z. B. nicht als Komponente sowohl für Kohlenstoff als auch für Sauerstoff verwendet werden, da deren Mengen dann nicht unabhängig voneinander variierbar sind.

Bestimmung der unabhängigen Reaktionen: Die Stoffe im Reaktionssystem, die nicht als Komponenten des betrachteten Gemisches ausgewählt worden sind, können durch chemische Reaktionen verändert werden. Dazu müssen genau $R = S - K$ voneinander unabhängige chemische Gleichgewichtsbedingungen in der Form (4.38) spezifiziert werden:

$$\sum_{i=1}^{S} \nu_{ij}\,\mu_i = 0 \qquad ; \qquad j = 1,\ldots,R . \tag{4.43}$$

Sind weniger als R Reaktionen gegeben oder einzelne Reaktionen linear abhängig, so ist das System unterbestimmt. Sind mehr als R linear abhängige Reaktionen gegeben, ist es überbestimmt. Die Anzahl der linear unabhängigen Reaktionen im System (4.43) muss also genau R sein. Diese Zahl kann als Rang der Matrix mit den Elementen ν_{ij} bestimmt werden.

Beispiel: $R = S - K = 5$; das folgende Gleichungssystem ist linear unabhängig, da die fettgedruckten Stoffe jeweils in nur einer einzigen Gleichung vorkommen:

$$
\begin{array}{llllllll}
 & & CO_2 & = & \mathbf{CO} & + & 1/2\,O_2 & K_1 \\
H_2 & + & 1/2\,O_2 & = & \mathbf{H_2O} & & & K_2 \\
1/2\,H_2 & + & 1/2\,O_2 & = & \mathbf{OH} & & & K_3 \\
 & & 1/2\,H_2 & = & \mathbf{H} & & & K_4 \\
 & & 1/2\,O_2 & = & \mathbf{O} & & & K_5
\end{array}
$$

Aufstellen der Bestimmungsgleichungen: Bei Vorgabe von Temperatur und Gesamtdruck wird das System beschrieben durch die S Partialdrücke p_i, für die S Bestimmungsgleichungen benötigt werden. Als erste Bedingung verwendet man, dass der Gesamtdruck der Summe der Partialdrücke entspricht,

$$\sum_{i=1}^{S} p_i = p\,. \tag{4.44}$$

Weiterhin ist die Elementzusammensetzung der K Elemente in der Mischung konstant. Damit sind auch die $K - 1$ Atomzahlverhältnisse N_2/N_1, N_3/N_1, ..., N_K/N_1 konstant und gleich den Verhältnissen im vorgegebenen Ausgangsgemisch $c_{2/1}$, $c_{3/1}$, ..., $c_{K/1}$:

$$N_i/N_1 = c_{i/1} \quad ; \quad i = 2, \ldots, K \tag{4.45}$$

Die Bedingungen (4.44) und (4.45) formen einen Satz von K linearen Gleichungen (siehe unten); für die restlichen R Bestimmungsgleichungen verwendet man die Gleichgewichtsbedingungen (4.43) in der Form

$$p_j = K^*_{p,j} \prod_{i=1}^{K} p_i^{\,\nu_{ij}} \quad ; \quad j = K+1, \ldots, S \tag{4.46}$$

wobei $K^*_{p,j}$ eine Gleichgewichtskonstante oder ihr Kehrwert ist. Die Bedingungen (4.46) sind im allgemeinen nichtlinear.

Beispiel: Für die Gleichungen (4.43-4.46) erhält man in diesem Fall die Ausdrücke

$$N_H/N_{CO} = c_{H/CO}: \quad 2\,p_{H2O} + 2\,p_{H2} + p_{OH} + p_H - c_{H,CO}(p_{CO2} + p_{CO}) = 0$$

$$N_O/N_{CO} = c_{O/CO}: \quad 2\,p_{CO2} + 2\,p_{O2} + p_{CO} + p_{H2O} + p_{OH} + p_O - c_{O,CO}(p_{CO2} + p_{CO}) = 0$$

$$\text{Gesamtdruck:} \quad p_{CO2} + p_{CO} + p_{H2O} + p_{O2} + p_{H2} + p_{OH} + p_H + p_O - p_{ges} = 0.$$

Gleichgewichtsbedingungen:

$$p_{CO_2} = K_1^{-1} p_{CO} \sqrt{p_{O_2}} \qquad p_{H_2O} = K_2 p_{H_2} \sqrt{p_{O_2}} \qquad p_{OH} = K_3 \sqrt{p_{O_2} p_{H_2}}$$

$$p_H = K_4 \sqrt{p_{H_2}} \qquad p_O = K_5 \sqrt{p_{O_2}}\,.$$

Lösung des Gleichungssystems: Nichtlineare Gleichungssysteme löst man meistens mit einem Newton-Verfahren (siehe Lehrbücher der numerischen Mathematik).

4.9 Bestimmung adiabatischer Flammentemperaturen

In einem geschlossenen adiabatischen Verbrennungssystem ($\delta Q = 0$) folgt bei konstantem Druck aus dem 1. Hauptsatz der Thermodynamik, dass $\mathrm{d}H = 0$.

Daher besitzen unverbranntes Frischgas (Index u) und verbranntes Abgas (Index b) dieselbe spezifische Enthalpie. Die molaren Enthalpien von Frisch- und Abgas unterscheiden sich, da Massenerhaltung, jedoch keine Teilchenerhaltung vorliegt (die Stoffmenge eines Stoffsystems ändert sich i. a. bei einer chemischen Reaktion),

$$h^{(\mathrm{u})} = \sum_{j=1}^{S} w_j^{(\mathrm{u})} h_j^{(\mathrm{u})} = \sum_{j=1}^{S} w_j^{(\mathrm{b})} h_j^{(\mathrm{b})} = h^{(\mathrm{b})} . \tag{4.47}$$

Bei konstantem Druck gilt

$$h_j^{(\mathrm{b})} = h_j^{(\mathrm{u})} + \int_{T_\mathrm{u}}^{T_\mathrm{b}} c_{p,j} \,\mathrm{d}T . \tag{4.48}$$

Mit dieser Gleichung lässt sich die *adiabatische Flammentemperatur* T_b bestimmen, d. h. die Temperatur nach einer Verbrennung, bei der angenommen wird, dass alle bei der chemischen Reaktion freigewordene Energie zum Aufheizen des Systems benutzt wird. Man kann T_b mittels einer Intervallschachtelung recht leicht bestimmen:

Zunächst berechnet man die Gleichgewichtszusammensetzungen und die Enthalpien $h^{(1)}$, $h^{(2)}$ bei zwei Temperaturen, die kleiner bzw. größer als die vermutete Flammentemperatur sind ($T_1 < T_\mathrm{b}$ und $T_2 > T_\mathrm{b}$). Danach werden Zusammensetzung und spezifische Enthalpie $h^{(\mathrm{m})}$ bei der mittleren Temperatur $T_\mathrm{m} = (T_1 + T_2)/2$ bestimmt. Liegt die spezifische Enthalpie $h^{(\mathrm{u})}$ nun zwischen $h^{(1)}$ und $h^{(\mathrm{m})}$, so setzt man $T_2 = T_\mathrm{m}$, anderenfalls $T_1 = T_\mathrm{m}$ (die Enthalpie eines Gases steigt monoton mit der Temperatur). Diese Einschachtelung wird fortgesetzt, bis das Ergebnis genügend genau ist.

Beispiele für adiabatische Flammentemperaturen T_b und die entsprechenden Zusammensetzungen sind in Tabelle 4.2 angegeben (Gaydon und Wolfhard 1979).

Tab. 4.2. Adiabatische Flammentemperaturen T_b und Abgas-Zusammensetzung ($x_i^{(\mathrm{b})}$) für stöchiometrische Mischungen bei $p = 1$ bar, $T_\mathrm{u} = 298$ K

Gemisch	:	H_2/Luft	H_2/O_2	CH_4/Luft	C_2H_2/Luft	C_2N_2/O_2
T_b [K]	:	2380	3083	2222	2523	4850
H_2O	:	0,320	0,570	0,180	0,070	---
CO_2	:	---	---	0,085	0,120	0,000
CO	:	---	---	0,009	0,040	0,660
O_2	:	0,004	0,050	0,004	0,020	0,000
H_2	:	0,017	0,160	0,004	0,000	---
OH	:	0,010	0,100	0,003	0,010	---
H	:	0,002	0,080	0,0004	0,000	---
O	:	0,0005	0,040	0,0002	0,000	0,008
NO	:	0,0005	---	0,002	0,010	0,0003
N_2	:	0,650	---	0,709	0,730	0,320

4.10 Tabellierung thermodynamischer Daten

Thermodynamische Daten einer großen Zahl von Stoffen sind in Tabellenwerken als Funktion der Temperatur tabelliert (Stull und Prophet 1971, Kee et al. 1987, Burcat 1984). In den *JANAF-Tabellen* (Stull und Prophet 1971) findet man z. B. die Größen $\overline{C}_p^0$, $\overline{S}^0$, $-(\overline{F}^0 - \overline{H}_{298}^0)/T$, $\overline{H}^0 - \overline{H}_{298}^0$, $\Delta\overline{H}_f^0$, $\Delta\overline{F}_f^0$ und log K_p für eine sehr große Anzahl verschiedener Stoffe. Wesentlich sind dabei die Werte von $\overline{C}_p^0$, $\overline{S}^0$ und $\overline{H}^0 - \overline{H}_{298}^0$, wobei aus letzterem zusammen mit $\Delta\overline{H}_f^0$ dann $\overline{H}^0$ berechnet werden kann. Aus diesen Größen lassen sich alle anderen thermodynamischen Funktionen berechnen. Hilfreich ist auch der log K_p für die Bildung aus den reinen Elementen, aus dem sich die freie Enthalpie $\overline{G}^0$ ermitteln lässt, siehe Gleichung (4.42).

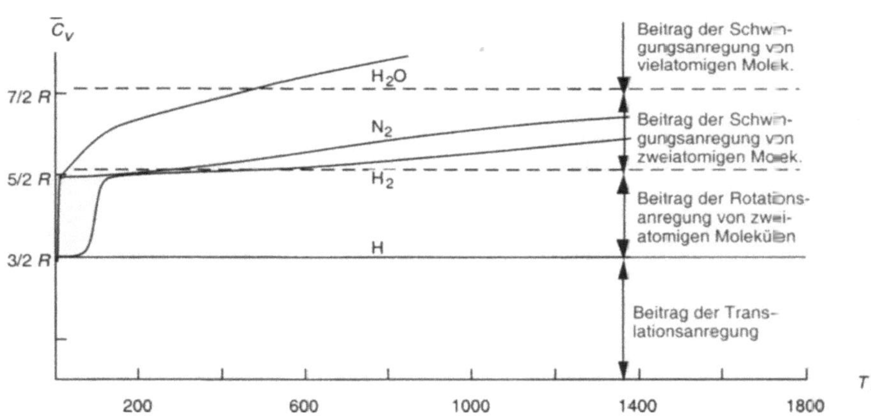

Abb. 4.3. Temperaturabhängigkeit der molaren Wärmekapazitäten von H, H_2, N_2 und H_2O

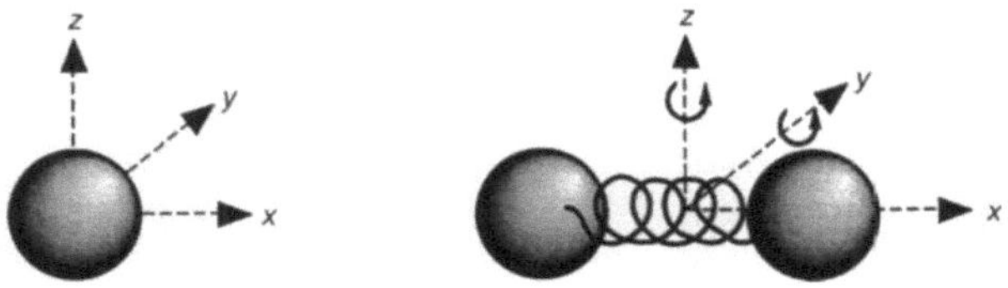

Abb. 4.4. Translation eines einatomigen Moleküls (links) und Translation, Rotation und Schwingung eines zweiatomigen Moleküls (rechts)

Ein Beispiel für die in den JANAF-Tabellen enthaltenen Daten ist in Tabelle 4.3 zu finden. Zusätzlich ist in Abb. 4.3 die Abhängigkeit der Wärmekapazität einiger Stoffe von der Temperatur dargestellt. Bei sehr tiefen Temperaturen sind nur die Translations-Freiheitsgrade angeregt (siehe Abb. 4.4), und die molare Wärmekapazität beträgt 3/2 R. Bei höheren Temperaturen tragen zwei bzw. drei Rotations-Freiheitsgrade zur

Wämekapazität bei, was bei zweiatomigen Molekülen zu einem Wert von 5/2 R führt. Bei noch höheren Temperaturen werden schließlich auch die Schwingungs-Freiheitsgrade des Moleküls angeregt und die molare Wärmekapazität nähert sich bei zweiatomigen Molekülen dem Wert 7/2 R.

Eine genaue Beschreibung dieser Prozesse auf molekularer Ebene und die theoretische Bestimmung von Wärmekapazitäten findet man in Lehrbüchern der statistischen Thermodynamik. Die tabellierten Größen stammen zum kleineren Teil aus kalorimetrischen Messungen; der weitaus größte Teil ist aus spektroskopischen Daten und theoretischen Rechnungen abgeleitet, die für bessere Genauigkeit sorgen können.

Trotz aller Bemühungen um diese Art von Tabellenwerten liegen befriedigende Daten erst für eine relativ kleine Zahl von Stoffen vor. Selbst für Stoffe wie CH_3, C_2H_3 und C_2H, die in einfachen Verbrennungssystemen zu finden sind, herrscht noch Mangel an genauen Daten (Baulch et al. 1991).

Tab. 4.3. Thermodynamische Daten für gasförmiges H_2O; $T_0 = 298{,}15$ K, $p^0 = 1$ atm (Stull und Prophet 1971)

Wasser (H_2O)	Ideales Gas	M = 18.01528 g·mol^{-1}	$\Delta \overline{H}^0_{f,298}$ = -241.826 kJ·mol^{-1}	
T/K	$\overline{C}_p^0$/J·mol^{-1}·K^{-1}	$\overline{S}^0$/J·mol^{-1}·K^{-1}	$(\overline{H}^0 - \overline{H}^0_{298})$/kJ·mol^{-1}	log K_p
0	0,000	0,000	-9,904	INFINITE
100	33,299	152,388	-6,615	123,579
200	33,349	175,485	-3,282	60,792
298	33,590	188,834	0,000	40,047
300	33,596	189,042	0,062	39,785
400	34,262	198,788	3,452	29,238
500	35,226	206,534	6,925	22,884
600	36,325	213,052	10,501	18,631
700	37,495	218,739	14,192	15,582
800	38,721	223,825	18,002	13,287
900	39,987	228,459	21,938	11,496
1000	41,268	232,738	26,000	10,060
1100	42,536	236,731	30,191	8,881
1200	43,768	240,485	34,506	7,897
1300	44,945	244,035	38,942	7,063
1400	46,054	247,407	43,493	6,346
1500	47,090	250,620	48,151	5,724
1600	48,050	253,690	52,908	5,179
1700	48,935	256,630	57,758	4,698
1800	49,749	259,451	62,693	4,269
1900	50,496	262,161	67,706	3,885
2000	51,180	264,769	72,790	3,540
2100	51,823	267,282	77,941	3,227
2200	52,408	269,706	83,153	2,942
2300	52,947	272,048	88,421	2,682
2400	53,444	274,312	93,741	2,443
2500	53,904	276,503	99,108	2,223
3000	55,748	286,504	126,549	1,344
3500	57,058	295,201	154,768	0,713
4000	58,033	302,887	183,552	0,239
5000	59,390	315,993	242,313	-0,428

Für Computer-Berechnungen werden thermodynamische Daten nicht in Tabellenform, sondern in Form von Polynomansätzen verwendet. Üblicherweise werden die molaren Wärmekapazitäten $\overline{C}_p^0$ ($\overline{C}_p^0 = \overline{C}_V^0 + R$) als Polynome 4. Grades dargestellt,

$$\overline{C}_p^0 / R \;=\; \overline{C}_{p,1}^0 + \overline{C}_{p,2}^0 \cdot T + \overline{C}_{p,3}^0 \cdot T^2 + \overline{C}_{p,4}^0 \cdot T^3 + \overline{C}_{p,5}^0 \cdot T^4 \; . \tag{4.49}$$

Zusätzlich zu den fünf Koeffizienten benötigt man zur Berechnung von $\overline{H}_T^0$ und $\overline{S}_T^0$ zwei Integrationskonstanten, wobei $\overline{C}_{p,6}^0 \cdot R = \overline{H}_{298}^0$ und $\overline{C}_{p,7}^0 \cdot R = \overline{S}_{298}^0$,

$$\overline{H}_T^0 = \overline{C}_{p,6}^0 \cdot R + \int_{T'=298\,\mathrm{K}}^{T} \overline{C}_p^0 \,\mathrm{d}T' \quad \text{und} \quad \overline{S}_T^0 = \overline{C}_{p,7}^0 \cdot R + \int_{T'=298\,\mathrm{K}}^{T} \frac{\overline{C}_p^0}{T'} \,\mathrm{d}T' . \tag{4.50}$$

Um die Genauigkeit der Polynomansätze zu erhöhen, verwendet man üblicherweise verschiedene Datensätze für niedrige ($T <$ 1000 K) und hohe ($T >$ 1000 K) Temperaturen (Beispiele in Tab. 4.4).

Tab. 4.4. Beispiele für thermodynamische Daten in Polynom-Form (Kee et al. 1987, Burcat 1984); zwei Sätze von je 7 Polynom-Koeffizienten sind jeweils in den Zeilen 2 bis 4 gespeichert

N2	J 3/77	G	300,000	5000,000	1
0,28532899E+01	0,16022128E-02	-0,62936893E-06	0,11441022E-09	-0,78057465E-14	2
-0,89008093E+03	0,63964897E+01	0,37044177E+01	-0,14218753E-02	0,28670392E-05	3
-0,12028885E-08	-0,13954677E-13	-0,10640795E+04	0,22336285E+01		4
CO	J 9/65	G	300,000	5000,000	1
0,29840696E+01	0,14891390E-02	-0,57899684E-06	0,10364577E-09	-0,69353550E-14	2
-0,14245228E+05	0,63479156E+01	0,37100928E+01	-0,16190964E-02	0,36923594E-05	3
-0,20319674E-08	0,23953344E-12	-0,14356310E+05	0,29555351E+01		4
CO2	J 9/65	G	300,000	5000,000	1
0,44608041E+01	0,30981719E-02	-0,12392571E-05	0,22741325E-09	-0,15525954E-13	2
-0,48961442E+05	-0,98635982E+00	0,24007797E+01	0,87350957E-02	-0,66070878E-05	3
0,20021861E-08	0,63274039E-15	-0,48377527E+05	0,96951457E+01		4
H2	J 3/77	G	300,000	5000,000	1
0,30667095E+01	0,57473755E-03	0,13938319E-07	-0,25483518E-10	0,29098574E-14	2
-0,86547412E+03	-0,17798424E+01	0,33553514E+01	0,50136144E-03	-0,23006908E-06	3
-0,47905324E-09	0,48522585E-12	-0,10191626E+04	-0,35477228E+01		4
H2O	J 3/79	G	300,000	5000,000	1
0,26110472E+01	0,31563130E-02	-0,92985438E-06	0,13331538E-09	-0,74689351E-14	2
-0,29868167E+05	0,72091268E+01	0,41677234E+01	-0,18114970E-02	0,59471288E-05	3
-0,48692021E-08	0,15291991E-11	-0,30289969E+05	-0,73135474E+00		4

4.11 Übungsaufgaben

Aufgabe 4.1. (a) Bestimmen Sie für die Reaktion $C_2H_4 + H_2 = C_2H_6$ die Gleichgewichtskonstante K_p bei einer Temperatur von T = 298 K. (b) Bestimmen Sie für die unter (a) genannte Reaktion die Gleichgewichtszusammensetzung (d. h. die Partialdrücke der einzelnen Spezies) bei einer Temperatur von 298 K und einem Druck von 1 bar. Das Atomzahlverhältnis Kohlenstoff zu Wasserstoff sei $c_{C,H} = 1/3$.

Aufgabe 4.2. Berechnen Sie die adiabatische Flammentemperatur bei der stöchiometrischen Verbrennung von gasförmigem C_3H_8 mit O_2. Das Vorhandensein von Dissoziationsprodukten wie H, O, OH, ... soll dabei vernachlässigt werden, d. h., es sollen hier nur Wasser und CO_2 als Reaktionsprodukte betrachtet werden. ($T_u = 298$ K, $p = 1$ bar, ideales Gas). Verwenden Sie hierzu

$$\overline{C}_p(\mathrm{H_2O}) = \overline{C}_p(\mathrm{CO_2}) = 71\,\mathrm{J/mol\cdot K} + (T - 298\mathrm{K})\cdot 0,080\,\mathrm{J/mol\cdot K^2} \quad .$$

5 Transportprozesse

Die molekularen Transportprozesse, d. h. Diffusion, Wärmeleitung und Viskosität, haben alle gemeinsam, dass bei ihnen durch die Bewegung der Moleküle im Gas gewisse physikalische Größen transportiert werden. Diffusion ist Transport von Masse bedingt durch Konzentrationsgradienten, Viskosität ist der Transport von Impuls bedingt durch Geschwindigkeitsgradienten, und Wärmeleitung ist Transport von Energie bedingt durch Temperaturgradienten. Zusätzlich zu diesen Prozessen treten auch andere Phänomene auf, wie Massentransport durch Temperaturgradienten (*Thermodiffusion*, *Soret-Effekt*) oder Energietransport durch Konzentrationsgradienten (*Dufour*-Effekt). Der Einfluss dieser Prozesse ist im allgemeinen aber sehr klein und wird bei Verbrennungsvorgängen oft vernachlässigt (eine detaillierte Darstellung der Transportprozesse findet man bei Bird et al. 1960, Hirschfelder et al. 1964 oder Tien und Lienhard 1971).

5.1 Einfache physikalische Deutung der Transportprozesse

Ein anschauliches Bild für die Transportprozesse erhält man, wenn man zwei nebeneinander liegende Gasschichten in einem System betrachtet (siehe Abb. 5.1). Liegt ein Gradient $\partial q / \partial z$ einer Eigenschaft q in z-Richtung vor, so besitzen die Moleküle an der Stelle z im Mittel die Eigenschaft q und an der Stelle $z + \mathrm{d}z$ die Eigenschaft $q + (\partial q / \partial z)\, \mathrm{d}z$. Die Moleküle oder Atome des Gases bewegen sich völlig ungeordnet (*molekulares Chaos*). Ihre statistische Geschwindigkeitsverteilung ist gegeben durch die *Maxwell-Boltzmann-Verteilung* (siehe Lehrbücher der Physik oder Physikalischen Chemie). Durch die molekulare Bewegung gelangen einige der Teilchen von einer Gasschicht in die andere. Da die Gasschichten unterschiedliche mittlere Eigenschaften (Impuls, innere Energie, Masse) besitzen, wird im Mittel unterschiedlich viel Impuls, Energie und Masse in beiden Richtungen (Schicht 1 → Schicht 2 bzw. Schicht 2 → Schicht 1) übertragen. Es erfolgt ein molekularer Austausch (Fluss, Transport). Aus der kinetischen Gastheorie folgt, dass der Transport um so schneller erfolgt, je größer die mittlere Geschwindigkeit der Teilchen ist und je größer die mittlere freie Weglänge der Teilchen (der mittlere Weg, der von einem Teilchen zurückgelegt wird, bis es mit einem anderen Teilchen zusammenstößt) ist.

Die einfache kinetische Gastheorie geht von der Annahme aus, dass die Teilchen (Atome, Moleküle) harte Kugeln sind, die vollkommen elastisch stoßen. In der Realität sind diese Annahmen jedoch nicht erfüllt. Moleküle haben eine komplizierte Struktur, die deutliche Abweichungen von einer Kugel zeigt. Während das Modell elastischer Stöße annimmt, dass die Teilchen außer während des Stoßes keinerlei Wechselwirkungen haben, existieren in der Realität Anziehungskräfte zwischen den Molekülen (z. B. *van-der-Waals*-Wechselwirkungen). Das intermolekulare Potential, das die Anziehungs- bzw. Abstoßungskräfte zwischen Molekülen oder Atomen beschreibt, weicht somit deutlich vom idealen Potential harter elastischer Kugeln ab.

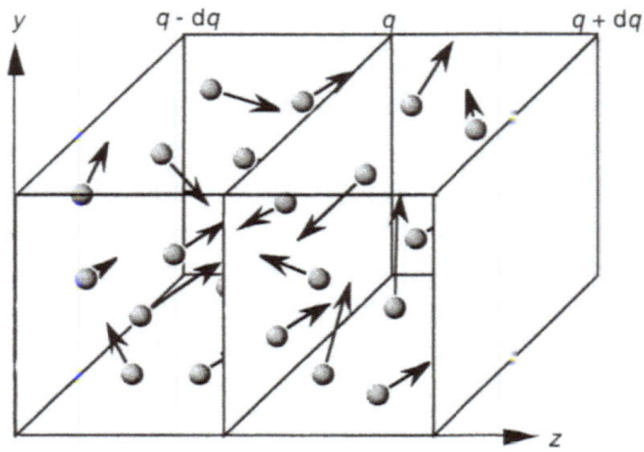

Abb. 5.1. Schematische Darstellung zweier Schichten unterschiedlicher Eigenschaften in einem Gas, Gradient $\partial q / \partial z$ der Eigenschaft q in z-Richtung

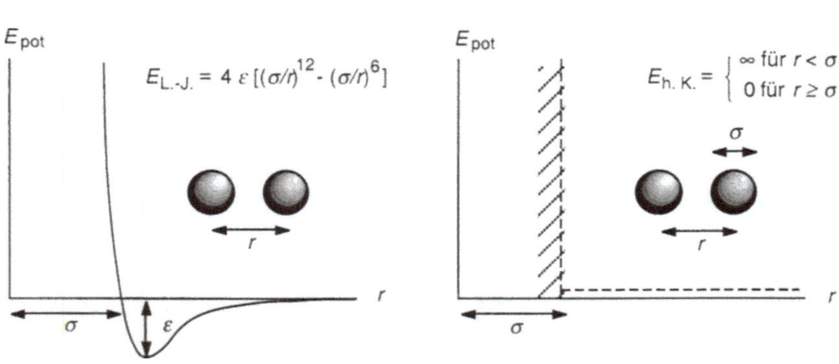

Abb. 5.2. Lennard-Jones-6-12-Potential (links) und Potential für harte Kugeln (rechts)

Die intermolekularen Wechselwirkungen lassen sich meist durch ein *Lennard-Jones-6-12-Potential* beschreiben (Kraft $K = \mathrm{d}E_{pot}/\mathrm{d}r$, siehe Abb. 5.2). Das Lennard-Jones-

Potential ist charakterisiert durch den Moleküldurchmesser σ und die Tiefe ε des intermolekularen Potentials (vergl. Abb. 5.2). Die Parameter einiger häufig vorkommender Teilchen sind in Tab. 5.1 aufgelistet. Die Abweichung vom Modell der harten elastischen Kugeln (*Realgasverhalten*) lässt sich bei den Transportprozessen durch Korrekturfaktoren (sogenannte *reduzierte Stoßintegrale*) berücksichtigen. So sind z. B. die zwei Konstanten a und b der *van-der-Waals-Realgas-Zustandsgleichung* $(p + a/\overline{V}^2)(\overline{V} - b) = RT$ verknüpft mit dem Moleküldurchmesser durch σ ($\propto b^{-3}$) und mit der Tiefe der Potentialmulde durch ε ($\propto a$).

Tab. 5.1. Molekulare Daten zur Bestimmung von Transportkoeffizienten für einige häufig vorkommende Stoffe (Warnatz 1979, 1981a), $k = R/N_A$ = Boltzmann-Konstante

Spezies	σ [10^{-10}m]	ε/k [K]
H	2,05	145
O	2,75	80
H_2	2,92	38
O_2	3,46	107
N_2	3,62	97
H_2O	2,60	572
CO	3,65	98
CO_2	3,76	244
CH_4	3,75	140
C_2H_4	4,05	243
C_2H_6	4,32	246
C_3H_8	4,98	267

Ein fundamentales Konzept für die Behandlung von Stößen von Teilchen (Atomen, Molekülen) ist das der *mittleren freien Weglänge*, die definiert ist als der mittlere Weg zwischen zwei aufeinanderfolgenden Stößen. Ein zu betrachtendes Molekül wird dann einen Stoß erleiden, wenn sein Mittelpunkt die Entfernung σ vom Mittelpunkt eines anderen Moleküls erreicht (siehe Abb. 5.3).

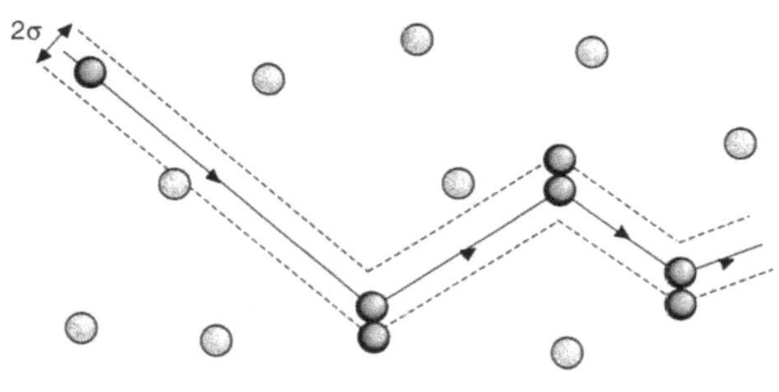

Abb. 5.3. Schematische Darstellung des Stoßvolumens, das von einer harten Kugel eingenommen wird, die mit anderen Kugeln stößt

Für eine quantitative Behandlung (siehe z. B. Kauzmann 1966; die folgende Behandlung ist nicht exakt, um eine kurze Herleitung zu ermöglichen) soll angenommen werden, dass das betrachtete Teilchen A sich mit einer mittleren Geschwindigkeit $\overline{v}$ bewegt und dass die anderen Teilchen A stillstehen. Der Zickzack-Pfad des Teilchens ist in Abb. 5.3 zu sehen. Man stellt sich nun (unter Verletzung der Stoßgesetze) vor, dass dieser Pfad gestreckt wird, so dass er einen Zylinder mit dem Volumen $V = \pi\sigma^2 \cdot \overline{v} \cdot \Delta t$ bildet, wobei Δt die Flugzeit und $\overline{v} \cdot \Delta t$ die Zylinderlänge sind. Die Zahl der Teilchen, die in diesem Zylindervolumen getroffen werden (oder die *Stoßzahl*) ist

$$N = \pi\sigma^2 \cdot \overline{v} \cdot \Delta t \cdot [n] \quad (= 5 \cdot 10^9\ \mathrm{s}^{-1} \text{ bei 1 atm und 273,15 K}), \tag{5.1}$$

wobei $[n] = c \cdot N_\mathrm{A}$ die Teilchenzahldichte ist (c = molare Konzentration, N_A = Avogadro-Konstante). Das Verhältnis der durchlaufenen Strecke $\overline{v} \cdot \Delta t$ und der Stoßzahl N ist dann die *mittlere freie Weglänge*

$$l_\mathrm{coll} = \frac{\overline{v} \cdot \Delta t}{\pi\sigma^2 \cdot \overline{v} \cdot \Delta t \cdot [n]} = \frac{1}{\pi\sigma^2 \cdot [n]} \quad (= 55\ \mathrm{nm} \text{ bei 1 atm}, T = 273{,}15\ \mathrm{K}). \tag{5.2}$$

Im Falle des Stoßes eines einzelnen Teilchens A mit Teilchen B muss Gleichung (5.1) ersetzt werden durch

$$N_\mathrm{AB} = \pi\sigma_\mathrm{AB}^2 \cdot \overline{v}_\mathrm{A} \cdot \Delta t \cdot [n_\mathrm{B}], \tag{5.3}$$

wobei $2\sigma_\mathrm{AB} = \sigma_\mathrm{A} + \sigma_\mathrm{B}$. Die Gesamtzahl von Stößen aller Teilchen A mit Teilchen B bei der relativen Geschwindigkeit $\overline{v}_\mathrm{AB} = (\overline{v}_\mathrm{A}^2 + \overline{v}_\mathrm{B}^2)^{1/2}$ erhält man durch Multiplikation mit der Zahl $V \cdot [n_\mathrm{A}]$ der Teilchen A. Das Ergebnis ist die *Stoßzahl pro Zeiteinheit und pro Volumeneinheit* bei Standardbedingungen von Druck und Temperatur (STP).

$$N_\mathrm{AB} = \pi\sigma_\mathrm{AB}^2 \cdot \overline{v}_\mathrm{AB} \cdot [n_\mathrm{A}] \cdot [n_\mathrm{B}] \quad \left(\text{mit } \pi\sigma_\mathrm{AB}^2 \cdot \overline{v}_\mathrm{AB} \approx 10^{14} \frac{\mathrm{cm}^3}{\mathrm{mol \cdot s}} \text{ bei 1 atm, 273,15 K}\right). \tag{5.4}$$

5.2 Wärmeleitung

Für den Energietransport (Transport einer Wärmemenge Q) ergibt sich empirisch nach dem *Fourierschen Wärmeleitungsgesetz*, dass die *Wärmestromdichte* j_q (englisch: heat flux, daher im Deutschen oft: *Wärmefluss*) proportional zum Temperaturgradienten ist (Bird et al. 1960, Hirschfelder et al. 1964),

$$j_q = \frac{\partial Q}{\partial t \cdot F} = -\lambda \frac{\partial T}{\partial z} \quad [\mathrm{W/m^2}]. \tag{5.5}$$

Dies bedeutet, dass ein Wärmefluss von einem Gebiet hoher in einen Bereich niedriger Temperatur erfolgt (siehe Abb. 5.4). Den Proportionalitätsfaktor λ bezeichnet man als *Wärmeleitfähigkeitskoeffizienten*; F ist die Bezugsfläche.

Anordnungen zur Messung von Wärmeleitfähigkeitskoeffizienten bestehen meist aus einem Hitzdraht oder einem beheizten Zylinder in der Achse eines anderen

Zylinders. Zwischen den beiden Körpern, die eine unterschiedliche Temperatur besitzen, befindet sich das Gas, dessen Wärmeleitfähigkeitskoeffizient bestimmt werden soll. Wärmeleitung in dem Gas führt zu einem Wärmeausgleich zwischen den zwei Körpern und damit zu einer Temperaturänderung. Aus den Temperaturen der Körper lässt sich der Wärmeleitfähigkeitskoeffizient bestimmen.

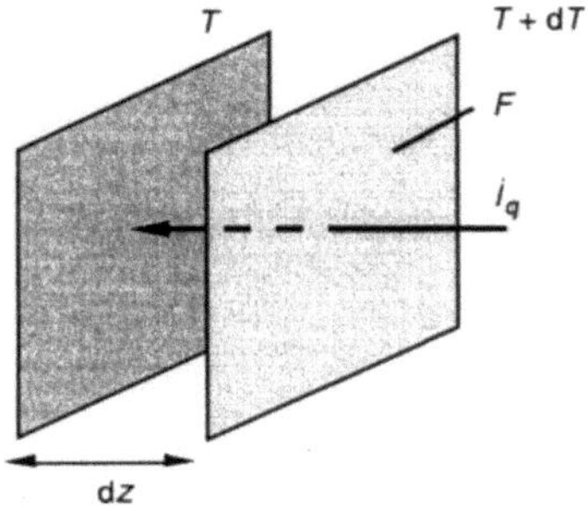

Abb. 5.4. Schematische Darstellung eines Wärmeflusses j_q bedingt durch einen Temperaturgradienten

Für ein ideales Gas liefert die kinetische Gastheorie für das Modell der harten elastischen Kugeln (Bird et al 1960, Hirschfelder et al. 1964), dass λ ein Produkt der Teilchenzahldichte $[n]$, mittleren Geschwindigkeit $\bar{v}$, der molekularen Wärmekapazität $c_V = \bar{C}_V/N_A$ und der mittleren freien Weglänge l_{coll} ist (siehe Abschnitt 5.1), $\lambda \propto [n] \cdot \bar{v} \cdot c_V \cdot l_{coll}$. Damit ergibt sich

$$\lambda = \frac{25}{32} \cdot \frac{\sqrt{\pi m k T}}{\pi \sigma^2} \cdot \frac{c_V}{m}. \tag{5.6}$$

Zur Berücksichtigung des Realgas-Effekts muss ein Korrekturfaktor $\Omega^{(2,2)*}$ (*reduziertes Stoßintegral*) einbezogen werden,

$$\lambda = \frac{25}{32} \cdot \frac{\sqrt{\pi m k T}}{\pi \sigma^2 \Omega^{(2,2)*}} \cdot \frac{c_V}{m} = \frac{\lambda_{\text{harte Kugel}}}{\Omega^{(2,2)*}} \tag{5.7}$$

mit m = Teilchenmasse, $k = R/N_A$ = *Boltzmann-Konstante*, T = absolute Temperatur, σ= Teilchendurchmesser und c_V = molekulare Wärmekapazität. Das reduzierte Stoßintegral $\Omega^{(2,2)*}$ ist bei Annahme eines *Lennard-Jones*-6-12-Potentials eine eindeutige Funktion der reduzierten Temperatur T^*, welche sich aus der absoluten Temperatur T und der Tiefe des intermolekularen Potentials berechnet gemäß $T^* = kT/\varepsilon$. Die Temperaturabhängigkeit des Stoßintegrals $\Omega^{(2,2)*}$ ist in Abb. 5.5 dargestellt.

Für praktische Rechnungen empfiehlt sich oft die einfach auswertbare Formulierung

$$\lambda = 8{,}323 \cdot 10^{-6} \frac{\sqrt{T/M}}{\sigma^2 \Omega^{(2,2)*}} \frac{\text{J}}{\text{cm} \cdot \text{K} \cdot \text{s}}. \tag{5.8}$$

Dabei sind die vorkommenden Größen in folgenden Einheiten einzusetzen: T in K, M in g/mol, σ in nm. Aus Gleichung (5.8) lässt sich direkt ersehen, dass die Wärmeleitfähigkeit proportional zur Wurzel der Temperatur ($\lambda \sim T^{1/2}$) und unabhängig vom Druck ist.

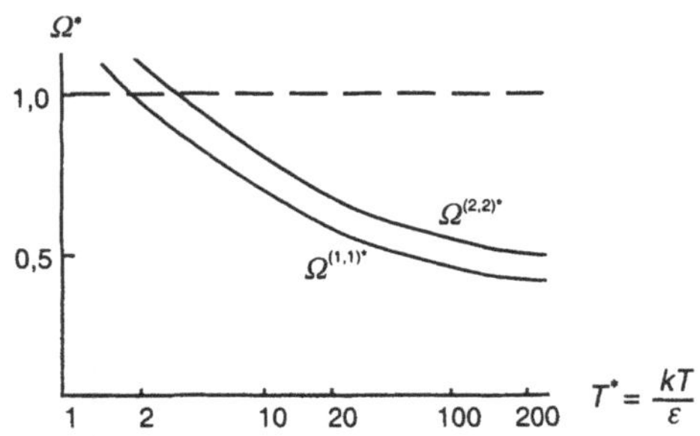

Abb. 5.5. Temperaturabhängigkeit der reduzierten Stoßintegrale $\Omega^{(2,2)*}$ und $\Omega^{(1,1)*}$ (siehe Abschnitt 5.4)

Bei Verbrennungsprozessen besteht das Gas aus einer komplexen Mischung vieler verschiedener Spezies. In diesem Fall benötigt man zur Beschreibung der Wärmeleitung den Wärmeleitfähigkeitskoeffizienten der Mischung. Für Gasgemische lässt sich mit etwa 10-20% Genauigkeit der Wärmeleitfähigkeitskoeffizient mittels eines einfachen empirischen Gesetzes aus den Wärmeleitfähigkeitskoeffizienten λ_i und den Molenbrüchen x_i der reinen Stoffe berechnen (Mathur et al. 1967),

$$\lambda = \frac{1}{2} \cdot \left[\sum_i x_i \lambda_i + \left(\sum \frac{x_i}{\lambda_i} \right)^{-1} \right]. \tag{5.9}$$

Bei höherer Anforderung an die Genauigkeit (etwa 5-10%) lässt sich die aufwendigere Beziehung

$$\lambda = \sum_{i=1}^{S} \frac{\lambda_i}{1 + \sum_{k \neq i} x_k \cdot 1{,}065 \Phi_{ik}} \tag{5.10}$$

verwenden, wobei die Korrekturfaktoren Φ_{ik} in einer recht komplizierten Weise von den Viskositätskoeffizienten μ_i (siehe Abschnitt 5.3) und den molaren Massen M_i der Spezies i abhängen:

$$\Phi_{ik} = \frac{1}{2\sqrt{2}} \left(1 + \frac{M_i}{M_k} \right)^{-\frac{1}{2}} \cdot \left[1 + \left(\frac{\mu_i}{\mu_k} \right)^{\frac{1}{2}} \cdot \left(\frac{M_i}{M_k} \right)^{\frac{1}{4}} \right]^2 . \tag{5.11}$$

Die *Chapman-Enskog-Theorie* (siehe z. B. Bird et al. 1960, Hirschfelder et al. 1964) liefert genauere Ausdrücke für die Wärmeleitfähigkeit in Gemischen; diese Ausdrükke verlangen jedoch einen wesentlich größeren Rechenaufwand.

5.3 Viskosität

Für den Impulstransport ergibt sich empirisch nach dem *Newtonschen Schubspannungsgesetz*, dass die *Impulsstromdichte* (englisch: *momentum flux*, daher im Deutschen oft: *Impulsfluss*) proportional zum Geschwindigkeitsgradienten ist (siehe z. B. Bird et al. 1960, Hirschfelder et al. 1964),

$$j_{mv} = \frac{\partial(mu)}{\partial t \cdot F} = -\mu \frac{\partial u}{\partial z} . \tag{5.12}$$

Dies bedeutet, dass ein Impulsfluss von einem Gebiet hoher in einen Bereich niedriger Geschwindigkeit erfolgt (siehe Abb. 5.6). Den Proportionalitätsfaktor μ bezeichnet man als *Viskositätskoeffizienten*. Gleichung (5.12) gilt nur für das einfache Beispiel in Abb. 5.6, bei dem lediglich ein Geschwindigkeitsgradient in z-Richtung betrachtet wird. Für den allgemeinen Fall ergeben sich recht komplizierte Gesetze, die später in Kapitel 11 ausführlich beschrieben werden.

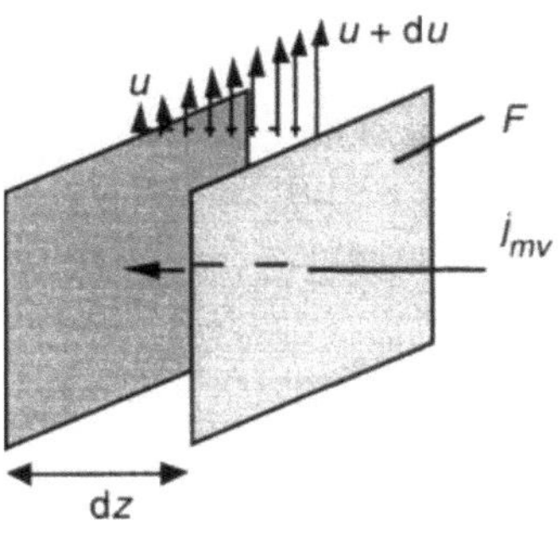

Abb. 5.6. Schematische Darstellung eines durch einen Geschwindigkeitsgradienten bedingten Impulsflusses j_{mv}

Viskositätskoeffizienten lassen sich (vergleiche Messung von Wärmeleitfähigkeitskoeffizienten in Abschnitt 5.2) dadurch messen, dass man zwischen zwei rotierenden konzentrischen Zylindern die zu untersuchende Substanz einbringt. Durch Messung der auftretenden Reibungskräfte lässt sich die Viskosität bestimmen. Ein anderes Verfahren geht vom *Hagen-Poiseulleschen Gesetz* aus, nach dem das pro Zeiteinheit Δt durch eine Kapillare strömende Volumen ΔV umgekehrt proportional zur Viskosität ist (mit r = Radius der Kapillare, l = Länge, Δp = Druckdifferenz),

$$\frac{\Delta V}{\Delta t} = \frac{\pi r^4 \Delta p}{8 \mu l} . \tag{5.13}$$

Für ein ideales Gas liefert die kinetische Gastheorie für das *Modell der harten Kugeln* (siehe z. B. Bird et al. 1960, Hirschfelder et al. 1964), dass μ proportional zum Produkt von Teilchenzahldichte $[n]$, mittlerer Geschwindigkeit $\bar{v}$, molekularer Masse m und mittlerer freier Weglänge l_{coll} ist (siehe Abschnitt 5.1 zur Erklärung dieser Größe), $\mu \propto [n] \cdot \bar{v} \cdot m \cdot l_{\text{coll}}$. Es ergibt sich

$$\mu = \frac{5}{16} \frac{\sqrt{\pi m k T}}{\pi \sigma^2} \quad \text{bzw.} \quad \mu = \frac{2}{5} \cdot \frac{m}{c_V} \cdot \lambda \; . \tag{5.14}$$

Berücksichtigt man (wie vorher auch schon bei der Wärmeleitfähigkeit) Realgaseffekte durch ein *Lennard-Jones-6-12-Potential*, so muss wiederum der Korrekturfaktor $\Omega^{(2,2)*}$ (*reduziertes Stoßintegral*) einbezogen werden,

$$\mu = \frac{5}{16} \frac{\sqrt{\pi m k T}}{\pi \sigma^2 \, \Omega^{(2,2)*}} = \frac{\mu_{\text{harte Kugel}}}{\Omega^{(2,2)*}} \; . \tag{5.15}$$

Wie der Wärmeleitfähigkeitskoeffizient hängt der Viskositätskoeffizient nicht vom Druck ab und ist proportional zur Wurzel aus der Temperatur ($\mu \sim T^{1/2}$).

Für praktische Rechnungen benutzt man sehr oft wieder die leicht auswertbare Formulierung

$$\mu = 2{,}6693 \cdot 10^{-7} \frac{\sqrt{M T}}{\sigma^2 \Omega^{(2,2)*}} \frac{\text{g}}{\text{cm} \cdot \text{s}} \; , \tag{5.16}$$

wobei M in g/mol, T in K und σ in nm einzusetzen sind. Für Gemische ergibt sich analog zu der Wärmeleitfähigkeit eine empirische Näherung (~10% Fehler) als

$$\mu = \frac{1}{2} \cdot \left[\sum_i x_i \mu_i + \left(\sum_i \frac{x_i}{\mu_i} \right)^{-1} \right] . \tag{5.17}$$

Bei höheren Ansprüchen an die Genauigkeit kann man wieder auf eine kompliziertere Formulierung mit einer Genauigkeit von etwa 5% zurückgreifen (Wilke 1950), wobei Φ_{ik} nach (5.7) aus den molaren Massen und den Viskositätskoeffizienten berechnet wird als

$$\mu = \sum_{i=1}^{S} \frac{\mu_i}{1 + \sum\limits_{k \neq i} \frac{x_k}{x_i} \Phi_{ik}} \; . \tag{5.18}$$

Die *Chapman-Enskog-Theorie* (siehe z. B. Bird et al. 1960, Hirschfelder et al. 1964) liefert genauere Ausdrücke für die Viskosität von Gemischen; diese Ausdrücke verlangen jedoch einen wesentlich größeren Rechenaufwand.

5.4 Diffusion

Für den Massentransport aufgrund des Konzentrationsgradienten einer Teilchensorte (siehe Abb. 5.7) ergibt sich empirisch gemäß dem *Fickschen Gesetz*, dass die *Mas-*

senstromdichte (englisch: *mass flux*, daher im Deutschen auch oft: *Massenfluss*) proportional zum Konzentrationsgradienten ist (siehe z. B. Bird et al. 1960, Hirschfelder et al. 1964):

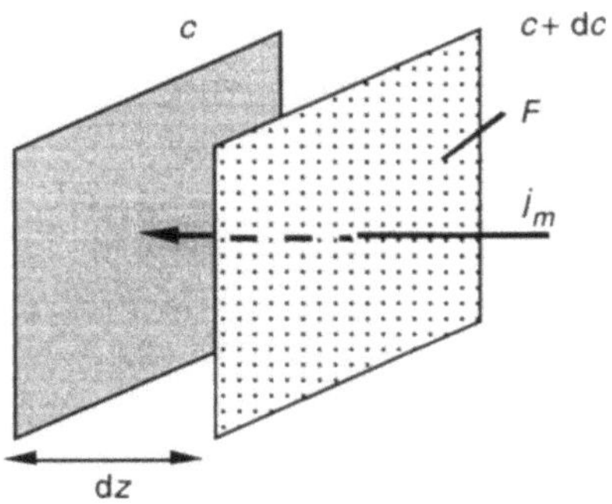

Abb. 5.7. Schematische Darstellung eines durch einen Konzentrationsgradienten bedingten Massenflusses j_m

$$j_m = \frac{\partial m}{\partial t \cdot A} = -D\rho \frac{\partial c}{\partial z} \quad \left[\frac{\mathrm{kg}}{\mathrm{cm}^2\,\mathrm{s}}\right]. \tag{5.19}$$

Den Proportionalitätsfaktor D bezeichnet man als *Diffusionskoeffizienten*. Diffusionskoeffizienten lassen sich z. B. durch Wanderung von isotopenmarkierten Teilchen messen. Wichtig bei Diffusionsmessungen ist, dass Konvektion, welche die Ergebnisse verfälscht, verhindert wird.

Für ein ideales Gas liefert wieder das Modell der harten elastischen Kugeln, dass der *Selbstdiffusionskoeffizient* für ein Gas in sich selbst proportional ist zum Produkt der mittleren Geschwindigkeit $\overline{v}$ und der mittleren freien Weglänge l_{coll} (siehe Abschnitt 5.1), $D \propto \overline{v} \cdot l_{\mathrm{coll}}$. Das führt zu (siehe z. B. Bird et al. 1960, Hirschfelder et al. 1964; $\nu = \mu/\rho$ = *kinematische Viskosität*)

$$D = \frac{3}{8} \frac{\sqrt{\pi m k T}}{\pi \sigma^2} \frac{1}{\rho} = \frac{6}{5} \frac{\mu}{\rho} = \frac{6}{5} \nu . \tag{5.20}$$

Zusammen mit Gleichung (5.14) ergibt sich für harte Kugeln der einfache und einprägsame Zusammenhang $D = \nu = \alpha$ ($\alpha = \lambda \cdot (m/\rho c_V)$ = *Temperaturleitfähigkeit* oder auch *thermische Diffusivität*).

Berücksichtigt man – wie schon vorher für Wärmeleitfähigkeit und Viskosität – durch ein *Lennard-Jones*-6-12-Potential die intermolekulare Anziehung und Abstoßung und damit die *Realgas-Effekte*, so muss wieder ein Korrekturfaktor $\Omega^{(1,1)*}$ (*reduziertes Stoßintegral*) einbezogen werden,

$$D = \frac{3}{8} \frac{\sqrt{\pi m k T}}{\pi \sigma^2 \Omega^{(1,1)*}} \frac{1}{\rho} = \frac{D_{\text{harte Kugel}}}{\Omega^{(1,1)*}} . \tag{5.21}$$

Das reduzierte Stoßintegral $\Omega^{(1,1)*}$ ist bei Annahme eines *Lennard-Jones-6-12-Potentials* ebenso wie das Stoßintegral $\Omega^{(2,2)*}$ eine eindeutige Funktion der reduzierten Temperatur T^*, welche sich aus der absoluten Temperatur T und der Tiefe des intermolekularen Potentials gemäß $T^* = kT/\varepsilon$ berechnet. Die Temperaturabhängigkeit des Stoßintegrals $\Omega^{(1,1)*}$ ist in Abb. 5.5 zusammen mit der von $\Omega^{(2,2)*}$ dargestellt

Für eine Mischung von zwei Stoffen (nur hierbei ist Diffusion von praktischem Interesse) wird die Masse durch die sogenannte *reduzierte Masse* $m_1m_2/(m_1+m_2)$ ersetzt, und man erhält für den binären Diffusionskoeffizienten D_{12} eines Stoffes 1 in einen Stoff 2

$$D_{12} \quad = \quad \frac{3}{8} \frac{\sqrt{\pi k T \cdot 2 \cdot \dfrac{m_1 \cdot m_2}{m_1 + m_2}}}{\pi \sigma_{12}^2 \, \Omega^{(1,1)*}\left(T_{12}^*\right)} \frac{1}{\rho} \,. \tag{5.22}$$

In praktischen Anwendungen verwendet man für *binäre Diffusionskoeffizienten*

$$D_{12} \quad = \quad 2{,}662 \cdot 10^{-5} \frac{\sqrt{T^3 \cdot \dfrac{M_1 + M_2}{2 \cdot M_1 \cdot M_2}}}{p \, \sigma_{12}^2 \, \Omega^{(1,1)*}\left(T_{12}^*\right)} \frac{\mathrm{cm}^2}{\mathrm{s}} \quad , \tag{5.23}$$

wobei der Druck p in bar, die Temperatur T in K, der Molekülradius σ in nm und die molaren Massen M in g/mol eingesetzt werden. Die mittleren Molekülparameter σ_{12} und ε_{12} und damit auch die reduzierte Temperatur T^*_{12} muss man über Kombinationsregeln aus den Parametern der verschiedenen Moleküle berechnen; oft gebräuchlich sind wegen ihrer Einfachheit die Regeln

$$\sigma_{12} = \frac{\sigma_1 + \sigma_2}{2} \qquad \text{und} \qquad \varepsilon_{12} = \sqrt{\varepsilon_1 \varepsilon_2} \;. \tag{5.24}$$

Im Gegensatz zu Wärmeleitfähigkeits- und Viskositätskoeffizienten gilt für den Diffusionskoeffizienten $D \sim T^{3/2}$ und $D \sim 1/p$; der Diffusionskoeffizient hängt also vom Druck ab!

In Gemischen kann man ein empirisches Gesetz für die Diffusion des Stoffes i in eine Mischung (Kennzeichnung M) verwenden (Stefan 1874),

$$D_i^{\mathrm{M}} = \frac{1 - w_i}{\sum\limits_{j \neq i} \dfrac{x_j}{D_{ij}}} \quad , \tag{5.25}$$

wobei w_i den Massenbruch der Spezies i, x_j die Molenbrüche der Spezies j und D_{ij} die binären Diffusionskoeffizienten bezeichnen. Die Fehler betragen für diese bekannte Mischungsformel etwa 10%.

Die *Chapman-Enskog-Theorie* (siehe z. B. Bird et al. 1960, Hirschfelder et al. 1964) liefert genauere Ausdrücke für Diffusionskoeffizienten in Gemischen; diese Ausdrücke verlangen jedoch einen wesentlich größeren Rechenaufwand als die hier angegebenen.

5.5 Thermodiffusion, Dufour-Effekt und Druckdiffusion

Als *Thermodiffusion* (*Soret-Effekt*) bezeichnet man die Diffusion von Masse aufgrund eines Temperaturgradienten (siehe Thermodynamik der irreversiblen Prozesse). Sie tritt zusätzlich zur normalen Diffusion auf. Der Diffusionsfluss $j_{m,i}$ der Spezies i ergibt sich unter Berücksichtigung der Thermodiffusion zu (Bird et al. 1960, Hirschfelder et al. 1964)

$$j_{m,i} \;=\; -D_i^{\mathrm{M}}\,\rho\frac{w_i}{x_i}\frac{\partial x_i}{\partial z} - \frac{D_i^{\mathrm{T}}}{T}\frac{\partial T}{\partial z}\,, \tag{5.26}$$

wobei D_i^{T} als *Thermodiffusions-Koeffizient* bezeichnet wird. Die Thermodiffusion ist nur bei tiefen Temperaturen und sehr leichten oder sehr schweren Teilchen wichtig. Sie wird daher bei der Betrachtung von Verbrennungsprozessen oft vernachlässigt.

Gemäß der Thermodynamik irreversibler Prozesse tritt als reziproker Prozess zur Thermodiffusion ein Wärmetransport bedingt durch Konzentrationsgradienten auf (Hirschfelder et al. 1964). Dieser sogenannte *Dufour-Effekt* ist bei Verbrennungsprozessen vernachlässigbar klein. Ein weiterer Effekt, der bei Verbrennungsprozessen meist vernachlässigbar ist, ist die *Druckdiffusion*, d. h. die Diffusion bedingt durch Druckgradienten (Hirschfelder et al. 1964). Eine systematische Einordnung dieser Effekte ist in Abb. 5.8 wiedergegeben.

Treibende Kraft → / Fluß ↓	Geschwindigkeits-gradient	Temperaturgradient	Konzentrations-gradient
Impuls	Newtonsches Gesetz [μ]		
Energie		Fouriersches Gesetz [λ]	Dufour-Effekt [D_i^{T}]
Masse		Soret-Effekt [D_i^{T}]	Ficksches Gesetz [D]

Abb. 5.8. Flüsse und treibende Kräfte in Transportprozessen (Onsager 1931, Hirschfelder et al. 1964)

5.6 Vergleich mit dem Experiment

Die folgenden Abbildungen enthalten einige Beispiele für Vergleiche von gemessenen und mit den weiter oben geschilderten Methoden berechneten Transportgrößen μ, λ und D.

Das erste Beispiel (Warnatz 1978b) ist ein Vergleich von gemessenen (Punkte) und berechneten (Linie) Viskositäten (Abb. 5.9). Dabei ist die Viskosität zur besseren Darstellung ihrer Temperaturabhängigkeit durch Division durch die Temperatur reduziert. Deutlich ist zu sehen, dass vom Absolutwert her schlechte Messergebnisse (die gefüllten Quadrate) einen wertvollen Beitrag (nämlich über den Temperaturverlauf von μ) liefern können. Die Abweichungen zwischen den experimentellen und den berechneten Viskositäten betragen normalerweise nicht mehr als 1%.

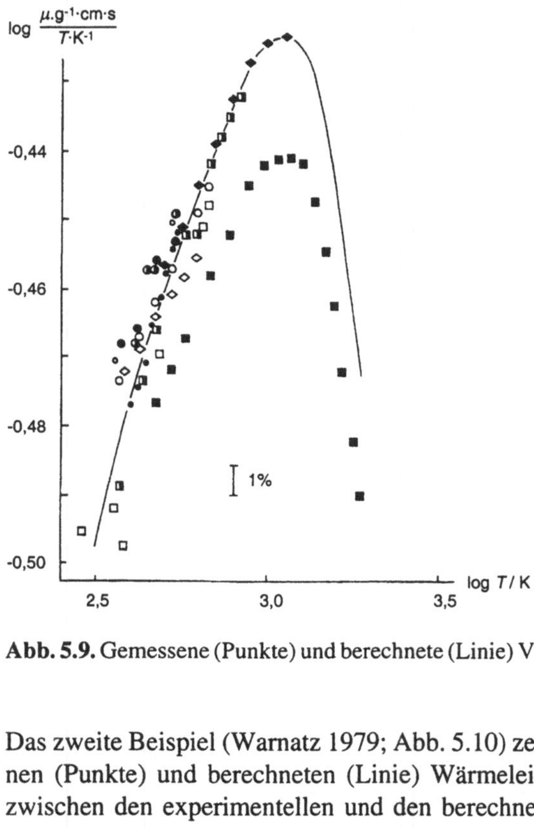

Abb. 5.9. Gemessene (Punkte) und berechnete (Linie) Viskositäten von H_2O (Warnatz 1978b)

Das zweite Beispiel (Warnatz 1979; Abb. 5.10) zeigt einen Vergleich von gemessenen (Punkte) und berechneten (Linie) Wärmeleitfähigkeiten. Die Abweichungen zwischen den experimentellen und den berechneten Werten beträgt hier mehrere Prozent. Es ergeben sich außerdem bei den gezeigten Molekülen CO und CO_2 (wie auch allgemein bei den mehratomigen Teilchen) Probleme insbesondere bei tiefen Temperaturen mit dem Beitrag innerer Freiheitsgrade. Zur Berücksichtigung dieser Effekte wird die *Eucken-Korrektur* benutzt (Hirschfelder et al. 1964),

$$\lambda_{\text{vielatomig}} = \lambda_{\text{einatomig}} \cdot \left(\frac{4}{15} \frac{\overline{C}_V}{R} + \frac{3}{5} \right) .$$

Diese Eucken-Korrektur kann abgeleitet werden, indem die Diffusion von schwingungs- und rotationsangeregten Molekülen entlang dem Temperaturgradienten berücksichtigt wird.

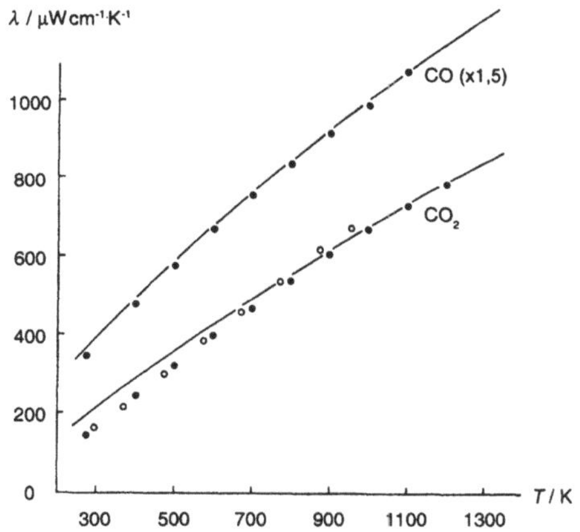

Abb. 5.10. Vergleich von gemessenen (Punkte) und berechneten (Linien) Wärmeleitfähigkeiten von Kohlenmonoxid und Kohlendioxid (Warnatz 1979)

Abbildungen 5.11 und 5.12 (Warnatz 1978a, 1979) zeigen Vergleiche von experimentellen (Punkte) und berechneten (Linien) binären Diffusionskoeffizienten. Es sei darauf hingewiesen, dass es, wie in Abbildung 5.11 für Diffusionskoeffizienten von Wasserstoffatomen und molekularem Wasserstoff demonstriert, auch zahlreiche Messungen über die Diffusion von atomaren Spezies gibt. Die Abweichungen zwischen den einzelnen Messungen sind hier jedoch verständlicherweise erheblich größer als bei Messungen mit stabilen Molekülen.

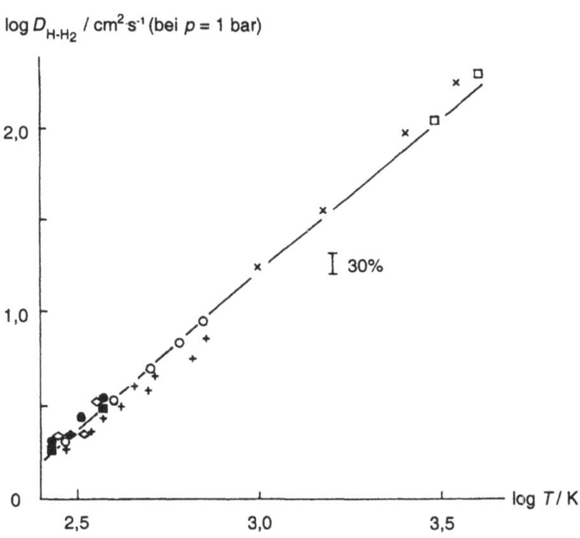

Abb. 5.11. Vergleich von gemessenen (Punkte) und berechneten (Linie) binären Diffusionskoeffizienten von Wasserstoffatomen und molekularem Wasserstoff (Warnatz 1978a)

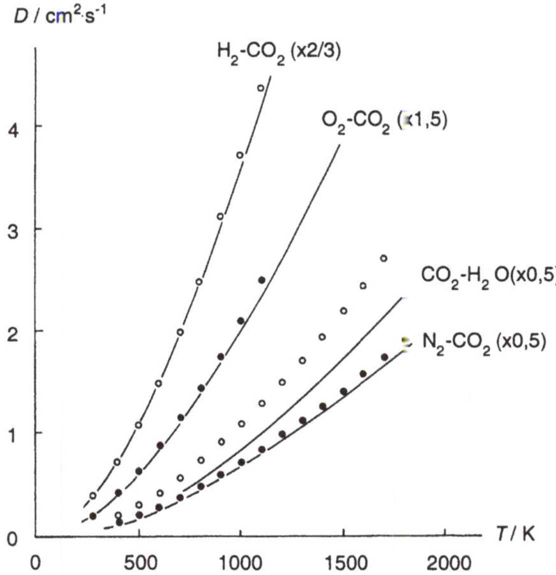

Abb. 5.12. Vergleich von gemessenen (Punkte) und berechneten (Linien) binären Diffusionskoeffizienten (Warnatz 1979)

Das letzte Beispiel (Abb. 5.13) zeigt schließlich zwei Vergleiche von Messungen (Punkte) und Simulationen (Linien) der Thermodiffusion. Dazu wird üblicherweise in einer Zweistoff-Mischung das mit dem Thermodiffusions-Koeffizienten D_i^{T} gemäß

$$D_i^{\mathrm{T}} = k_i^{\mathrm{T}} \frac{c^2 M_1 M_2}{\rho} D_{12} \quad , \quad i = 1, 2 \tag{5.27}$$

korrelierte *Thermodiffusions-Verhältnis* k^{T} benutzt (Fristrom und Westenberg 1965, Warnatz 1982). Für Gemische, in denen sich die molaren Massen nicht zu sehr unterscheiden, gilt weiter (es sei $M_1 > M_2$)

$$k_1^{\mathrm{T}} = -k_2^{\mathrm{T}} = x_1 \cdot x_2 \frac{105}{118} \frac{M_1 - M_2}{M_1 + M_2} R_{\mathrm{T}} \; . \tag{5.28}$$

Dabei ist der Reduktionsfaktor R_{T} eine universelle Funktion der reduzierten Temperatur T^* (tabellierte Werte sind bei Hirschfelder et al. 1964 zu finden, ein Polynom-Fit z. B. bei Paul und Warnatz 1998).

In Analogie zum binären Ausdruck (5.27) sind Thermodiffusions-Verhältnis und Thermodiffusions-Koeffizient in einer Vielstoff-Mischung gegeben durch (Paul und Warnatz 1998)

$$k_{i,\mathrm{mix}}^{\mathrm{T}} = x_i \cdot \sum_{j=1}^{N} x_j k_{ij}^{\mathrm{T}} \quad \text{und} \quad D_{i,\mathrm{mix}}^{\mathrm{T}} = k_{i,\mathrm{mix}}^{\mathrm{T}} \frac{c^2 M_i \overline{M}}{\rho} \cdot D_i^{\mathrm{M}} \; . \tag{5.29}$$

In Vielstoff-Gemischen sind dies stark vereinfachte Formulierungen, die jedoch dadurch gerechtfertigt sind, dass die Thermodiffusion – wie vorher schon erwähnt – nur für Teilchen wesentlich ist, deren Masse deutlich von der mittleren molaren Masse abweicht (in Verbrennungsprozessen: H, H_2, He oder große Rußvorläufer; siehe Rosner 2000); daher reichen solche *binären* Ansätze. Sogenannte *Multikomponenten-Thermodiffusions-Koeffizienten* (Hirschfelder et al. 1964) erfordern dagegen einen unangemessen hohen Aufwand.

Im Gegensatz zu umfangreichen Daten über μ, λ und D liegen Messungen von k^T leider nur für wenige Stoffsysteme vor (siehe z. B. Bird et al. 1960, Warnatz 1982).

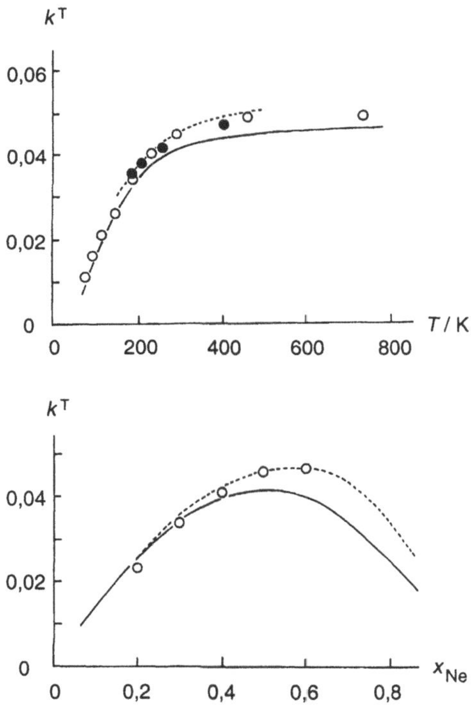

Abb. 5.13. Vergleich von gemessenen (Punkte) und nach (5.28) berechnete (durchgezogene Linien) Thermodiffusions-Verhältnissen im System Ar-Ne; oben: Temperaturabhängigkeit, unten: Abhängigkeit von der Gemischzusammensetzung. Gestrichelte Linien: berechnete Multikomponenten-Thermodiffusions-Verhältnisse (Hirschfelder et al. 1964)

5.7 Übungsaufgaben

Aufgabe 5.1. Die Viskosität von Kohlendioxid CO_2 wurde durch Vergleich der Durchström-Geschwindigkeit durch ein sehr langes enges Rohr mit derjenigen von

Argon nach der Hagen-Poiseuilleschen Formel $(\mathrm{d}V/\mathrm{d}t) = \pi r^4 \Delta p/(8\mu l)$ verglichen. Für die gleiche Druckdifferenz brauchten gleiche Volumenmengen von Kohlendioxid und Argon 55 s bzw. 83 s. Argon hat bei 25 °C eine Viskosität von $2{,}08 \cdot 10^{-5}$ kg/(m·s). Wie groß ist dann die Viskosität von Kohlendioxid? Wie groß ist der Moleküldurchmesser des Kohlendioxids? (Für das reduzierte Stoßintegral sei angenommen $\Omega^{(2,2)*} = 1$; die Masse eines Protons bzw. Neutrons ist $1{,}6605 \cdot 10^{-27}$ kg.)

Aufgabe 5.2 In einem kühlen Weinkeller (10 °C, 1 bar) hat sich durch heftiges Gären eines allzu guten Weinjahrganges die Luft mit 50% Kohlendioxid angereichert. Durch ein Loch in der Tür und einen 10 m langen Gewölbegang mit 2 m² Querschnittsfläche diffundiert es jedoch langsam nach außen. Bestimmen Sie zunächst den Diffusionskoeffizienten unter der Annahme, dass die Umgebung nur aus Stickstoff bestehe und $\Omega^{(1,1)*} = 1$ sei. Wie groß ist der Kohlendioxidstrom, wenn man ein lineares Konzentrationsgefälle zugrundelegt?

6 Chemische Reaktionskinetik

Die in Kapitel 4 beschriebenen thermodynamischen Gesetze ermöglichen die Bestimmung des Gleichgewichtszustandes eines chemischen Reaktionssystems. Nimmt man an, dass die chemischen Reaktionen sehr schnell gegenüber den anderen Prozessen, wie z. B. Diffusion, Wärmeleitung und Strömung, ablaufen, so ermöglicht die Thermodynamik allein die Beschreibung eines Systems (siehe z. B. Abschnitt 13.2). In den meisten Fällen jedoch laufen chemische Reaktionen mit einer Geschwindigkeit ab, die vergleichbar ist mit der Geschwindigkeit der Strömung und der molekularen Transportprozesse. Aus diesem Grund werden Informationen über die Geschwindigkeit chemischer Reaktionen, d. h. die *chemische Reaktionskinetik*, benötigt. Hierzu sollen die grundlegenden Gesetzmäßigkeiten im folgenden beschrieben werden.

6.1 Zeitgesetz und Reaktionsordnung

Unter dem *Zeitgesetz für eine chemische Reaktion*, die in einer allgemeinen Schreibweise gegeben sein soll durch

$$\mathrm{A + B + C + ...} \xrightarrow{k^{(\mathrm{f})}} \mathrm{D + E + F + ...}\ , \qquad (6.1)$$

wobei A, B, C, . . . verschiedene an der Reaktion beteiligte Stoffe bezeichnen, versteht man einen empirischen Ansatz für die *Reaktionsgeschwindigkeit*, d. h. der Geschwindigkeit, mit der ein an der Reaktion beteiligter Stoff gebildet oder verbraucht wird (siehe z. B. Homann 1975). Betrachtet man z. B. den Stoff A, so lässt sich die Reaktionsgeschwindigkeit in der Form

$$\frac{\mathrm{d[A]}}{\mathrm{d}t} = -k^{(\mathrm{f})}\,[\mathrm{A}]^a\,[\mathrm{B}]^b\,[\mathrm{C}]^c\ ..... \qquad (6.2)$$

darstellen. Dabei sind a, b, c, ... die *Reaktionsordnungen* bezüglich der Stoffe A, B, C, . . . und $k^{(\mathrm{f})}$ ist der *Geschwindigkeitskoeffizient* der chemischen Reaktion. Die Summe aller Exponenten ist die *Gesamt-Reaktionsordnung* der Reaktion.

Oft liegen einige Stoffe im Überschuss vor. In diesem Fall ändern sich ihre Konzentrationen nur unmerklich. Bleiben z. B. [B], [C], ... während der Reaktion annähernd konstant, so lässt sich aus dem Geschwindigkeitskoeffizienten und den Konzentrationen der Stoffe im Überschuss ein neuer Geschwindigkeitskoeffizient definieren, und man erhält z. B. mit $k = k^{(f)}\,[B]^b[C]^c\ldots$

$$\frac{d[A]}{dt} = -k\,[A]^a \ . \tag{6.3}$$

Aus diesem Zeitgesetz lässt sich durch Integration (Lösung der Differentialgleichung) leicht der zeitliche Verlauf der Konzentration des Stoffes A bestimmen.

Für *Reaktionen 1. Ordnung* (a = 1) ergibt sich durch Integration aus (6.3) das Zeitgesetz 1. Ordnung (durch Einsetzen von (6.4) in (6.3) leicht nachzuprüfen)

$$\ln\frac{[A]_t}{[A]_0} = -k\,(t-t_0), \tag{6.4}$$

wobei $[A]_0$ und $[A]_t$ die Konzentrationen des Stoffes A zur Zeit t_0 bzw. t bezeichnen.

Auf ganz entsprechende Weise ergibt sich für *Reaktionen 2. Ordnung* (a = 2) das Zeitgesetz

$$\frac{1}{[A]_t} - \frac{1}{[A]_0} = k\,(t-t_0) \tag{6.5}$$

und für *Reaktionen 3. Ordnung* (a = 3) das Zeitgesetz

$$\frac{1}{[A]_t^2} - \frac{1}{[A]_0^2} = 2k\,(t-t_0)\ . \tag{6.6}$$

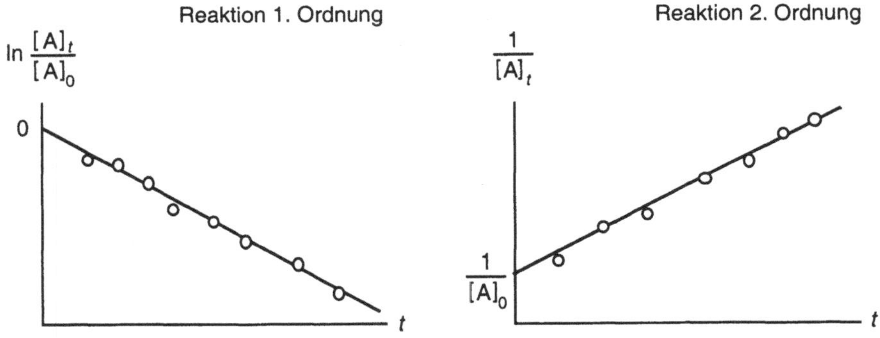

Abb. 6.1. Zeitliche Verläufe der Konzentrationen bei Reaktionen 1. und 2. Ordnung

Wird der zeitliche Verlauf der Konzentration während einer chemischen Reaktion experimentell bestimmt, so lässt sich daraus die Reaktionsordnung ermitteln. Eine logarithmische Auftragung der Konzentration gegen die Zeit für Reaktionen 1. Ordnung bzw. eine Auftragung von $1/[A]_t$ gegen die Zeit für Reaktionen 2. Ordnung ergeben lineare Verläufe (siehe Beispiele in Abb. 6.1).

6.2 Zusammenhang von Vorwärts- und Rückwärtsreaktion

Für die Rückreaktion von Reaktion (6.1) gilt analog zu Gleichung (6.2) das Zeitgesetz

$$\frac{d[A]}{dt} = k^{(r)} [D]^d [E]^e [F]^f \ldots\ldots \quad (6.7)$$

Im chemischen Gleichgewicht laufen mikroskopisch Hin- und Rückreaktion gleich schnell ab (die Hinreaktion wird durch den Superskript (f), die Rückreaktion durch den Superskript (r) gekennzeichnet). Makroskopisch ist kein Umsatz mehr zu beobachten. Aus diesem Grund gilt im chemischen Gleichgewicht

$$k^{(f)} [A]^a [B]^b [C]^c \ldots\ldots = k^{(r)} [D]^d [E]^e [F]^f \ldots\ldots$$

bzw. (6.8)

$$\frac{[D]^d [E]^e [F]^f \cdot \ldots}{[A]^a [B]^b [C]^c \cdot \ldots} = \frac{k^{(f)}}{k^{(r)}} .$$

Der Ausdruck auf der linken Seite entspricht der Gleichgewichtskonstanten der Reaktion, die sich aus thermodynamischen Daten bestimmen lässt (siehe Kapitel 4), so dass für die Beziehung zwischen den Geschwindigkeitskoeffizienten von Hin- und Rückreaktion gilt

$$K_c = \frac{k^{(f)}}{k^{(r)}} = \exp(-\Delta_R \overline{F}^0 / RT) \quad (6.9)$$

6.3 Elementarreaktionen, Reaktionsmolekularität

Eine *Elementarreaktion* ist eine Reaktion, die auf molekularer Ebene genau so abläuft, wie es die Reaktionsgleichung beschreibt (siehe z. B. Homann 1975). Die an der Wasserstoffverbrennung wesentlich beteiligte Reaktion von Hydroxi-Radikalen (OH) mit molekularem Wasserstoff (H_2) zu Wasser und Wasserstoffatomen

$$OH + H_2 \rightarrow H_2O + H \quad (6.10)$$

zum Beispiel ist eine solche Elementarreaktion. Durch die Bewegung der Moleküle im Gas treffen Hydroxi-Radikale mit Wasserstoffmolekülen zusammen. Bei nicht-reaktiven Stößen kollidieren die Moleküle und fliegen wieder auseinander. Bei reaktiven Stößen jedoch reagieren die Moleküle und die Produkte H_2O und H werden gebildet. Die Reaktion

$$2\,H_2 + O_2 \rightarrow 2\,H_2O \tag{6.11}$$

ist dagegen keine Elementarreaktion, denn bei ihrer detaillierten Untersuchung bemerkt man, dass als Zwischenprodukte die reaktiven Teilchen H, O und OH auftreten und auch Spuren von anderen Endprodukten als H_2O auftreten. Man spricht dann von *zusammengesetzten Reaktionen*, *komplexen Reaktionen* oder *Brutto-Reaktionen*. Diese zusammengesetzten Reaktionen haben meistens recht komplizierte Zeitgesetze der Form (6.2) oder noch komplexer; die Reaktionsordnungen a, b, c, . .. sind i. a. nicht ganzzahlig, können auch negative Werte annehmen (*Inhibierung*), hängen von der Zeit und von den Versuchsbedingungen ab, und eine Extrapolation auf Bereiche, in denen keine Messungen vorliegen, ist äußerst unzuverlässig oder sogar unsinnig. Eine reaktionskinetische Interpretation dieser Zeitgesetze ist normalerweise nicht möglich.

Zusammengesetzte Reaktionen lassen sich jedoch in allen Fällen (zumindestens im Prinzip) in eine Vielzahl von Elementarreaktionen zerlegen. Dies ist jedoch meist sehr mühsam und aufwendig. Die Wasserbildung (6.11) lässt sich z. B. durch 37 Elementarreaktionen beschreiben (siehe z. B. Baulch et al. 1991, Maas und Warnatz 1988), die in Tab. 6.1 dargestellt sind.

Das Konzept, Elementarreaktionen zu benutzen, ist äußerst vorteilhaft: Die Reaktionsordnung von Elementarreaktionen ist unter allen Umständen (insbesondere unabhängig von der Zeit und von irgendwelchen Versuchsbedingungen) gleich und leicht zu ermitteln. Dazu betrachtet man die *Molekularität* einer Reaktion als Zahl der zum Reaktionskomplex (das ist der Übergangszustand der Moleküle während der Reaktion) führenden Teilchen. Es gibt nur drei in der Praxis wesentliche Werte der Reaktionsmolekularität:

Unimolekulare Reaktionen beschreiben den Zerfall oder die Umlagerung eines Moleküls,

$$\mathrm{A} \quad \rightarrow \quad \text{Produkte}\,. \tag{6.12}$$

Sie besitzen ein Zeitgesetz erster Ordnung. Bei Verdoppelung der Ausgangskonzentration verdoppelt sich auch die Reaktionsgeschwindigkeit.

Bimolekulare Reaktionen sind der am häufigsten vorkommende Reaktionstyp (siehe Tab. 6.1). Sie erfolgen gemäß den Reaktionsgleichungen

$$\begin{array}{lccccc} & \mathrm{A} & + & \mathrm{B} & \rightarrow & \text{Produkte} \\ \text{bzw.} & & & & & \\ & \mathrm{A} & + & \mathrm{A} & \rightarrow & \text{Produkte}\,. \end{array} \tag{6.13}$$

Bimolekulare Reaktionen haben immer ein Zeitgesetz zweiter Ordnung. Die Verdoppelung der Konzentration jedes einzelnes Partners trägt jeweils zur Verdoppelung der Reaktionsgeschwindigkeit bei.

Trimolekulare Reaktionen sind meist Rekombinationsreaktionen (siehe z. B. fünfte, sechste und siebente Reaktion in Tab. 6.1). Sie befolgen grundsätzlich ein Zeitgesetz dritter Ordnung,

$$
\begin{aligned}
&A + B + C \rightarrow \text{Produkte} \\
\text{bzw.}\quad &A + A + B \rightarrow \text{Produkte} \qquad (6.14)\\
\text{bzw.}\quad &A + A + A \rightarrow \text{Produkte}\,.
\end{aligned}
$$

Tab. 6.1. Elementarreaktionen im H_2-CO-C_1-C_2-O_2-System bei $p = 1$ bar für Hochtemperatur ($T > 1200$ K); die Geschwindigkeitskoeffizienten sind in der Form $k = A{\cdot}T^b{\cdot}\exp(-E/RT)$ wiedergegeben (siehe Abschnitt 6.5); $[M^*] = [H_2]+6{,}5{\cdot}[H_2O]+0{,}4{\cdot}[O_2]+0{,}4{\cdot}[N_2]+0{,}75{\cdot}[CO]+1{,}5{\cdot}[CO_2]+3{,}0{\cdot}[CH_4]$; $\rightarrow$: nur die Vorwärtsreaktion wird betrachtet; =: der Geschwindigkeitskoeffizient der Rückreaktion wird mit Gleichung (6.9) berechnet

Reaktion					*A* [cm,mol,s]	*b*	*E* / kJ·mol^{-1}
----	01. - 04. H_2-CO Oxidation						
----	01. H_2-O_2-Reaktionen (HO_2, H_2O_2 ausgeschlossen)						
O_2	+H		=OH	+O	$2{,}00{\cdot}10^{14}$	0,0	70,3
H_2	+O		=OH	+H	$5{,}06{\cdot}10^{04}$	2,67	26,3
H_2	+OH		=H_2O	+H	$1{,}00{\cdot}10^{08}$	1,6	13,8
OH	+OH		=H_2O	+O	$1{,}50{\cdot}10^{09}$	1,14	0,42
H	+H	+M*	=H_2	+M*	$1{,}80{\cdot}10^{18}$	-1,0	0,00
O	+O	+M*	=O_2	+M*	$2{,}90{\cdot}10^{17}$	-1,0	0,00
H	+OH	+M*	=H_2O	+M*	$2{,}20{\cdot}10^{22}$	-2,0	0,00
----	02. HO_2-Bildung/Verbrauch						
H	+O_2	+M*	=HO_2	+M*	$2{,}30{\cdot}10^{18}$	-0,8	0,00
HO_2	+H		=OH	+OH	$1{,}50{\cdot}10^{14}$	0,0	4,20
HO_2	+H		=H_2	+O_2	$2{,}50{\cdot}10^{13}$	0,0	2,90
HO_2	+H		=H_2O	+O	$3{,}00{\cdot}10^{13}$	0,0	7,20
HO_2	+O		=OH	+O_2	$1{,}80{\cdot}10^{13}$	0,0	-1,70
HO_2	+OH		=H_2O	+O_2	$6{,}00{\cdot}10^{13}$	0,0	0,00
----	03. H_2O_2-Bildung/Verbrauch						
HO_2	+HO_2		=H_2O_2	+O_2	$2{,}50{\cdot}10^{11}$	0,0	-5,20
OH	+OH	+M*	=H_2O_2	+M*	$3{,}25{\cdot}10^{22}$	-2,0	0,00
H_2O_2	+H		=H_2	+HO_2	$1{,}70{\cdot}10^{12}$	0,0	15,7
H_2O_2	+H		=H_2O	+OH	$1{,}00{\cdot}10^{13}$	0,0	15,0
H_2O_2	+O		=OH	+HO_2	$2{,}80{\cdot}10^{13}$	0,0	26,8
H_2O_2	+OH		=H_2O	+HO_2	$5{,}40{\cdot}10^{12}$	0,0	4,20
----	04. CO-Reaktionen						
CO	+OH		=CO_2	+H	$6{,}00{\cdot}10^{06}$	1,5	-3,10
CO	+HO_2		=CO_2	+OH	$1{,}50{\cdot}10^{14}$	0,0	98,7
CO	+O	+M*	=CO_2	+M*	$7{,}10{\cdot}10^{13}$	0,0	-19,0
CO	+O_2		=CO_2	+O	$2{,}50{\cdot}10^{12}$	0,0	200,
----	10. - 19. C_1-Kohlenwassersstoff-Oxidation						
----	10. CH-Reaktionen						
CH	+O		=CO	+H	$4{,}00{\cdot}10^{13}$	0,0	0,00
CH	+O_2		=CHO	+O	$6{,}00{\cdot}10^{13}$	0,0	0,00

CH	$+CO_2$	=CHO	+CO		$3,40\cdot 10^{12}$	0,0	2,90
CH	$+H_2O$	$=CH_2O$	+H		$3,80\cdot 10^{12}$	0,0	-3,20
CH	$+H_2O$	$=^3CH_2$	+OH		$1,90\cdot 10^{12}$	0,0	-3,20
CH	+OH	=CHO	+H		$3,00\cdot 10^{13}$	0,0	0,00
----	11. CHO-Reaktionen						
CHO	+M*	=CO	+H	+M*	$7,10\cdot 10^{14}$	0,0	70,3
CHO	+H	=CO	$+H_2$		$9,00\cdot 10^{13}$	0,0	0,00
CHO	+O	=CO	+OH		$3,00\cdot 10^{13}$	0,0	0,00
CHO	+O	$=CO_2$	+H		$3,00\cdot 10^{13}$	0,0	0,00
CHO	+OH	=CO	$+H_2O$		$1,00\cdot 10^{14}$	0,0	0,00
CHO	$+O_2$	=CO	$+HO_2$		$3,00\cdot 10^{12}$	0,0	0,00
CHO	+CHO	$=CH_2O$	+CO		$3,00\cdot 10^{13}$	0,0	0,00
----	12. CH_2-Reaktionen						
$^3CH_2$	+H	=CH	$+H_2$		$6,00\cdot 10^{12}$	0,0	-7,50
$^3CH_2$	+O	→CO	+H	+H	$8,40\cdot 10^{12}$	0,0	0,00
$^3CH_2$	$+^3CH_2$	$=C_2H_2$	$+H_2$		$1,20\cdot 10^{13}$	0,0	3,40
$^3CH_2$	$+^3CH_2$	$=C_2H_2$	+H	+H	$1,10\cdot 10^{14}$	0,0	3,40
$^3CH_2$	$+CH_3$	$=C_2H_4$	+H		$4,20\cdot 10^{13}$	0,0	0,00
$^3CH_2$	$+O_2$	=CO	+OH	+H	$1,30\cdot 10^{13}$	0,0	6,20
$^3CH_2$	$+O_2$	$=CO_2$	$+H_2$		$1,20\cdot 10^{13}$	0,0	6,20
$^1CH_2$	+M*	$=^3CH_2$	+M*		$1,20\cdot 10^{13}$	0,0	0,00
$^1CH_2$	$+O_2$	=CO	+OH	+H	$3,10\cdot 10^{13}$	0,0	0,00
$^1CH_2$	$+H_2$	$=CH_3$	+H		$1,08\cdot 10^{14}$	0,0	0,00
$^1CH_2$	$+CH_3$	$=C_2H_4$	+H		$1,60\cdot 10^{13}$	0,0	-2,38
----	13. CH_2O-Reaktionen						
CH_2O	+M*	=CHO	+H	+M*	$5,00\cdot 10^{16}$	0,0	320,
CH_2O	+H	=CHO	$+H_2$		$2,30\cdot 10^{10}$	1,05	13,7
CH_2O	+O	=CHO	+OH		$4,15\cdot 10^{11}$	0,57	11,6
CH_2O	+OH	=CHO	$+H_2O$		$3,40\cdot 10^{09}$	1,2	-1,90
CH_2O	$+HO_2$	=CHO	$+H_2O_2$		$3,00\cdot 10^{12}$	0,0	54,7
CH_2O	$+CH_3$	=CHO	$+CH_4$		$1,00\cdot 10^{11}$	0,0	25,5
CH_2O	$+O_2$	=CHO	$+HO_2$		$6,00\cdot 10^{13}$	0,0	171,
----	14. CH_3-Reaktionen						
CH_3	+M*	$=^3CH_2$	+H	+M*	$1,00\cdot 10^{16}$	0,0	379,
CH_3	+O	$=CH_2O$	+H		$8,43\cdot 10^{13}$	0,0	0,00
CH_3	+H	$=CH_4$			$1,93\cdot 10^{36}$	-7,0	38,0
CH_3	+OH	$\to CH_3O$	+H		$2,26\cdot 10^{14}$	0,0	64,8
CH_3O	+H	$\to CH_3$	+OH		$4,75\cdot 10^{16}$	-,13	88,0
CH_3	$+O_2$	$\to CH_2O$	+OH		$3,30\cdot 10^{11}$	0,0	37,4
CH_3	$+HO_2$	$=CH_3O$	+OH		$1,80\cdot 10^{13}$	0,0	0,00
CH_3	$+HO_2$	$=CH_4$	$+O_2$		$3,60\cdot 10^{12}$	0,0	0,00
CH_3	$+CH_3$	$\to C_2H_4$	$+H_2$		$1,00\cdot 10^{16}$	0,0	134,
CH_3	$+CH_3$	$=C_2H_6$			$1,69\cdot 10^{53}$	-12,	81,2
CH_3	+M*	=CH	$+H_2$	+M*	$6,90\cdot 10^{14}$	-12,	345,
----	15a. CH_3O-Reaktionen						
CH_3O	+M*	$=CH_2O$	+H	+M*	$5,00\cdot 10^{13}$	0,0	105,
CH_3O	+H	$=CH_2O$	$+H_2$	$1,80\cdot 10^{13}$	0,0	0,00	
CH_3O	$+O_2$	$=CH_2O$	$+HO_2$	$4,00\cdot 10^{10}$	0,0	8,90	
CH_2O	$+CH_3O$	$\to CHO$	$+CH_3OH$		$6,00\cdot 10^{11}$	0,0	13,8

Reaktion			A	b	E
CH_3OH +CHO	→CH_2O +CH_3O		$6{,}50\cdot10^{09}$	0,0	57,2
CH_3O +O	=O_2 +CH_3		$1{,}10\cdot10^{13}$	0,0	0,00
CH_3O +O	=OH +CH_2O		$1{,}40\cdot10^{12}$	0,0	0,00
---- 15b. CH_2OH-Reaktionen					
CH_2OH +M*	=CH_2O +H	+M*	$5{,}00\cdot10^{13}$	0,0	105,
CH_2OH +H	=CH_2O +H_2		$3{,}00\cdot10^{13}$	0,0	0,00
CH_2OH +O_2	=CH_2O +HO_2		$1{,}00\cdot10^{13}$	0,0	30,0
---- 16. CH_3O_2-Reaktionen					
CH_3O_2 +M*	→CH_3 +O_2	+M*	$7{,}24\cdot10^{16}$	0,0	111,
CH_3 +O_2 +M*	→CH_3O_2 +M*		$1{,}41\cdot10^{16}$	0,0	-4,60
CH_3O_2 +CH_2O	→CHO +CH_3O_2H		$1{,}30\cdot10^{11}$	0,0	37,7
CH_3O_2H +CHO	→CH_3O_2 +CH_2O		$2{,}50\cdot10^{10}$	0,0	42,3
CH_3O_2 +CH_3	→CH_3O +CH_3O		$3{,}80\cdot10^{12}$	0,0	-5,00
CH_3O +CH_3O	→CH_3O_2 +CH_3		$2{,}00\cdot10^{10}$	0,0	0,00
CH_3O_2 +HO_2	→CH_3O_2H +O_2		$4.60\cdot10^{10}$	0,0	-10,9
CH_3O_2H +O_2	→CH_3O_2 +HO_2		$3{,}00\cdot10^{12}$	0,0	163,
CH_3O_2 +CH_3O_2	→CH_2O +O_2	+CH_3OH	$1{,}80\cdot10^{12}$	0,0	0,00
CH_3O_2 +CH_3O_2	→CH_3O +CH_3O	+O_2	$3{,}70\cdot10^{12}$	0,0	9,20
---- 17. CH_4-Reaktionen					
CH_4 +H	=H_2 +CH_3		$1{,}30\cdot10^{04}$	3,00	33,6
CH_4 +O	=OH +CH_3		$6{,}92\cdot10^{08}$	1,56	35,5
CH_4 +OH	=H_2O +CH_3		$1{,}60\cdot10^{07}$	1,83	11,6
CH_4 +HO_2	=H_2O_2 +CH_3		$1{,}10\cdot10^{13}$	0,0	103,
CH_4 +CH	=C_2H_4 +H		$3{,}00\cdot10^{13}$	0,0	-1,70
CH_4 +$^3CH_2$	=CH_3 +CH_3		$1{,}30\cdot10^{13}$	0,0	39,9
---- 18. CH_3OH-Reaktionen					
CH_3OH	=CH_3 +OH		$9{,}51\cdot10^{29}$	-4,3	404,
CH_3OH +H	=CH_2OH+H_2		$4{,}00\cdot10^{13}$	0,0	25,5
CH_3OH +O	=CH_2OH+OH		$1{,}00\cdot10^{13}$	0,0	19,6
CH_3OH +OH	=CH_2OH+H_2O		$1{,}00\cdot10^{13}$	0,0	7,10
CH_3OH +HO_2	→CH_2OH +H_2O_2		$6{,}20\cdot10^{12}$	0,0	81,1
CH_2OH +H_2O_2	→HO_2 +CH_3OH		$1{,}00\cdot10^{07}$	1,7	47,9
CH_3OH +CH_3	=CH_4 +CH_2OH		$9{,}00\cdot10^{12}$	0,0	41,1
CH_3O +CH_3OH	→CH_2OH +CH_3OH		$2{,}00\cdot10^{11}$	0,0	29,3
CH_2OH +CH_3OH	→CH_3O +CH_3OH		$2{,}20\cdot10^{04}$	1,7	45,4
CH_3OH +CH_2O	→CH_3O +CH_3O		$1{,}53\cdot10^{12}$	0,0	333,
CH_3O +CH_3O	→CH_3OH +CH_2O		$3{,}00\cdot10^{13}$	0,0	0,00
---- 19. CH_3O_2H-Reaktionen					
CH_3O_2H	=CH_3O +OH		$4{,}00\cdot10^{15}$	0,0	180,
OH +CH_3O_2H	=H_2O +CH_3O_2		$2{,}60\cdot10^{12}$	0,0	0,00
---- 20. - 29. C_2-Kohlenwasserstoff-Oxidation					
---- 20. C_2H-Reaktionen					
C_2H +O	=CO +CH		$1{,}00\cdot10^{13}$	0,0	0,00
C_2H +O_2	=HCCO +O		$3{,}00\cdot10^{12}$	0,0	0,00
---- 21. HCCO-Reaktionen					
HCCO +H	=$^3CH_2$ +CO		$1{,}50\cdot10^{14}$	0,0	0,00

HCCO	+O	$\rightarrow$CO	+H	+CO	$9{,}60 \cdot 10^{13}$	0,0	0,00
HCCO	$+{}^3CH_2$	$=C_2H_3$	+CO		$3{,}00 \cdot 10^{13}$	0,0	0,00
---- 22.	C_2H_2-Reaktionen						
C_2H_2	+M*	$=C_2H$	+H	+M*	$3{,}60 \cdot 10^{16}$	0,0	446,
C_2H_2	$+O_2$	=HCCO	+OH		$2{,}00 \cdot 10^{08}$	1,5	126,
C_2H_2	+H	$=C_2H$	$+H_2$		$6{,}02 \cdot 10^{13}$	0,0	116,
C_2H_2	+O	$={}^3CH_2$	+CO		$1{,}72 \cdot 10^{05}$	2,8	2,10
C_2H_2	+O	=HCCO	+H		$1{,}72 \cdot 10^{04}$	2,8	2,10
C_2H_2	+OH	$=H_2O$	$+C_2H$		$6{,}00 \cdot 10^{13}$	0,0	54,2
C_2H_2	$+C_2H$	$=C_4H_2$	+H		$3{,}00 \cdot 10^{13}$	0,0	0,00
---- 23.	CH_2CO-Reaktionen						
CH_2CO	+M*	$={}^3CH_2$	+CO	+M*	$1{,}00 \cdot 10^{16}$	0,0	248,
CH_2CO	+H	$=CH_3$	+CO		$3{,}60 \cdot 10^{13}$	0,0	14,1
CH_2CO	+O	=CHO	+CHO		$2{,}30 \cdot 10^{12}$	0,0	5,70
CH_2CO	+OH	$=CH_2O$	+CHO		$1{,}00 \cdot 10^{13}$	0,0	0,00
---- 24.	C_2H_3-Reaktionen						
C_2H_3		$=C_2H_2$	+H		$4{,}73 \cdot 10^{40}$	-8,8	194,
C_2H_3	+OH	$=C_2H_2$	$+H_2O$		$5{,}00 \cdot 10^{13}$	0,0	0,00
C_2H_3	+H	$=C_2H_2$	$+H_2$		$1{,}20 \cdot 10^{13}$	0,0	0,00
C_2H_3	+O	$=C_2H_2$	+OH		$1{,}00 \cdot 10^{13}$	0,0	0,00
C_2H_3	+O	$=CH_3$	+CO		$1{,}00 \cdot 10^{13}$	0,0	0,00
C_2H_3	+O	=CHO	$+{}^3CH_2$		$1{,}00 \cdot 10^{13}$	0,0	0,00
C_2H_3	$+O_2$	=CHO	$+CH_2O$		$5{,}40 \cdot 10^{12}$	0,0	0,00
---- 25a.	CH_3CO-Reaktionen						
CH_3CO		$=CH_3$	+CO		$2{,}32 \cdot 10^{26}$	-5,0	75,1
CH_3CO	+H	$=CH_2CO+H_2$			$2{,}00 \cdot 10^{13}$	0,0	0,00
---- 25b.	CH_2CHO-Reaktionen						
CH_2CHO+H		$=CH_2CO+H_2$			$2{,}00 \cdot 10^{13}$	0,0	0,00
---- 26.	C_2H_4-Reaktionen						
C_2H_4	+M*	$=C_2H_2$	$+H_2$	+M*	$7{,}50 \cdot 10^{17}$	0,0	320,
C_2H_4	+M*	$=C_2H_3$	+H	+M*	$8{,}50 \cdot 10^{17}$	0,0	404,
C_2H_4	+H	$=C_2H_3$	$+H_2$		$5{,}67 \cdot 10^{15}$	0,0	62,9
C_2H_4	+O	=H	$+CH_2CHO$		$1{,}04 \cdot 10^{06}$	2,08	0,00
C_2H_4	+O	=CHO	$+CH_3$		$2{,}42 \cdot 10^{06}$	2,08	0,00
C_2H_4	+OH	$=C_2H_3$	$+H_2O$		$2{,}11 \cdot 10^{13}$	0,0	24,9
---- 27.	CH_3CHO-Reaktionen						
CH_3CHO+M*		$=CH_3$	+CHO	+M*	$7{,}00 \cdot 10^{15}$	0,0	343,
CH_3CHO+H		$=CH_3CO+H_2$			$2{,}10 \cdot 10^{09}$	1,16	10,1
CH_3CHO+H		$=H_2$	$+CH_2CHO$		$2{,}00 \cdot 10^{09}$	1,16	10,1
CH_3CHO+O		$=CH_3CO$+OH			$5{,}00 \cdot 10^{12}$	0,0	7,60
CH_3CHO+O		=OH	$+CH_2CHO$		$8{,}00 \cdot 10^{11}$	0,0	7,60
CH_3CHO+O_2		$=CH_3CO+HO_2$			$4{,}00 \cdot 10^{13}$	0,0	164,
CH_3CHO+OH		$=CH_3CO+H_2O$			$2{,}30 \cdot 10^{10}$	,73	-4,70
$CH_3CHO+HO_2$		$=CH_3CO+H_2O_2$			$3{,}00 \cdot 10^{12}$	0,0	50,0
$CH_3CHO+{}^3CH_2$		$=CH_3CO+CH_3$			$2{,}50 \cdot 10^{12}$	0,0	15,9
$CH_3CHO+CH_3$		$=CH_3CO+CH_4$			$2{,}00 \cdot 10^{-06}$	5,64	10,3
---- 28.	C_2H_5-Reaktionen						
C_2H_5		$=C_2H_4$	+H		$1{,}02 \cdot 10^{43}$	-9,1	224,

C_2H_5	$+H$	$=CH_3$	$+CH_3$	$3{,}00 \cdot 10^{13}$	0,0	0,00
C_2H_5	$+O$	$=H$	$+CH_3CHO$	$5{,}00 \cdot 10^{13}$	0,0	0,00
C_2H_5	$+O$	$=CH_2O$	$+CH_3$	$1{,}00 \cdot 10^{13}$	0,0	0,00
C_2H_5	$+O_2$	$=C_2H_4$	$+HO_2$	$1{,}10 \cdot 10^{10}$	0,0	-6,30
C_2H_5	$+CH_3$	$=C_2H_4$	$+CH_4$	$1{,}14 \cdot 10^{12}$	0,0	0,00
C_2H_5	$+C_2H_5$	$=C_2H_4$	$+C_2H_6$	$1{,}40 \cdot 10^{12}$	0,0	0,00
---- 29. C_2H_6-Reaktionen						
C_2H_6	$+H$	$=C_2H_5$	$+H_2$	$1{,}40 \cdot 10^{09}$	1,5	31,1
C_2H_6	$+O$	$=C_2H_5$	$+OH$	$1{,}00 \cdot 10^{09}$	1,5	24,4
C_2H_6	$+OH$	$=C_2H_5$	$+H_2O$	$7{,}20 \cdot 10^{06}$	2,0	3,60
C_2H_6	$+HO_2$	$=C_2H_5$	$+H_2O_2$	$1{,}70 \cdot 10^{13}$	0,0	85,9
C_2H_6	$+O_2$	$=C_2H_5$	$+HO_2$	$6{,}00 \cdot 10^{13}$	0,0	217,
C_2H_6	$+^3CH_2$	$=C_2H_5$	$+CH_3$	$2{,}20 \cdot 10^{13}$	0,0	36,3
C_2H_6	$+CH_3$	$=C_2H_5$	$+CH_4$	$1{,}50 \cdot 10^{-07}$	6,0	25,4

Allgemein gilt für Elementarreaktionen, dass die Reaktionsordnung der Reaktionsmolekularität entspricht. Daraus lassen sich leicht die Zeitgesetze ableiten. Sei die Gleichung einer Elementarreaktion r gegeben durch

$$\sum_{s=1}^{S} \nu_{rs}^{(a)} \mathrm{A}_s \xrightarrow{k_r} \sum_{s=1}^{S} \nu_{rs}^{(p)} \mathrm{A}_s , \tag{6.15}$$

dann folgt für das Zeitgesetz der Bildung der Spezies i in der Reaktion r, dass

$$\left(\frac{\partial c_i}{\partial t}\right)_{\mathrm{chem},r} = k_r\left(\nu_{ri}^{(p)} - \nu_{ri}^{(a)}\right) \prod_{s=1}^{S} c_s^{\nu_{rs}^{(a)}} . \tag{6.16}$$

Dabei sind $\nu_{rs}^{(a)}$ und $\nu_{rs}^{(p)}$ stöchiometrische Koeffizienten für Ausgangsstoffe bzw. Produkte und c_s Konzentrationen der S verschiedenen Stoffe s.

Betrachtet man z. B. die Elementarreaktion $H + O_2 \rightarrow OH + O$, so erhält man auf diese Weise die Geschwindigkeitsgesetze

$$\mathrm{d[H]/d}t = -k\,[\mathrm{H}]\,[\mathrm{O_2}] \qquad \mathrm{d[O_2]/d}t = -k\,[\mathrm{H}]\,[\mathrm{O_2}]$$

$$\mathrm{d[OH]/d}t = k\,[\mathrm{H}]\,[\mathrm{O_2}] \qquad \mathrm{d[O]/d}t = k\,[\mathrm{H}]\,[\mathrm{O_2}] .$$

Für die Elementarreaktion $OH + OH \rightarrow H_2O + O$ (oder $2\,OH \rightarrow H_2O + O$) ergibt sich

$$\mathrm{d[OH]/d}t = -2\,k\,[\mathrm{OH}]^2 \qquad \mathrm{d[H_2O]/d}t = k\,[\mathrm{OH}]^2$$

$$\mathrm{d[O]/d}t = k\,[\mathrm{OH}]^2 .$$

Für *Reaktionsmechanismen*, die aus Sätzen von Elementarreaktionen bestehen, lassen sich demnach immer die Zeitgesetze in einfacher Weise bestimmen. Umfasst der Mechanismus alle möglichen Elementarreaktionen des Systems (vollständiger Mechanismus), so gilt er für alle möglichen Bedingungen, d. h. für alle Temperaturen und Zusammensetzungen!

Für einen Mechanismus bestehend aus R Reaktionen von S Stoffen, die gegeben sind durch

$$\sum_{s=1}^{S} \nu_{rs}^{(a)} A_s \xrightarrow{k_r} \sum_{s=1}^{S} \nu_{rs}^{(p)} A_s \quad \text{mit} \quad r = 1,\ldots,R \,, \tag{6.17}$$

ergibt sich die Bildungsgeschwindigkeit einer Spezies i durch Summation über die Zeitgesetze (6.16) in den einzelnen Elementarreaktionen,

$$\left(\frac{\partial c_i}{\partial t}\right)_{\text{chem}} = \sum_{r=1}^{R} k_r \left(\nu_{ri}^{(p)} - \nu_{ri}^{(a)}\right) \prod_{s=1}^{S} c_s^{\nu_{rs}^{(a)}} \quad \text{mit} \quad i = 1,\ldots,S \,. \tag{6.18}$$

6.4 Experimentelle Untersuchung von Elementarreaktionen

Apparaturen zur experimentellen Untersuchung von chemischen Elementarreaktionen lassen sich meistens durch drei Merkmale charakterisieren: die Art des Reaktors, die Herstellung der reaktiven Reaktionspartner und die Art der Analyse (siehe z. B. Homann 1975).

Reaktoren: Man arbeitet im wesentlichen mit *statischen Reaktoren* (thermostatisiertes Gefäß wird einmal mit Reaktanden beschickt und dann der zeitliche Verlauf von Konzentrationen gemessen) und *Strömungsreaktoren* (zeitlicher Verlauf wird in einer stationären Strömung in einen örtlichen Verlauf von Konzentrationen umgesetzt).

Herstellung der reaktiven Spezies: In den meisten Fälle müssen reaktive Atome (z. B. H, O, N, ...) oder *Radikale* (z. B. OH, CH, CH_2, CH_3, C_2H_5, ...) als Ausgangsreaktionspartner hergestellt werden. Das geschieht entweder durch Mikrowellenentladung (H_2, O_2, ... bilden H, O, ... -Atome), durch Blitzlichtphotolyse oder Laserphotolyse (Dissoziation durch energiereiches UV-Licht) oder thermisch durch hohe Temperatur (z. B. Dissoziation im Stoßwellenrohr, wo durch eine Stoßwelle adiabatisch aufgeheizt wird). Hohe Verdünnung mit einem Edelgas (He, Ar) verlangsamt die Reaktion dieser reaktiven Teilchen mit sich selbst.

Analyse: Die Konzentrationsmessung muss sehr schnell oder sehr empfindlich erfolgen können (wenn z. B. durch Verdünnung bei bi- oder trimolekularen Reaktionen die Reaktionsgeschwindigkeit verlangsamt wird). Gängige Methoden sind *Massenspektrometrie*, *Elektronenspinresonanz*, alle Arten von *optischer Spektroskopie* und *Gas-Chromatographie*.

Abbildung 6.2 zeigt schematisch eine Apparatur zur Messung von Geschwindigkeitskoeffizienten (Schwanebeck und Warnatz 1972). Die Erzeugung von Radikalen (hier H-Atomen und O-Atomen) erfolgt durch eine Mikrowellenentladung. Die chemische Reaktion (hier z. B. mit dem stabilen Kohlenwasserstoff Butadiin, C_4H_2) findet in einem Strömungssystem statt, und die Reaktionsprodukte werden mittels Massenspektroskopie nachgewiesen.

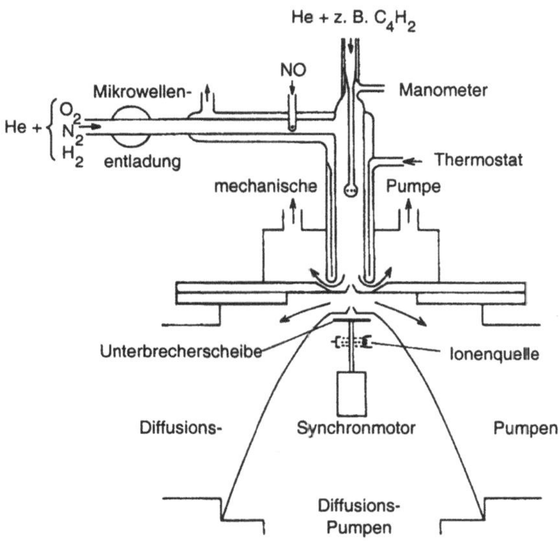

Abb. 6.2. Kombination von Mikrowellenentladung/Strömungssystem/Massenspektrometer zur Untersuchung von Elementarreaktionen, hier die Reaktion von H-, O- oder N-Atomen mit einem stabilen Reaktionspartner (Schwanebeck und Warnatz 1972)

6.5 Temperaturabhängigkeit von Geschwindigkeitskoeffizienten

Ein ganz wichtiges und typisches Charakteristikum chemischer Reaktionen ist, dass ihre Geschwindigkeitskoeffizienten extrem stark und nicht-linear von der Temperatur abhängen und auf diese Weise Verbrennungsvorgänge in ihrem abrupten Ablauf ganz typisch prägen können. Nach Arrhenius (1889) kann man diese Temperaturabhängigkeit in relativ einfacher Weise beschreiben durch den Ansatz (*Arrhenius-Gleichung*)

$$k \;=\; A \cdot \exp\left(-\frac{E_a}{RT}\right) . \qquad (6.19)$$

Bei genauen Messungen bemerkt man oft auch noch eine (im Vergleich zur exponentiellen Abhängigkeit geringe) Temperaturabhängigkeit des *präexponentiellen Faktors A*

$$k \;=\; A' \, T^b \cdot \exp\left(-\frac{E'_a}{RT}\right) . \qquad (6.20)$$

Die *Aktivierungsenergie* E_a entspricht einer Energieschwelle, die man beim Ablauf der Reaktion überwinden muss (siehe Abb. 6.3). Sie entspricht maximal den beteiligten Bindungsenergien (z. B. ist die Aktivierungsenergie bei Dissoziationsreaktionen etwa gleich der Bindungsenergie der betroffenen chemischen Bindung), kann aber auch wesentlich kleiner sein (bis herunter zu Null), wenn simultan zur Bindungsbrechung auch neue Bindungen geknüpft werden.

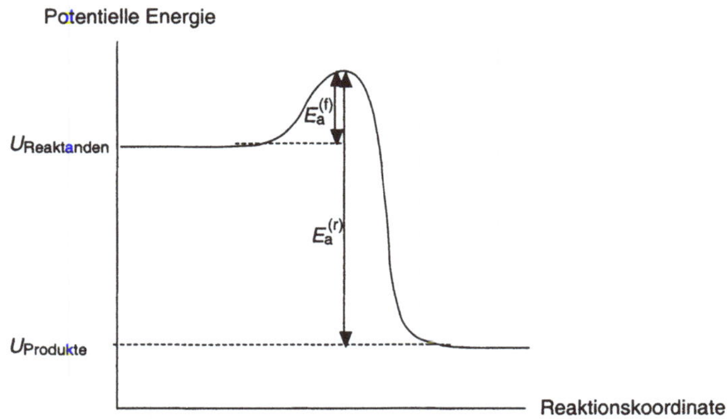

Abb. 6.3. Energiediagramm für eine chemische Elementarreaktion. Die Beziehung $E_a^{(f)} - E_a^{(r)} = U_{\text{Produkte}} - U_{\text{Reaktanden}}$ ist eine Folge von Gleichung (6.9). Die Reaktionskoordinate ist der Weg minimaler potentieller Energie zwischen Reaktanden und Produkten im Hinblick auf die sich ändernden interatomaren Abstände (siehe z. B. Atkins 1996)

Abbildung 6.4 zeigt exemplarisch die Temperaturabhängigkeit einiger Elementarreaktionen (hier: Reaktionen von Halogenatomen mit molekularem Wasserstoff). Aufgetragen sind die Logarithmen der Geschwindigkeitskoeffizienten k gegen den Kehrwert der Temperatur. Gemäß (6.19) ergibt sich eine lineare Abhängigkeit ($\log k = \log A$ - const./T); eine eventuelle Temperaturabhängigkeit des präexponentiellen Faktors wird durch die Messfehler verdeckt.

Bei verschwindender Aktivierungsenergie oder sehr hohen Temperaturen nähert sich der Exponentialterm in (6.19) dem Wert 1. Die Reaktionsgeschwindigkeit wird dann allein vom präexponentiellen Faktor A bzw. $A' T^b$ bestimmt. Dieser Faktor hat bei uni-, bi- und trimolekularen Reaktionen verschiedene physikalische Bedeutungen.

Für unimolekulare Reaktionen entspricht der Kehrwert von A einer mittleren Lebensdauer eines reaktiven (aktivierten) Moleküls. Bei Dissoziationsreaktionen wird diese Lebensdauer bestimmt durch die Frequenz mit der die an der Molekülbindung beteiligten Atome schwingen. Der präexponentielle Faktor ist danach gegeben durch die doppelte Schwingungsfrequenz der betroffenen Bindung. Aus den üblichen Schwingungsfrequenzen in Molekülen ergibt sich $A \approx 10^{14} - 10^{15}\ \text{s}^{-1}$.

Bei bimolekularen Reaktionen entspricht der präexponentielle Faktor A einer *Stoßzahl*, d. h. der Anzahl von Stößen zwischen zwei Molekülen pro Zeiteinheit, denn durch die Stoßzahl wird die Reaktionsgeschwindigkeit bei fehlender Aktivierungsschwelle oder sehr großer Temperatur nach oben begrenzt. Die kinetische Gastheorie liefert Zahlenwerte für A zwischen 10^{13} und 10^{14} $cm^3mol^{-1}s^{-1}$.

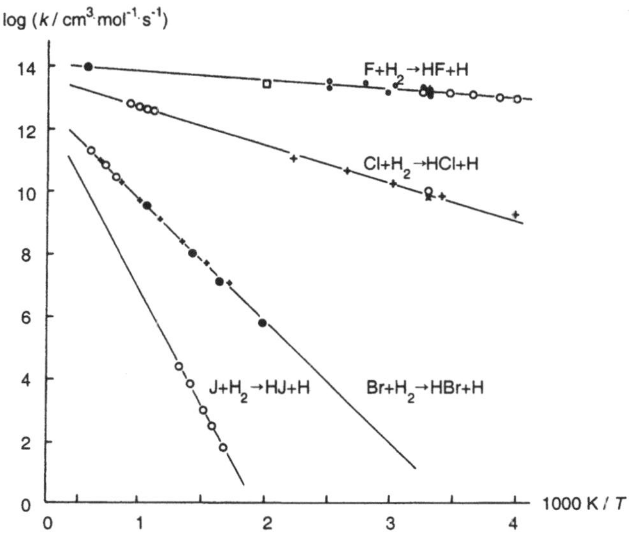

Abb. 6.4. Temperaturabhängigkeit $k = k(T)$ für die Reaktionen von Halogen-Atomen mit H_2 (siehe Homann et al. 1970)

Für trimolekulare Reaktionen muss während des bimolekularen Stoßes ein dritter Partner den Stoßkomplex treffen, der die bei der Reaktion freiwerdende Energie aufnimmt (*Stoßpartner*). Stoßen z. B. zwei Wasserstoffatome, so würde ein kurzzeitig gebildetes Wasserstoffmolekül wegen der großen vorhandenen Energie sofort wieder zerfallen. Da nur sehr schwer zu definieren ist, wann der Stoß dreier Moleküle als hinreichend gleichzeitig zu bezeichnen ist, lassen sich Zahlenwerte nur schlecht berechnen.

6.6 Druckabhängigkeit von Geschwindigkeitskoeffizienten

Die Druckabhängigkeit von Reaktionsgeschwindigkeitskoeffizienten von Dissoziations- und Rekombinationsreaktionen (siehe z. B. Reaktionen 5 - 7 in Tab. 6.1) beruht darauf, dass hier komplexe Reaktionsfolgen als Elementarreaktionen behandelt werden. Im einfachsten Fall lassen sich die Verhältnisse anhand des *Lindemann-Modells* (1922) verstehen. Ein unimolekularer Zerfall eines Moleküls ist nur dann möglich, wenn das Molekül eine zur Spaltung einer Bindung ausreichende Energie besitzt. Aus diesem Grund ist es notwendig, dass vor der eigentlichen Bindungsspaltung dem Molekül durch einen Stoß mit einem anderen Teilchen Energie zugeführt wird, welche z. B. zur Anregung der inneren Molekülschwingungen dient. Das so angeregte Molekül kann dann in die Reaktionsprodukte zerfallen:

$$\begin{array}{llll} \mathrm{A} + \mathrm{M} & \xrightarrow{k_\mathrm{a}} & \mathrm{A}^* - \mathrm{M} & \text{(Aktivierung)} \\ \mathrm{A}^* + \mathrm{M} & \xrightarrow{k_{-\mathrm{a}}} & \mathrm{A} - \mathrm{M} & \text{(Desaktivierung)} \\ \mathrm{A}^* & \xrightarrow{k_\mathrm{u}} & \mathrm{P(rodukte)} & \text{(unimolekulare Reaktion)} \end{array} \qquad (6.21)$$

Für diesen Reaktionsmechanismus ergeben sich gemäß Abschnitt 6.3 die Geschwindigkeitsgleichungen

$$\frac{\mathrm{d[P]}}{\mathrm{d}t} = k_\mathrm{u}[\mathrm{A}^*]$$

und

$$\frac{\mathrm{d[A^*]}}{\mathrm{d}t} = k_\mathrm{a}[\mathrm{A}][\mathrm{M}] - k_{-\mathrm{a}}[\mathrm{A}^*][\mathrm{M}] - k_\mathrm{u}[\mathrm{A}^*] \,. \qquad (6.22)$$

Nimmt man an, dass die Konzentration des reaktiven Zwischenproduktes A^* quasistationär ist (siehe Abschnitt 7.1 für nähere Einzelheiten),

$$\frac{\mathrm{d[A^*]}}{\mathrm{d}t} \approx 0 \,, \qquad (6.23)$$

so folgt für die Konzentration des aktivierten Teilchens $[A^*]$ und die Bildung des Reaktionsproduktes P, dass

$$[\mathrm{A}^*] = \frac{k_\mathrm{a}[\mathrm{A}][\mathrm{M}]}{k_{-\mathrm{a}}[\mathrm{M}] + k_\mathrm{u}}$$

und

$$\frac{\mathrm{d[P]}}{\mathrm{d}t} = \frac{k_\mathrm{u} k_\mathrm{a}[\mathrm{A}][\mathrm{M}]}{k_{-\mathrm{a}}[\mathrm{M}] + k_\mathrm{u}} \,. \qquad (6.24)$$

Man unterscheidet nun zwei Extremfälle, nämlich Reaktionen bei sehr niedrigem und bei sehr hohem Druck:

Für den *Niederdruckbereich* ist die Konzentration der Stoßpartner M sehr gering; mit $k_{-a}[M] << k_u$ folgt daraus das vereinfachte Geschwindigkeitsgesetz 2. Ordnung

$$\frac{\mathrm{d[P]}}{\mathrm{d}t} = k_\mathrm{a}[\mathrm{A}][\mathrm{M}] \,. \qquad (6.25)$$

Die Reaktionsgeschwindigkeit ist danach proportional zu den Konzentrationen des Stoffes A und des Stoßpartners M, da bei niedrigem Druck die Aktivierung des Moleküls langsam und somit geschwindigkeitsbestimmend ist.

Für den *Hochdruckbereich* ist die Konzentration der Stoßpartner M sehr hoch und mit $k_{-a}[M] >> k_u$ erhält man das vereinfachte Geschwindigkeitsgesetz 1. Ordnung

$$\frac{\mathrm{d[P]}}{\mathrm{d}t} = \frac{k_\mathrm{u} k_\mathrm{a}}{k_{-\mathrm{a}}}[\mathrm{A}] = k_\infty [\mathrm{A}] \, . \tag{6.26}$$

Die Reaktionsgeschwindigkeit ist hier unabhängig von der Konzentration der Stoßpartner, da bei hohem Druck sehr oft Stöße stattfinden und deshalb nicht die Aktivierung, sondern der Zerfall des aktivierten Teilchens A^* der geschwindigkeitsbestimmende Schritt ist.

Der Lindemann-Mechanismus ist ein einfaches Beispiel dafür, dass die Reaktionsordnung bei einer komplexen Reaktion von den jeweiligen Bedingungen abhängt. Allerdings ist der Lindemann-Mechanismus selbst ein vereinfachtes Modell. Genaue Ergebnisse für die Druckabhängigkeit unimolekularer Reaktionen lassen sich mittels der *Theorie der unimolekularen Reaktionen* (siehe z. B. Robinson und Holbrook 1972, Homann 1975) erhalten. Diese Theorie berücksichtigt, dass in der Realität nicht nur ein aktiviertes Teilchen A^* vorliegt, sondern dass je nach dem Energieübertrag bei der Aktivierung verschiedene Aktivierungsgrade resultieren.

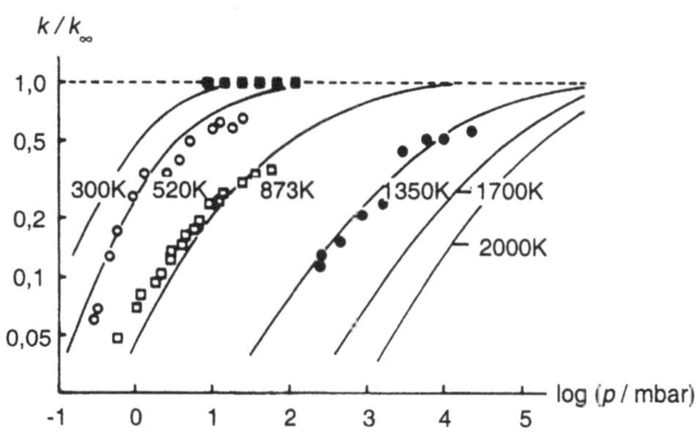

Abb. 6.5. Fall-off-Kurven für den unimolekularen Zerfall $C_2H_6 \rightarrow CH_3 + CH_3$ (Warnatz 1984)

Schreibt man das Geschwindigkeitsgesetz einer unimolekularen Reaktion gemäß $\mathrm{d[P]/d}t = k\,[\mathrm{A}]$, so ist der Geschwindigkeitskoeffizient k von Druck und Temperatur abhängig. Aus der *Theorie der unimolekularen Reaktionen* erhält man sogenannte *fall-off-Kurven*, die die Abhängigkeit des Geschwindigkeitskoeffizienten k vom Druck für verschiedene Temperaturen beschreiben. Aufgetragen ist meist der Logarithmus von k gegen den Logarithmus von p.

Typische fall-off-Kurven sind dargestellt in Abb. 6.5. Für $p \rightarrow \infty$ nähert sich k dem Grenzwert k_∞, d. h. der Geschwindigkeitskoeffizient wird unabhängig vom Druck (Gleichung 6.26). Für niedrigen Druck ist der Geschwindigkeitskoeffizient k proportional zum Druck (Gleichung 6.25), und es ergibt sich eine lineare Abhängigkeit. Wie Abb. 6.5 zeigt, sind die fall-off-Kurven stark temperaturabhängig. Daher zeigen die Geschwindigkeitskoeffizienten unimolekularer Reaktionen für verschiedene Drücke oft stark unterschiedliche Temperaturabhängigkeiten; siehe Abb. 6.6 (Warnatz 1983).

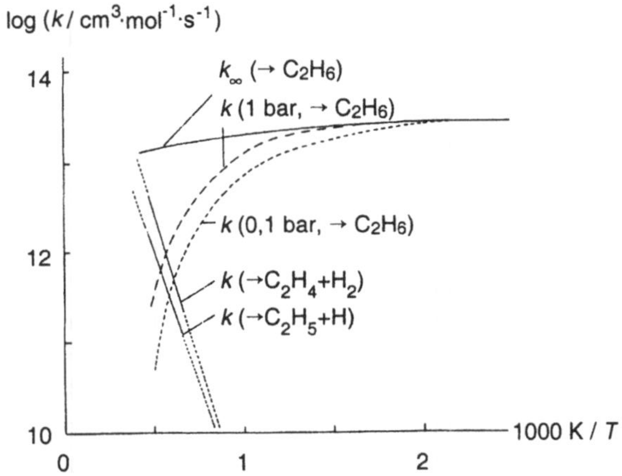

Abb. 6.6. Temperaturabhängigkeit der Geschwindigkeitskoeffizienten für die druckabhängige Reaktion $CH_3 + CH_3 \rightarrow$ Produkte (Warnatz 1984)

Tab. 6.2. Angepasste Arrhenius-Parameter für druckabhängige Reaktionen in Tab. 6.1 (im Intervall 1000 K < T < 2500 K); die Parameter haben keine physikalische Bedeutung

p/bar	A [cm, mol,s]	b	E/kJ·mol⁻¹	A [cm, mol,s]	b	E/kJ·mol⁻¹
	$CH_3 + H = CH_4$			$CH_3 + CH_3 = C_2H_6$		
,0253	$3{,}77 \cdot 10^{35}$	-7,30	36,0	$3{,}23 \cdot 10^{58}$	-14,0	77,8
0,120	$1{,}26 \cdot 10^{36}$	-7,30	36,7	$2{,}63 \cdot 10^{57}$	-13,5	80,8
1,000	$1{,}93 \cdot 10^{36}$	-7,00	38,0	$1{,}69 \cdot 10^{53}$	-12,0	81,2
3,000	$4{,}59 \cdot 10^{35}$	-6,70	39,3	$1{,}32 \cdot 10^{49}$	-10,7	75,7
9,000	$8{,}34 \cdot 10^{33}$	-6,10	38,0	$8{,}32 \cdot 10^{43}$	-9,10	67,0
20,00	$2{,}50 \cdot 10^{32}$	-5,60	36,5	$1{,}84 \cdot 10^{39}$	-7,70	57,8
50,00	$1{,}39 \cdot 10^{30}$	-4,90	32,8	$3{,}37 \cdot 10^{33}$	-6,00	45,3
	$CH_3OH = CH_3 + OH$			$C_2H_3 = C_2H_2 + H$		
,0267	$2{,}17 \cdot 10^{24}$	-3,30	368,	$0{,}94 \cdot 10^{38}$	-8,50	190,
0,120	$3{,}67 \cdot 10^{26}$	-3,70	381,	$3{,}77 \cdot 10^{38}$	-8,50	190,
1,000	$9{,}51 \cdot 10^{29}$	-4,30	404,	$4{,}73 \cdot 10^{40}$	-8,80	194,
3,000	$2{,}33 \cdot 10^{29}$	-4,00	407	$1{,}89 \cdot 10^{42}$	-9,10	200,
9,000	$8{,}44 \cdot 10^{27}$	-3,50	406,	$3{,}63 \cdot 10^{43}$	-9,30	205,
20,00	$2{,}09 \cdot 10^{26}$	-3,00	403,	$4{,}37 \cdot 10^{43}$	-9,20	208,
50,00	$4{,}79 \cdot 10^{24}$	-2,50	400,	0,95·10+45	-9,50	220,
	$CH_3CO = CH_3 + CO$			$C_2H_5 = C_2H_4 + H$		
,0253	$4{,}13 \cdot 10^{23}$	-4,70	68,5	$2{,}65 \cdot 10^{42}$	-9,50	210,
0,120	$3{,}81 \cdot 10^{24}$	-4,80	70,0	$1{,}76 \cdot 10^{43}$	-9,50	215,
1,000	$2{,}32 \cdot 10^{26}$	-5,00	75,1	$1{,}02 \cdot 10^{43}$	-9,10	224,
3,000	$4{,}37 \cdot 10^{27}$	-5,20	80,9	$6{,}09 \cdot 10^{41}$	-8,60	226,
9,000	$8{,}79 \cdot 10^{28}$	-5,40	88,3	$6{,}67 \cdot 10^{39}$	-7,90	227,
20,00	$2{,}40 \cdot 10^{29}$	-5,40	92,9	$2{,}07 \cdot 10^{37}$	-7,10	224,
50,00	$7{,}32 \cdot 10^{29}$	-5,40	98,4	$1{,}23 \cdot 10^{34}$	-6,10	219,

Arrhenius-Parameter für die druckabhängigen Reaktionen in Tab. 6.1 sind in Tab. 6.2 aufgeführt. Sie sind das Resultat einer Anpassungsprozedur (1000 K < T < 2500 K) von Kurven, wie sie in Abb. 6.6 gezeigt sind. Der positive Anstieg dieser Kurven führt zu scheinbar negativen „Aktivierungsenergien" für die keine physikalische Interpretation wie in Abb. 6.3 möglich ist, da hier keine Elementarreaktionen vorliegen. Eine genaue Behandlung von unimolekularen und trimolekularen Reaktionen ist essentiell, da viele reaktionskinetische Experimente bei atmosphärischem oder geringerem Druck ausgeführt werden, während viele Verbrennungsprozesse bei Hochdruck ablaufen.

6.7 Oberflächenreaktionen

Oberflächenreaktionen spielen eine wichtige Rolle in vielen Verbrennungsanwendungen, z. B. in Wandrekombinationsprozessen während der Selbstzündung (Abschnitt 10.3), in der Kohleverbrennung (Abschnitt 15.2), in der Rußbildung und -oxidation (Kapitel 18) oder in der katalytischen Verbrennung (siehe weiter unten).

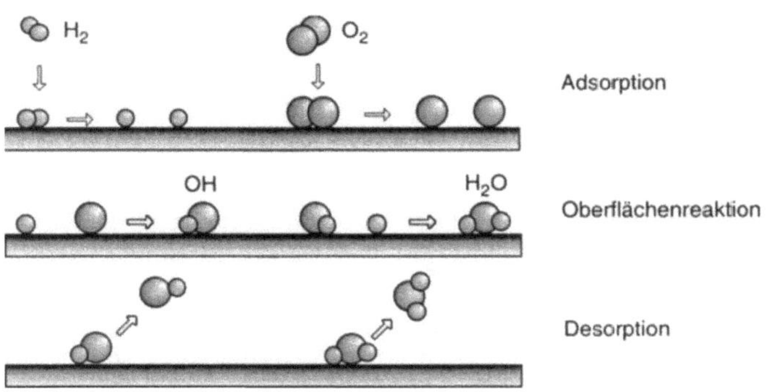

Abb. 6.7. Oberflächenreaktionsmechanismus der Wasserstoff-Oxidation (schematisch)

Die Haupteigenschaft von Oberflächenreaktionen (im Vergleich zu Gasphasenreaktionen) ist die Einbeziehung von Oberflächenplätzen und Oberflächenspezies, die an diesen Oberflächenplätzen adsorbiert sind, in die Formulierung der Oberflächen-Reaktionsgeschwindigkeiten. Oberflächenplätze und Oberflächenspezies haben eine *Oberflächenkonzentration*, die z. B. in mol/cm^2 gemessen wird (für Platinmetall ist diese Konzentration von Oberflächenplätzen $2{,}72 \cdot 10^{-9}$ mol/cm^2). Diese Oberflächenkonzentrationen führen zu anfänglich ungewohnten Einheiten für Reaktionsgeschwindigkeiten und -geschwindigkeitskoeffizienten. Es kann mehr als einen Geschwindigkeitskoeffizienten für dasselbe Material geben, da Oberflächenplätze mit verschiedenen Adsorptionsenergien (z. B. auf Terrassen und auf Stufen; siehe Hsu et al. 1987) als verschiedene Spezies behandelt werden müssen.

Ein Überblick über heterogene Reaktionen findet sich im Lehrbuch von Atkins (1996). Details werden von Boudart und Djega-Mariadassou (1984), Bond (1990) und Christmann (1991) beschrieben.

Für numerische Rechnungen wird ein allgemeiner Formalismus für die Behandlung von heterogenen Reaktionen und Details der Formulierung von Reaktionsgeschwindigkeiten im Benutzerhandbuch des Programmpaketes SURFACE CHEMKIN (Kee et al. 1989a, Coltrin et al. 1993) beschrieben; gleichzeitig findet sich hier ein Überblick über grundlegende Oberflächenphänomene.

Tab. 6.3. Detaillierter Oberflächen-Reaktionsmechanismus in Form eines Satzes von Elementarreaktionen für die H_2-Oxidation auf einer Platin-Oberfläche (Warnatz et al. 1994)

Reaktion							S	A [cm,mol,s]	E_a [kJ/mol]
	1. H_2/O_2-Adsorption/Desorption								
H_2	+	Pt(s)	=	H_2(s)			0,10		0,0
H_2(s)	+	Pt(s)	=	H(s)	+	H(s)		$1{,}50\cdot10^{23}$	17,8
O_2	+	Pt(s)	=	O_2(s)			,046		0,0
O_2(s)	+	Pt(s)	=	O(s)	+	O(s)		$5{,}00\cdot10^{24}$	0,0
	2. Oberflächen-Reaktionen								
H(s)	+	O(s)	=	OH(s)	+	Pt(s)		$3{,}70\cdot10^{21}$	19,3
H(s)	+	OH(s)	=	H_2O(s)	+	Pt(s)		$3{,}70\cdot10^{21}$	0,0
OH(s)	+	OH(s)	=	H_2O(s)	+	Pt(s)		$3{,}70\cdot10^{21}$	0,0
	3. Adsorption/Desorption der Produkte								
H	+	Pt(s)	=	H(s)			1,00		0,0
O	+	Pt(s)	=	O(s)			1,00		0,0
H_2O	+	Pt(s)	=	H_2O(s)			0,75		0,0
OH	+	Pt(s)	=	OH(s)			1,00		0,0

S = Haftkoeffizient, siehe (6.27); Geschwindigkeitskoeffizienten $k = A\cdot\exp(-E_a/RT)$ ohne Temperaturabhängigkeit von A; Pt(s) bezeichnet einen freien Oberflächenplatz und (s) eine Oberflächen-Spezies

Als ein Beispiel wird in Tab. 6.3 der Oxidations-Reaktionsmechanismus von H_2 auf einer Platin-Oberfläche wiedergegeben; gleichzeitig sind die zugehörigen Geschwindigkeitskoeffizienten aufgeführt, die auf Arbeiten von Ljungström et al. (1989) basieren. Eine Illustration dieser Vorgänge ist in Abb. 6.7 zu sehen. Der Mechanismus besteht im einzelnen aus *dissoziativer Adsorption* sowohl von H_2 als auch von O_2, die zu auf der Oberfläche adsorbierten H-Atomen und O-Atomen führt. Diese Atome sind auf der Oberfläche leicht beweglich. Weiter kann dann ein adsorbiertes O-Atom durch Stoß mit adsorbierten H-Atomen in *Oberflächen-Reaktionen* zuerst adsorbiertes OH und dann adsorbiertes H_2O bilden. Schließlich findet *Desorption* des H_2O in die Gasphase statt (siehe Abb. 6.7). Dieser Mechanismus basiert auf LIF-Messungen von desorbiertem OH und ist Reaktionsmechanismen ähnlich, die von Hsu et al. (1987) und von Williams et al. (1992) postuliert wurden. Ein ähnlicher Mechanismus existiert für die Oxidation von CH_4 (Deutschmann et al. 1994).

Adsorption: Geschwindigkeiten für die Adsorption können nicht die Geschwindigkeit überschreiten, mit der Gasphasen-Moleküles auf die Oberfläche stoßen. Auf der Basis einfacher Gaskinetik für harte Kugeln kann als maximale Adsorptionsgeschwindigkeit abgeschätzt werden (siehe z. B. Atkins 1996)

$$k_{\text{max}} = c \cdot \bar{v}/4 \ .$$

Die aktuelle Geschwindigkeit ist das Produkt dieser maximalen Geschwindigkeit und eines *Haftkoeffizienten S*, der die Wahrscheinlichkeit dafür ist, dass ein auftreffendes Molekül beim Stoß auf die Oberfläche haften bleibt. Die Adsorptionsgeschwindigkeit ist dann also gegeben durch (Coltrin et al. 1993)

$$k_{\text{ads}} = S \cdot k_{\text{max}} = S \cdot \sqrt{\frac{RT}{2\pi M}} \ . \tag{6.27}$$

Das von der Theorie noch nicht gelöste Problem ist die Abschätzung des Haftkoeffizienten S, der naturgemäß einen maximalen Wert von 1 annehmen kann, jedoch auch extrem kleine Werte wie z. B. 10^{-6} annehmen kann (Bond 1990).

Oberflächen-Reaktion: Um zu reagieren, muss eine Oberflächenspezies auf der Oberfläche beweglich sein. Der Mechanismus dieser Bewegung besteht darin, dass die adsorbierte Spezies eine niedrige Energiebarriere überwindet und auf einen benachbarten Oberflächenplatz springt. Interessanterweise ist eine stark gebundene Oberflächenspezies unbeweglich und daher in diesem Falle das beteiligte Substrat ein schlechter Katalysator für die betrachtete Spezies. (Eine stark adsorbierte Spezies kann darüberhinaus die Oberfläche nicht verlassen und wird sie dadurch *vergiften*, dass die Oberflächenplätze permanent blockiert werden; bekannte Katalysatorgifte sind Schwefel und Blei.)

Die Oberflächen-Reaktionsgeschwindigkeit s einer Oberflächenreaktion A(s) + A(s) kann analog zur der der bimolekularen Reaktion in der Gasphase abgeschätzt werden (siehe Abb. 5.3). Die Geschwindigkeit υ ist das Produkt der Sprungfrequenz ν und der durch den Platzwechsel überwundenen Distanz σ, wobei σ der Durchmesser des Moleküls A ist. Der Zickzackpfad der springenden Spezies hat dann eine Stoßfläche $2\sigma \cdot \upsilon \cdot \Delta t$, wobei Δt das betrachtete Zeitintervall ist. Also ist die Zahl N der Stöße pro Zeiteinheit für das betrachtete Molekül mit einem anderen in der Stoßfläche

$$N = 2\sigma \cdot \upsilon \cdot [n] \ ,$$

wobei $[n]$ die Teilchenzahldichte der Oberflächenspezies A(s) ist. Folglich ist die Gesamtzahl der Stöße pro Zeiteinheit für alle Partikel A(s) geben durch $2\sigma \cdot \upsilon \cdot [n] \cdot [n]$. Multiplikation mit der Wahrscheinlichkeit genügender Energie (beschrieben durch einen Arrhenius-Term) ergibt das Resultat

$$2\nu \cdot \sigma^2 \cdot \exp(-E/kT) \cdot [n][n] \; = \; \dot{s} \; = \; A_{\text{surf}} \cdot \exp(-E/kT) \cdot [n][n] \; .$$

Mit Schätzwerten $\sigma = 2 \cdot 10^{-8}$ cm, $\nu = 10^{14}$ s^{-1} kann der präexponentielle Faktor A_{surf} berechnet werden als

$$A_{\text{surf}} \; = \; 8 \cdot 10^{-2} \, \frac{\text{cm}^2}{\text{s}} \; \approx \; 5 \cdot 10^{22} \, \frac{\text{cm}^2}{\text{mol} \cdot \text{s}}$$

in grober Übereinstimmung mit Werten der präexponentiellen Faktoren in Tab. 6.3.

Desorption: Desorption erfordert, dass das betrachtete Molekül genügend Energie zur Lösung der Bindung mit der Oberfläche besitzt. Die Desorption folgt daher typischerweise einem Arrhenius-Verhalten mit einer Aktivierungsenergie E_{des}, die mit der Bindungsenergie vergleichbar ist,

$$k_{\text{des}} \; = \; A_{\text{des}} \cdot \exp(-E_{\text{des}}/kT) \; .$$

Präexponentielle Faktoren A_{des} können aus Schwingungsfrequenzen der entsprechenden Bindung abgeschätzt werde, die wiederum aus Bindungsenergien ermittelt werden können. Quantenmechanische Rechnungen von Oberflächen-Bindungsenergien werden zunehmend in der Literatur zugänglich, so dass immer bessere Schätzungen verfügbar werden. Die präexponentiellen Faktoren für OH- und H_2O-Desorption ($\sim 10^{13}$ s^{-1}) sind in ziemlich guter Übereinstimmung mit diesem Konzept.

Die oben gegebenen Ausdrücke für Geschwindigkeitskoeffizienten für die verschiedenen Typen von Oberflächenreaktionen sind extrem hilfreich, auch wenn sie nur grobe Abschätzungen darstellen, da das gegenwärtige experimentell verfügbare Wissen über Oberflächenreaktionen weit hinter dem von Gasphasenreaktionen zurückliegt. Das beruht darauf, dass

- experimentelle Geschwindigkeitsdaten für Oberflächenreaktionen fehlen, was glücklicherweise sehr oft dadurch kompensiert wird, dass die Adsorptions-/Desorptions-Reaktionen geschwindigkeitsbestimmend sind, nicht die reinen Oberflächenprozesse (Behrendt et al. 1995),
- die molekularen Wechselwirkungen an Oberflächen nur schlecht als Zweikörper-Probleme beschrieben werden können, wie es in der Gasphase möglich ist, und
- die Oberflächenspezies nicht gleichmäßig verteilt sind wie Gasphasenteilchen; stattdessen treten nicht-uniforme Oberflächenkonzentrationen auf, die zu Phänomenen wie *Inselbildung* und oszillierenden Strukturen führen (Bar et al. 1995, Kissel-Osterrieder 1998, 2000).

Kürzliche Fortschritte in der Entwicklung von Oberflächen-Diagnostikmethoden (Lauterbach et al. 1995, Härle et al. 1998) lassen jedoch auf baldige Besserung hoffen.

Einige typische Ergebnisse: Eine recht einfache Versuchsanordnung benutzt eine Gegenstrom-Geometrie, wobei die Oberfläche ein (Rand-) Punkt ist. Die Erhaltungsgleichungen sind dabei eindimensional und ähnlich den in Kapitel 3 beschriebenen (Einzelheiten in Abschnitt 9.1). Die Variation der Oberflächen-Temperatur bei vorgegebener Mischungszusammensetzung in der Gasphase führt zur Bestimmung der katalytischen Zündtemperatur; ein Beispiel ist in Abb. 6.8 wiedergegeben.

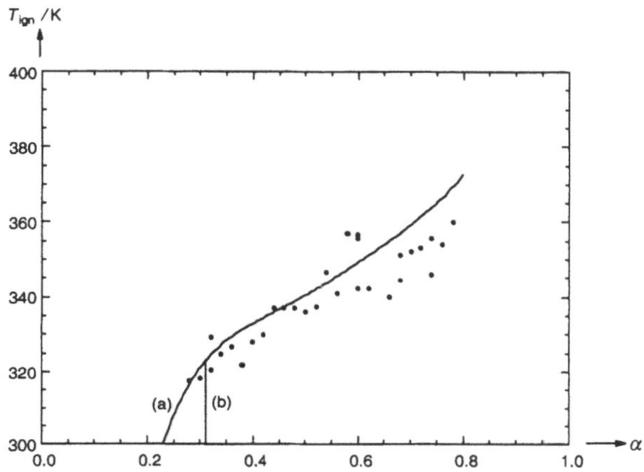

Abb. 6.8. Zündtemperatur T_{ign} in H_2-O_2-N_2-Mischungen (94 % N_2, $p = 1$ bar) auf Palladium als Funktion von $\alpha = p_{H_2}/(p_{O_2} + p_{H_2})$; Punkte: Messungen (Behrendt et al. 1996), Kurven: Rechnungen mit anfänglicher (a) H-Bedeckung und (b) O-Bedeckung (Deutschmann et al. 1996)

Typisch für katalytische Prozesse ist der Übergang vom kinetisch kontrollierten Verhalten bei tiefer Temperatur (angezeigt durch eine hohe Oberflächen-Konzentration und kleinen Gasphasen-Gradienten in der Grenzschicht; siehe Abb. 6.9) zu Transport-kontrolliertem Verhalten bei hoher Temperatur (mit niedrigen Oberflächen-Konzentration und großen Gasphasen-Gradienten).

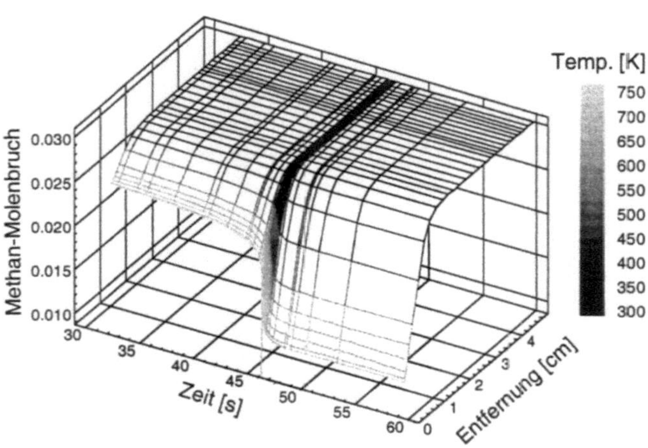

Fig. 6.9. CH_4-Molenbrüche als Funktion von Zeit und Entfernung vom der Pt-Oberfläche während der heterogenen Zündung eines CH_4/O_2-Gemisches für $\alpha = 0.5$ (Deutschmann et al. 1996)

6.8 Übungsaufgaben

Aufgabe 6.1. Welches Zeitgesetz befolgt der Zerfall von Oktan in zwei Butylradikale

$$C_8H_{18} \quad \rightarrow \quad C_4H_9 \quad + \quad C_4H_9 \qquad \text{(Hochdruckfall)} \quad ?$$

Wie muss man in der Reaktion gemessene C_8H_{18}-Konzentrationen als Funktion der Zeit auftragen, um eine lineare Auftragung zu erhalten? Wie groß ist die Halbwertszeit für den Zerfall von C_8H_{18} bei 1500 K für $k = 1 \cdot 10^{16} \exp(-340 \text{ kJ} \cdot \text{mol}^{-1}/RT) \text{ s}^{-1}$?

Aufgabe 6.2. Wie sieht die Verbindung zwischen den zwei Aktivierungsenergien E und E' in den Gleichungen (6.19) und (6.20) aus?

Aufgabe 6.3. Skizzieren Sie für $k = A \cdot \exp(-\Theta/T)$ mit $\Theta = E/R$ den Geschwindigkeitskoeffizienten k als Funktion von Θ/T und den Logarithmus des Geschwindigkeitskoeffizienten $\ln k$ als Funktion von Θ/T.

7 Reaktionsmechanismen

Der Verbrennung selbst von relativ kleinen Kohlenwasserstoffen liegen sehr umfangreiche *Reaktionsmechanismen* zugrunde. In Kapitel 6 wurde gezeigt, dass schon bei der Verbrennung von Wasserstoff (mit der Bruttoreaktion 2 $H_2 + O_2 \rightarrow 2\ H_2O$) fast 40 Elementarreaktionen zur Beschreibung der detaillierten Reaktionsprozesse benötigt werden. Bei der Verbrennung von Kohlenwasserstoffen (z. B. Methan) sind die Reaktionsmechanismen erheblich größer. In einigen Fällen (z. B. bei der Selbstzündung von Dieselkraftstoff mit der typischen Komponente Cetan $C_{16}H_{34}$, siehe Kapitel 16) sind mehrere tausend Elementarreaktionen am Gesamtgeschehen beteiligt.

Das Wechselspiel dieser Elementarreaktionen beeinflusst den gesamten Verbrennungsvorgang. Unabhängig von den spezifischen Eigenschaften des Brennstoffs weisen alle Reaktionsmechanismen Eigenschaften auf, die für Verbrennungsprozesse charakteristisch sind. So ergibt sich z. B., dass selbst bei großen Reaktionsmechanismen nur wenige Elementarreaktionen die Gesamtgeschwindigkeit beeinflussen.

In diesem Kapitel sollen charakteristische Eigenschaften von Mechanismen, Methoden zur Analyse von Reaktionsmechanismen, Grundlagen für ihre Vereinfachung und Konsequenzen für die mathematische Modellierung beschrieben werden. Dies ist von besonderem Interesse, da die Verwendung detaillierter Reaktionsmechanismen mit mehr als 1000 verschiedenen chemischen Spezies heute zwar bei der Simulation räumlich homogener Reaktionssysteme leicht möglich ist (siehe Kapitel 16), für reale Systeme (wie z. B. Motoren, Feuerungen oder Gasturbinen, in denen dreidimensionale turbulente Strömungen mit starken Temperatur- und Konzentrationsfluktuationen vorliegen) aber zu einem nicht zu bewältigenden Rechenzeitaufwand führen würde.

7.1 Eigenschaften von Reaktionsmechanismen

Unabhängig von dem speziellen Problem weisen Reaktionsmechanismen einige charakteristische Eigenschaften auf. Eine Kenntnis dieser Charakteristiken trägt zum Verständnis der chemischen Reaktion bei und kann überaus wertvolle Hinweise für die spätere Vereinfachung von Reaktionsmechanismen liefern. Besonders erwähnenswert bei Verbrennungsprozessen sind dabei *Quasistationaritäten* und *partielle Gleichgewichte*, die im folgenden eingehend behandelt werden sollen.

7.1.1 Quasistationarität

Es soll eine einfache Reaktionsfolge aus zwei Schritten betrachtet werden, die auch in den folgenden Abschnitten als Beispiel verwendet werden wird:

$$S_1 \xrightarrow{k_{12}} S_2 \xrightarrow{k_{23}} S_3 \ . \tag{7.1}$$

Die Zeitgesetze für die auftretenden Stoffe sind dann gegeben durch die Ausdrücke

$$\frac{d[S_1]}{dt} = -k_{12}[S_1] \tag{7.2}$$

$$\frac{d[S_2]}{dt} = k_{12}[S_1] - k_{23}[S_2] \tag{7.3}$$

$$\frac{d[S_3]}{dt} = k_{23}[S_2] \ . \tag{7.4}$$

Nimmt man an, dass zur Zeit $t = 0$ nur der Stoff S_1 vorliegt, so ergibt sich mit $[S_1]_{t=0} = [S_1]_0$, $[S_2]_{t=0} = 0$ und $[S_3]_{t=0} = 0$ nach einer recht langwierigen Rechnung die exakte Lösung (siehe Abschnitt 7.2.3; durch Einsetzen in 7.2-7.4 leicht nachprüfbar):

$$\begin{aligned}
[S_1] &= [S_1]_0 \exp(-k_{12}t) \\
[S_2] &= [S_1]_0 \frac{k_{12}}{k_{12}-k_{23}} \left\{\exp(-k_{23}t) - \exp(-k_{12}t)\right\} \\
[S_3] &= [S_1]_0 \left\{1 - \frac{k_{12}}{k_{12}-k_{23}} \exp(-k_{23}t) + \frac{k_{23}}{k_{12}-k_{23}} \exp(-k_{12}t)\right\} \ .
\end{aligned} \tag{7.5}$$

Es soll nun angenommen werden, dass S_2 ein sehr reaktives und daher kurzlebiges Teilchen ist ($k_{23} >> k_{12}$). Als Beispiel ist die Lösung (7.5) in Abb. 7.1 für das Verhältnis $k_{12} / k_{23} = 0{,}1$ dargestellt. Die Konzentration $[S_1]$ des Ausgangsstoffes nimmt mit der Zeit ab, während das Endprodukt $[S_3]$ gebildet wird. Da $k_{23} >> k_{12}$, tritt das Zwischenprodukt $[S_2]$ nur in einer sehr geringen Konzentration auf. Sobald es in dem langsamen ersten Schritt der Reaktionsfolge gebildet wird, wird es durch die sehr schnelle Folgereaktion verbraucht. Das führt zu einer *Quasistationarität* des Zwischenprodukts. Da S_2 sehr reaktiv sein soll, muss die Verbrauchsgeschwindigkeit von S_2 ungefähr gleich der Bildungsgeschwindigkeit von S_2 sein (*Quasistationaritätsannahme*), so dass man angenähert schreiben kann

$$\frac{d[S_2]}{dt} = k_{12}[S_1] - k_{23}[S_2] \approx 0 \ . \tag{7.6}$$

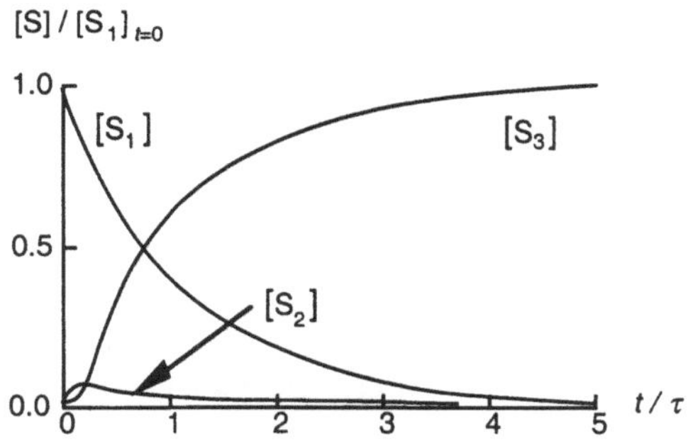

Abb. 7.1. Exakter zeitlicher Verlauf der Reaktion $S_1 \rightarrow S_2 \rightarrow S_3$; τ= Lebensdauer von S_1 (Zeit für den Abfall von $[S_1]$ auf $[S_1]/e$)

Der zeitliche Verlauf der Konzentration von S_1 lässt sich einfach bestimmen, da (7.2) leicht integrierbar ist. Man erhält (siehe Gleichung 7.5)

$$[S_1] = [S_1]_0 \exp(-k_{12}t) . \tag{7.7}$$

Interessiert man sich für die Geschwindigkeit der Bildung des Endproduktes S_3, so liefert (7.4) nur eine schlechte zu gebrauchende Aussage, da nur die Konzentration des schwer zu fassenden Zwischenproduktes S_2 im Geschwindigkeitsgesetz für S_3 auftaucht. Mit Hilfe der Quasistationaritätsannahme (7.6) erhält man jedoch eine einfach verwendbare Formulierung

$$\frac{d[S_3]}{dt} = k_{12}[S_1] .$$

Durch Einsetzen von (7.7) in diesen Ausdruck ergibt sich die Differentialgleichung

$$\frac{d[S_3]}{dt} = k_{12}[S_1]_0 \exp(-k_{12}t) ,$$

die sich sehr einfach integrieren lässt. Es ergibt sich dabei als Lösung die Gleichung

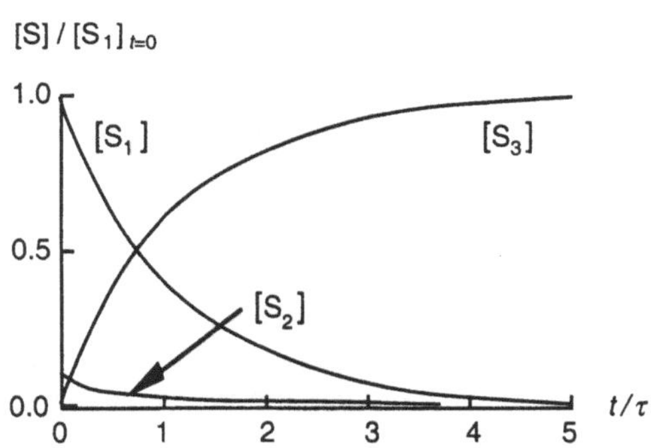

Abb. 7.2. Zeitlicher Verlauf der Reaktion $S_1 \rightarrow S_2 \rightarrow S_3$ bei Quasistationarität für $[S_2]$

$$[S_3] = [S_1]_C\left[1 - \exp(-k_{12} \cdot t)\right] . \tag{7.8}$$

Die gemäß (7.6-7.8) berechenbaren zeitlichen Konzentrationsverläufe sind somit eine Näherungslösung für (7.2-7.4) unter Verwendung der Quasistationaritätsannahme für S_2. Die Ergebnisse für das oben angegebene Beispiel sind in Abb. 7.2 dargestellt. Man erkennt anhand eines Vergleiches der Abb. 7.1 und 7.2, dass die Quasistationaritätsannahme für $k_{23} >> k_{12}$ eine gute Näherung für den Prozess darstellt. Lediglich zu Beginn der Reaktion ergeben sich geringe Abweichungen.

Als einfaches, aber dennoch praktisch relevantes Beispiel für die Nützlichkeit der Quasistationaritätsannahme soll die Verbrennung von Wasserstoff mit Chlor betrachtet werden (Bodenstein und Lind 1906):

$$\begin{array}{llll} (1) & Cl_2 + M & \rightarrow & Cl + Cl + M \\ (2) & Cl + H_2 & \rightarrow & HCl + H \\ (3) & H + Cl_2 & \rightarrow & HCl + Cl \\ (4) & Cl + Cl + M & \rightarrow & Cl_2 + M \end{array} \tag{7.9}$$

Für die reaktiven Zwischenprodukte H und Cl ergibt sich bei Annahme von Quasistationarität

$$\frac{d[Cl]}{dt} = 2k_1[Cl_2][M] - k_2[Cl][H_2] + k_3[H][Cl_2] - 2k_4[Cl]^2[M] \approx 0$$

$$\frac{d[H]}{dt} = k_2[Cl][H_2] - k_3[H][Cl_2] \approx 0, \quad \text{d. h. } [H] \approx \frac{k_2[Cl][H_2]}{k_3[Cl_2]} .$$

Die Addition der beiden Zeitgesetze liefert weiterhin auch einen Ausdruck für [Cl],

$$k_4[Cl]^2 = k_1[Cl_2] \; , \quad \text{d. h. } [Cl] = \sqrt{\frac{k_1}{k_4}[Cl_2]} .$$

Für das Zeitgesetz für die Bildung von HCl ergibt sich damit der einfache Ausdruck

$$\begin{aligned} \frac{d[HCl]}{dt} &= k_2[Cl][H_2] + k_3[H][Cl_2] = 2k_2[Cl][H_2] \\ &= 2k_2\sqrt{\frac{k_1}{k_4}}[Cl_2]^{\frac{1}{2}}[H_2] = k_{total}\,[Cl_2]^{\frac{1}{2}}[H_2] . \end{aligned} \tag{7.10}$$

Die Bildung von Chlorwasserstoff HCl lässt sich also direkt in Abhängigkeit von den Konzentrationen der Reaktanden (H_2 und Cl_2) beschreiben. Das Konzept der Quasistationarität erlaubt also, zu Ergebnissen zu kommen, obwohl der Ausgangspunkt der Betrachtungen ein System von gekoppelten Differentialgleichungen ist, das in seiner exakten Form nicht analytisch lösbar ist. Die Reaktion von Wasserstoff mit Chlor ist ausserdem ein Beispiel dafür, dass das Zeitgesetz für die zusammengesetzte Gesamtreaktion

$$H_2 + Cl_2 \quad \rightarrow \quad 2\,HCl \tag{7.11}$$

nicht die bei naiver Betrachtungsweise zu erwartende Reaktionsordnung 2 ergibt, sondern die Ordnung 1,5 (siehe 7.10), da (7.11) keine Elementarreaktion darstellt.

7.1.2 Partielle Gleichgewichte

Es soll hier der in Kapitel 6 dargestellte Mechanismus (Tab. 6.1) für die Wasserstoff-Verbrennung betrachtet werden. Eine Analyse von Experimenten oder Simulationen ergibt, dass für hohe Temperaturen ($T > 1800$ K bei $p = 1$ bar) die Reaktionsgeschwindigkeiten von Vorwärts- und Rückreaktionen so schnell sind, dass sich für die Reaktionen

(1,2)	OH	+	H_2	=	H_2O	+	H
(3,4)	H	+	O_2	=	OH	+	O
(5,6)	O	+	H_2	=	OH	+	H

ein sogenanntes *partielles Gleichgewicht* einstellt, bei dem sich jedes der einzelnen Reaktionspaare im Gleichgewicht befindet; Vorwärts- und Rückreaktion sind danach gleich schnell, und es folgt auf einfache Weise durch Gleichsetzen der Reaktionsgeschwindigkeiten (Warnatz 1981b)

$$\begin{aligned}
k_1 \cdot [OH][H_2] \quad &= \quad k_2 \cdot [H_2O][H] \\
k_3 \cdot [H][O_2] \quad &= \quad k_4 \cdot [OH][O] \\
k_5 \cdot [O][H_2] \quad &= \quad k_6 \cdot [OH][H]\,.
\end{aligned}$$

Dieses Gleichungssystem lässt sich nach [O], [H] und [OH] auflösen, und man erhält

$$[H] \quad = \quad \left(\frac{k_1^2 k_3 k_5 [O_2][H_2]^3}{k_2^{\,2} k_4 k_6 [H_2O]^2} \right)^{\frac{1}{2}} \tag{7.12}$$

$$[O] \quad = \quad \frac{k_1 k_3 [O_2][H_2]}{k_2 k_4 [H_2O]} \tag{7.13}$$

$$[OH] \quad = \quad \left(\frac{k_3 k_5}{k_4 k_6} [O_2][H_2] \right)^{\frac{1}{2}}\,. \tag{7.14}$$

Die Konzentrationen der (schlecht messbaren, da Eichungen schwierig sind) instabilen Teilchen lassen sich also auf die der (gut messbaren) stabilen Teilchen H_2, O_2 und H_2O zurückführen. Abbildung 7.3 zeigt Molenbrüche der Radikale H, O und OH in vorgemischten stöchiometrischen H_2-Luft-Flammen (Warnatz 1981b) bei $p = 1$ bar,

$T_u = 298$ K (Temperatur des unverbrannten Gases) in Abhängigkeit von der lokalen Temperatur, die mit einem vollständigen Mechanismus und unter Verwendung partiellen Gleichgewichts berechnet wurden. Es zeigt sich, dass die Annahme eines partiellen Gleichgewichts nur bei hohen Temperaturen befriedigende Ergebnisse liefert; bei Temperaturen unter etwa 1600 K stellt sich das partielle Gleichgewicht nicht mehr ein, da die Reaktionszeiten langsamer sind als die charakteristische Zeitskala τ der Verbrennung, die durch den Quotienten aus der Flammendicke d und der mittleren Gasgeschwindigkeit $\bar{v}$ gegeben ist ($\tau = d / \bar{v}$, typischerweise ungefähr 1 mm / 1 m·s^{-1} = 1 ms).

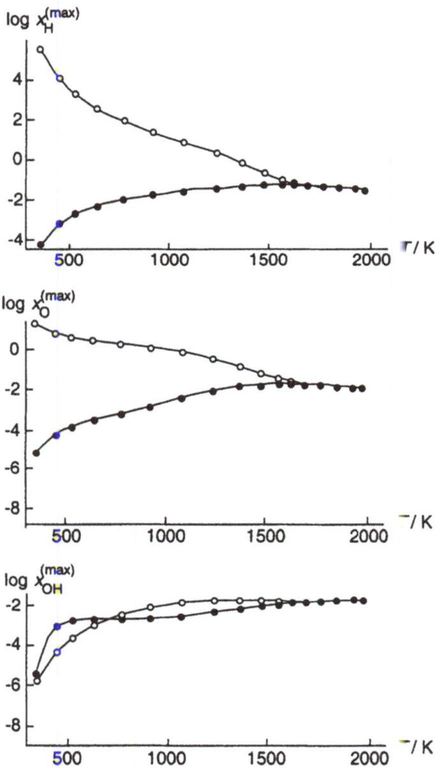

Abb. 7.3. Maximale Molenbrüche der Radikale H, O und OH in vorgemischten stöchiometrischen H_2-Luft-Flammen (Warnatz 1981b) bei $p = 1$ bar, $T_u = 298$ K, berechnet mit einem vollständigen Mechanismus (dunkle Punkte) und unter Annahme des partiellen Gleichgewichts (helle Punkte), die manchmal zu unphysikalischen Ergebnissen ($x_i > 1$) führen kann

Abbildung 7.4 zeigt schließlich räumliche Profile der Molenbrüche von Sauerstoffatomen in einer vorgemischten stöchiometrischen C_3H_8-Luft-Flamme bei $p = 1$ bar, $T_u = 298$ K, berechnet mit einem vollständigen Mechanismus, mit der Annahme partiellen Gleichgewichts und mit der Annahme vollständigen Gleichgewichts. Während die Annahme eines vollständigen Gleichgewichts bei allen Temperaturen nur unbefriedigende Ergebnisse liefert, beschreibt das partielle Gleichgewicht die Molenbrüche von Sauerstoffatomen zumindest bei hinreichend hohen Temperaturen befriedigend. Es sei hier angemerkt, dass die hier betrachtete Menge an Sauerstoffatomen in einem Reaktionssystem entscheidend die Bildung von Stickoxiden beeinflusst (siehe Kapitel 17).

Diese Beispiele zeigen deutlich, dass der Gültigkeitsbereich der Annahme partieller Gleichgewichte nur sehr beschränkt ist. Bei Verbrennungsprozessen sind Quasistationaritäts-Annahmen meist genauer als die Annahme von partiellen Gleichgewichten.

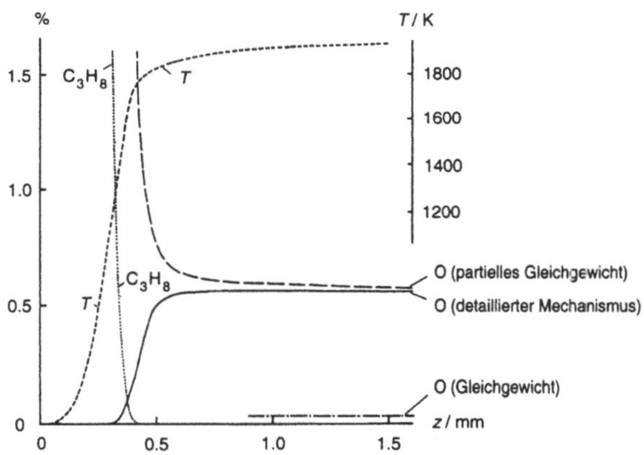

Abb. 7.4. Molenbrüche von O in einer vorgemischten stöchiometrischen C_3H_8-Luft-Flamme bei $p = 1$ bar, $T_u = 298$ K, berechnet mit einem detaillierten Mechanismus, mit Annahme partiellen Gleichgewichts und mit Annahme vollständigen Gleichgewichts (Warnatz 1987)

7.2 Analyse von Reaktionsmechanismen

Wie schon erwähnt, bestehen Reaktionsmechanismen für die Kohlenwasserstoff-Oxidation zum Teil aus mehreren tausend Elementarreaktionen. Deshalb sind Methoden von Interesse, die eine Analyse dieser komplexen Mechanismen erlauben, d. h. deren wesentlichen Eigenschaften erkennen und beschreiben. Man unterscheidet hierbei verschiedene Verfahren: *Empfindlichkeitsanalysen* (*Sensitivitätsanalysen*) identifizieren die geschwindigkeitsbestimmenden Reaktionsschritte, *Reaktionsflussanalysen* ermitteln die charakteristischen Reaktionspfade und *Eigenvektoranalysen* ermitteln die charakteristischen Zeitskalen und Richtungen der chemischen Reaktion. Die mittels dieser Methoden gewonnenen Informationen lassen sich zur Vereinfachung von Reaktionsmechanismen verwenden.

7.2.1 Empfindlichkeitsanalyse

Die Zeitgesetze für einen Reaktionsmechanismus von R Reaktionen mit S beteiligten Stoffen lassen sich in Form eines Systems von gewöhnlichen Differentialgleichungen schreiben (vergleiche Kapitel 6):

$$\begin{aligned} \frac{\mathrm{d}c_i}{\mathrm{d}t} &= F_i\left(c_1,\ldots,c_S\,;\,k_1,\ldots,k_R\right) \\ c_i\left(t=t_0\right) &= c_i^0 \end{aligned} \qquad i = 1, 2, \ldots, S. \tag{7.15}$$

Dabei ist die Zeit t die *unabhängige Variable*, die Konzentrationen c_i von i sind die *abhängigen Variablen*, und die k_r sind die *Parameter* des Systems. Die c_i^0 bezeichnen die *Anfangsbedingungen*.

Es sollen hier nur die Geschwindigkeitskoeffizienten der chemischen Reaktionen als Parameter des Systems betrachtet werden; vollkommen analog lassen sich aber bei Bedarf auch die Anfangsbedingungen, der Druck usw. als Systemparameter definieren. Die Lösung des Differentialgleichungssystems (7.15) hängt sowohl von den Anfangsbedingungen als auch von den Parametern ab.

Interessant ist nun die Frage: Wie ändert sich die Lösung (d. h. die abhängigen Variablen, hier die Konzentrationen zur Zeit t), wenn die Systemparameter, d. h. die Geschwindigkeitskoeffizienten der chemischem Reaktionen, verändert werden? Für viele der Elementarreaktionen hat eine Veränderung des Geschwindigkeitskoeffizienten kaum einen Einfluss auf die Lösung (als ein Hinweis darauf, dass sich partielle Gleichgewichte einstellen oder dass sich Spezies in quasistationären Zustände befinden). Auf der anderen Seite gibt es Elementarreaktionen, bei denen eine Änderung des Geschwindigkeitskoeffizienten einen sehr großen Einfluss auf das Verhaltens des Systems hat. Diese Reaktionen sind *geschwindigkeitsbestimmend* und ihre Geschwindigkeitskoeffizienten müssen dementsprechend sehr gut experimentell untersucht sein.

Als *Empfindlichkeiten* oder *Sensitivitäten* bezeichnet man die Abhängigkeit der Lösung c_i von den Parametern k_r. Man unterscheidet hier absolute und relative (normierte) Sensitivitäten

$$E_{i,r} = \frac{\partial c_i}{\partial k_r} \qquad \text{bzw.} \qquad E_{i,r}^{(\mathrm{rel})} = \frac{k_r}{c_i}\frac{\partial c_i}{\partial k_r} = \frac{\partial \ln c_i}{\partial \ln k_r}\,. \tag{7.16}$$

Es soll nun noch einmal die einfache Reaktionsfolge aus zwei Schritten (7.1) betrachtet werden, für die in Abschnitt 7.1.1 sowohl die exakte analytische als auch eine Näherungslösung schon beschrieben wurden. Untersucht wird, wie die Geschwindigkeitskoeffizienten die Geschwindigkeit der Bildung des Endproduktes beeinflussen.

Hierzu berechnet man die Sensitivitätskoeffizienten, indem man die Konzentration $[S_3]$, d. h. (7.3), partiell nach den Geschwindigkeitskoeffizienten ableitet (man beachte, dass in diesem Fall die Zeit konstant gehalten wird). Es ergibt sich

$$E_{S_3,k_{12}}(t) = \frac{\partial[S_3]}{\partial k_{12}} = [S_1]_0 \frac{k_{23}}{(k_{12}-k_{23})^2}\left\{(k_{23}t - k_{12}t - 1)\exp(-k_{12}t) + \exp(-k_{23}t)\right\}$$

$$E_{S_3,k_{23}}(t) = \frac{\partial[S_3]}{\partial k_{23}} = [S_1]_0 \frac{k_{12}}{(k_{12}-k_{23})^2}\left\{\exp(-k_{12}t) + (k_{12}t - k_{23}t - 1)\exp(-k_{23}t)\right\} .$$

Die relativen Sensitivitäten lassen sich daraus unter Verwendung von (7.16) gemäß

$$E^{\mathrm{rel}}_{S_3,k_{12}}(t) = \frac{k_{12}}{[S_3]} E_{S_3,k_{12}}(t) \quad \text{und} \quad E^{\mathrm{rel}}_{S_3,k_{23}}(t) = \frac{k_{23}}{[S_3]} E_{S_3,k_{23}}(t) \qquad (7.17)$$

berechnen. Die zeitlichen Verläufe der relativen Sensitivitätskoeffizienten sind zusammen mit der Konzentration des Endproduktes in Abb. 7.5 hier für $k_{12} = \tau^{-1}$ und $k_{23} = 100\ \tau^{-1}$ dimensionslos dargestellt (τ = Lebensdauer; siehe Abb. 7.1). Man erkennt, dass die relative Sensitivität bezüglich der schnellen Reaktion ($2 \rightarrow 3$) nach einer sehr kurzen Zeit gegen Null geht, während die relative Sensitivität bezüglich der langsamen Reaktion ($1 \rightarrow 2$) über den gesamten Reaktionsverlauf einen recht großen Wert besitzt.

Ergebnis der Empfindlichkeitsanalyse ist also: Bezüglich der langsamen (d. h. geschwindigkeitsbestimmenden) Reaktion ($1 \rightarrow 2$) ergibt sich eine große relative Sensitivität der Bildung von S_3; für die schnelle (und daher den Reaktionsverlauf nicht hemmende) Reaktion ($2 \rightarrow 3$) ergibt sich eine kleine relative Empfindlichkeit.

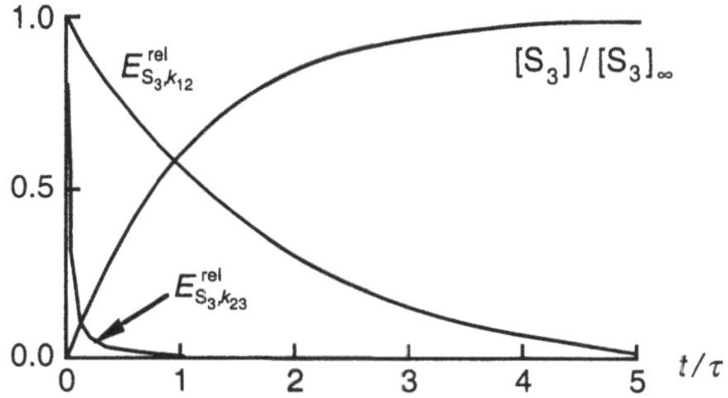

Abb. 7.5. Zeitlicher Verlauf der relativen Sensitivitätskoeffizienten für die Reaktion $S_1 \rightarrow S_2 \rightarrow S_3$

Eine Sensitivitätsanalyse kann also die geschwindigkeitsbestimmenden Reaktionen identifizieren! Solche Analysen sind daher wichtige Instrumente zum Verständnis von komplexen Reaktionsmechanismen (vergleiche z. B. Nowak und Warnatz 1988).

In praktischen Anwendungen ist natürlich eine analytische Lösung des Differentialgleichungssystems und anschließende partielle Differentiation nicht möglich. Aus diesem Grund leitet man durch partielle Differentiation von (7.15) eine Differentialgleichung für die Sensitivitätskoeffizienten ab,

$$
\begin{aligned}
\frac{\partial}{\partial k_r}\left(\frac{\partial c_i}{\partial t}\right) &= \frac{\partial}{\partial k_r} F_i(c_1,\ldots,c_S\,;\,k_1,\ldots,k_R) \\
\frac{\partial}{\partial t}\left(\frac{\partial c_i}{\partial k_r}\right) &= \left(\frac{\partial F_i}{\partial k_r}\right)_{c_l,k_{l\neq r}} + \sum_{n=1}^{S}\left\{\left(\frac{\partial F_i}{\partial c_n}\right)_{c_{l\neq n},k_l}\left(\frac{\partial c_n}{\partial k_r}\right)_{k_{l\neq j}}\right\} \\
\frac{\partial}{\partial t}E_{i,r} &= \left(\frac{\partial F_i}{\partial k_r}\right)_{c_l,k_{l\neq r}} + \sum_{n=1}^{S}\left\{\left(\frac{\partial F_i}{\partial c_n}\right)_{c_{l\neq n},k_l} E_{n,r}\right\}
\end{aligned}
\qquad (7.18)
$$

In diesen Gleichungen bezeichnet bei den partiellen Ableitungen z. B. c_l, dass alle c_l konstant gehalten werden sollen, und $c_{l\neq n}$, dass alle c_l ausser c_n konstant gehalten werden sollen. Diese Gleichungen bilden ein lineares Differentialgleichungssystem, das sich zusammen mit (7.15) numerisch lösen lässt (Kramer et al. 1982, Lutz et al. 1987, Nowak und Warnatz 1988).

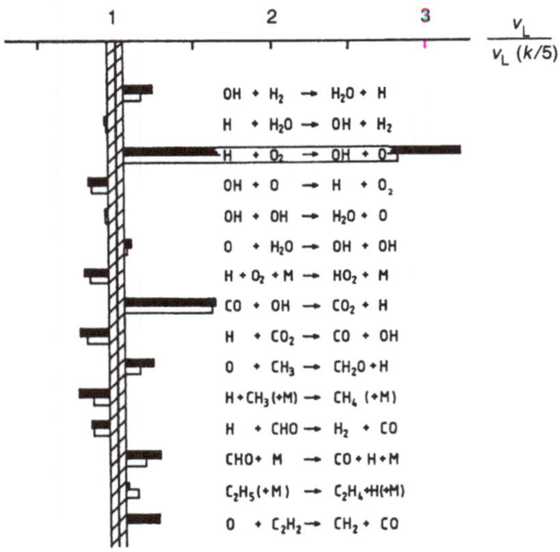

Abb. 7.6. Sensitivitäten für die Flammengeschwindigkeit v_L in vorgemischten stöchiometrischen CH_4- (schwarz) und C_2H_6-Luft-Flammen (weiss) bei $p = 1$ bar, $T_u = 298$ K (Warnatz 1984)

Gerade bei Verbrennungsprozessen sind die Geschwindigkeiten der zugrundeliegenden Elementarreaktionen sehr unterschiedlich. Sensitivitätsanalysen zeigen, dass meist nur wenige Elementarreaktionen geschwindigkeitsbestimmend sind. Andere Reaktionen sind so schnell, dass die genauen Werte ihrer Geschwindigkeitskoeffizienten nur von untergeordneter Bedeutung sind. Für die Praxis hat das bedeutende Konsequenzen: Die Geschwindigkeitskoeffizienten von Elementarreaktionen mit großer Sensitivität müssen sehr genau bekannt sein, da sie die Ergebnisse der Modellierung stark beeinflussen. Bei Reaktionen geringer Sensitivität reichen sehr grobe Werte für die Geschwindigkeitskoeffizienten. Sensitivitätsanalysen geben somit Hinweise darauf, welche Elementarreaktionen besonders genau gemessen werden müssen.

Beispiele typischer Ergebnisse von Sensitivitätsanalysen bei Verbrennungsprozessen finden sich in Abb. 7.6 und 7.7. Gezeigt werden dabei lediglich die maximalen Sensitivitäten während des ganzen Verbrennungsprozesses. In Abb. 7.6 ist eine Sensitivitätsanalyse für die Flammengeschwindigkeit v_L in vorgemischten stöchiometrischen CH_4- und C_2H_6-Luft-Flammen dargestellt. Diejenigen Elementarreaktionen, die nicht in dem Diagramm dargestellt sind, haben eine vernachlässigbar kleine Sensitivität. Man erkennt, dass nur wenige der vielen Elementarreaktionen sensitiv sind. Ausserdem ergibt sich für die sehr verschiedenen Systeme (CH_4 und C_2H_6; siehe Abschnitt 8.5) das gleiche qualitative Bild, was darauf hindeutet, dass bei Verbrennungsprozessen unabhängig von dem betrachteten Brennstoff einige Elementarreaktionen stets geschwindigkeitsbestimmend sind.

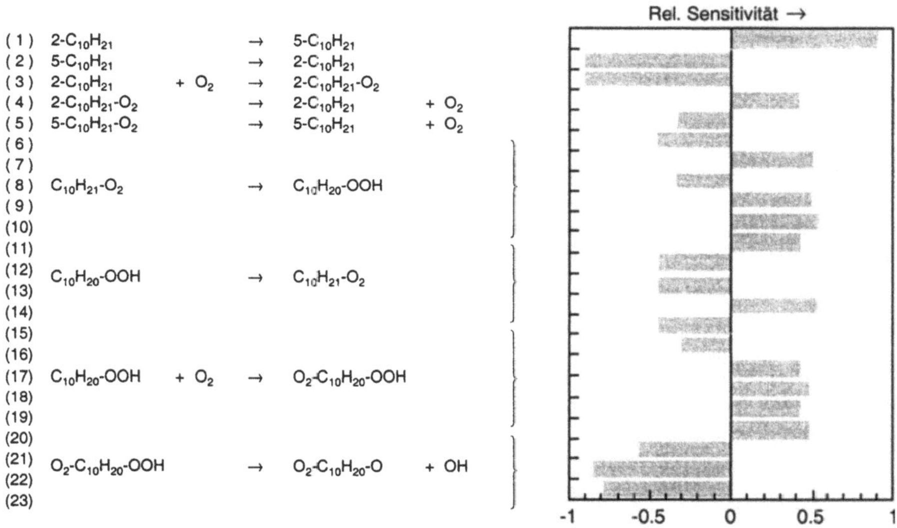

Abb. 7.7. Sensitivitätsanalyse für die OH-Konzentration in einem zündenden stöchiometrischen $C_{10}H_{22}$-Luft-Gemisch bei p = 13 bar, T_u = 800 K (Nehse et al. 1996); aus Gründen der Übersichtlichkeit wurden für die Spezies in den Reaktionen (6)-(23) nur die Summenformel und nicht die Strukturen der Isomeren angegeben

Abbildung 7.7 zeigt schließlich eine Sensitivitätsanalyse für die OH-Radikalkonzentration in einem zündenden stöchiometrischen $C_{10}H_{22}$-Luft-Gemisch bei relativ niedriger Temperatur (Nehse et al. 1996). Zündprozesse, insbesondere bei niedriger Anfangstemperatur, sind von Natur aus sensitiver als stationäre Flammen. Aus diesem Grund sind bei Zündprozessen mehr Reaktionen geschwindigkeitsbestimmend als bei stationären Flammen (vergleiche Abb. 7.6 und 7.7).

7.2.2 Reaktionsflussanalysen

Bei der numerischen Simulation von Verbrennungsprozessen lassen sich leicht Reaktionsflussanalysen durchführen. Es wird betrachtet, welcher Prozentsatz eines Stoffes s (s = 1,...,S) in der Reaktion r (r = 1,...,R) gebildet (bzw. verbraucht) wird. Dabei ergibt sich ein Zahlenschema wie beispielhaft in Tab. 7.1 dargestellt.

Tab. 7.1. Schematische Darstellung der Ergebnisse einer Reaktionsflussanalyse

Reaktion	Stoff ⇒					
⇓	1	2	3	.....	S-1	S
1	20%	3%	0	.....	0	0
2	0	0	0	.....	0	0
3	2%	5%	0	.....	100%	90%
.	.	.	.		.	.
.	.	.	.		.	.
.	.	.	.		.	.
R-1	78%	90%	100%	.....	0	5%
R	0	2%	0	.....	0	0

So wird z. B. nach diesem Schema Stoff 1 zu 20% in Reaktion 1, zu 2% in Reaktion 3 und zu 78% in Reaktion R-1 gebildet. Die Prozentsätze in den Spalten müssen sich jeweils zu 100% addieren. Anhand solcher Tabellen lassen sich dann Reaktionsflussdiagramme konstruieren. Man unterscheidet integrale und lokale Reaktionsflussanalysen.

Integrale Reaktionsflussanalysen betrachten die gesamte Bildung bzw. der gesamte Verbrauch der Spezies während des Verbrennungsprozesses. Hierzu wird z. B. bei homogenen zeitabhängigen Prozessen über die ganze Reaktionszeit bzw. bei stationären Flammen über die ganze Verbrennungszone integriert. Eine Reaktion kann als unwichtig betrachtet werden (hier z. B. Reaktion 2), wenn alle Eintragungen in einer Zeile (sowohl in der Tabelle für die Bildung als auch für den Verbrauch) eine willkürlich zu wählende Schranke unterschreiten (Warnatz 1981a).

Lokale Reaktionsflussanalysen betrachten die Bildung und den Verbrauch der Spezies lokal, d. h. zu bestimmten Zeitpunkten bei homogenen zeitabhängigen Prozessen bzw. an verschiedenen Punkten in der Verbrennungszone bei stationären Flammen. Eine Reaktion ist gemäß lokaler Reaktionsflussanalysen unwichtig (wesentlich schärfer als integrales Kriterium), wenn für die Reaktionsgeschwindigkeit $\Re_{t,r,s}$ zu allen Zeiten t bzw. an allen Orten x in der Reaktion r für den Stoff s gilt:

$$\left|\Re_{t,r,s}\right| < \varepsilon \operatorname*{Max}_{r=1}^{R} \left|\Re_{t,r,s}\right| \qquad r = 1, 2, \ldots, R \qquad s = 1, 2, \ldots, S \qquad t \in [0, T] \qquad (7.19)$$

Dabei ist ε wieder eine Schranke, die willkürlich gesetzt werden muss, z. B. ε = 1%.

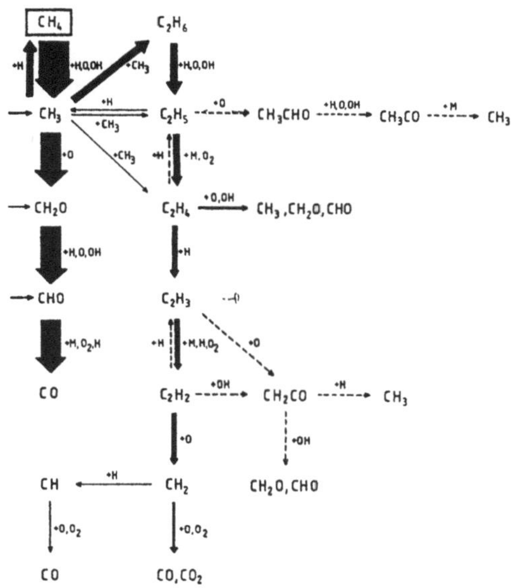

Abb. 7.8. Integrale Reaktionsfluss-Analyse in einer vorgemischten stöchiometrischen CH_4-Luft-Flamme bei p = 1 bar, T_u = 298 K (Warnatz 1984)

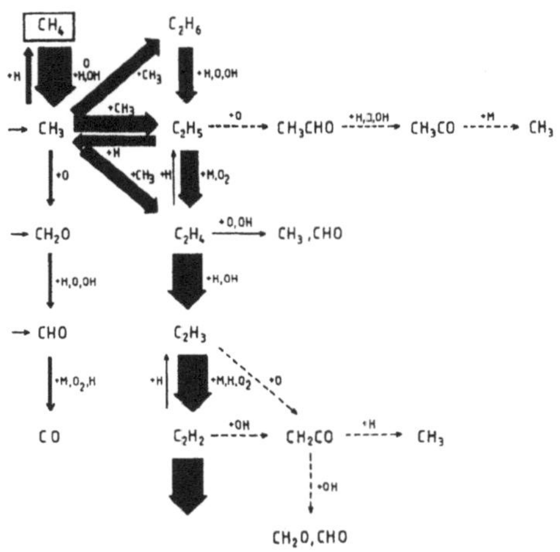

Abb. 7.9. Integrale Reaktionsfluss-Analyse in einer vorgemischten brennstoffreichen CH_4-Luft-Flamme bei p = 1 bar, T_u = 298 K (Warnatz 1984)

Abbildungen 7.8 und 7.9 zeigen integrale Reaktionsflussanalysen in vorgemischten stöchiometrischen bzw. fetten Methan-Luft-Flammen (Warnatz 1984). Es zeigt sich deutlich, dass je nach den Reaktionsbedingungen verschiedene Reaktionspfade eingeschlagen werden. Bei der stöchiometrischen Flamme wird das Methan zum größten Teil direkt oxidiert, während bei der fetten Flamme gebildete Methylradikale zu Ethan (C_2H_6) rekombinieren, welches dann oxidiert wird. Dieses überraschende Ergebnis belegt eindeutig, dass ein zuverlässiger Mechanismus für die Methan-Oxidation einen Ethan-Oxidationsmechanismus beinhalten muss.

7.2.3 Eigenwertanalysen von chemischen Reaktionssystemen

Es soll wieder die einfache Reaktionsfolge (7.1) aus zwei Schritten betrachtet werden,

$$\mathrm{S}_1 \xrightarrow{k_{12}} \mathrm{S}_2 \xrightarrow{k_{23}} \mathrm{S}_3 ,$$

wobei die Zeitgesetze für die auftretenden Stoffe durch (7.2-7.4) gegeben sind. Diese Gleichungen lassen sich in Vektorschreibweise einfach zusammenfassen als

$$\begin{pmatrix} \mathrm{d}[\mathrm{S}]_1 / \mathrm{d}t \\ \mathrm{d}[\mathrm{S}]_2 / \mathrm{d}t \\ \mathrm{d}[\mathrm{S}]_3 / \mathrm{d}t \end{pmatrix} = \begin{pmatrix} -k_{12} & 0 & 0 \\ k_{12} & -k_{23} & 0 \\ 0 & k_{23} & 0 \end{pmatrix} \begin{pmatrix} [\mathrm{S}]_1 \\ [\mathrm{S}]_2 \\ [\mathrm{S}]_3 \end{pmatrix} . \tag{7.20}$$

Führt man als Abkürzung die Vektoren $\vec{Y}$ und $\vec{Y}'$ sowie ausserdem die Matrix $\boldsymbol{J}$ ein,

$$\vec{Y} = \begin{pmatrix} [\mathrm{S}]_1 \\ [\mathrm{S}]_2 \\ [\mathrm{S}]_3 \end{pmatrix} \qquad \vec{Y}' = \begin{pmatrix} \mathrm{d}[\mathrm{S}]_1 / \mathrm{d}t \\ \mathrm{d}[\mathrm{S}]_2 / \mathrm{d}t \\ \mathrm{d}[\mathrm{S}]_3 / \mathrm{d}t \end{pmatrix} \qquad \boldsymbol{J} = \begin{pmatrix} -k_{12} & 0 & 0 \\ k_{12} & -k_{23} & 0 \\ 0 & k_{23} & 0 \end{pmatrix},$$

so erhält man aus Gleichung (7.20) das einfache lineare gewöhnliche Differentialgleichungssystem

$$\vec{Y}' = \boldsymbol{J}\,\vec{Y} . \tag{7.21}$$

Nun sollen die *Eigenwerte* λ_i und *Eigenvektoren* $\vec{v}_i$ der Matrix $\boldsymbol{J}$ bestimmt werden. Eigenwerte und Eigenvektoren erfüllen die *Eigenwertgleichung*

$$\boldsymbol{J}\,\vec{v}_i = \vec{v}_i\,\lambda_i \qquad \text{bzw.} \qquad \boldsymbol{J}\,\boldsymbol{V} = \boldsymbol{V}\boldsymbol{\Lambda} \tag{7.22}$$

(siehe Lehrbücher der Linearen Algebra). Da die Matrix $\boldsymbol{J}$ die Dimension 3 besitzt, erhält man drei Eigenwerte und drei zugehörige Eigenvektoren,

$$\lambda_1 = 0 \qquad \lambda_2 = -k_{23} \qquad \lambda_3 = -k_{12}$$

$$\vec{v}_1 = \begin{pmatrix} 0 \\ 0 \\ 1 \end{pmatrix} \qquad \vec{v}_2 = \begin{pmatrix} 0 \\ 1 \\ -1 \end{pmatrix} \qquad \vec{v}_3 = \begin{pmatrix} k_{12} - k_{23} \\ -k_{12} \\ k_{23} \end{pmatrix} .$$

Bildet man nun die Matrix $\boldsymbol{V}$ der Eigenvektoren und die Matrix $\boldsymbol{\Lambda}$ der Eigenwerte,

$$V = \begin{pmatrix} 0 & 0 & k_{12} - k_{23} \\ 0 & 1 & -k_{12} \\ 1 & -1 & k_{23} \end{pmatrix} \qquad \Lambda = \begin{pmatrix} \lambda_1 & 0 & 0 \\ 0 & \lambda_2 & 0 \\ 0 & 0 & \lambda_3 \end{pmatrix} = \begin{pmatrix} 0 & 0 & 0 \\ 0 & -k_{23} & 0 \\ 0 & 0 & -k_{12} \end{pmatrix},$$

so kann man durch Einsetzen leicht nachprüfen, dass die Eigenwertgleichung (7.22) erfüllt ist.

Multiplikation der Eigenwertgleichung von rechts mit der Inversen V^{-1} der Eigenvektor-Matrix führt zu einer Vorschrift zur Zerlegung der Matrix J,

$$J = V \Lambda V^{-1} , \tag{7.23}$$

wobei

$$V^{-1} = \begin{pmatrix} 1 & 1 & 1 \\ \frac{k_{12}}{k_{12} - k_{23}} & 1 & 0 \\ \frac{1}{k_{12} - k_{23}} & 0 & 0 \end{pmatrix} .$$

Das Einsetzen in das Differentialgleichungssystem (7.21) liefert dann die Gleichung

$$\vec{Y}' = V \Lambda V^{-1} \vec{Y} \tag{7.24}$$

bzw. nach Multiplikation von links mit der Inversen V^{-1}

$$V^{-1} \vec{Y}' = \Lambda V^{-1} \vec{Y} . \tag{7.25}$$

Die einzelnen Zeilen der Matrix V^{-1} sind die sogenannten *linken Eigenvektoren.* Schreibt man nun das Gleichungssystem aus, so erhält man das Gleichungssystem

$$\begin{aligned} \frac{\mathrm{d}}{\mathrm{d}t}\left([\mathrm{S}]_1 + [\mathrm{S}]_2 + [\mathrm{S}]_3\right) &= 0 \\ \frac{\mathrm{d}}{\mathrm{d}t}\left(\frac{k_{12}}{k_{12} - k_{23}}[\mathrm{S}]_1 + [\mathrm{S}]_2\right) &= -k_{23}\left(\frac{k_{12}}{k_{12} - k_{23}}[\mathrm{S}]_1 + [\mathrm{S}]_2\right) \\ \frac{\mathrm{d}}{\mathrm{d}t}\left(\frac{1}{k_{12} - k_{23}}[\mathrm{S}]_1\right) &= -k_{12}\left(\frac{1}{k_{12} - k_{23}}[\mathrm{S}]_1\right), \end{aligned} \tag{7.26}$$

das nun etwas genauer betrachtet werden soll. Man bemerkt dabei sofort, dass dieses kompliziert aussehende Gleichungssystem vollständig entkoppelt ist, d. h., man kann alle drei Differentialgleichungen unabhängig voneinander lösen! Sie haben jeweils die Form

$$\frac{\mathrm{d}y}{\mathrm{d}t} = \mathrm{const} \cdot y$$

mit der Lösung

$$y = y_0 \cdot \exp(\text{const} \cdot t),$$

und man erhält (auf diese Weise lässt sich die analytische Lösung (7.5) in Abschnitt 7.1.1 ableiten)

$$[S]_1 + [S]_2 + [S]_3 = \left([S]_{1,0} + [S]_{2,0} + [S]_{3,0}\right) \cdot \exp(0) \tag{7.27}$$

$$\left(\frac{k_{12}}{k_{12} - k_{23}}[S]_1 + [S]_2\right) = \left(\frac{k_{12}}{k_{12} - k_{23}}[S]_{1,0} + [S]_{2,0}\right) \cdot \exp(-k_{23} \cdot t) \tag{7.28}$$

$$[S]_1 = [S]_{1,0} \cdot \exp(-k_{12} \cdot t). \tag{7.29}$$

Die Vorgänge bei der chemischen Reaktion lassen sich demnach in drei verschiedene Prozesse einteilen, die mit drei verschiedenen Zeitskalen ablaufen:

Der erste Prozess läuft (entsprechend dem Eigenwert $\lambda_1 = 0$) mit der Zeitskala ∞ ab, er beschreibt also die zeitliche Konstanz einer Größe. Solche Größen, die zeitlich konstant bleiben, sind Erhaltungsgrößen. In diesem Beispiel ist es die Summe der Konzentrationen (7.27), was einfach widerspiegelt, dass bei chemischen Reaktionen die Masse erhalten bleibt.

Der zweite Prozess läuft (entsprechend dem Eigenwert $\lambda_2 = -k_{23}$) mit der Zeitskala $-k_{23}^{-1}$ ab, er beschreibt also die zeitliche Veränderung einer Größe. Der zugehörige Eigenvektor $\vec{v}_2$ ist gegeben durch $\vec{v}_2 = (0, 1, -1)^{\mathrm{T}}$, und man erkennt, dass dieser Vektor gerade die stöchiometrischen Koeffizienten der Reaktion $S_2 \rightarrow S_3$ wiedergibt ($0\ S_1 + 1\ S_2 - 1\ S_3 = 0$).

Der dritte Prozess läuft schließlich (entsprechend dem Eigenwert $\lambda_3 = -k_{12}$) mit der Zeitskala $-k_{12}^{-1}$ ab und beschreibt damit auch die zeitliche Veränderung einer Größe. Der zugehörige Eigenvektor $\vec{v}_3$ entspricht einer Linearkombination der Reaktionen $(1 \rightarrow 2)$ und $(2 \rightarrow 3)$.

Es soll nun untersucht werden, was geschieht, wenn eine der Reaktionen viel schneller als die andere abläuft (vergleiche Abschnitt 7.1.1). Zuerst sei hierbei der Fall $k_{12} >> k_{23}$ betrachtet. In diesem Fall läuft der dritte Prozess (mit der Zeitskala $-k_{12}^{-1}$) sehr viel schneller ab als der zweite Prozess. Nach einer sehr kurzen Zeit (siehe Exponentialterm in 7.29) ist die Konzentration $[S_1]$ auf 0 abgesunken. Aus der Sicht der Chemie betrachtet bedeutet dies lediglich, dass der Stoff S_1 sehr schnell in S_2 umgewandelt wird, welcher dann in einer langsamen Folgereaktion zu S_3 weiterreagiert.

Interessanter ist der Fall $k_{23} >> k_{12}$. Hier geht der Exponentialterm in (7.28) sehr schnell gegen Null. Nach einer sehr kurzen Zeit kann man also annehmen, dass

$$\left(\frac{k_{12}}{k_{12} - k_{23}}[S]_1 + [S]_2\right) \approx 0\,. \tag{7.30}$$

Vergleicht man mit Abschnitt 7.1.1, so erkennt man, dass dies für $k_{23} >> k_{12}$ gerade der Quasistationaritätsbedingung (7.6) entspricht. Die Quasistationaritätsbedingung erhält man demnach nicht nur durch chemische Überlegungen, sondern auch ganz einfach durch eine Eigenwertanalyse. Der negative Eigenwert λ_i, der betragsmäßig am größten ist, beschreibt direkt die Geschwindigkeit, mit der ein partielles Gleichgewicht oder ein quasistationärer Zustand erreicht wird. Die Quasistationaritätsbedingung bzw. Bedingung für ein partielles Gleichgewicht erhält man einfach dadurch, dass man annimmt, dass das Skalarprodukt zwischen dem zugehörigen linken Eigenvektor (Zeilenvektor von V^{-1}) und den Bildungsgeschwindigkeiten (rechte Seite von 7.20) Null ist.

Natürlich sind die Differentialgleichungssysteme für chemische Reaktionskinetik fast immer nicht-linear und in ihrer allgemeinen Form gegeben durch

$$\frac{\mathrm{d}Y_i}{\mathrm{d}t} = f_i(Y_1, Y_2, \ldots, Y_S) \quad ; \quad i = 1, 2, \ldots, S \tag{7.31}$$

oder wiederum in Vektorschreibweise

$$\frac{\mathrm{d}\vec{Y}}{\mathrm{d}t} = \vec{F}(\vec{Y}). \tag{7.32}$$

Lokal (bei einer bestimmten Zusammensetzung $\vec{Y}_0$) lassen sich jedoch Eigenwertanalysen durchführen, indem man in der Umgebung von $\vec{Y}_0$ die Funktion $\vec{F}$ durch eine Taylor-Reihenentwicklung annähert,

$$f_i(Y_{1,0} + \mathrm{d}Y_1, Y_{2,0} + \mathrm{d}Y_2, \ldots, Y_{S,0} + \mathrm{d}Y_S) = f_i(Y_{1,0}, Y_{2,0}, \ldots, Y_{S,0}) + \sum_{j=1}^{S} \left(\frac{\partial f_i}{\partial Y_j} \right)_{Y_{k \neq j}} \mathrm{d}Y_j + \ldots$$

bzw. $$\vec{F}(\vec{Y}_0 + \mathrm{d}\vec{Y}) = \vec{F}(\vec{Y}_0) + \boldsymbol{J}\,\mathrm{d}\vec{Y} + \ldots$$

mit $$\boldsymbol{J} = \begin{pmatrix} \frac{\partial f_1}{\partial Y_1} & \frac{\partial f_1}{\partial Y_2} & \cdots & \frac{\partial f_1}{\partial Y_S} \\ \frac{\partial f_2}{\partial Y_1} & \frac{\partial f_2}{\partial Y_2} & \cdots & \frac{\partial f_2}{\partial Y_S} \\ \vdots & \vdots & \ddots & \vdots \\ \frac{\partial f_S}{\partial Y_1} & \frac{\partial f_S}{\partial Y_2} & \cdots & \frac{\partial f_S}{\partial Y_S} \end{pmatrix}.$$

$\boldsymbol{J}$ bezeichnet man als *Jacobi-Matrix* des Systems. Mit dieser Linearisierung erhält man das lineare Differentialgleichungssystem

$$\frac{\mathrm{d}\vec{Y}}{\mathrm{d}t} = \vec{F}(\vec{Y}_0) + \boldsymbol{J}(\vec{Y} - \vec{Y}_0). \tag{7.33}$$

Durch Vergleich mit (7.21) erkennt man, dass die Eigenwerte und Eigenvektoren der Jacobi-Matrix lokal Hinweise auf die Zeitskalen geben und damit die Frage beantworten können, welche Spezies in quasistationärem Zustand und welche Reaktionen in partiellem Gleichgewicht sind (Lam und Goussis 1989, Maas und Pope 1992).

7.3 Steifheit von gewöhnlichen Differentialgleichungssystemen

In den vorigen Abschnitten wurde beschrieben, dass bei Verbrennungsprozessen die einzelnen Elementarreaktionen mit stark unterschiedlichen Geschwindigkeiten (Zeitskalen) ablaufen. Dies hat schwerwiegende Folgen für die numerische Lösung des das Reaktionssystem beschreibenden Differentialgleichungssystems. Die Eigenwerte der *Jacobi-Matrix* dieser ODE-Systeme (ODE = *ordinary differential equation*) geben direkt die Zeitskalen wieder. Als *Steifheitsgrad* bezeichnet man das Verhältnis von (betragsmäßig) größtem und kleinstem negativen Eigenwert der Jacobi-Matrix.

Die Steifheit charakterisiert somit die maximalen Unterschiede der beteiligten Zeitskalen. Normalerweise müssen bei der numerischen Lösung von Differentialgleichungen die kleinsten Zeitskalen berücksichtigt werden, selbst wenn man nur an den langsamen (und damit geschwindigkeitsbestimmenden) Prozessen interessiert ist. Anderenfalls neigt die numerische Lösung zu Instabilitäten.

Dieses Problem lässt sich vermeiden, wenn man sogenannte *implizite* Integrationsverfahren (siehe Abschnitt 8.2) benutzt (Hirschfelder 1963). Eine andere Möglichkeit zur Vermeidung dieses Problems ist die Eliminierung der schnellen Prozesse durch *Entkoppelung der Zeitskalen* (Lam und Goussis 1989, Maas und Pope 1992,1993), wie es im folgenden beschrieben wird.

7.4 Vereinfachung von Reaktionsmechanismen

Das Hauptproblem bei der Verwendung detaillierter Reaktionsmechanismen ist dadurch gegeben, dass für jede chemische Spezies eine Teilchenerhaltungsgleichung (siehe Kapitel 3) gelöst werden muss. Deshalb ist die Verwendung vereinfachter Kinetiken wünschenswert, die das chemische Reaktionssystem in Abhängigkeit von nur wenigen Variablen beschreiben. Dies lässt sich mit Hilfe von reduzierten Mechanismen (basierend auf Quasistationaritäts-Annahmen und Annahmen von partiellen Gleichgewichten) erreichen (eine Übersicht findet man z. B. bei Smooke 1991). Solche reduzierten Mechanismen sind jeweils nur in einem sehr engen Zustandsbereich (d. h. Bereich von Temperatur und Gemischzusammensetzung), oft nur in der Nähe des Gleichgewichts, eine gute Näherung für das chemische Reaktionssystem. Ein reduzierter Mechanismus, der zum Beispiel gute Ergebnisse bei der Simulation von nicht vorgemischten Flammen liefert, ist nicht notwendigerweise auch zur Beschreibung von Vormischflammen geeignet.

Chemische Reaktion entspricht der Bewegung entlang einer Trajektorie im $(2+n_S)$-dimensionalen Zustandsraum, der von der spezifischen Enthalpie, dem Druck und den n_S Teilchenmassenbrüchen aufgespannt wird. Beginnend bei verschiedenen Anfangsbedingungen entwickelt sich das System zeitlich, bis der Gleichgewichtszustand erreicht wird. Das chemische Gleichgewicht hängt nur von der spezifischen Enthalpie h, dem Druck p und den Elementmassenbrüchen Z_i ab (siehe Kapitel 4).

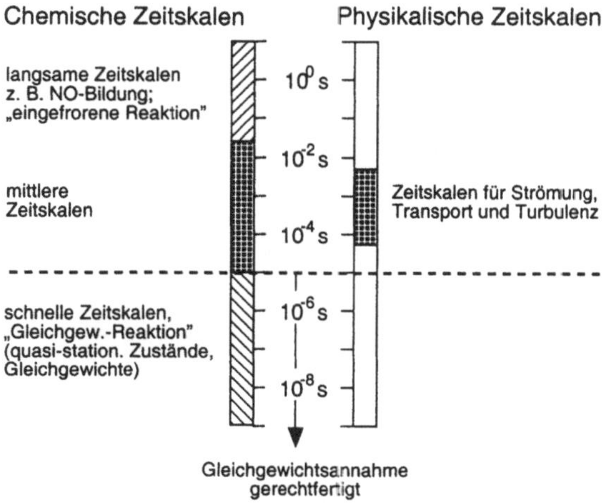

Abb. 7.10. Zeitskalen chemisch reagierender Strömungen

Die Zeitskalen der verschiedenen Prozesse überdecken einen Bereich von mehreren Größenordnungen (siehe Abb. 7.10). Chemische Reaktionen umfassen typischerweise einen Bereich von 10^{-10} s bis mehr als 1 s. Die physikalischen Prozesse hingegen überdecken einen viel kleineren Bereich. Die schnellen chemischen Prozesse entsprechen Gleichgewichtseinstellungen, z. B. Reaktionen in partiellen Gleichgewichten oder Spezies in quasistationären Zuständen, und sie können entkoppelt werden. In Abb. 7.11 sind einige Trajektorien für ein stöchiometrisches CH_4-Luft-System dargestellt (Projektion in die H_2O-CO_2-Ebene). Der Gleichgewichtswert ist durch einen Kreis gekennzeichnet.

Realistische Strömungen benötigen eine gewisse Zeit, bis das chemische Gleichgewicht erreicht ist. Diese Zeit liegt in der gleichen Größenordnung wie die der physikalischen Prozesse, und deshalb findet eine Koppelung der chemischen Reaktion mit den physikalischen Prozessen statt. Für das Beispiel in Abb. 7.11 dauert die Gleichgewichtseinstellung etwa 5 ms.

Dies sieht man deutlich anhand von Abb. 7.12, die das System nach 5 ms zeigt (d. h., die ersten 5 ms wurden einfach weggelassen). Wenn man also nur an Prozessen interessiert ist, die länger als 5 ms dauern, kann man das ganze System durch seinen Gleichgewichtswert beschreiben. Dann vernachlässigt man die ganze chemische Dynamik, was der oft verwendeten Annahme „gemischt gleich verbrannt" entspricht.

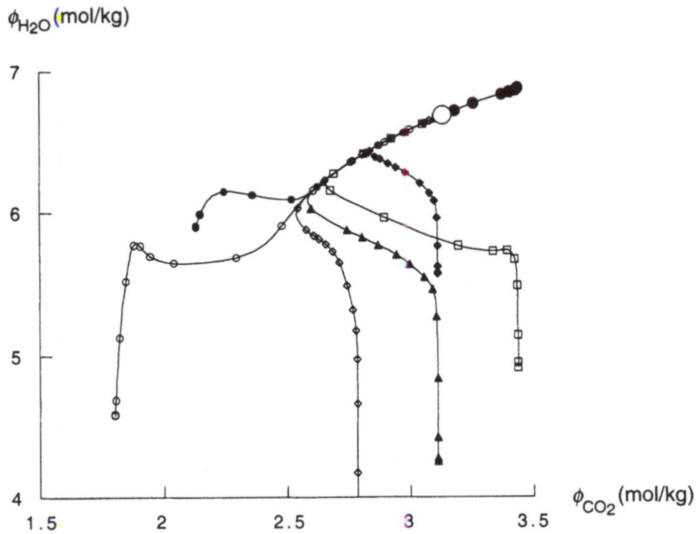

Abb. 7.11. Trajektorien bei der Methan-Oxidation, O kennzeichnet den Gleichgewichtswert; Projektion in die CO_2-H_2O-Ebene (Riedel et al. 1994); $\phi_i = w_i / M_i$

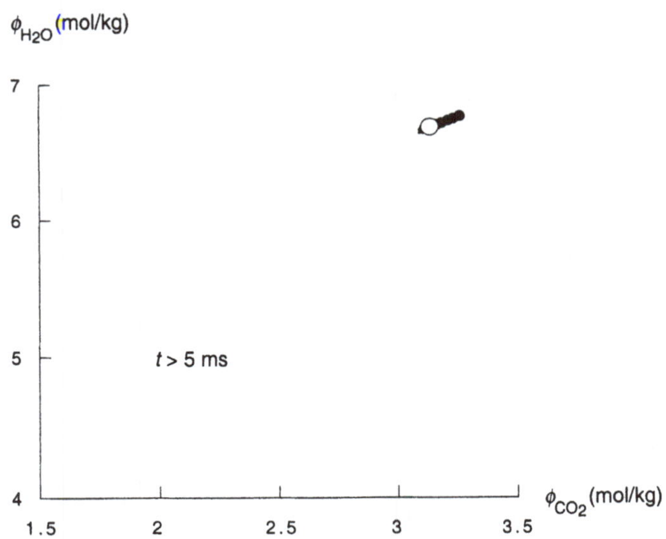

Abb. 7.12. Trajektorien für die CH_4-Oxidation, wobei die ersten 5 ms nicht aufgetragen sind, O kennzeichnet den Gleichgewichtswert; Projektion in die CO_2-H_2O-Ebene (Riedel et al. 1994)

Dies ist jedoch eine sehr grobe Näherung in den meisten Anwendungen, da auch physikalische Prozesse (z. B. Diffusion und Wärmeleitung) mit Zeitskalen im Millisekunden-Bereich stattfinden und somit mit den chemischen Prozessen koppeln. Eine bessere Näherung würde nur annehmen, dass Prozesse mit Zeitskalen kleiner als 50 μs in lokalem Gleichgewicht sind, d. h. nur die Dynamik in den ersten 50 μs von Abb. 7.11 vernachlässigen. Dies ist in Abb. 7.13 dargestellt.

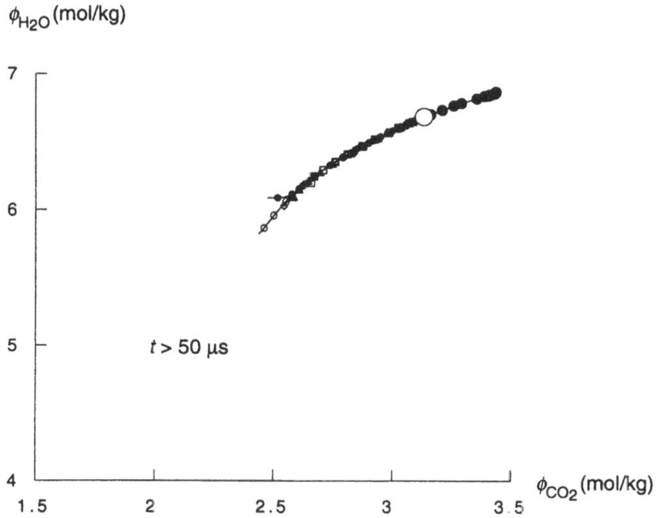

Abb. 7.13. Trajektorien für die CH_4-Oxidation, wobei die ersten 50 μs nicht aufgetragen sind, ○ kennzeichnet den Gleichgewichtswert; Projektion in die CO_2-H_2O-Ebene (Riedel et al. 1994)

Anstatt die gesamte Dynamik zu betrachten, berücksichtigt man nur Prozesse, die länger als 50 μs dauern und somit geschwindigkeitsbestimmend sind. Anstelle der komplizierten Prozesse in Abb. 7.11 erhält man eine einfache Kurve. Dies entspricht einer *eindimensionalen Mannigfaltigkeit* im Zustandsraum. Alle Prozesse langsamer als 50 μs werden durch eine Bewegung auf dieser Kurve beschrieben und die Dynamik des Systems ist auf die Dynamik entlang dieser Mannigfaltigkeit beschränkt. Man benötigt demnach zur Beschreibung der Dynamik nur eine Reaktionsfortschrittsvariable.

Die eindimensionale Mannigfaltigkeit lässt sich über eine Eigenvektoranalyse (siehe Abschnitt 7.2.3) berechnen, wenn man den detaillierten Reaktionsmechanismus kennt. Ein Beispiel ist in Abb. 7.14 dargestellt und fast identisch mit der Abb. 7.11. Ist man jedoch an noch schnelleren Prozessen interessiert (schneller als 50 μs), so erhält man eine Fläche im Zustandsraum (entsprechend einer zweidimensionalen Mannigfaltigkeit). Dies bedeutet, dass je nach der Anzahl der berücksichtigten Zeitskalen m-dimensionale Mannigfaltigkeiten existieren, die die Dynamik des Systems näherungsweise beschreiben.

Das oben beschriebene Verfahren zur Mechanismusreduktion basiert auf einer lokalen Eigenvektoranalyse der Jacobi-Matrix des Systems der chemischen Reaktionsgleichungen (siehe Abschnitt 7.2.3). Die Eigenwerte kennzeichnen die Zeitskalen und die Eigenvektoren die damit verbundenen charakteristischen Richtungen der chemischen Reaktion im Zustandsraum. Üblicherweise sind viele Eigenwerte negativ und dem Betrage nach sehr groß. Diese Eigenwerte entsprechen schnellen Gleichgewichtseinstellungen (Relaxationsprozessen), wie partiellen Gleichgewichten und quasistationären Zuständen. Natürlich hängen die Eigenwerte von den lokalen Bedingungen ab, d. h., sie sind lokal definiert und können sich von Punkt zu Punkt im Zustandsraum ändern.

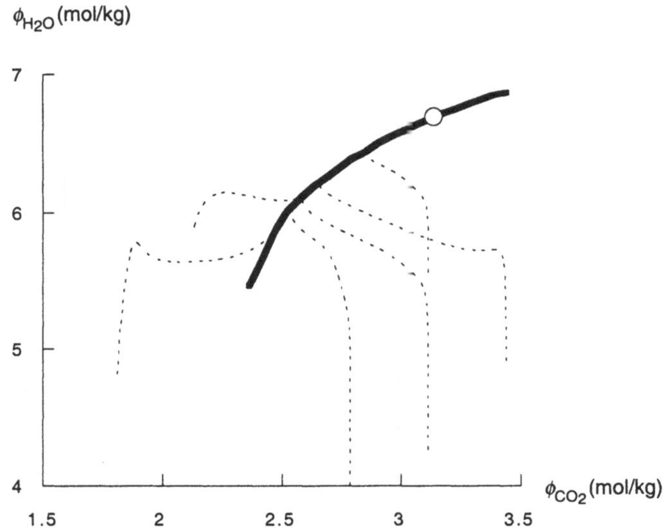

Abb. 7.14. Linie: Eindimensionale Mannigfaltigkeit für die Reaktion einer stöchiometrischen CH_4-Luft-Mischung, gestrichelte Linie: Trajektorien, Kreis: Gleichgewichtswert; Projektion in die CO_2-H_2O-Ebene (Riedel et al. 1994)

Die attraktive Mannigfaltigkeit (z. B. die Kurve in Abb. 7.14) enthält diejenigen Punkte im Zustandsraum, in denen die schnellen Prozesse lokal im Gleichgewicht sind. Die niedrigdimensionalen Mannigfaltigkeiten lassen sich daher als die Mengen der Punkte definieren, in denen die Geschwindigkeit in Richtung der n_f schnellsten Eigenvektoren (die zu den betragsmäßig größten negativen Eigenwerten gehören) verschwinden. Auf diese Weise lassen sich die *niedrigdimensionalen Mannigfaltigkeiten* numerisch berechnen (siehe Maas und Pope 1992, 1993, Maas 1998).

Ein einfaches Beispiel einer niedrigdimensionalen Mannigfaltigkeit lässt sich für den Reaktionsmechanismus $S_1 \rightarrow S_2 \rightarrow S_3$ erhalten, wenn die zweite Reaktion sehr schnell ist (siehe Abschnitt 7.2.3). Der quasistationäre Zustand, der nach einer sehr kurzen Zeit von k_{23}^{-1} (siehe Abb. 7.1 und 7.2) erreicht wird, ist durch (7.30) gegeben,

$$[S]_2 = \frac{k_{12}}{k_{23} - k_{12}} [S]_1 \; .$$

Dies ist auch die Gleichung für die niedrigdimensionale Mannigfaltigkeit (Abb. 7.15). Für $t \to \infty$ wird der Punkt $[S_1] = [S_2] = 0$ erreicht (vollständige Reaktion zu S_3).

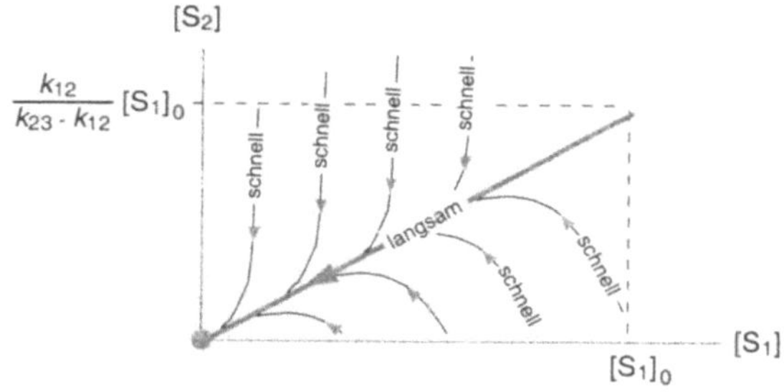

Abb. 7.15. Trajektorien und niedrigdimensionale Mannigfaltigkeit im Zustandsraum für den Reaktionsmechanismus $S_1 \to S_2 \to S_3$

Die verbleibende Aufgabe ist die Implementierung der Ergebnisse der Mechanismenreduktion in Verfahren zur Berechnung laminarer und turbulenter Flammen. Es ist offensichtlich, dass stets eine starke Koppelung der chemischen Kinetik mit physikalischen Prozessen wie Diffusion oder turbulenter Mischung vorliegt.

Im Rahmen des Konzeptes der intrinsischen niedrigdimensionalen Mannigfaltigkeiten stören die physikalischen Prozesse die chemische Kinetik, d. h. sie bewegen den thermochemischen Zustand weg von der Mannigfaltigkeit. Schnelle chemische Prozesse relaxieren das System jedoch zurück auf die Mannigfaltigkeit, vorausgesetzt, dass die Zeitskala der physikalischen Störung länger ist als die der schnellen Relaxationsprozesse (d. h. der entkoppelten chemischen Zeitskalen).

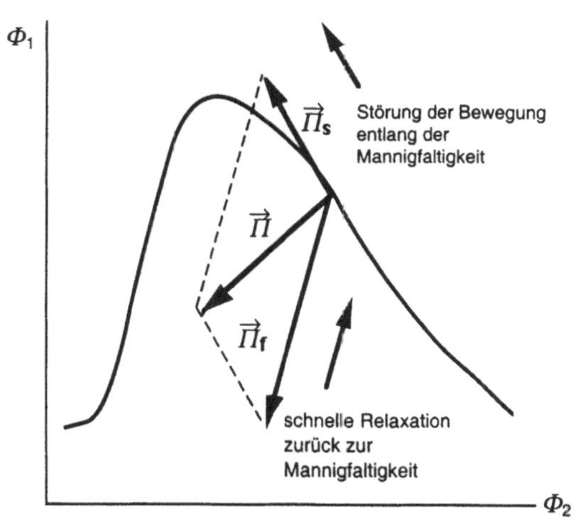

Abb. 7.16. Schematische Darstellung der Koppelung von chemischer Reaktion mit molekularen Transportprozessen

Dieses Verhalten ist in Abb. 7.16 dargestellt. Eine physikalische Störung $\vec{\Pi}$ versucht das System weg von der Mannigfaltigkeit zu bewegen. Diese Störung lässt sich in zwei Komponenten zerlegen, nämlich eine ($\vec{\Pi}_f$), die schnell auf die Mannigfaltigkeit zurückrelaxiert wird und eine ($\vec{\Pi}_s$), die zu einer effektiven Störung in Richtung der Mannigfaltigkeit führt. Dieses Verhalten muss bei der Berechnung laminarer und turbulenter Flammen dadurch berücksichtigt werden, dass die zugrundeliegenden Erhaltungsgleichungen auf die Mannigfaltigkeit projiziert werden (siehe Maas und Pope 1993, 1994).

Berechnungen laminarer Flammen unter Verwendung detaillierter und reduzierter Chemie erlauben einen direkten Vergleich und liefern wertvolle Information über die Qualität der reduzierten Modelle. Als ein Beispiel zeigt Abb. 7.17 die Struktur einer laminaren vorgemischten flachen Methan-Luft-Flamme. Der detaillierte Mechanismus umfasst 34 chemische Spezies und 288 Elementarreaktionen, während die reduzierte Kinetik 3 Reaktionsfortschrittsvariablen benutzt. Man erkennt, dass trotz des hohen Vereinfachungsgrades recht genaue Ergebnisse erhalten werden.

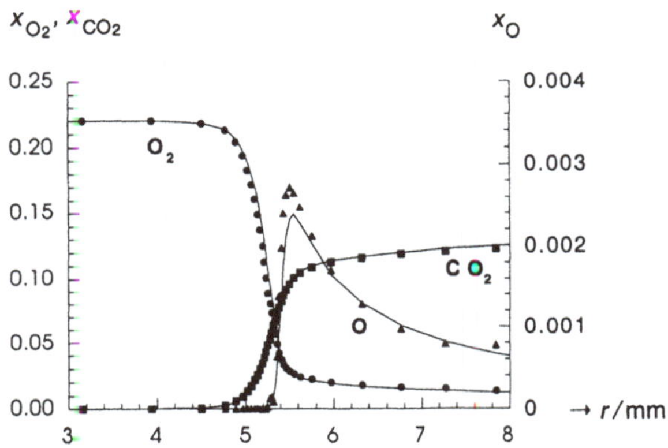

Fig. 7.17. Struktur einer stöchiometrischen freien vorgemischten flachen Methan-Luft-Flamme (p = 1 bar, T_u = 300 K); Kurven kennzeichnen Ergebnisse für die Molenbrüche unter Verwendung eines detaillierten Mechanismus, Symbole die Ergebnisse unter Verwendung einer reduzierten Kinetik mit 3 Reaktionsfortschrittsvariablen (Schmidt 1996).

7.5 Radikalkettenreaktionen

Verbrennungsprozessen liegen Radikalkettenmechanismen zugrunde. Das allgemeine Prinzip dieser Mechanismen soll anhand des Wasserstoff-Sauerstoff-Systems dargestellt werden, dessen wichtigste Reaktionen in Tab. 7.2 zusammengefasst sind. Im Reaktionsmechanismus unterscheidet man hierbei *Ketteneinleitungsschritte*, bei denen reaktive Spezies (Radikale, gekennzeichnet durch einen Punkt) aus stabilen Spezies gebildet werden (Reaktion 0), *Kettenfortpflanzungsschritte*, bei denen reaktive Teilchen mit stabilen Spezies unter Bildung eines anderen reaktiven Teilchens reagieren (Reaktion 1), *Kettenverzweigungsschritte*, bei denen ein reaktives Teilchen mit einem stabilen Molekül unter Bildung zweier neuer reaktiver Teilchen reagiert (Reaktionen 2 und 3) und *Kettenabbruchsschritte*, bei denen reaktive Teilchen zu stabilen Molekülen reagieren, z. B. an den Gefäßwänden (Reaktion 4) oder in der Gasphase (Reaktion 5). Addiert man die Kettenfortpflanzungs- und Verzweigungsschritte (1+1+2+3), so erkennt man, dass nach diesem Reaktionsschema aus den stabilen Ausgangsstoffen Radikale gebildet werden können, wenn die Abbruchschritte genügend langsam gehalten werden können.

Tab. 7.2. Wichtigste Reaktionen des Wasserstoff-Sauerstoff-Systems

(0)	H_2	+	O_2	=	2 OH•		*Ketteneinleitung*
(1)	OH•	+	H_2	=	H_2O	+ H•	*Kettenfortpflanzung*
(2)	H•	+	O_2	=	OH•	+ O•	*Kettenverzweigung*
(3)	O•	+	H_2	=	OH•	+ H•	*Kettenverzweigung*
(4)	H•			=	1/2 H_2		*Kettenabbruch (heterogen)*
(5)	H• + O_2 + M			=	HO_2	+ M	*Kettenabbruch (homogen)*
(1+1+2+3)	3 H_2	+	O_2	=	2 H•	+ 2 H_2O	

Für die Bildung der reaktiven Spezies H, OH und O, die als *Kettenträger* bezeichnet werden, ergeben sich nach dem oben beschriebenen Reaktionsschema (I sei die Reaktionsgeschwindigkeit für die Ketteneinleitung) die Geschwindigkeitsgesetze

$$\frac{\mathrm{d[H]}}{\mathrm{d}t} = k_1[\mathrm{H_2}][\mathrm{OH}] + k_3[\mathrm{H_2}][\mathrm{O}] - k_2[\mathrm{H}][\mathrm{O_2}] - k_4[\mathrm{H}] - k_5[\mathrm{H}][\mathrm{O_2}][\mathrm{M}]$$

$$\frac{\mathrm{d[OH]}}{\mathrm{d}t} = k_2[\mathrm{H}][\mathrm{O_2}] + k_3[\mathrm{O}][\mathrm{H_2}] - k_1[\mathrm{OH}][\mathrm{H_2}] + I$$

$$\frac{\mathrm{d[O]}}{\mathrm{d}t} = k_2[\mathrm{H}][\mathrm{O_2}] - k_3[\mathrm{O}][\mathrm{H_2}] \; .$$

Die Bildungsgeschwindigkeit der freien Valenzen (H•, •OH, •O•) erhält man durch Summation der drei Gleichungen, wobei man O-Atome üblicherweise doppelt berücksichtigt (zwei freie Valenzen pro Sauerstoffatom),

$$\frac{\mathrm{d}([\mathrm{H}]+[\mathrm{OH}]+2[\mathrm{O}])}{\mathrm{d}t} = I + \left(2k_2[\mathrm{O_2}] - k_4 - k_5[\mathrm{O_2}][\mathrm{M}]\right)[\mathrm{H}]. \quad (7.34)$$

Ersetzt man auf der rechten Seite in einer sehr groben Näherung die Konzentration der Wasserstoffatome [H] durch die Konzentration [n] der freien Valenzen (Homann 1975), so erhält man

$$\frac{\mathrm{d}[n]}{\mathrm{d}t} = I + (2k_2[\mathrm{O_2}] - k_4 - k_5[\mathrm{O_2}][\mathrm{M}]) \cdot [n]. \quad (7.35)$$

Diese Differentialgleichung lässt sich einfach integrieren. Man erhält für die Anfangsbedingung $[n]_{t=0} = 0$

$$[n] \quad = \quad I \cdot t \qquad \text{für } g = f, \tag{7.36}$$

$$[n] \quad = \quad \frac{I}{g-f}\left(1 - \exp\left[\left(f-g\right)t\right]\right) \qquad \text{für } g \neq f, \tag{7.37}$$

wobei zur Abkürzung $f = 2k_2[O_2]$ und $g = k_4 + k_5\,[O_2][M]$ verwendet wurden. Es ergeben sich drei verschiedene Fälle, die zum besseren Verständnis in Abb. 7.18 schematisch dargestellt sind:

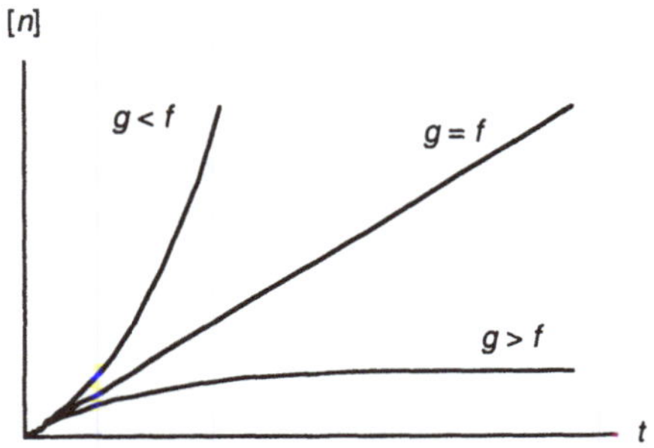

Abb. 7.18. Schematische Darstellung des zeitlichen Verlaufs der Konzentration der Kettenträger (freien Valenzen)

Für $g > f$ verschwindet der Exponentialterm für große Zeiten. Eine Explosion findet nicht statt, sondern es ergibt sich eine zeitunabhängige stationäre Lösung für die Kettenträger als

$$[n] \quad = \quad \frac{I}{g-f}. \tag{7.38}$$

Für den Grenzfall $g = f$ ergibt sich ein linearer Anstieg der Konzentration von Kettenträgern $[n]$ mit der Zeit t.

Für $g < f$ kann nach einer gewissen kurzen Anlaufzeit die Eins neben der Exponentialfunktion vernachlässigt werden, und es ergibt sich ein exponentieller Anstieg der Konzentration an freien Valenzen und damit Explosion,

$$[n] \quad = \quad \frac{I}{f-g}\ \exp\left[\left(f-g\right)\cdot t\right]. \tag{7.39}$$

Diese einfache Betrachtung zeigt die zentrale Bedeutung von Kettenverzweigungsschritten bei Verbrennungsprozessen, insbesondere bei Zündprozessen. Typische Kettenverzweigungsreaktionen bei der Kohlenwasserstoff-Oxidation bei Normaldruck ($p = 1$ bar) sind z. B. (reaktive Teilchen sind wieder durch • gekennzeichnet):

$T > 1100$ K:	H•	+ O_2	→	OH•	+ O•
$900\ \text{K} < T < 1100$ K:	HO_2•	+ RH	→	H_2O_2	+ R•
	H_2O_2	+ M	→	2 OH•	+ M

Diese hier aufgeführten Kettenverzweigungsmechanismen sind recht einfach und relativ brennstoffunspezifisch. Bei Temperaturen unterhalb 900 K werden diese Reaktionen jedoch viel komplizierter und brennstoffspezifischer (siehe Kapitel 16).

7.6 Übungsaufgaben

Aufgabe 7.1. Die Dissoziation von Ethanmolekülen erfolgt über die Startreaktion $C_2H_6 \rightarrow 2\ CH_3$. Diese scheinbar unimolekulare Reaktion soll mit dem folgenden Reaktionsschema beschrieben werden:

$$C_2H_6 + C_2H_6 \quad = \quad C_2H_6 + C_2H_6^* \qquad (1)$$
$$C_2H_6^* \quad \rightarrow \quad 2\ CH_3 \qquad (2)$$

Bei der Bildung des angeregten Moleküls $C_2H_6^*$ (Reaktion 1) ist die Rückreaktion zu berücksichtigen; der Zerfall des $C_2H_6^*$ (Reaktion 2) erfolgt ohne Rückreaktion.

a) Formulieren Sie die Quasistationaritäts-Bedingung für $C_2H_6^*$ und bestimmen Sie daraus die Konzentration von angeregtem $C_2H_6^*$ als Funktion der Konzentration von C_2H_6.
b) Bestimmen Sie für den Fall, dass die Quasistationaritäts-Bedingung für $C_2H_6^*$ erfüllt ist, die Umsatzgeschwindigkeit von CH_3 als Funktion der Konzentration von C_2H_6. Zeigen Sie, dass für kleine Konzentrationen von C_2H_6 der Umsatz von CH_3 einem Geschwindigkeitsgesetz zweiter Ordnung folgt und für große Konzentrationen einem Geschwindigkeitsgesetz erster Ordnung.
c) In einem Experiment wurde festgestellt, dass die Bildung von CH_3 bei den gegebenen Versuchsbedingungen nach einem Geschwindigkeitsgesetz erster Ordnung mit dem Geschwindigkeitskoeffizienten $k = 5{,}24 \cdot 10^{-5}\ \text{s}^{-1}$ erfolgt. Berechnen Sie den Geschwindigkeitskoeffizienten k_2 für den Zerfall des angeregten Moleküls $C_2H_6^*$. (Die Gleichgewichtskonstante für die Reaktion 1 sei $K_{c,1}=1{,}1 \cdot 10^{-4}$)

Aufgabe 7.2. Wie groß ist die quasistationäre O-Atom-Konzentration für folgenden Mechanismus (ausgedrückt nur durch $[H_2]$, $[O_2]$ oder $[M]$)?

$$H_2 + M \rightarrow H + H + M \qquad (1)$$
$$H + O_2 \rightarrow HO + O \qquad (2)$$
$$O + H_2 \rightarrow OH + H\,. \qquad (3)$$

Es sei angenommen, dass $k_3\,[O] << k_1[M]$. Wie groß ist die relative Sensitivität von H_2 bezüglich der ersten Reaktion, wenn eine quasistationäre O-Atom-Konzentration angenommen werden kann?

Aufgabe 7.3. Stellen Sie Zeitgesetze für die Bildung von Wasserstoffatomen (H) im folgenden Reaktionsmechanismus auf (alle Reaktionen seien dabei Elementarreaktionen):

$$H + H + M \rightarrow H_2 + M \quad (1)$$
$$H_2 + M \rightarrow H + H + M \quad (2)$$
$$H + H + H \rightarrow H_2 + H \quad (3)$$
$$H + O_2 \rightarrow OH + O \quad (4)$$
$$H + O_2 + M \rightarrow HO_2 + M \quad (5)$$

Wann muss dabei die Zahl $\nu_{rs}^{(e)}$ in Gleichung (6.18) als stöchiometrische Zahl, wann als Reaktionsordnung interpretiert werden?

8 Laminare Vormischflammen

Die Messung von laminaren Flammengeschwindigkeiten und die experimentelle Bestimmung von Konzentrations- und Temperaturprofilen in laminaren Flammenfronten wurden in Kapitel 2 behandelt. Eine große Herausforderung stellt die Entwicklung eines Modells dar, das experimentell beobachtete Konzentrations- und Temperaturprofile reproduziert und auch eine Vorhersage bei Verbrennungsprozessen erlaubt, für die keine experimentellen Daten vorliegen. In Kapitel 3 wurde beschrieben, wie sich laminare flache Flammen mathematisch modellieren lassen. Eine Bilanz für die Erhaltung von Masse, Energie und Teilchenmassen in einem chemischen Reaktionssystem führte zu den Erhaltungsgleichungen, einem partiellen Differentialgleichungssystem.

Die Ermittlung der thermodynamischen Daten (siehe Kapitel 4), die Bestimmung der Transportgrößen (siehe Kapitel 5) und die Chemie der Verbrennung (siehe Kapitel 6 und 7) wurden weiter oben diskutiert. Das Modell ist nun vollständig, und es verbleibt die Lösung des resultierenden partiellen Differentialgleichungssystems. Analytische Lösungen sind möglich und lehrreich, wenn man Vereinfachungen (z. B. durch Eliminierung verschiedener Terme in den Erhaltungsgleichungen) vornimmt. Beispiele wurden in Kapitel 3 gezeigt. Eine vollständige Lösung der Erhaltungsgleichungen wurde jedoch erst mit der Verfügbarkeit von Computern (ca. 1960) möglich. Im vorliegenden Kapitel soll nun die mathematische Lösung der Erhaltungsgleichungen behandelt werden.

8.1 Vereinfachte thermische Theorie der Flammenfortpflanzung von Zeldovich

Die Erhaltungsgleichungen (3.11 und 3.12) bilden ein sehr kompliziertes Differentialgleichungssystem, das analytisch nicht lösbar ist, sondern im allgemeinen mittels numerischer Verfahren gelöst wird (siehe Abschnitt 8.2). Nur bei der Verwendung sehr starker Vereinfachungen erhält man ein Gleichungssystem, das einer analytischen Behandlung zugänglich ist.

Das vereinfachte Modell der thermischen Flammenfortpflanzung von Zeldovich und Frank-Kamenetskii (1938) geht von einer stationären Flamme aus, bei der die Verbrennung gemäß einer Einschritt-Reaktion

Brennstoff (F) $\rightarrow$ Produkte (P)

mit der Reaktionsgeschwindigkeit r_F stattfindet, die durch $r_F = -\rho w_F Z \exp(-E/RT)$ gegeben ist. Weiterhin wird angenommen, dass die Wärmeleitfähigkeit λ, die spezifische Wärmekapazität c_p und das Produkt ρD aus Dichte und Diffusionskoeffizient konstant, d. h. vom Ort unabhängig, sind. Zusätzlich wird vorausgesetzt, dass der Term $\Sigma j_j \cdot c_{p,j}$, der die Temperaturänderung durch unterschiedlich schnelle Diffusion verschiedener Spezies mit verschiedener spezifischer Wärmekapazität beschreibt, vernachlässigbar ist. Wendet man diese Vereinfachungen auf die Gleichungen (3.11, 3.12) an, erhält man ein einfaches Differentialgleichungssystem für die Variablen w_F und T,

$$D\frac{\partial^2 w_F}{\partial z^2} - \upsilon\frac{\partial w_F}{\partial z} - w_F Z\cdot\exp\left(-\frac{E}{RT}\right) = 0 \tag{8.1}$$

$$\frac{\lambda}{\rho c_p}\frac{\partial^2 T}{\partial z^2} - \upsilon\frac{\partial T}{\partial z} - w_F\frac{h_P - h_F}{c_p}Z\cdot\exp\left(-\frac{E}{RT}\right) = 0\ . \tag{8.2}$$

Für $D = \lambda / \rho c_p$, d. h. für eine *Lewis-Zahl* $Le = D\rho c_p/\lambda = 1$ ($a = \lambda/\rho c_p$ ist die *Temperaturleitfähigkeit*, englisch: *thermal diffusivity*), sind die Gleichungen (8.1) und (8.2) ähnlich; nach einer Substitution der Enthalpie durch die Temperatur über

$$\delta = T_b - T = [(h_P - h_F)/c_p]\, w_F \tag{8.3}$$

(T_b = Temperatur im verbrannten Gas) ergeben sich identische Gleichungen für den Massenbruch des Brennstoffs und die Temperatur,

$$a\frac{d^2\delta}{dz^2} - \upsilon\frac{d\delta}{dz} + \delta\cdot Z\cdot\exp\left[-\frac{E}{R(T_b-\delta)}\right] = 0\ . \tag{8.4}$$

Eine Lösung dieser Gleichung ist aufwendig und nur für einzelne Bereiche der Flammenfront möglich, wobei jeweils Terme vernachlässigt werden können. Weiterhin ist die Lösung nur möglich, wenn der Exponentialterm für große E in eine Reihe entwickelt wird. Es lässt sich jedoch einfacher zeigen, dass nur Lösungen existieren, wenn υ den Eigenwert (laminare *Flammengeschwindigkeit*, englisch: *flame velocity* oder auch *burning velocity*)

$$\upsilon_L = \sqrt{\frac{a}{\tau}} \tag{8.5}$$

annimmt, wobei $\tau = [Z\cdot\exp(-E/RT)]^{-1}$ eine charakteristische Reaktionszeit (bei einer zu bestimmenden Temperatur $T < T_b$) ist. Die laminare Flammengeschwindigkeit υ_L

ist nach diesem Modell einerseits stark von der Wärmeleitfähigkeit (bzw. einem mittleren Diffusionskoeffizienten) im vorliegenden Gemisch abhängig, andererseits von der Reaktionszeit τ. Das spiegelt die Tatsache wider, dass der Mechanismus der Flammenfortpflanzung darin besteht, dass sich die Flammenfront durch diffusive Prozesse ausbreitet und dass die dazu notwendigen Gradienten durch chemische Reaktionen aufgebaut werden.

Man sieht also, dass solche analytischen Lösungen interessante Einblicke in die Mechanismen von Verbrennungsprozessen erlauben. Leider gibt es analytische Lösungen nur für sehr wenige, stark vereinfachte Systeme.

8.2 Numerische Lösung der Erhaltungsgleichungen

Hier soll die numerische Lösung der Erhaltungsgleichungen am Beispiel des mathematischen Modells eindimensionaler laminarer Flammen im Detail betrachtet werden. Die Erhaltungsgleichungen haben die allgemeine Form

$$\underset{\text{Akkumulation}}{\frac{\partial f}{\partial t}} = \underset{\text{Diffusion}}{A\frac{\partial^2 f}{\partial z^2}} + \underset{\text{Konvektion}}{B\frac{\partial f}{\partial z}} + \underset{\text{Reaktion}}{C}\,, \tag{8.6}$$

wobei f eine abhängige Variable (z. B. einen Massenbruch w_i oder die Temperatur T) darstellt. Die Zeit t und die Ortskoordinate z sind unabhängige Variablen. Die numerische Lösung des Differentialgleichungssystems geschieht dadurch, dass man das kontinuierliche Problem (8.6) durch ein diskretes Problem nähert. Das heisst die Lösung des Differentialgleichungssystems erfolgt für bestimmte (diskrete) Punkte im Reaktionssystem; Differentialquotienten werden durch Differenzenquotienten ersetzt, wie es im folgenden erklärt werden wird.

8.2.1 Ortsdiskretisierung

Betrachtet man Profile einer abhängigen Variablen f (z. B. Massenbrüche w_i, Temperatur T) als Funktion der unabhängigen Ortsvariablen z, so kann man eine einfache *Ortsdiskretisierung* erhalten (Marsal 1976), indem man die Funktion $z,t \rightarrow f(z,t)$ durch ihre Werte an einzelnen sogenannten *Gitterpunkten* l (l = 1, 2, . . . , L) beschreibt, wobei L die Gesamtanzahl der Gitterpunkte (auch *Stützpunkte* genannt) bezeichnen soll (siehe Abb. 8.1). So bezeichnet z. B $f_l(t) = f(z_l,t)$ den Wert von f am Gitterpunkt l zur Zeit t.

An einem Punkt z_l lassen sich dann die ersten und zweiten Ableitungen $(\partial f/\partial z)_l$ und $(\partial^2 f/\partial z^2)_l$ durch die entsprechenden Ableitungen, die eine Parabel durch die Punkte z_{l-1}, z_l, z_{l+1} besitzt, annähern.

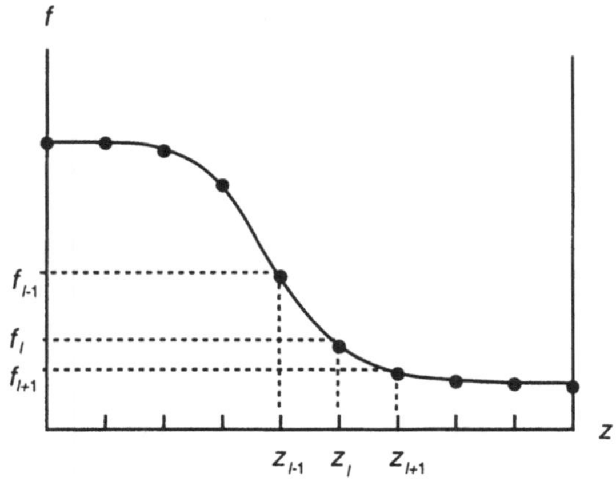

Abb. 8.1. Schematische Darstellung der Diskretisierung auf einem Ortsgitter

Die mathematisch korrekte Herleitung der Differenzenapproximationen erfolgt z. B. über eine Taylor-Reihenentwicklung um den Punkt z_l. Es ergibt sich, dass auf diese Weise die Differenzenapproximationen für die ersten Ableitungen von einer Genauigkeit zweiter Ordnung und die Approximationen für die zweiten Ableitungen von einer Genauigkeit erster Ordnung sind (siehe z. B. Marsal 1976). Hier soll jedoch nur der einfache Weg über die approximierende Parabel beschrieben werden. Rechnerisch lässt sich das nachvollziehen (siehe Abb. 8.2) durch die eindeutige Bestimmung einer Parabel $f = az^2 + bz + c$ aus drei Punkten mit

$$\begin{aligned} f_{l+1} &= a_l\, z_{l+1}^2 + b_l\, z_{l+1} + c_l \\ f_l &= a_l\, z_l^2 + b_l\, z_l + c_l \\ f_{l-1} &= a_l\, z_{l-1}^2 + b_l\, z_{l-1} + c_l \ . \end{aligned}$$

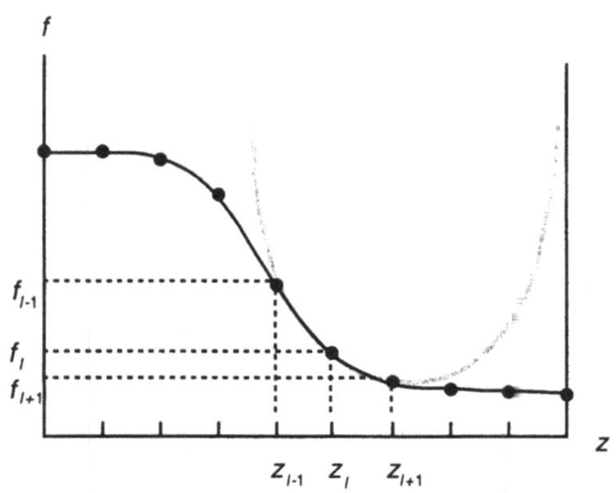

Abb. 8.2. Approximation einer Funktion durch Parabelstücke

Dies ist ein lineares Gleichungssystem zur Bestimmung von a_l, b_l und c_l. Mit den Abkürzungen

$$\Delta z_l = z_{l+1} - z_l \quad \text{und} \quad \alpha_l = \frac{\Delta z_l}{\Delta z_{l-1}} = \frac{z_{l+1} - z_l}{z_l - z_{l-1}}$$

ergibt sich

$$a_l = \frac{f_{l+1} - (1+\alpha_l) f_l + \alpha_l f_{l-1}}{(\Delta z_l)^2 (1 + 1/\alpha_l)} \quad , \quad b_l = \alpha_l \frac{f_l - f_{l-1} - \alpha_l \dfrac{\Delta z_l}{\alpha_l}(z_l + z_{l-1})}{\Delta z_l} .$$

Für die erste ($\partial f/\partial z = 2az + b$) und zweite Ableitung ($\partial^2 f/\partial z^2 = 2a$) ergeben sich dann die Ausdrücke

$$\left(\frac{\partial f}{\partial z}\right)_l = \frac{\dfrac{1}{\alpha_l} f_{l+1} + \left(\alpha_l - \dfrac{1}{\alpha_l}\right) f_l - \alpha_l f_{l-1}}{\left(1 + \dfrac{1}{\alpha_l}\right) \Delta z_l} \tag{8.7}$$

und

$$\left(\frac{\partial^2 f}{\partial z^2}\right)_l = 2 \frac{f_{l+1} - (1+\alpha_l) f_l + \alpha_l f_{l-1}}{\left(1 + \dfrac{1}{\alpha_l}\right) (\Delta z_l)^2} . \tag{8.8}$$

Für äquidistante Gitterpunktabstände ($\alpha_l = 1$ für alle l) ergeben sich Ausdrücke, die man auch durch *zentrale Differenzenbildung* erhält (siehe z. B. Forsythe und Wasow 1969). Diese einfachen Ausdrücke werden in den folgenden Beispielen verwendet werden, die der Einfachheit halber für äquidistante Gitter formuliert sind, jedoch ohne prinzipielle Schwierigkeiten auf nicht-äquidistante Gitter übertragen werden können,

$$\left(\frac{\partial f}{\partial z}\right)_l = \frac{f_{l+1} - f_{l-1}}{2\Delta z_l} \tag{8.9}$$

$$\left(\frac{\partial^2 f}{\partial z^2}\right)_l = \frac{f_{l+1} - 2 f_l + f_{l-1}}{(\Delta z_l)^2} . \tag{8.10}$$

8.2.2 Anfangs- und Randwerte, Stationarität

Es soll nun das Beispiel der *Fourier-Gleichung* (Wärmeleitungsgleichung) betrachtet werden (dies entspricht der Erhaltungsgleichung für die Energie in Abwesenheit chemischer Reaktionen in einem ruhenden System ($\upsilon = 0$); siehe Kapitel 5):

$$\frac{\partial T}{\partial t} = \lambda \frac{\partial^2 T}{\partial z^2} . \tag{8.11}$$

Das betrachtete Problem ist ein *Anfangswertproblem* bezüglich der Variablen t: Das Profil $T = T(z)$ muss zur Zeit $t = t_0$ als Integrationskonstante vorgegeben werden, damit der zeitabhängige Verlauf berechnet werden kann (vergleiche Abb. 8.3). Weiterhin ist das betrachtete Problem ein *Randwertproblem* bezüglich der Variablen z: Für alle t müssen die Randwerte $T_A = T(z_A)$ und $T_E = T(z_E)$ als Integrationskonstanten vorgegeben sein (Forsythe und Wasow 1969); siehe Abb. 8.3.

Entsprechendes gilt auch bei der Lösung der Erhaltungsgleichungen für eine laminare flache Vormisch-Flammenfront: Auch hier wird an jedem Ort eine Anfangsbedingung gebraucht (eine Integrationskonstante für die erste Ableitung bezüglich der Zeit) und zu jeder Zeit zwei Randbedingungen (zwei Integrationskonstanten für die zweite Ableitung bezüglich des Ortes).

Die obige Differentialgleichung (8.11) beschreibt die zeitliche Entwicklung des Temperaturprofils $T = T(z)$. Für genügend große t stellt sich eine *stationäre* (d. h. zeitunabhängige) Lösung ein: Das Profil ändert sich nicht mehr mit der Zeit t. Für die Fourier-Gleichung muss sich daher letztlich ein lineares Profil einstellen, da die zeitliche Änderung im stationären Fall Null ist und daher auch die Krümmung (zweite Orts-Ableitung) des betrachteten Temperaturprofiles nach Gleichung (8.11) den Wert Null annehmen muss.

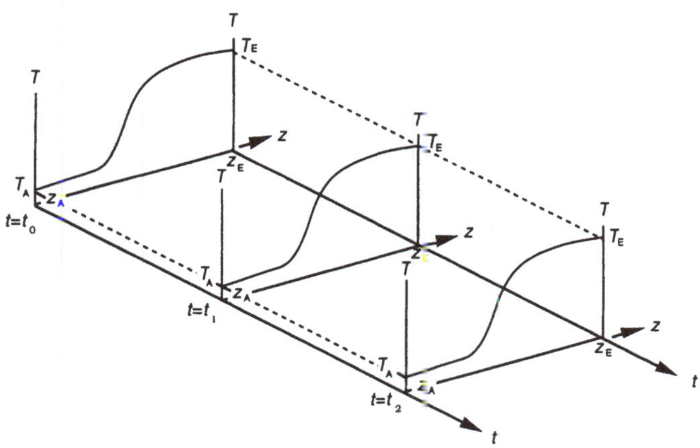

Abb. 8.3. Zeitliche Entwicklung eines Temperaturprofils nach der Wärmeleitungsgleichung

8.2.3 Explizite Lösungsverfahren

Es gibt prinzipiell zwei Methoden zur Lösung des Gleichungssystems: die explizite Lösung, die in diesem Abschnitt beschrieben wird, und die implizite Lösung, die Gegenstand des nächsten Abschnitts ist. Es soll das einfache (jedoch physikalisch bedeutungslose und nur zur Demonstration geeignete) Beispiel $\partial f/\partial t = \partial f/\partial z$ betrachtet werden (für die hier interessierenden Erhaltungsgleichungen gilt entsprechendes, es ergeben sich jedoch wegen der Einbeziehung zweiter Ableitungen kompliziertere Formelzusammenhänge).

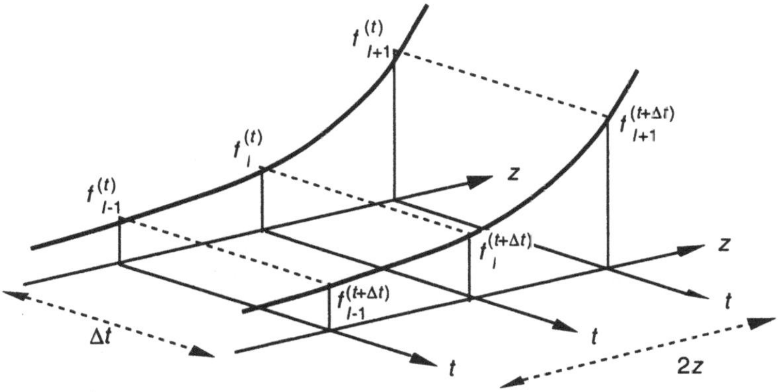

Abb. 8.4. Numerische Lösung der Differentialgleichung $\partial f/\partial t = \partial f/\partial z$

Für die Zeitableitung soll eine Näherung 1. Ordnung (ein sogenannter *linearer Ansatz*) benutzt werden, für die Ortsableitung eine Näherung 2. Ordnung (ein sogenannter *parabolischer Ansatz*). Es ergibt sich (siehe Abb. 8.4 und Abschnitt 8.2.1 zur Ermittlung der Differenzenquotienten),

$$\frac{f_l^{(t+\Delta t)} - f_l^{(t)}}{\Delta t} = \frac{f_{l+1}^{(t)} - f_{l-1}^{(t)}}{2\Delta z}. \tag{8.12}$$

Daraus ergibt sich durch Auflösung nach dem interessierenden Wert $f_l^{(t-\Delta t)}$ die *explizite* Lösung

$$f_l^{(t+\Delta t)} = f_l^{(t)} + \Delta t \frac{f_{l+1}^{(t)} - f_{l-1}^{(t)}}{2\Delta z}. \tag{8.13}$$

Die explizite Lösung ergibt sich also gewissermaßen durch „Vorwärtsschießen" von $z_l^{(t)}$ nach $z_l^{(t+\Delta t)}$.

8.2.4 Implizite Lösungsverfahren

Die *implizite* Lösung für das eben behandelte Beispiel ergibt sich durch Formulierung des Differenzenausdrucks für die Ortsableitung zum Zeitpunkt $t + \Delta t$, d. h., man schreibt anstelle von Gleichung (8.12)

$$\frac{f_l^{(t+\Delta t)} - f_l^{(t)}}{\Delta t} = \frac{f_{l+1}^{(t+\Delta t)} - f_{l-1}^{(t+\Delta t)}}{2\Delta z}. \tag{8.14}$$

Werden die unbekannten Größen zur Zeit $t + \Delta t$ alle auf eine Seite der Gleichung geschrieben, so ergibt sich (L sei die Stützstellenzahl)

$$A f_{l-1}^{(t+\Delta t)} + f_l^{(t+\Delta t)} - A f_{l+1}^{(t+\Delta t)} = f_l^{(t)} \text{mit} \quad l = 2, ..., L\text{-}1\,, \tag{8.15}$$

wobei zur Abkürzung $A = \Delta t/(2\Delta z)$ gesetzt ist. Das ist ein *tridiagonales* lineares Gleichungssystem zur Bestimmung von $f_l^{(t+\Delta t)}$, $l = 2, \ldots, L\text{-}1$; f_1 und f_L ergeben sich aus den Randbedingungen.

Die implizite Lösung ist ein „Rückwärts-Verknüpfen" und demgemäß wesentlich stabiler als die explizite Lösung. Auf der anderen Seite erfordert die implizite Lösung dafür einen wesentlich größeren Rechenaufwand.

Implizite Verfahren haben eine große Bedeutung für die Lösung steifer Differentialgleichungssysteme (vergl. Abschnitt 7.3). Sie erlauben die Verwendung relativ großer Zeitschrittweiten. Obwohl ein einziger Schritt eines impliziten wesentlich aufwendiger ist als der eines expliziten Verfahren, ergibt sich insgesamt ein wesentlich geringerer Rechenaufwand.

8.2.5 Semi-implizite Lösung von partiellen Differentialgleichungen

Es soll wieder die Normalform der eindimensionalen Erhaltungsgleichungen betrachtet werden:

$$\frac{\partial f}{\partial t} = A\frac{\partial^2 f}{\partial z^2} + B\frac{\partial f}{\partial z} + C\,. \tag{8.16}$$

Bei der *semi-impliziten* Lösung werden die Differenzenausdrücke für die Ortsableitungen zur Zeit $t + \Delta t$ formuliert, die Koeffizienten A, B und C zur Zeit t. Dieser Ansatz ist angemessen, wenn sich die Koeffizienten nur schwach mit der Zeit ändern:

$$\frac{f_l^{(t+\Delta t)} - f_l^{(t)}}{\Delta t} = A_l^{(t)}\,\frac{f_{l+1}^{(t+\Delta t)} - 2f_l^{(t+\Delta t)} + f_{l-1}^{(t+\Delta t)}}{(\Delta z)^2} + B_l^{(t)}\,\frac{f_{l+1}^{(t+\Delta t)} - f_{l-1}^{(t+\Delta t)}}{2\Delta z} + C_l^{(t)}\,. \tag{8.17}$$

Trennung der Variablen zur Zeit t und zur Zeit $t + \Delta t$ liefert ein tridiagonales lineares Gleichungssystem für die $f_l^{(t+\Delta t)}$ ($l = 2, \ldots, L\text{-}1$) :

$$f_{l-1}^{(t+\Delta t)}\left[A_l^{(t)}\frac{\Delta t}{(\Delta z)^2} - B_l^{(t)}\frac{\Delta t}{(\Delta z)^2}\right] + f_l^{(t+\Delta t)}\left[1 - 2A_l^{(t)}\frac{\Delta t}{(\Delta z)^2}\right] +$$

$$f_{l+1}^{(t+\Delta t)}\left[A_l^{(t)}\frac{\Delta t}{(\Delta z)^2} + B_l^{(t)}\frac{\Delta t}{(\Delta z)^2}\right] = f_l^{(t)} - \Delta t \cdot C_l^{(t)}\,. \tag{8.18}$$

8.2.6 Implizite Lösung von partiellen Differentialgleichungen

Bei der impliziten Lösung werden die Differenzenausdrücke für die Ortsableitungen und für die Koeffizienten A, B und C zur Zeit $t + \Delta t$ formuliert. Falls die Koeffizienten A, B und C linear in den Variablen f sind, führt diese Prozedur zu einem *block-tridiagonalen* linearen Gleichungssystem für die $f_l^{(t+\Delta t)}$. Falls die Koeffizienten A, B und C nicht-linear von den Variablen f abhängen, ist eine *Linearisierung* notwendig

(z. B. wenn $C_l^{(t+\Delta t)}$ ein Reaktionsterm ist, der zweite und dritte Potenzen von Konzentrationen und Exponentialfunktionen des Temperatur-Kehrwertes enthält, siehe weiter unten),

$$\mathrm{d}C = \sum_{s=1}^{S} \frac{\partial C}{\partial f_s} \mathrm{d}f_s \tag{8.19}$$

bzw. in Differenzenschreibweise (s ist die Numerierung der beteiligten Stoffe)

$$C_l^{(t+\Delta t)} = C_l^{(t)} + \sum_{s=1}^{S} \left(\frac{\partial C^{(t)}}{\partial f_s} \right)_l \left[f_{s,l}^{(t+\Delta t)} - f_{s,l}^{(t)} \right]. \tag{8.20}$$

$C_l^{(t+\Delta t)}$ ist nun linear in den $f_l^{(t+\Delta t)}$, und es können die oben beschriebenen Lösungsverfahren angewendet werden.

In reaktiven Strömungen ist C oft, in Verbrennungsvorgängen immer ein nicht-linearer Reaktionsterm r. Verwendet man als Variable die Konzentrationen c_i, so ergibt sich zum Beispiel für die einfache nicht-lineare Reaktionsfolge

$$\begin{aligned} A_1 + A_1 &\rightarrow A_2 \\ A_2 + A_2 &\rightarrow A_3 \end{aligned}$$

$$\begin{aligned} r_1^{(t+\Delta t)} &= \frac{\mathrm{d}c_1^{(t+\Delta t)}}{\mathrm{d}t} = -2k_1\left[c_1^{(t+\Delta t)}\right]^2 \\ r_2^{(t+\Delta t)} &= \frac{\mathrm{d}c_2^{(t+\Delta t)}}{\mathrm{d}t} = k_1\left[c_1^{(t+\Delta t)}\right]^2 - 2k_2\left[c_2^{(t+\Delta t)}\right]^2 . \end{aligned} \tag{8.21}$$

Nach der Linearisierung gemäß der oben angegebenen Anleitung erhält man

$$\begin{aligned} r_1^{(t+\Delta t)} &= -4\,k_1\,c_1^{(t)}\left[c_1^{(t+\Delta t)} - c_1^{(t)}\right] + r_1^{(t)} \\ r_2^{(t+\Delta t)} &= 2\,k_1\,c_1^{(t)}\left[c_1^{(t+\Delta t)} - c_1^{(t)}\right] - 4\,k_2\,c_2^{(t)}\left[c_2^{(t+\Delta t)} - c_2^{(t)}\right] + r_2^{(t)} \quad . \end{aligned} \tag{8.22}$$

Die Reaktionsterme $r_i^{(t+\Delta t)}$ sind nun linear in den $c_i^{(t+\Delta t)}$, so dass eine implizite Integration zu linearen Gleichungssystemen führt.

8.3 Flammenstrukturen

Im folgenden soll für einige typische Fälle ein Vergleich von experimentellen (soweit vorhanden) und berechneten Daten über die Struktur von laminaren flachen Flammenfronten gezeigt werden. Den numerischen Simulationen liegt dabei ein detaillierter Mechanismus zugrunde, der 231 Elementarreaktionen umfasst. Eine neuere Version dieses Mechanismus ist in Tab. 6.1 aufgeführt. Gleichheitszeichen bedeuten dabei, dass die jeweilige Rückreaktion in Betracht gezogen wird. Deren Geschwindigkeitskoeffizient kann dann über die Gleichgewichtskonstante (siehe Kapitel 6) unter Verwendung thermodynamischer Daten berechnet werden.

Ein einfaches aber dennoch bedeutendes Beispiel für eine vorgemischte Flamme ist die Verbrennung von Wasserstoff-Luft-Mischungen. Der zugrundeliegende Mechanismus besteht aus den ersten 19 Reaktionen aus Tab. 6.1 (zuzüglich der jeweiligen Rückreaktionen).

Resultierende Konzentrations- und Temperaturprofile sind in Abb. 8.5 dargestellt. Wegen des großen Diffusionskoeffizienten und der hohen Wärmeleitfähigkeit von Wasserstoff ist das Profil des Molenbruchs von H_2 verbreitert. Dies bewirkt auch, dass an der Stelle, an der die Flammenfront beginnt, die H_2-Konzentration schon früh absinkt und deshalb ein Überschuss an Sauerstoff (erkennbar an dem Maximum des O_2-Profils) auftritt. Ein weiteres interessantes Phänomen ist, dass HO_2 eine sehr schmalen Konzentrationsspitze aufweist und HO_2 dort nicht existiert, wo andere wichtige Radikale (H, O, OH) vorhanden sind.

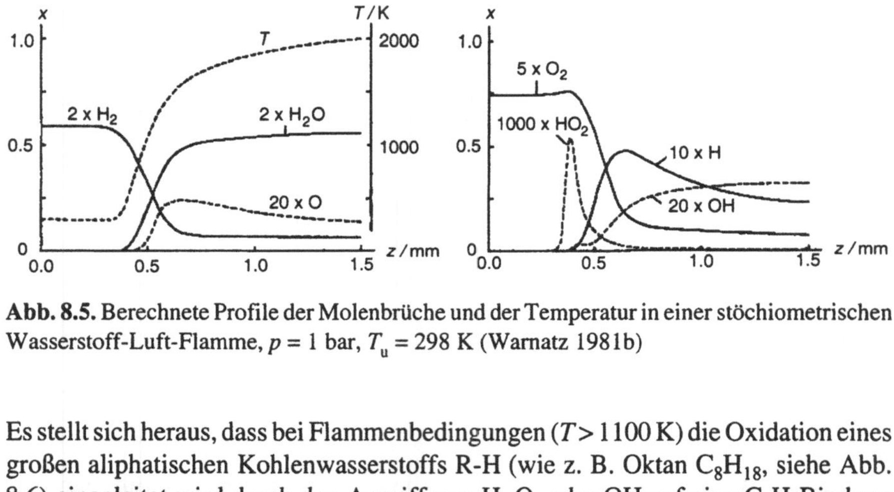

Abb. 8.5. Berechnete Profile der Molenbrüche und der Temperatur in einer stöchiometrischen Wasserstoff-Luft-Flamme, p = 1 bar, T_u = 298 K (Warnatz 1981b)

Es stellt sich heraus, dass bei Flammenbedingungen (T > 1100 K) die Oxidation eines großen aliphatischen Kohlenwasserstoffs R-H (wie z. B. Oktan C_8H_{18}, siehe Abb. 8.6) eingeleitet wird durch den Angriff von H, O, oder OH auf eine C-H-Bindung unter Bildung eines Radikals R•,

$$\text{H, O, OH + RH} \;\rightarrow\; \text{H}_2\text{, OH, H}_2\text{O + R}\bullet \quad (\textit{H-Atom-Abstraktion}),$$

das dann durch thermischen Zerfall zu einem Alken und einem kleineren Radikal R' führt,

$$\text{R'}-\text{CH}_2-\dot{\text{C}}\text{H}-\text{R''} \rightarrow \;\bullet\text{R'} + \text{CH}_2\text{=CH}-\text{R''} \quad (\beta\textit{-Zerfall}),$$

bis die relativ stabilen Radikale Methyl (CH_3) und Ethyl (C_2H_5) gebildet werden, die dann oxidiert werden. Auf diese Weise kann das Problem der Alkan-Oxidation zurückgeführt werden auf die relativ gut bekannte Oxidation von Methyl- und Ethyl-Radikalen (siehe Abb. 8.7).

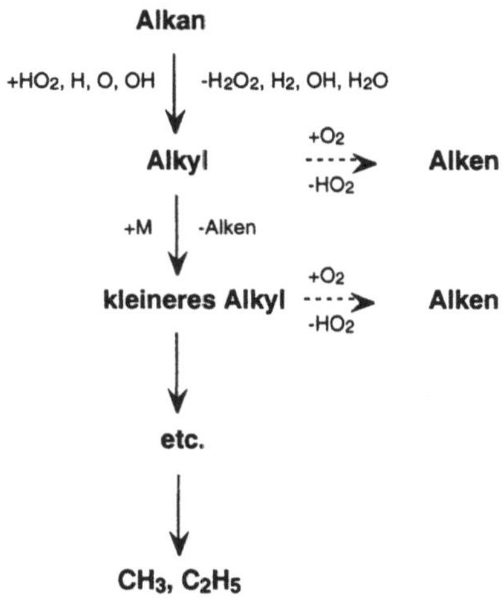

Abb. 8.6. Schematischer Reaktionsmechanismus für die Radikalpyrolyse von großen aliphatischen Kohlenwasserstoffen unter Bildung von CH_3 und C_2H_5 (Warnatz 1981a)

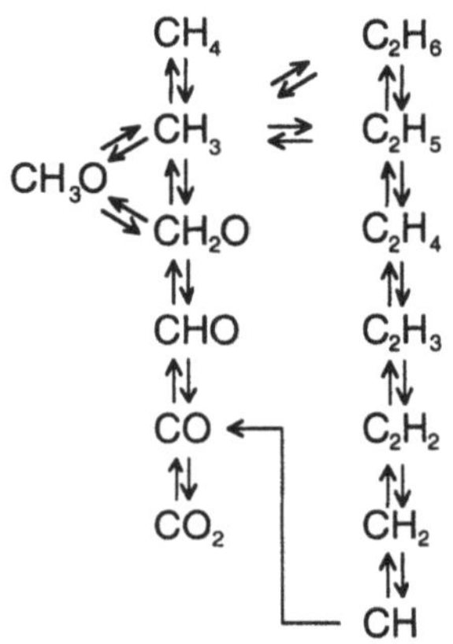

Abb. 8.7. Schematischer Mechanismus der Oxidation von C_1- und C_2-Kohlenwasserstoffen (Warnatz 1981a)

CH_3-Radikale reagieren hauptsächlich mit O-Atomen unter Formaldehydbildung (der genaue Ablauf der Oxidation von CH_3 durch OH ist noch nicht ganz geklärt). Das CHO-Radikal wird dann durch H-Atom-Abstraktion gebildet. CHO kann thermisch zerfallen zu CO und H oder das H-Atom kann von H oder O_2 abstrahiert werden.

Dieses bis hierher recht einfache Geschehen wird leider durch die Rekombination der CH_3-Radikale kompliziert. In stöchiometrischen CH_4-Luft-Flammen verbraucht dieser Reaktionsweg etwa 30% des CH_3 (wenn die Rekombination mit H-Atomen nicht betrachtet wird). In brennstoffreichen Flammen steigt der Anteil der Rekombination bis auf etwa 80% an (siehe Abb. 7.8 und 7.9).

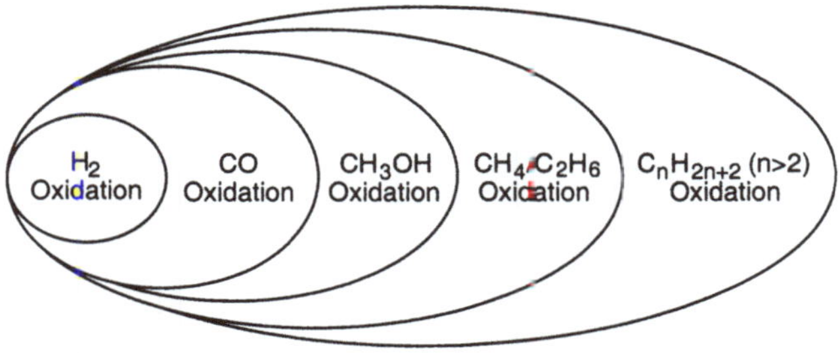

Abb. 8.8. Hierarchische Struktur des Reaktionsmechanismus zur Beschreibung der Verbrennung von aliphatischen Kohlenwasserstoffen

Die Oxidation von CH_3 und C_2H_5 ist der geschwindigkeitsbestimmende (d. h., der langsamste) Schritt in diesem Oxidationsmechanismus (siehe Abb. 8.13 und 8.14 weiter unten) und daher der Grund für die Ähnlichkeit der Verbrennung aller Alkane und Alkene. Damit verbunden ist die Tatsache, dass der Reaktionsmechanismus der Kohlenwasserstoff-Verbrennung eine hierarchische Struktur besitzt, wie es in Abb. 8.8 gezeigt wird (Westbrook und Dryer 1981).

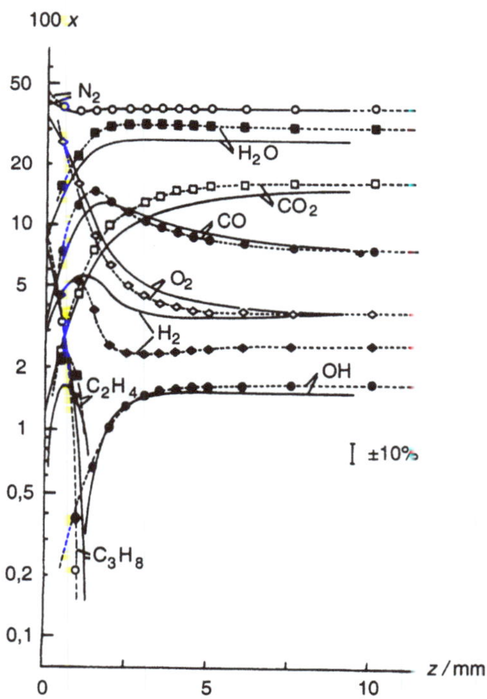

Abb. 8.9. Struktur einer laminaren vorgemischten Propan-Sauerstoff-Flamme (verdünnt mit Ar) bei p = 100 mbar (Bockhorn et al. 1990)

Abbildung 8.9 zeigt als Beispiel die Flammenstruktur einer (zur Abkühlung) mit Argon verdünnten Propan-Sauerstoff-Flamme (Bockhorn et al. 1990) bei einem Druck p = 100 mbar (für andere Kohlenwasserstoffe ergeben sich entsprechende Ergebnisse). Die Konzentrationsprofile sind dabei massenspektrometrisch bestimmt (ausser für OH, das durch UV-Licht-Absorptionsmessungen ermittelt wird), die Temperatur wird durch Na-D-Linienumkehr gemessen (siehe Kapitel 2 für Einzelheiten).

Ein anderes Beispiel ist eine Ethin (Acetylen)-Sauerstoff-Flamme (Warnatz et al. 1983) bei sehr brennstoffreichen Bedingungen (rußend), siehe Abb. 3.5 in Kapitel 3. Typisch ist hier das Auftreten von CO und H_2 als stabilen Endprodukten und ausserdem die Bildung von höheren Kohlenwasserstoffen, die im Zusammenhang mit dem Aufbau von Rußvorläufern stehen (z. B. C_4H_2, vergleiche Kapitel 18).

8.4 Flammengeschwindigkeit

Ein vereinfachter Ausdruck für die Flammengeschwindigkeit wurde in Abschnitt 8.1 abgeleitet. Es resultiert für die Druck- und Temperaturabhängigkeit im Fall einer Einschritt-Reaktion (Zeldovich und Frank-Kamenetskii 1938)

$$v_{\mathrm{L}} \approx p^{\frac{n}{2}-1} \exp(-\frac{E}{2RT_{\mathrm{b}}}).$$

Dabei ist n die Reaktionsordnung, E die Aktivierungsenergie der Einschritt-Reaktion und T_{b} die Temperatur des verbrannten Gases.

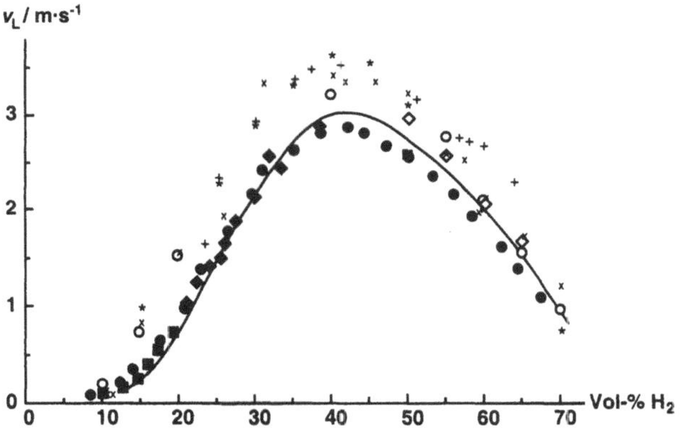

Abb. 8.10. Flammengeschwindigkeit in H_2-Luft-Mischungen in Abhängigkeit von der Zusammensetzung des unverbrannten Gases (Paul und Warnatz 1998) berechnet mit zwei unterschiedlichen Transportmodellen (graue and schwarze Kurven) im Vergleich mit experimentellen Ergebnissen (Symbole), p = 1 bar, T_{u} = 298 K

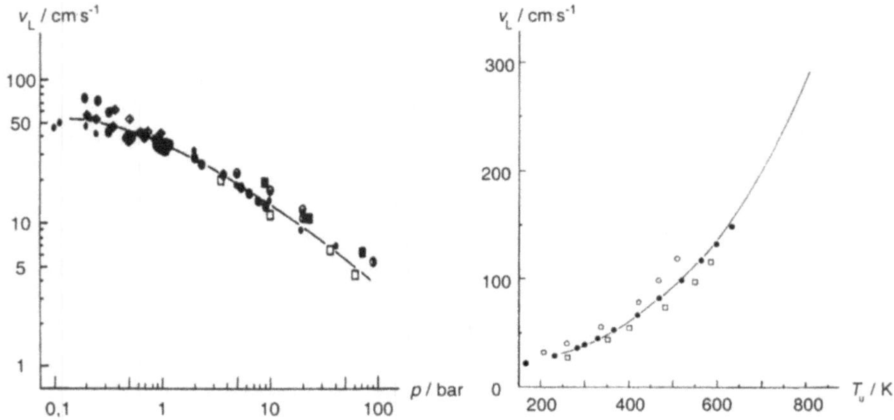

Abb. 8.11. Druckabhängigkeit von v_L für $T_u = 298$ K (links) und Temperaturabhängigkeit von v_L für $p = 1$ bar (rechts) in stöchiometrischen CH_4-Luft-Gemischen (Warnatz 1988)

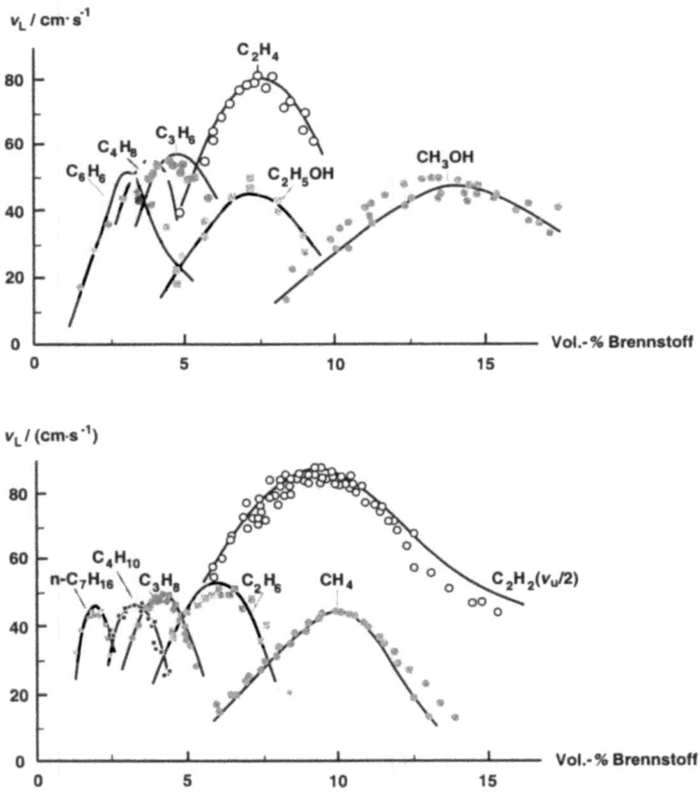

Abb. 8. 12. Konzentrationsabhängigkeit (bei $p = 1$ bar, $T_u = 298$ K) von v_L in verschiedenen Brennstoff-Luft-Gemischen (Warnatz 1993)

Abbildung 8.10 zeigt die Abhängigkeit der Flammengeschwindigkeit von der Gemischzusammensetzung (bei festem p und T_u) für Wasserstoff-Luft-Mischungen (Paul und Warnatz 1998). Weiterhin zeigt Abb 8.11 die Abhängigkeit der Flammengeschwindigkeit von Druck p und Temperatur T_u exemplarisch für Methan-Luft Mischungen (Warnatz 1988). Die Abhängigkeit der Flammengeschwindigkeit von der Zusammensetzung für verschiedene Brennstoffe ist schließlich in Abb. 8.12 dargestellt (Warnatz 1993). Die numerischen Simulationen in den Abbildungen (T_u bezeichnet dabei die Temperatur des unverbrannten Gases) sind mit dem in Tabelle 6.1 angegebenen Mechanismus durchgeführt. Abbildung 8.11 zeigt deutlich die Schwäche des Einschritt-Modells: Für die geschwindigkeitsbestimmenden Schritte (siehe nächster Abschnitt) ist die Reaktionsordnung 2 oder 3, und das vereinfachte Modell sagt somit entweder Druckunabhängigkeit oder sogar eine positive Druckabhängigkeit voraus. Die numerischen Ergebnisse zeigen dagegen eine starke negative Druckabhängigkeit der Flammengeschwindigkeit. Daraus wird ersichtlich, dass eine Extrapolation von Daten bei 1 bar auf Werte von 150 bar (wie z. B. bei der Verbrennung in Dieselmotoren) bei Einschritt-Kinetiken äusserst fragwürdig ist.

8.5 Empfindlichkeitsanalyse

Empfindlichkeitsanalysen (siehe Abschnitt 7.2) ergeben für alle Kohlenwasserstoff-Luft-Gemische für die Flammengeschwindigkeit recht ähnliche Ergebnisse (siehe Abb. 8.13 und 8.14). Die Ergebnisse sind ausserdem ziemlich unabhängig vom betrachteten Äquivalenzverhältnis. Besonders erwähnenswert ist die geringe Anzahl von Reaktionen mit Empfindlichkeit (oder Sensitivität).

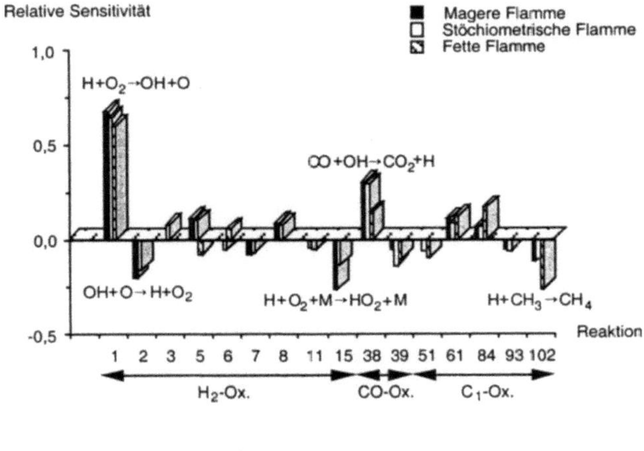

Abb. 8.13. Sensitivitätsanalyse bezüglich der Geschwindigkeitskoeffizienten der beteiligten Elementarreaktionen für die laminare Flammengeschwindigkeit einer Methan-Luft Flamme (Nowak und Warnatz 1988); Numerierung der Reaktionen anders als in Kapitel 6

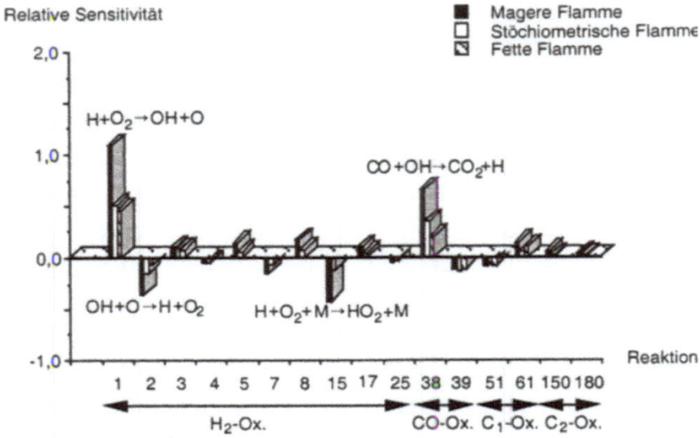

Abb. 8.14. Sensitivitätsanalyse bezüglich der Geschwindigkeitskoeffizienten der beteiligten Elementarreaktionen für die laminare Flammengeschwindigkeit einer Propan-Luft Flamme (Nowak und Warnatz 1988); Numerierung der Reaktionen anders als in Kapitel 6

In allen Fällen ist der Elementarschritt H + O_2 → OH + O stark geschwindigkeitsbestimmend als langsame kettenverzweigende Reaktion, während H + O_2 + M → HO_2 + M eine negative Sensitivität zeigt wegen des kettenabbrechenden Charakters. Die Reaktion CO + OH → CO_2 + H bestimmt die Wärmefreisetzung und ist aus diesem Grund ebenfalls geschwindigkeitsbestimmend.

Auch für die Verbrennung großer aliphatischer Kohlenwasserstoffe gilt, dass die Reaktionen H + O_2 → OH + O, H + O_2 + M → HO_2 + M und CO + OH → CO_2 + H geschwindigkeitsbestimmend sind, wie in Abb. 8.15 demonstriert wird. Es zeigt sich auch hier wieder, dass die brennstoffspezifischen Reaktionen keine wesentlichen Sensitivitäten aufweisen.

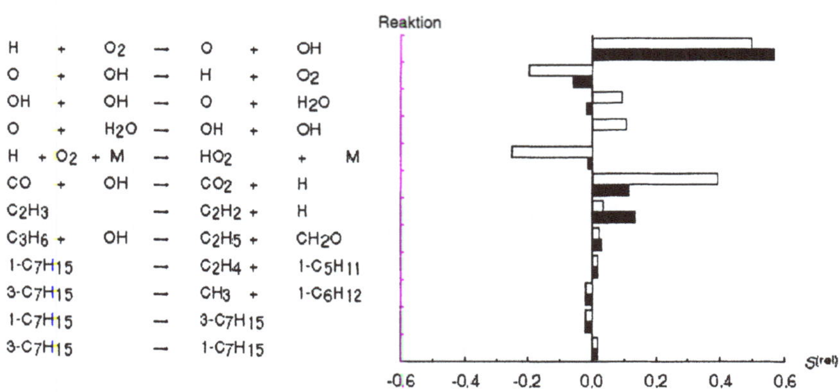

Abb. 8.15. Sensitivitätsanalyse bezüglich der Geschwindigkeitskoeffizienten der beteiligten Elementarreaktionen für die laminare Flammengeschwindigkeit einer stöchiometrischen n-Heptan-Luft Flamme bei p = 1 bar, T_u = 298 K (Nehse et al. 1996)

8.6 Übungsaufgaben

Aufgabe 8.1. Es soll eine laminare flache Vormischflamme betrachtet werden. Es interessieren folgende Fragestellungen:

a) Die charakteristische Reaktionszeit für einen Verbrennungsvorgang sei gegeben durch $1/\tau = 1 \cdot 10^{10} \exp(-160\,\text{kJ} \cdot \text{mol}^{-1}/RT)\,\text{s}^{-1}$. Der mittlere Diffusionskoeffizient sei $D = 0{,}1\,(T/298\,\text{K})^{1{,}7}\,\text{cm}^2/\text{s}$ und die Lewis-Zahl $Le = 1$. Wie groß sind die laminaren Flammengeschwindigkeiten bei 1000 K und 2000 K?
b) Die Flammendicke in einer laminaren Flammenfront ist näherungsweise gegeben durch den Zusammenhang $d = \text{const.}/(\rho_u\, v_L)$. Wie hängt die Flammendicke dann vom Druck ab?

Aufgabe 8.2. Eine Kohlenwasserstoff-Luft-Mischung wird in eine Seifenblase von 2 cm Durchmesser eingeschlossen und im Zentrum gezündet. Die Temperatur des kalten Gases ist T_u = 300 K, die des verbrannten Gases T_b = 1500 K. Eine Wärmeleitung zwischen beiden Schichten soll vernachlässigt werden. Als Ausbreitungsgeschwindigkeit der Flamme wurde v_b =150 cm/s gemessen. Wie groß ist die laminare Flammengeschwindigkeit v_L? (Es ist zu berücksichtigen, dass v_b auch durch die Ausdehnung des erhitzten Gases beeinflusst wird.) Wie lange dauert es, bis die Flamme den Rand der Seifenblase erreicht hat, und wie groß ist diese dann? Skizzieren Sie den Verlauf des Radius über der Zeit.

9 Laminare nicht-vorgemischte Flammen

Im letzten Kapitel wurden vorgemischte Flammen diskutiert. In diesen Flammen werden Brennstoff und Oxidationsmittel zunächst gemischt und die Verbrennung findet dann erst nach dieser Vermischung statt. In Kapitel 1 wurden *laminare nicht-vorgemischte Flammen* bereits als einer der grundlegenden Flammentypen kurz vorgestellt. Es handelt sich bei ihnen um Flammen, bei denen Brennstoff und Oxidationsmittel erst im Verbrennungsraum miteinander vermischt werden und bei denen deshalb Vermischung und Verbrennung gleichzeitig stattfinden. Einfache Beispiele wurden in Tab. 2.1 gezeigt. Im vorliegenden Kapitel wird ein Modell für laminare nicht-vorgemischte Flammen beschrieben. Die Erweiterung auf turbulente nicht-vorgemischte Flammen ist Gegenstand von Kapitel 14.

In Abschnitt 8.1 zeigte die Analyse von Zeldovich und Frank-Kamenetskii (1938), dass die Flammenausbreitung bei vorgemischten Flammen durch diffusive Prozesse erfolgt und dass die hierzu notwendigen Gradienten durch chemische Reaktionen aufrecht erhalten werden. In nicht-vorgemischten Flammen diffundieren Brennstoff und Oxidationsmittel hin zur Flamme bedingt durch Gradienten, die wiederum durch die Reaktion aufrecht erhalten werden. Die Flamme kann ohne die Gegenwart von Oxidationsmittel nicht in Richtung des Brennstoffs wandern oder ohne Brennstoff in Richtung des Oxidationsmittels. Sie befindet sich deshalb an der Grenze zwischen Brennstoff und Oxidationsmittel. Die zugrundeliegende Physik ist sehr einfach: Brennstoff und Oxidationsmittel diffundieren in die Reaktionszone, wo sie durch chemische Reaktion unter Wärmefreisetzung in Produkte umgewandelt werden. Die Produkte und die Wärme diffundieren weg von der Verbrennungszone in Richtung Brennstoff als auch in Richtung Oxidationsmittel.

Wie bei vorgemischten Flammen resultiert aus der Berücksichtigung aller Prozesse (Thermodynamik, Transport und chemische Reaktion) in den Erhaltungsgleichungen ein komplexes System aus partiellen Differentialgleichungen, das nur in den seltensten Fällen analytisch gelöst werden kann. Deshalb ist die numerische Lösung der Erhaltungsgleichungen Gegenstand des vorliegenden Kapitels. Es sei hier angemerkt, dass früher Flammen in Diffusionsflammen und Vormischflammen unterschieden wurden. Alle Flammen benötigen jedoch diffusiven Transport, und deshalb ist der Ausdruck Diffusionsflamme irreführend. Deswegen soll in diesem Buch die Unterscheidung in vorgemischte und nicht-vorgemischte Flammen erfolgen.

9.1 Nicht-vorgemischte Gegenstromflammen

In praktischen Anordnungen werden Brennstoff und Luft durch Konvektion zusammengebracht und vermischen sich dann als ein Resultat eines Diffusionsprozesses. Im allgemeinen stellt sich dies als ein dreidimensionales Problem dar.

Vom Standpunkt der Forschung verdecken die Schwierigkeiten einer dreidimensionalen Behandlung nur das Verständnis der zugrundeliegenden physikalischen Prozesse. Ein tieferes Verständnis nicht-vorgemischter Flammen resultiert daher aus Experimenten, in denen die Vorgänge als räumlich eindimensional betrachtet werden. Beispiele für geeignete einfache Brenner-Anordnungen sind der *Tsuji*-Brenner (Tsuji und Yamaoka 1971), der aus einem Zylinder in einem anströmenden Gas besteht (siehe Abb. 9.1a), und die aus zwei Brennern bestehende *Gegenstrom-Anordnungen* (siehe Du et al. 1989), in denen ein gerichteter laminarer Brennstoff-Strom auf einen entgegengesetzt gerichteten laminaren Gegenstrom des Oxidationsmittels trifft (siehe Abb. 9.1b).

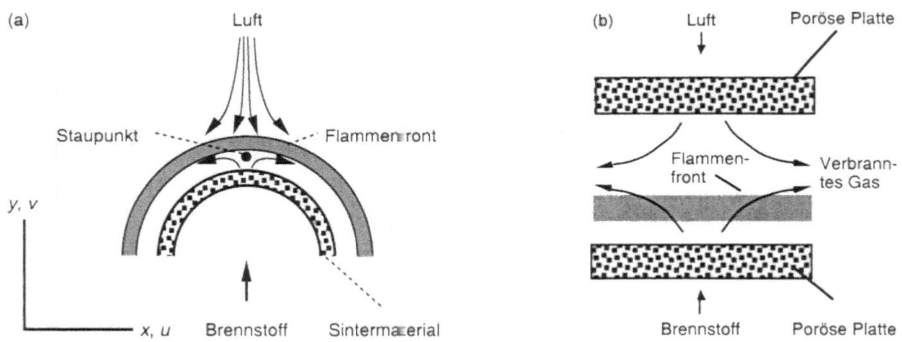

Abb. 9.1. Schematische Darstellung von nicht-vorgemischten Gegenstrom-Flammenkonfigurationen; (a) Tsuji-Brenner, (b) Gegenstrom-Zweibrenner-Anordnung (der Zylinder-/Brennerdurchmesser ist typischerweise ~5 cm)

In beiden Brennerkonfigurationen kann die mathematische Behandlung dadurch erheblich vereinfacht werden, dass man sich auf die Strömungseigenschaften entlang der Staupunkts-Stromlinienebene (siehe Abb. 9.1a) bzw. entlang der Staupunkts-Stromlinie (siehe Abb. 9.2b) beschränkt. Unter Benutzung der *Grenzschicht-Näherung* von Prandtl (~1904) (d. h. Vernachlässigung der Diffusion in der Richtung senkrecht zur Anströmung, in Abb. 9.1 in x-Richtung), wird das Problem auf eine räumliche Koordinate reduziert, nämlich die Entfernung von der Stagnationslinie bzw. dem Stagnationspunkt. Auf diese Weise können die tangentialen Gradienten der Temperatur und der Massenbrüche und die Geschwindigkeitskomponenten v_x eliminiert werden. Mit den Annahmen,

- dass die Temperatur und die Massenbrüche aller Spezies Funktionen allein der Koordinate y senkrecht zur Flamme sind,
- dass die Geschwindigkeitskomponente υ_y eine Funktion nur von y ist,
- dass die Tangentialgeschwindigkeit υ_x proportional zur Entfernung in x-Richtung von der Stagnationslinie bzw. dem Stagnationspunkt ist (das ist ein Resultat der Grenzschicht-Näherung),
- und dass die Lösung nur entlang der y-Achse betrachtet wird,

ergibt sich ein Gleichungssystem, das nur von der Zeit t und der Raumkoordinate y als unabhängigen Variablen abhängt. Für eine achsensymmetrische Gegenstrom-Strahl-Anordnung wie in Abb. 9.1b (Stahl und Warnatz 1991) ist dieses Gleichungssystem gegeben durch

$$\frac{\partial \rho}{\partial t} + 2\rho G + \frac{\partial(\rho \upsilon_y)}{\partial y} = 0 \tag{9.1}$$

$$\frac{\partial G}{\partial t} + \frac{J}{\rho} + G^2 - \frac{1}{\rho}\frac{\partial}{\partial y}\left(\mu \frac{\partial G}{\partial y}\right) + \upsilon_y \frac{\partial G}{\partial y} = 0 \tag{9.2}$$

$$\frac{\partial \upsilon_y}{\partial t} + \frac{1}{\rho}\frac{\partial p}{\partial y} + \frac{4}{3\rho}\frac{\partial}{\partial y}(\mu G) - \frac{2\mu}{\rho}\frac{\partial G}{\partial y} - \frac{4}{3\rho}\frac{\partial}{\partial y}\left(\mu \frac{\partial \upsilon_y}{\partial y}\right) + \upsilon_y \frac{\partial \upsilon_y}{\partial y} = 0 \tag{9.3}$$

$$\frac{\partial T}{\partial t} - \frac{1}{\rho}\frac{\partial p}{\partial t} + \upsilon_y\left(\frac{\partial T}{\partial y}\right) - \frac{1}{\rho c_p}\frac{\partial}{\partial y}\left(\lambda \frac{\partial T}{\partial y}\right) + \frac{1}{\rho c_p}\sum_i c_{p,i}\, j_{i,y} \frac{\partial T}{\partial y} + \frac{1}{\rho c_p}\sum_i h_i r_i = 0 \tag{9.4}$$

$$\frac{\partial w_i}{\partial t} + \upsilon_y \frac{\partial w_i}{\partial y} - \frac{1}{\rho}\frac{\partial}{\partial y} j_{i,y} = \frac{r_i}{\rho}\ , \tag{9.5}$$

wobei ρ die Dichte bezeichnet, w_i die Massenbrüche, T die Temperatur, p den Druck, t die Zeit, μ die Viskosität, c_{pi} die spezifische Wärmekapazität der Spezies i bei konstantem Druck, c_p die spezifische Wärmekapazität der Mischung bei konstantem Druck, λ die Wärmeleitfähigkeit der Mischung, h_i die spezifische Enthalpie der Spezies i, r_i die Bildungsgeschwindigkeit der Spezies i (in kg/m^{3}s), und $j_{i,y}$ die Diffusionsstromdichte in y-Richtung. G ist dabei der tangentiale Geschwindigkeitsgradient $\partial \upsilon_x/\partial x$ und J der tangentiale Druckgradient $\partial p/\partial x$. J ist (bei den angegebenen Näherungen) überall im betrachteten Strömungsfeld konstant und damit ein Eigenwert des Systems.

Das Gleichungssystem wird durch Angabe geeigneter Randbedingungen vervollständigt, die von der Natur des betrachteten Problems abhängen. Obwohl Gleichung (9.1) eine Gleichung erster Ordnung ist, werden die Randbedingungen für alle abhängigen Variablen an beiden Rändern spezifiziert. Dadurch ergibt sich, dass der Druckgradient J ein Eigenwert des Systems wird, d. h., für vorgegebene Randbedingungen muss J einen bestimmten Wert annehmen derart, dass eine Lösung des Problems existiert (siehe Stahl und Warnatz 1991, Kee et al. 1989b). Frühere Lösungen des Tsuji-Problems sind nicht einwandfrei, da sie annehmen, dass der Druckgradient daraus resultiert, dass die Anströmung eine Potentialströmung ist (Dixon-Lewis et al. 1985). Die Lösung liefert dann nahezu korrekte Profile der Skalare und der Geschwindigkeit, jedoch falsche Voraussagen der Lage der Profile.

Die Gleichungen sind ähnlich denen für vorgemischte Flammen (siehe Kapitel 3 und 8). Die Erhaltungsgleichungen für die Speziesmassen (9.5) und die Enthalpie (9.4) sind unverändert. Gleichungen (9.1)-(9.3) sind die Erhaltungsgleichungen für Impuls und Gesamtmasse, die zur Beschreibung des hier komplizierteren Strömungsfeldes gebraucht werden. Dabei ist der Massenfluss ρv_y diesmal nicht mehr konstant, da ein Massenverlust in x-Richtung stattfindet.

Durch Lösung des oben angegebenen Gleichungssystems lassen sich die Profile von Temperatur, Konzentrationen und Geschwindigkeit in laminaren nicht-vorgemischten Gegenstromflammen berechnen und mit experimentellen Ergebnissen vergleichen, die durch spektroskopische Methoden (siehe Kapitel 2) gewonnen werden.

Abbildung 9.2 zeigt exemplarisch berechnete und experimentell bestimmte Temperaturprofile in einer nicht-vorgemischten Methan-Luft-Gegenstromflamme bei einem Druck von p = 1 bar. Im Experiment wird die Temperatur durch CARS-Spektroskopie bestimmt (Sick et al. 1991). Die Temperatur der anströmenden Luft (im Bild rechts) beträgt 300 K. Man erkennt deutlich die hohe Temperatur (ca. 1950 K), die in der Verbrennungszone erreicht wird. Bemerkenswert ist die Tatsache, dass die adiabatische Flammentemperatur (2220 K) der entsprechenden vorgemischten Flamme (siehe Tab. 4.2) an keiner Stelle erreicht wird. Dies ist charakteristisch für nicht-vorgemischte Flammen.

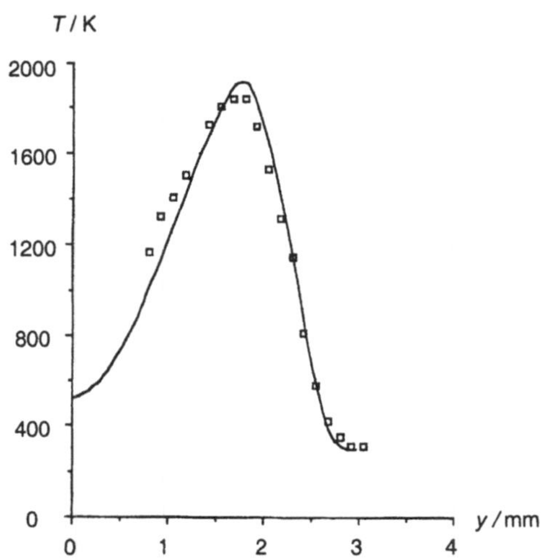

Abb. 9.2. Berechnete und experimentell bestimmte Temperaturprofile in einer nicht-vorgemischten Methan-Luft-Gegenstromflamme bei einem Druck von p = 1 bar; y bezeichnet den Abstand zum Brenner (Sick et al. 1991)

Abbildung 9.3 zeigt berechnete und experimentell bestimmte Konzentrationsprofile von Methan und Sauerstoff in einer nicht-vorgemischten Methan-Luft Gegenstromflamme. Im Experiment werden die Konzentrationen mittels CARS-Spektroskopie bestimmt, siehe Kapitel 2 für Einzelheiten (Dreier et al. 1987). Sowohl der Brennstoff als auch der Sauerstoff nehmen, bedingt durch den gegenseitigen Verbrauch, zur Reaktionszone hin ab. Man beachte auch, dass der Molenbruch des Brennstoffs an der Zylinderoberfläche ($y = 0$) nicht 100 % beträgt, sondern durch Diffusion von Verbrennungsprodukten zur Zylinderoberfläche hin erniedrigt wird.

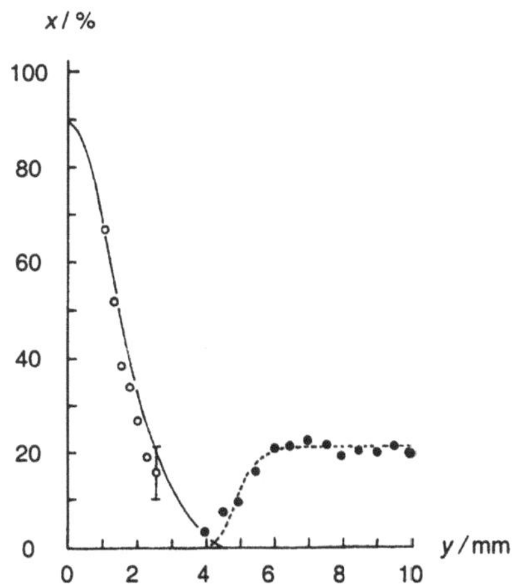

Abb. 9.3. Berechnete und experimentell bestimmte Molenbruchprofile von Methan und Sauerstoff in einer nicht-vorgemischten Methan-Luft-Gegenstromflamme bei einem Druck von $p = 1$ bar; y bezeichnet den Abstand zum Brenner (Dreier et al. 1987)

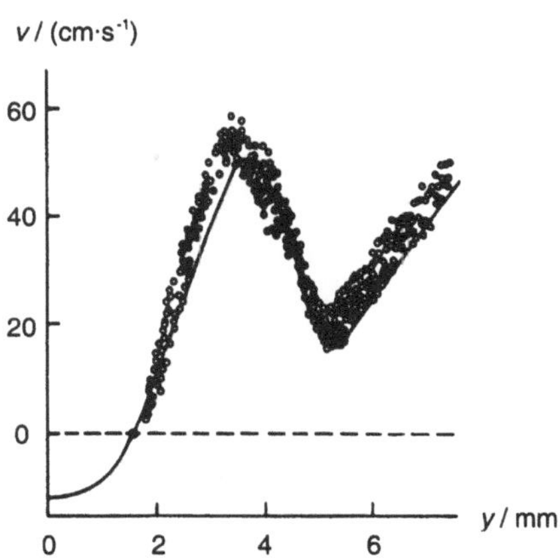

Abb. 9.4. Berechnete (Linie) und experimentelle (Punkte) Geschwindigkeitsprofile in einer nicht-vorgemischten Methan-Luft-Gegenstromflamme; y bezeichnet den Abstand zum Brenner

Einen exemplarischen Vergleich von gemessenen und berechneten (Dixon-Lewis et al. 1985) Geschwindigkeitsprofilen zeigt Abb. 9.4. Die Geschwindigkeiten werden experimentell aus Teilchenspuren von zugesetzten MgO-Teilchen bestimmt (Tsuji und Yamaoka 1971).Die Form des Geschwindigkeitsprofils lässt sich einfach deuten: Eine nicht reaktive Strömung ist durch einen monotonen Übergang zwischen den Geschwindigkeiten an den beiden Rändern in der hier vorliegenden Geschwindigkeits-Grenzschicht gekennzeichnet. Bei der Verbrennung findet jedoch zusätzlich noch eine starke Dichteänderung statt (bedingt durch die hohe Temperatur im verbrannten Gas) und bewirkt im Bereich der Flammenfront (um $y = 3$ mm) eine Abweichung von dem monotonen Verhalten.

9.2 Nicht-vorgemischte Strahlflammen

Dieser Flammentyp erfordert für eine genaue Beschreibung eine mindestens zweidimensionale Behandlung (siehe Kapitel 11). Da er jedoch weit verbreitet ist (*Bunsenbrenner*), sollen hier einige Ergebnisse vorweggenommen und exemplarisch dargestellt werden. Abbildung 1.1 in Kapitel 1 zeigt schematisch die Anordnung bei einer einfachen Bunsenflamme. Aus einer Düse strömt Brennstoff in ruhende Luft. Durch molekularen Transport (Diffusion) vermischen sich Brennstoff und Luft und verbrennen in der Reaktionszone.

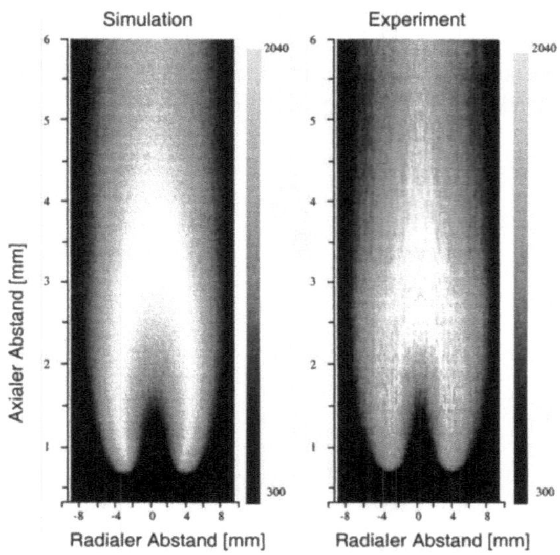

Abb. 9.5. Berechnetes Temperaturfeld (links) in einer nicht-vorgemischten Strahlflamme. Die Ergebnisse können direkt mit entsprechenden Ergebnissen aus LIF-Experimenten (rechts) verglichen werden (Smooke et. al 1989, Long et al. 1993)

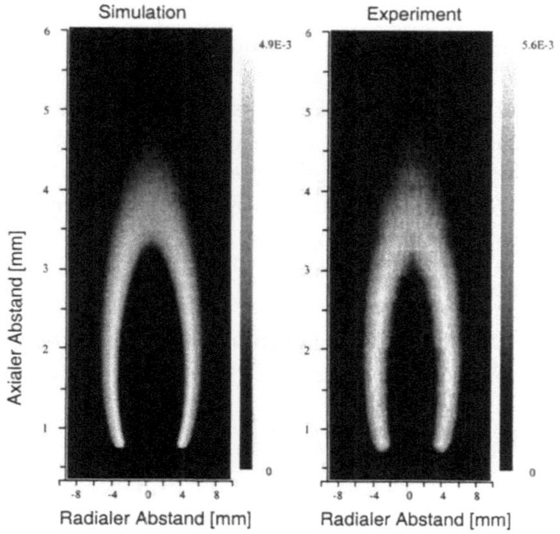

Abb. 9.6. Berechnetes Feld der Hydroxyl-Radikal-Massenbrüche (links) in einer nicht-vorgemischten Strahlflamme. Die Ergebnisse können direkt mit entsprechenden Ergebnissen aus LIF-Experimenten (rechts) verglichen werden (Smooke et al. 1989, Long et al. 1993)

Die Struktur solch einer nicht-vorgemischten Bunsenflamme ist in den Abbildungen 9.5 und 9.6 in Beispielen dargestellt. Die Ergebnisse wurden durch vollständige numerische Lösung der räumlich zweidimensionalen Erhaltungsgleichungen berechnet (Smooke et. al 1989). Der Durchmesser der den Brennstoff zuführenden Düse beträgt hier 6 mm, die abgebildete Höhe der Flamme ist 6 cm. Temperatur- und Konzentrationsskala beginnen jeweils mit dem untersten der jeweils rechts abgebildeten Schwärzungsmuster; die maximale Temperatur ist etwa 2000 K, die OH-Konzentration entspricht maximal einem Molenbruch von 0,5 % (Long et al. 1993).

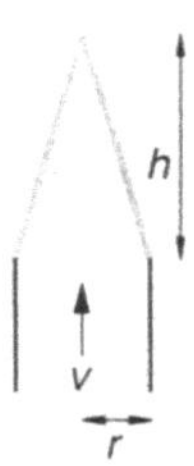

Abb. 9.7. Laminare nicht-vorgemischten Strahlflamme (schematisch)

Die Höhe einer Strahlflamme lässt sich näherungsweise mittels einer einfachen, aber groben Betrachtung berechnen (Burke und Schumann 1928). Der Strahlradius sei r, die Flammenhöhe h und die Geschwindigkeit in Strahlrichtung υ (siehe Abb. 9.7). Im Zentrum des Zylinders lässt sich die Zeit, die der Brennstoff benötigt, um bis zur Strahlspitze zu gelangen, aus der Höhe der nicht-vorgemischten Flamme und der Einströmgeschwindigkeit berechnen ($t = h/\upsilon$). Diese Zeit entspricht der Zeit, die für die Vermischung von Brennstoff und Luft benötigt wird. Diese Vermischungszeit lässt sich aus der Einsteinschen Gleichung für die Eindringtiefe durch Diffusion ($r^2 = 2Dt$, D = Diffusionskoeffizient, vergleiche hierzu auch Kapitel 3) bestimmen. Gleichsetzen über die Zeit t ergibt dann die Gleichung

$$h = r^2 \upsilon / 2D\,. \tag{9.6}$$

Ersetzt man nun die Geschwindigkeit υ durch den Volumenfluss $\Phi = \pi r^2 \upsilon$, so ergibt sich $h = \Phi / 2\pi D$ oder allgemeiner (Berücksichtigung der Zylindergeometrie durch einen Korrekturfaktor θ)

$$h = \theta\,\Phi / \pi D\,. \tag{9.7}$$

Aus dieser Betrachtung folgt, dass die Flammenhöhe h nur vom Volumenfluss Φ abhängt, nicht jedoch vom Düsendurchmesser r. Weiterhin ist die Höhe umgekehrt proportional zum Diffusionskoeffizienten, weshalb z. B. eine Wasserstoff-Flamme etwa 2,5 mal niedriger ist als eine Kohlenmonoxid-Flamme. Bei gegebenem Massenfluss ist der Volumenfluss umgekehrt proportional zum Druck. Da gleichzeitig der Diffusionskoeffizient umgekehrt proportional zum Druck ist (siehe Kapitel 5), ist bei konstantem Massenfluss die Flammenhöhe unabhängig vom Druck (Kompensation der Druckabhängigkeiten in Zähler und Nenner).

9.3 Nicht-vorgemischte Flammen mit schneller Chemie

Im Falle unendlich schneller Chemie (in der Praxis: sehr schneller Chemie) lässt sich die Reaktion in Form einer Einschritt-Reaktion von Brennstoff und Oxidationsmittel zu den Reaktionsprodukten schreiben

$$\mathrm{F} \quad + \quad \mathrm{Ox} \quad \rightarrow \quad \mathrm{P}\,.$$

Dies entspricht der Vereinfachung *gemischt = verbrannt*, die in den dreissiger Jahren von H. Rummel vorgeschlagen wurde (siehe z. B. Günther 1987).

Analog zu den Massenbrüchen w_i (vergleiche Kapitel 1) lässt sich ein *Element-Massenbruch* Z_i definieren, der den Massenanteil eines chemischen Elements i an der Gesamtmasse angibt als

$$Z_i \quad = \quad \sum_{j=1}^{S} \mu_{ij} w_j \qquad\qquad i = 1, \ldots, M\,. \tag{9.8}$$

Hierbei sind S die Zahl der Stoffe und M die Zahl der Elemente im betrachteten Gemisch. Die Koeffizienten μ_{ij} bezeichnen die Massenanteile des Elementes i im Stoff j (Shvab 1948, Zeldovich 1949).

Als Beispiel sei der Stoff CH_4 betrachtet. Die molare Masse von Methan lässt sich aus den einzelnen Anteilen der Elemente berechnen zu 4 · 1 g/mol + 1 · 12 g/mol = 16 g/mol. Der Massenanteil von Wasserstoff beträgt 4 /16 = 1/4, und der Massenanteil von Kohlenstoff 12/16 = 3/4. Damit sind $\mu_{\mathrm{H,CH_4}} = 1/4$ und $\mu_{\mathrm{C,CH_4}} = 3/4$ (hier wurden die Indizes *i,j* durch die entsprechenden Symbole für Element und Stoff ersetzt). Die Elementmassenbrüche haben eine besondere Bedeutung, da sie sich bei einer reaktiven Strömung weder durch konvektive noch durch chemische Prozesse verändern können.

Für einfache nicht-vorgemischte Flammen, die als *Zweistromproblem* betrachtet werden können, wobei der eine Strom der Brennstoff (F) und der andere das Oxidationsmittel (Ox) ist, lässt sich mit Hilfe der Elementmassenbrüche Z_i ein *Mischungsbruch* ξ_i definieren (die Indizes 1 und 2 bezeichnen die beiden Ströme),

$$\xi_i \quad = \quad \frac{Z_i - Z_{i2}}{Z_{i1} - Z_{i2}} \quad . \tag{9.9}$$

Der große Vorteil dieser Begriffsbildung ist es, dass dieses ξ_i wegen (9.8) und (9.9) in linearer Weise mit den Massenbrüchen verknüpft ist. Sind die Diffusionskoeffizienten der verschiedenen chemischen Spezies gleich (was von einigen Ausnahmen abgesehen oft näherungsweise erfüllt ist), so ist der in dieser Weise definierte Mischungsbruch zusätzlich unabhängig von der Wahl des betrachteten Elements i ($i = 1, ..., M$).

Als Beispiel sei eine einfache nicht-vorgemischte Flamme betrachtet , bei der der eine Strom (Index 1) aus Methan (CH_4), der andere (Index 2) aus Sauerstoff (O_2) besteht. Ferner soll eine idealisierte Reaktion zu Kohlendioxid (CO_2) und Wasser (H_2O) stattfinden, die unendlich schnell abläuft,

$$\mathrm{CH_4 + 2\,O_2 \rightarrow CO_2 + 2\,H_2O} \; .$$

Die Vermischung von Brennstoff und Oxidationsmittel erfolgt durch Diffusion. Die Elementmassenbrüche lassen sich nach (9.8) berechnen als

$$\begin{aligned}
Z_{\mathrm{C}} &= \mu_{\mathrm{C,O_2}} w_{\mathrm{O_2}} + \mu_{\mathrm{C,CH_4}} w_{\mathrm{CH_4}} + \mu_{\mathrm{C,CO_2}} w_{\mathrm{CO_2}} + \mu_{\mathrm{C,H_2O}} w_{\mathrm{H_2O}} \\
Z_{\mathrm{H}} &= \mu_{\mathrm{H,O_2}} w_{\mathrm{O_2}} + \mu_{\mathrm{H,CH_4}} w_{\mathrm{CH_4}} + \mu_{\mathrm{H,CO_2}} w_{\mathrm{CO_2}} + \mu_{\mathrm{H,H_2O}} w_{\mathrm{H_2O}} \\
Z_{\mathrm{O}} &= \mu_{\mathrm{O,O_2}} w_{\mathrm{O_2}} + \mu_{\mathrm{O,CH_4}} w_{\mathrm{CH_4}} + \mu_{\mathrm{O,CO_2}} w_{\mathrm{CO_2}} + \mu_{\mathrm{O,H_2O}} w_{\mathrm{H_2O}} \; .
\end{aligned}$$

Unter Verwendung von $\mu_{\mathrm{C,O2}} = \mu_{\mathrm{H,O2}} = \mu_{\mathrm{O,CH4}} = \mu_{\mathrm{H,CO2}} = \mu_{\mathrm{C,H2O}} = 0$ ergibt sich daraus dann

$$\begin{aligned}
Z_{\mathrm{C}} &= \mu_{\mathrm{C,CH_4}} w_{\mathrm{CH_4}} + \mu_{\mathrm{C,CO_2}} w_{\mathrm{CO_2}} \\
Z_{\mathrm{H}} &= \mu_{\mathrm{H,CH_4}} w_{\mathrm{CH_4}} + \mu_{\mathrm{H,H_2O}} w_{\mathrm{H_2O}} \\
Z_{\mathrm{O}} &= \mu_{\mathrm{O,O_2}} w_{\mathrm{O_2}} + \mu_{\mathrm{O,CO_2}} w_{\mathrm{CO_2}} + \mu_{\mathrm{O,H_2O}} w_{\mathrm{H_2O}} \; .
\end{aligned}$$

Für die Elementmassenbrüche im Brennstoff (1) und im Oxidationsmittel (2) gilt weiterhin

$$Z_{C,1} = \mu_{C,CH_4} = 3/4 \quad ; \quad Z_{C,2} = 0$$
$$Z_{H,1} = \mu_{H,CH_4} = 1/4 \quad ; \quad Z_{H,2} = 0$$
$$Z_{O,1} = 0 \quad ; \quad Z_{O,2} = 1 \ .$$

Die Mischungsbrüche ξ sind somit gegeben durch die folgenden drei Gleichungen:

$$\xi_C = \frac{Z_C - Z_{C,2}}{Z_{C,1} - Z_{C,2}} = \frac{Z_C - 0}{\mu_{C,CH_4} - 0} = \frac{Z_C}{\mu_{C,CH_4}}$$

$$\xi_H = \frac{Z_H - Z_{H,2}}{Z_{H,1} - Z_{H,2}} = \frac{Z_H - 0}{\mu_{H,CH_4} - 0} = \frac{Z_H}{\mu_{H,CH_4}}$$

$$\xi_O = \frac{Z_O - Z_{O,2}}{Z_{O,1} - Z_{O,2}} = \frac{Z_O - 1}{0 - 1} = 1 - Z_O \ .$$

Nimmt man an, dass alle Spezies gleich schnell diffundieren, so ändert sich das Verhältnis zwischen Wasserstoff und Kohlenstoff nicht, d. h.

$$Z_H / Z_C = Z_{H,1} / Z_{C,1} = \mu_{H,CH_4} / \mu_{C,CH_4} \ , \quad \text{d. h.} \quad Z_H / \mu_{H,CH_4} = Z_C / \mu_{C,CH_4} \ .$$

Man erkennt sofort, dass daraus $\xi_H = \xi_C$ folgt. Berechnet man weiterhin die Werte für Z_C und Z_H aus ξ_C bzw. ξ_H, so folgt $\xi_O = \xi_H = \xi_C$. In der Tat ergeben sich also (und das ist letztlich die Begründung für die Einführung dieser Größe) für alle Elemente gleiche ξ.

Die oben erwähnten linearen Zusammenhänge zwischen ξ und den Massenbrüchen lassen sich in einem Diagramm (siehe Abb. 9.8) wiedergeben. Hierzu ist es noch notwendig, den Mischungsbruch zu kennen, bei dem eine stöchiometrische Mischung vorliegt.

Im oben genannten Beispiel besteht die stöchiometrische Mischung aus 1 mol CH_4 und 2 mol O_2, was einer Elementmasse für O von 64 g/mol und einer Gesamtmasse von 80 g/mol entspricht. Der Elementmassenbruch $Z_{O,\text{stöch.}}$ ist demnach 4/5, und für den stöchiometrischen Mischungsbruch ergibt sich $\xi_{\text{stöch.}} = 1/5$.

Für $\xi = 0$ besteht die Mischung ausschließlich aus Sauerstoff ($w_{O_2} = 1$), für $\xi = 1$ besteht die Mischung also ausschließlich aus Brennstoff ($w_{CH_4} = 1$). Am Punkt stöchiometrischer Mischung liegen weder Brennstoff noch Oxidationsmittel vor; die betrachtete Mischung besteht hier also vollständig aus den Verbrennungsprodukten ($w_P = w_{CO_2} + w_{H_2O} = 1$). Im brennstoffreichen Bereich (hier ist $\xi_{\text{stöch.}} < \xi < 1$) existiert kein Sauerstoff, da dieser gemäß der Annahme einer unendlich schnellen chemischen Reaktion sofort mit dem überschüssigen Brennstoff zu den Produkten reagieren würde. Analog hierzu liegt im brennstoffarmen Bereich (hier $0 < \xi < \xi_{\text{stöch}}$) kein Brennstoff vor.

Die linearen Zusammenhänge zwischen Mischungsbruch und Massenbrüchen sind in Abb. 9.8 dargestellt. Aus den linearen Abhängigkeiten der w_i von ξ ergibt sich für das Beispiel:

Brennstoffseite ($\xi_{stöch.} < \xi < 1$)	Sauerstoffseite ($0 < \xi < \xi_{stöch.}$)
$w_{CH_4} = (\xi - \xi_{stöch.}) / (1 - \xi_{stöch.})$	$w_{CH_4} = 0$
$w_{O_2} = 0$	$w_{O_2} = (\xi_{stöch.} - \xi) / \xi_{stöch.}$
$w_P = (1 - \xi) / (1 - \xi_{stöch.})$	$w_P = \xi / \xi_{stöch.}$.

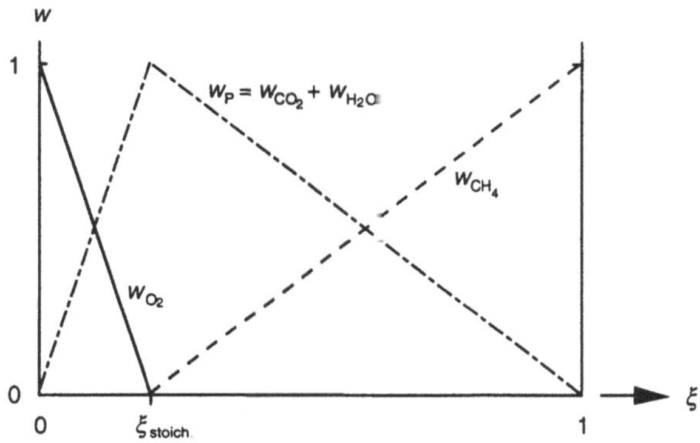

Abb. 9.8. Lineare Zusammenhänge zwischen Mischungsbruch und Massenbrüchen für ein einfaches Reaktionssystem

Für andere Systeme (z. B. Methan-Luft oder teilweise Vormischung von Luft in den Brennstoff) ergeben sich andere, kompliziertere Diagramme, die jedoch durch analoge Überlegungen ermittelt werden können. Der Begriff des Mischungsbruches (zur einheitlichen Beschreibung des Konzentrationsfeldes) und die linearen Abhängigkeiten $w_i = w_i(\xi)$ werden später bei der vereinfachten Behandlung von turbulenten nicht-vorgemischten Flammen benutzt werden.

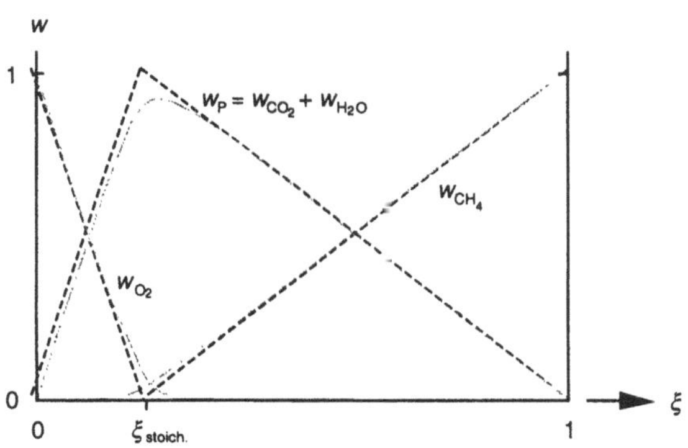

Abb. 9.9. Schematische Darstellung der Abweichungen vom linearen Zusammenhang zwischen Massenbrüchen und Mischungsbruch in einem realistischen Reaktionssystem (Koexistenz von Brennstoff und Oxidationsmittel möglich).

Reagieren Brennstoff und Oxidationsmittel nicht vollständig zu den Produkten (selbst in einer stöchiometrischen Mischung liegen im chemischen Gleichgewicht nicht nur Produkte vor) oder ist die chemische Reaktion endlich schnell, so ergeben sich keine linearen Abhängigkeiten mehr. Zusätzlich überschneiden sich w_{Ox} des Oxidationsmittels und w_{Br} des Brennstoffs im Bereich der stöchiometrischen Zusammensetzung $\xi_{\text{stöch}}$ (siehe Abb. 9.9). Trotzdem können die Beziehungen $w_i = w_i(\xi)$ näherungsweise verwendet werden (siehe Kapitel 13).

9.4 Übungsaufgaben

Aufgabe 9.1: Ein laminarer, gasförmiger Brennstoffstrahl strömt aus einem Rohr in Luft aus, wo er gezündet wird. Die entstehende Flamme ist 8 cm hoch. Danach wird bei gleichem Brennstoff der Strahldurchmesser um 50% vergrößert und die Austrittsgeschwindigkeit um 50% reduziert. Wie ändert sich dadurch die Höhe der Flamme? Zeigen Sie ausserdem, dass die Höhe einer nicht-vorgemischten Flamme bei konstantem Massenfluss vom Druck unabhängig ist.

Aufgabe 9.2: Es soll eine einfache nicht-vorgemischte Acetylen-Sauerstoff-Flamme betrachtet werden. Strom 1 bestehe nur aus Acetylen (C_2H_2), Strom 2 nur aus Sauerstoff (O_2).

a) Bestimmen Sie die Mischungsbrüche für die Elemente C, H und O vor der Zündung.
b) Bestimmen Sie die Mischungsbrüche für C, H und O nach der Zündung. Berücksichtigen Sie dabei, dass bei der Reaktion CO_2 und H_2O entsteht (die Diffusionskoeffizienten aller Stoffe seien gleich).
c) Welchen Wert nimmt der Mischungsbruch bei der stöchiometrischen Zusammensetzung an?

10 Zündprozesse

Die Beschreibung vorgemischter (Kapitel 8) und nicht-vorgemischter (Kapitel 9) Flammen nahm an, dass die Flammen stationär und die Lösungen deshalb zeitunabhängig sind. Als Zündung bezeichnet man den zeitabhängigen Prozess, bei dem ausgehend von Reaktanden eine Reaktion stattfindet bis sich eine stationär brennende Flamme ausgebildet hat oder bis das System vollständig zu den Produkten reagiert hat. Zündprozesse sind stets instationäre Vorgänge. Beispiele sind induzierte Zündprozesse (wie z. B. die Funkenzündung in Ottomotoren), Selbstzündungen (wie z. B. in Dieselmotoren). Ist die Zündzeit nicht allzu kurz, so lassen sich die Prozesse nach einer Erweiterung der Energieerhaltungsgleichung (3.6) quantitativ beschreiben durch

$$\rho c_p \frac{\partial T}{\partial t} = \frac{\partial p}{\partial t} + \frac{\partial}{\partial z}\left(\lambda \frac{\partial T}{\partial z}\right) - \left(\rho v c_p + \sum_j j_j c_{p,j}\right)\frac{\partial T}{\partial z} - \sum_j h_j r_j \,. \qquad (10.1)$$

Der zusätzliche Term $\partial p/\partial T$ (vergleiche 3.6) beschreibt dabei die Temperaturerhöhung durch Kompression. Hierbei wird angenommen, dass der Druck p zwar zeitlich variiert, aber örtlich konstant ist (Maas und Warnatz 1988). Die charakteristische Zeit, die benötigt wird, damit ein räumlicher Druckausgleich stattfindet, ist von der Größenordnung der Systemdimension dividiert durch die Schallgeschwindigkeit. Wenn die charakteristische Zeit der Zündung kleiner ist als die charakteristische Zeit des Druckausgleichs, so erfolgt der Druckausgleich zu langsam, um die Annahme örtlicher Konstanz des Druckes zu rechtfertigen. In diesem Fall sind die Erhaltungsgleichungen noch entsprechend zu erweitern. Eine solche allgemeinere Form der Erhaltungsgleichungen wird später in Kapitel 11 beschrieben.

Eine genaue Simulation solcher instationärer Zündvorgänge unter Berücksichtigung aller auftretenden Prozesse (molekularer Transport, chemische Reaktion und Strömung) ist sehr aufwendig und nur mittels numerischer Verfahren möglich (analog zu den stationären Flammen). Ein qualitatives Bild erhält man jedoch auch, wenn man stark vereinfachte Systeme behandelt. Hierbei lassen sich mehrere Extremfälle unterscheiden:

In der Theorie der Explosion von Semenov (1935) wird ein räumlich homogenes System betrachtet, d. h. räumliche Inhomogenitäten von Druck, Temperatur und

Zusammensetzung sollen nicht auftreten. In der thermischen Theorie der Explosion von Frank-Kamenetzkii (1955) werden inhomogene Systeme betrachtet. Allerdings wird idealer Wärmeübergang an die Umgebung angenommen.

Ist der Wärmetransport im Reaktionssystem schnell gegenüber dem Wärmeübergang an die Umgebung (Gefäßwände, usw.), so beschreibt die Theorie nach Semenov die Prozesse genauer. Die Theorie nach Frank-Kamenetzkii ist ein besseres Modell, wenn der Wärmeübergang an die Umgebung schneller ist als der Wärmetransport im System. Daneben ist auch noch in Betracht zu ziehen, dass die ablaufende chemische Reaktion nicht nur thermisch wirkt, sondern Kettenverzweigung und -abbruch (siehe Abschnitt 7.5) über Zündung bzw. Nicht-Zündung mitentscheiden können.

10.1 Vereinfachte thermische Theorie der Explosion von Semenov

Bei der vereinfachten *thermischen Theorie der Explosion von Semenov* (1935) wird ein räumlich homogenes System betrachtet, d. h. Gradienten von Temperatur und Zusammensetzung treten nicht auf. Im Reaktionssystem sollen weiterhin die chemischen Prozesse durch eine Einschrittreaktion

$$\text{Brennstoff (F)} \rightarrow \text{Produkte (P)}$$

mit der Reaktionsgeschwindigkeit

$$r = -M_F c_F A \cdot \exp(-E/RT) \tag{10.2}$$

beschrieben werden. M_F und c_F sind molare Masse und Konzentration des Brennstoffs, A und E sind präexponentieller Faktor und Aktivierungsenergie eines Geschwindigkeitskoeffizienten 1. Ordnung. Vernachlässigt man den Brennstoffverbrauch ($c_F = c_{F,0}$, $\rho = \rho_0 = M_F\, c_{F,0}$; $c_{F,0}$ = Anfangskonzentration), so erhält man für die Reaktionsgeschwindigkeit

$$r = \rho A \cdot \exp(-E/RT)\ . \tag{10.3}$$

Zur Beschreibung der Wärmeabgabe j an die Umgebung nimmt man Newtonschen Wärmeübergang an, d. h. die vom System an die Umgebung (Gefäßwand) abgegebene Wärme ist proportional zur Temperaturdifferenz zwischen System und Umgebung, ausgedrückt durch den Zusammenhang

$$j = \chi\, S\left(T - T_W\right). \tag{10.4}$$

Dabei sind T die (als räumlich homogen angenommene) Temperatur im System, T_w die Wandtemperatur, S die Oberfläche der Wand des betrachteten Systems und χ der *Wärmeübergangskoeffizient* (W/m^2). Dieser Ansatz ist recht einfach und birgt den Nachteil, dass χ stark von den tatsächlichen Bedingungen (z. B. Geometrie) abhängt.

Die zeitliche Änderung der Temperatur berechnet sich aus einer Bilanz von *Wärmeproduktion P* durch chemische Reaktion und *Wärmeübergang* (Verlust) V an die Umgebung zu

$$\rho c_p \frac{\mathrm{d}T}{\mathrm{d}t} = P - V = \left(h_\mathrm{F} - h_\mathrm{P}\right) \cdot \rho A \cdot \exp(-E/RT) - \chi S\left(T - T_\mathrm{W}\right). \quad (10.5)$$

Das qualitative Verhalten des Systems lässt sich leicht verstehen, wenn man in einem Diagramm sowohl den Produktions- als auch den Wärmeverlust-Term aufträgt (siehe Abb. 10.1). Der Term für den Wärmeverlust steigt linear mit der Temperatur (vergleiche 10.4), wohingegen der Wärmeproduktionsterm exponentiell mit der Temperatur ansteigt (vergleiche 10.3). Die drei Kurven P_1, P_2 und P_3 zeigen beispielhafte Temperaturabhängigkeiten für verschiedene Werte der Aktivierungsenergie E und des präexponentiellen Faktors A.

Zunächst soll nun Kurve P_3 betrachtet werden. Es liegen zwei stationäre Punkte ($T_{\mathrm{S},1}$ und $T_{\mathrm{S},2}$) vor, an denen sich Wärmeproduktion und Wärmeverlust kompensieren, d. h in denen sich die Kurve P_3 und die Gerade V schneiden. Befindet sich das System in einem stationären Punkt, so tritt keine zeitliche Änderung der Temperatur auf. Besitzt das System eine Temperatur $T < T_{\mathrm{S},1}$, so überwiegt die Wärmeproduktion. Das System erwärmt sich so lange, bis sich Produktion und Verlust kompensieren, d. h. bis $T_{\mathrm{S},1}$ erreicht ist.

Für Temperaturen $T_{\mathrm{S},1} < T < T_{\mathrm{S},2}$ überwiegen die Wärmeverluste die Wärmeproduktion. Das System kühlt also ab, bis der stationäre Zustand $T = T_{\mathrm{S},1}$ erreicht ist. Den Punkt $T = T_{\mathrm{S},1}$ nennt man aus diesem Grund einen *stabilen stationären Punkt*. Besitzt das System eine Temperatur $T > T_{\mathrm{S},2}$, so überwiegt die Wärmeproduktion. Das System erwärmt sich immer mehr und eine Explosion findet statt. Da im Punkt $T = T_{\mathrm{S},2}$ zwar stationäres Verhalten vorliegt, geringe Abweichungen (Störungen) jedoch von der Stationarität wegführen, bezeichnet man diesen Punkt als *instabilen stationären Punkt*.

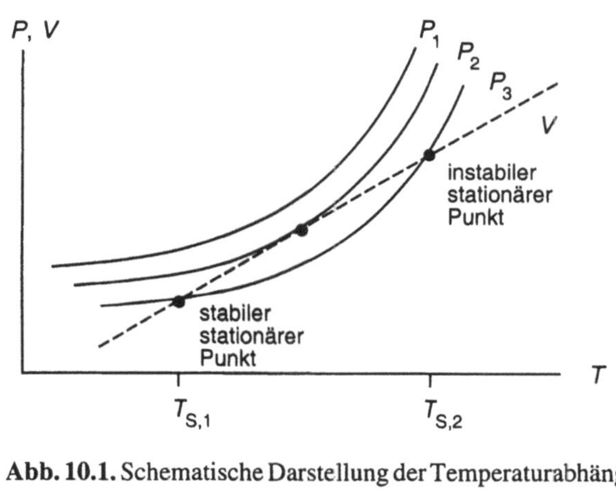

Abb. 10.1. Schematische Darstellung der Temperaturabhängigkeit von Wärmeproduktion und Wärmeverlust

Nicht immer findet man zwei stationäre Punkte. Ist die Reaktion hinreichend exotherm oder die Aktivierungsenergie hinreichend klein, so ist es möglich, dass sich die Kurven für P und V nicht mehr schneiden. In diesem Fall überwiegt die Wärmeproduktion immer die Verluste, und es liegt kein stationärer Punkt vor. Das System explodiert für jede Anfangstemperatur (vergleiche Kurve P_1). Weiterhin erkennt man in Abb. 10.1, dass es eine sogenannte *kritische Wärmeproduktionskurve* (P_2) gibt. Sie schneidet die Kurve V in genau einem Punkt. Dies ist kein stabiler Punkt. Jede Störung führt dazu, dass sich das System von diesem Punkt wegbewegt und es damit zur Explosion kommt.

10.2 Thermische Theorie der Explosion von Frank-Kamenetskii

Die thermische *Theorie der Explosion von Frank-Kamenetskii* (1955) berücksichtigt räumliche Inhomogenitäten der Temperatur im Reaktionssystem durch Ersetzen des Newtonschen Wärmeübergangsgesetzes durch das Fouriersche Wärmeleitungsgesetz (vergl. Kapitel 5). Im Gegensatz zur Theorie von Semenov wird jedoch idealer Wärmeübergang an die Umgebung angenommen (Temperatur des Systems an der Oberfläche ist gleich der Temperatur der Wand). Beschränkt man sich auf eindimensionale Geometrien (unendlicher Spalt, unendlicher Zylinder oder Kugel), so lässt sich die Energieerhaltungsgleichung bei Annahme einer Einschrittreaktion ohne Brennstoffverbrauch schreiben als (vergleiche 8.2)

$$\frac{\lambda}{r^i}\frac{\mathrm{d}^2 r^i T}{\mathrm{d}r^2} = \rho A (h_\mathrm{P} - h_\mathrm{F}) \cdot \exp(-E/RT). \tag{10.6}$$

Der Exponent i in Gleichung (10.6) erlaubt die Behandlung dreier verschiedener eindimensionaler Geometrien. Hierbei ist $i = 0$ für den unendlichen Spalt (Abhängigkeit nur in einer Raumrichtung), $i = 1$ für Zylindergeometrie (Abhängigkeit nur in radialer Richtung) und $i = 2$ für Kugelgeometrie (Abhängigkeit ebenfalls nur in radialer Richtung). Die verschiedenen Geometrien sind in Abb. 10.2 dargestellt:

Abb. 10.2. Eindimensionale Geometrien: Unendlicher Spalt (links), unendlicher Zylinder (Mitte) und Kugel (rechts)

Die Differentialgleichung (10.6) lässt sich einfacher schreiben, wenn man *dimensionslose Variablen* einführt. Für die Temperatur führt man die dimensionslose Variable

$\Theta = (E/RT_W^2)\,(T - T_W)$ ein, wobei T_W die Temperatur der Gefäßwand bezeichnet, die bei der theoretischen Behandlung als konstant angenommen wird. Den Radius r skaliert man mit der Gefäßabmessung r_0 des Reaktionssystems $\tilde{r} = r/r_0$ (bei Kugelgeometrie z. B. dem Radius des Gefäßes). Weiterhin soll ε den Kehrwert der dimensionslosen Aktivierungsenergie bezeichnen ($\varepsilon = RT_W/E$) und δ einen das System charakterisierenden Parameter, der gegeben ist durch

$$\delta \quad = \quad \frac{h_P - h_F}{\lambda} \cdot \frac{E}{RT_W^2} \cdot \rho\, r_0^2\, A \cdot \exp\left(-\frac{E}{RT_W} \right). \tag{10.7}$$

Unter Verwendung dieser Definitionen erhält man nach einfacher Rechnung die Differentialgleichung

$$\frac{d^2\Theta}{d\tilde{r}^2} + \delta \cdot \exp\left(\frac{\Theta}{1 + \varepsilon\Theta} \right) \quad = \quad 0 \tag{10.8}$$

mit den Randbedingungen $\Theta = 0$ für $\tilde{r} = 1$ (konstante Temperatur an der Gefäßwand) und $d\Theta/d\tilde{r} = 0$ für $\tilde{r} = 0$ (Symmetrie-Randbedingung für verschwindenden Gradienten der Temperatur im Gefäßmittelpunkt).

Es kann gezeigt werden (soll hier aber der Kürze wegen nicht nachvollzogen werden), dass diese Differentialgleichung nur dann stationäre Lösungen besitzt, wenn δ kleiner ist als ein Wert δ_{crit}, für den die drei Geometrien bestimmte Werte ergeben. Im einzelnen sind $\delta_{crit} = 0{,}88$ für den unendlich langen Spalt, $\delta_{crit} = 2{,}00$ für den unendlich langen Zylinder und $\delta_{crit} = 3{,}32$ für die Kugel. Für $\delta > \delta_{crit}$ erfolgt also Explosion, für $\delta < \delta_{crit}$ bekommt man stabiles Verhalten (siehe Frank-Kamenetskii 1955). Kennt man die charakteristischen Größen des jeweils betrachteten Reaktionssystems (h_P, h_F, ρ, Z, λ), so lassen sich z. B. für gegebene Gefäßabmessungen r_0 die maximalen Gefäßtemperaturen T_W bestimmen, bei denen das System stabil ist und keine thermische Explosion stattfindet.

Größter Schwachpunkt der Theorie der thermischen Explosion nach Frank-Kamenetzkii ist die Voraussetzung fehlenden Brennstoffverbrauchs. Spätere Verbesserungen der Theorie setzen hauptsächlich hier an (siehe z. B. Boddington et al. 1983, Kordylewski und Wach 1982). Das entscheidende Resultat ist jedoch, dass zur Zündung die Wärmeproduktion durch chemische Reaktion die Wärmeverluste aus dem System hinaus überwiegen muss.

10.3 Selbstzündungsvorgänge: Zündgrenzen

Aus naheliegenden Gründen (z. B. Sicherheitstechnik, Zündprozesse in Motoren usw.) besteht die Frage, bei welcher Wahl von Druck, Temperatur und Zusammensetzung ein vorgegebenes Gemisch überhaupt zünden kann. Befindet sich z. B. eine Knallgasmischung in einem heissen Gefäß, so stellt man fest, dass für bestimmte

Werte von Druck und Temperatur eine spontane Zündung (u. U. nach einer gewissen *Induktionszeit* (oder *Zündverzugszeit*), die bis zu einigen Sekunden betragen kann) stattfindet. Bei anderen Bedingungen findet nur eine sehr langsame Reaktion statt. Dieses Phänomen lässt sich in einem sogenannten *p-T-Explosionsdiagramm* (oder *p-T-Zünddiagramm*) darstellen, in dem die Bereiche, in denen eine Zündung eintreten kann, von denen ohne Zündung durch eine Kurve getrennt sind (siehe Abb. 10.3). Die Darstellung zeigt sowohl Experimente (Punkte) als auch Simulationen (Kurven) für stöchiometrische Gemische von Wasserstoff und Sauerstoff (Maas und Warnatz 1988).

Die Explosionsgrenzen (oder *Zündgrenzen*) des Knallgassystems wurden bereits in den zwanziger Jahren entdeckt. Die detaillierte numerische Simulation der Zündgrenzen, bei denen der vollständige Satz der instationären Erhaltungsgleichungen für mindestens eindimensionale Geometrien gelöst werden muss, ist erst in den letzten Jahren möglich geworden (z. B. Maas und Warnatz 1988). Bei der Simulation müssen zusätzlich zu der üblichen Behandlung des Gasraums auch Reaktionen an der Gefäßoberfläche berücksichtigt werden, wie z. B. die Rekombination von Radikalen

$$\mathrm{O} \rightarrow 1/2\ \mathrm{O_2}, \qquad \mathrm{H} \rightarrow 1/2\ \mathrm{H_2} \qquad \text{usw.,}$$

die hier als globale Reaktionen formuliert sind (siehe Abschnitt 6.7 für ein detaillierteres Modell). Obwohl die quantitative Bestimmung der Zündgrenzen recht kompliziert ist, lassen sich die Prozesse, die zu den Zündgrenzen führen, qualitativ leicht verstehen (vergleiche Abb. 10.3).

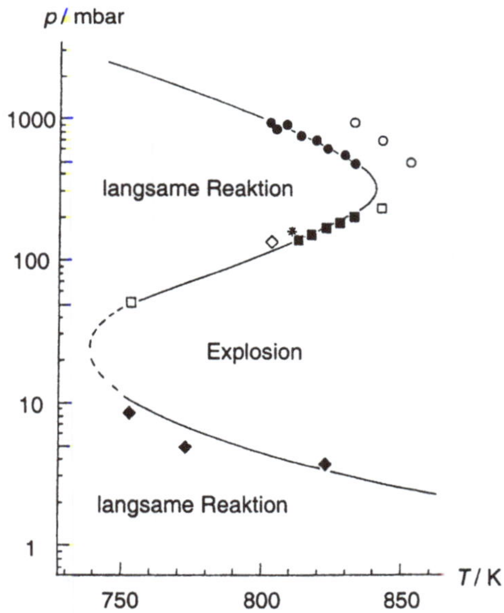

Abb. 10.3. Zündgrenzen des Knallgas-Systems; *p*-*T*-Zünddiagramm. Punkte: experimentelle Ergebnisse, Linien: Simulationen (siehe Maas und Warnatz 1988)

Ein Knallgassystem bei 800 K und sehr niedrigem Druck ($p < 5$ mbar) zündet nicht. Durch chemische Reaktionen in der Gasphase gebildete reaktive Spezies (Radikale) diffundieren an die Gefäßwand und werden zerstört. Bedingt durch den niedrigen Druck ist dabei die Diffusion sehr schnell (die Diffusionsgeschwindigkeit ist umgekehrt proportional zum Druck, vergleiche Abschnitt 5.4). Es findet demnach keine Explosion, sondern nur eine langsame Reaktion statt.

Überschreitet man jedoch einen bestimmten Druck (*erste Zündgrenze*), so tritt eine spontane Zündung ein, weil die Diffusion der Radikale an die Wand und die Zerstörung der Radikale die Bildung der Radikale in der Gasphase nicht mehr kompensieren kann. Da die 1. Zündgrenze von der Konkurrenz von Kettenverzweigungsreaktion und der Diffusion von Radikalen an die Wand mit anschließender Vernichtung bestimmt wird, hängt sie stark von der Beschaffenheit der Gefäßoberfläche ab, was man daran sieht, dass verschiedene Gefäßmaterialien (z. B. Glas, Kupfer, Palladium) zu unterschiedlichen Zündgrenzen führen.

Oberhalb eines Druckes von 100 mbar (für 800 K) findet wiederum keine Zündung sondern eine langsame Reaktion statt. Die *zweite Zündgrenze* wird bestimmt von der Konkurrenz zwischen Kettenverzweigungs- und Kettenabbruchsreaktionen in der Gasphase (siehe Abschnitt 7.5). Während bei niedrigem Druck Wasserstoffatome mit Sauerstoffmolekülen unter Kettenverzweigung reagieren und damit eine Explosion einleiten,

$$H + O_2 \rightarrow OH + O,$$

wird bei höherem Druck die Reaktion zu dem verhältnismäßig reaktionsträgen Hydroperoxi-Radikal begünstigt (Reaktion dritter Ordnung),

$$H + O_2 + M \rightarrow HO_2 + M\,.$$

Aus diesem Grund kann diese (fast temperaturunabhängige) Reaktion praktisch als ein Kettenabbruch angesehen werden. Wie bei allen trimolekularen Reaktionen steigt die Reaktionsgeschwindigkeit stärker mit dem Druck als bei bimolekularen Reaktionen. Bei einem bestimmten Druck wird die trimolekulare Reaktion dann die bimolekulare Reaktion überwiegen. Dieses Phänomen gibt die Erklärung für die *zweite Zündgrenze* .

Bei noch höherem Druck beobachtet man wiederum eine Zündung des Systems. Die *dritte Zündgrenze* ist die *thermische* Zündgrenze, die aus der Konkurrenz von Wärmeerzeugung durch chemische Reaktion $\Sigma h_j r_j$ und von Wärmeableitung an der Wand resultiert und schon früher besprochen worden ist (siehe Abschnitte 10.1 und 10.2). Bei wachsendem Druck steigt die Wärmeproduktion pro Volumeneinheit, so dass bei hohem Druck Übergang zur Explosion erfolgen muss.

Es ist also zu sehen, dass es sich hier um hoch-nichtlineare Effekte handelt. Dementsprechend hat das Studium dieser Zündgrenzen wesentlich zum Verständnis der Verbrennung insgesamt beigetragen.

Zündgrenzen beobachtet man nicht nur bei Knallgas, sondern auch bei allen Kohlenwasserstoff-Luft Gemischen. Bedingt durch zusätzliche chemische Prozesse sind die Vorgänge (insbesondere im Bereich der dritten Zündgrenze) jedoch weitaus komplexer (Warnatz 1981c):

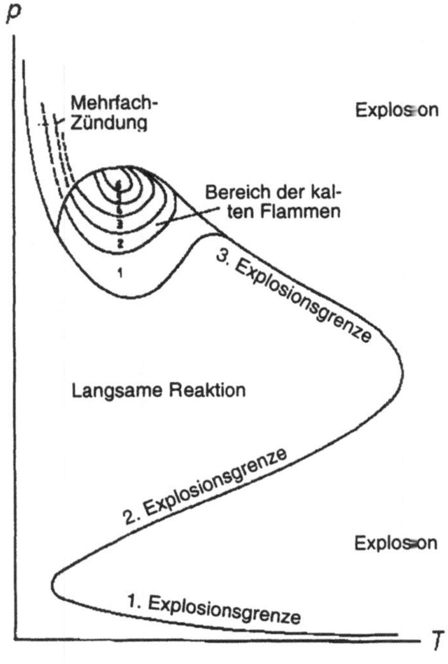

Abb. 10.4. Schematisches p-T-Explosionsdiagramm für Kohlenwasserstoffe (Warnatz 1981c)

Es treten Bereiche auf, in denen Zündung erst nach einigen Lichtblitzen auftritt (sogenannte *Mehrstufen-Zündung*, englisch: *multistage ignition*) oder in denen eine Verbrennung bei niedrigen Temperaturen stattfindet (sogenannte *kalte Flammen*, englisch: *cool flames*). Hier wird die Zündung durch chemische Prozesse wieder abgebrochen, bei denen der Vorläufer einer Kettenverzweigung bei höheren Temperaturen instabil wird, z. B. in CH_4-O_2-Mischungen durch folgende Reaktionen:

$$\bullet CH_3 + O_2 \rightleftarrows CH_3O_2\bullet \qquad \text{(a)}$$

$$CH_3O_2\bullet + CH_4 \rightarrow CH_3OOH + \bullet CH_3 \qquad \text{(b)}$$

$$CH_3OOH \rightarrow CH_3O\bullet + \bullet OH\ . \qquad \text{(c)}$$

Dieses ist im Prinzip ein kettenverzweigender Mechanismus, der zur Zündung führen muss. Die mit dem Zündprozess einhergehende Temperaturerhöhung führt jedoch zum Verschieben des einleitenden Gleichgewichtes (a). Bei höheren Temperaturen zerfällt das CH_3O_2, und der Kettenverzweigung wird die Grundlage entzogen (englisch: *degenerate branching*).

Ähnliches gilt auch für andere Kohlenwasserstoffe, was in Kapitel 16 im Zusammenhang mit dem Motorklopfen eingehend behandelt werden wird. Eine ausführliche Diskussion der Explosionsgrenzen findet sich z. B. bei Bamford und Tipper (1977).

10.4 Selbstzündungsvorgänge: Induktionszeit

Während bei einer rein thermischen Zündung (vergleiche Abschnitte 10.1 und 10.2) eine Temperaturerhöhung sofort einsetzt, beobachtet man bei der Zündung von Knallgas oder Kohlenwasserstoff-Luft-Gemischen, dass eine Temperaturerhöhung und somit eine Explosion erst nach einer sogenannten *Zündverzugszeit* (oder auch *Induktionszeit*) eintritt (siehe Abb. 10.5). Dieses Phänomen ist charakteristisch für *Radikalketten-Explosionen* (chemische Reaktionen, denen ein Kettenverzweigungsmechanismus zugrundeliegt, vergleiche Abschnitt 7.5).

Der Grund ist, dass während der Induktionszeit durch Kettenverzweigungsreaktionen reaktive Radikale gebildet werden, die schließlich das System zur Zündung veranlassen. Während der Induktionszeit finden zwar die wichtigen chemischen Prozesse statt (Kettenverzweigung, Bildung von Radikalen), die Temperatur der Mischung ändert sich jedoch nicht merklich. Schließlich sind genug Radikale vorhanden um einen erheblichen Teil des Brennstoffs zu verbrauchen und schnelle Zündung setzt ein. Die präzise Definition der Induktionszeit hängt von dem benutzten Kriterium ab (Brennstoffverbrauch, CO-Bildung, OH-Bildung, Druckanstieg in einem geschlossenen Gefäß, Temperaturanstieg in einem adiabatischen System).

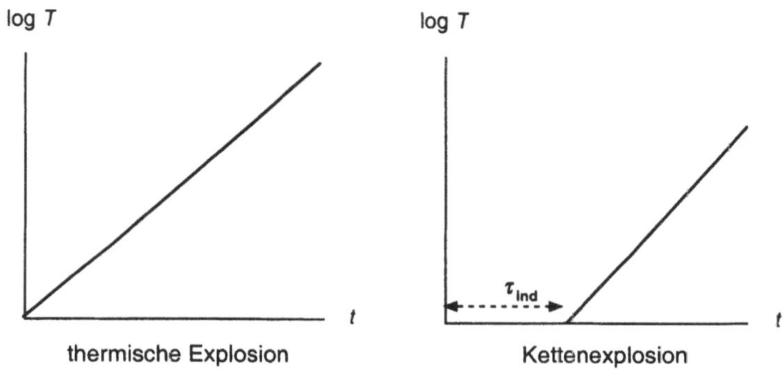

Abb. 10.5. Stark vereinfachter zeitlicher Verlauf von thermischer und Radikalkettenexplosion

Die Zündverzugszeit ist wegen der starken Temperaturabhängigkeit der eingehenden Geschwindigkeitskoeffizienten stark temperaturabhängig. Abbildung 10.6 zeigt dies am Beispiel verschiedener Kohlenwasserstoff-Luft-Mischungen (Punkte sind experimentelle Ergebnisse, die Linien geben berechnete Zündverzugszeiten wieder). Man erkennt, dass die Zündverzugszeit ungefähr exponentiell vom Kehrwert der Temperatur abhängt,

$$\tau \approx A \cdot \exp(B/T),$$

was die Temperaturabhängigkeit (Arrhenius-Gesetz) der zugrundeliegenden chemischen Elementarreaktionen widerspiegelt.

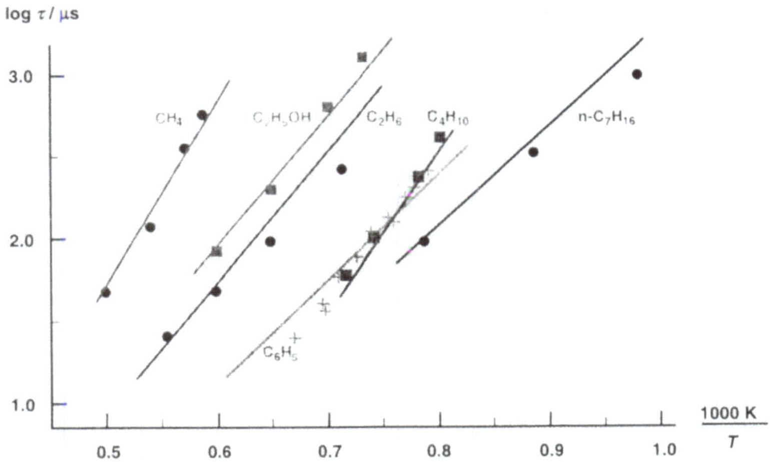

Abb. 10.6. Berechnete (Linien) und experimentell bestimmte (Punkte) Zündverzugszeiten in Kohlenwasserstoff-Luft-Mischungen (Warnatz 1993)

10.5 Fremdzündung, Mindestzündenergie

Von *Fremdzündung* (oder *induzierter Zündung*) spricht man, wenn ein Gemisch, das an sich nicht von selbst zünden würde, durch eine Zündquelle lokal zum Zünden gebracht wird, wobei innerhalb dieses Zündvolumens der Zündquelle wieder eine Selbstzündung (jedoch bei entsprechend erhöhter Temperatur) und anschließend instationäre Flammenfortpflanzung in das unverbrannte Gas stattfindet. Insbesondere aus sicherheitstechnischen Gründen interessant ist der Begriff der *Mindestzündenergie*, d. h. der minimalen Energiemenge, die lokal einem System zugeführt werden muss, damit eine Zündung eingeleitet wird, die zu einer sich selbst erhaltenden Flammenausbreitung führt.

Wegen der großen Verbreitung von Ottomotoren gibt es viel Literatur zur Funkenzündung bei verschiedenen Temperaturen und Drücken (siehe z. B. Heywood 1988). Die Untersuchung der Prozesse bei der Funkenzündung wird durch den Einfluss der Elektroden erschwert und es ist sehr schwer abzuschätzen, inwieweit Oberflächenreaktionen und schwer zu quantifizierende Abkühlungsprozesse die Entstehung des Flammenkerns beeinflussen. Weiterhin ist es unsicher, welcher Anteil der eingebrachten Energie zur thermischen Aufheizung des Gases dient und welcher zur direkten Bildung reaktiver Radikale.

Eine weitere Komplikation der Funkenzündung besteht darin, dass zu ihrem Verständnis auch die Bildung von Ionen und deren chemische Reaktionen betrachtet werden müssen, so dass neben der Lösung der Navier-Stokes-Gleichungen auch die entsprechenden elektrischen Feldgleichungen mitgelöst werden müssen (siehe z. B. Thiele et al. 2000)

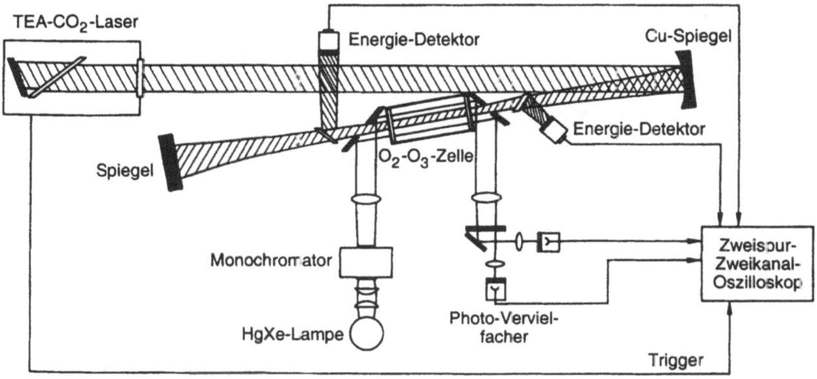

Abb. 10.7. Schematische Darstellung eines Versuchsaufbaus zur Bestimmung von Mindestzündenergien (Raffel et al. 1985)

Ein einfaches Experiment zur laser-basierten Untersuchung der Zündung ohne Funken und Elektroden ist in Abb. 10.7 dargestellt. Es besteht aus einem Zylinder, in dessen Achse durch einen gepulsten Infrarot-Laser gezündet wird; die Anordnung ist dann (fast) eindimensional mit radialsymmetrischer Flammenausbreitung. Die Energien von eintretender und austretender Strahlung werden gemessen; die Differenz ist die Zündenergie. Die niedrige Energie der Photonen im Infrarot-Bereich sorgt dafür, dass die Energie nur zur thermischen Anregung führt und nicht zur direkten Bildung von Radikalen. Durch optischen Nachweis kann ausserdem die Ausbreitung der Flammenfront verfolgt werden (Raffel et al. 1985).

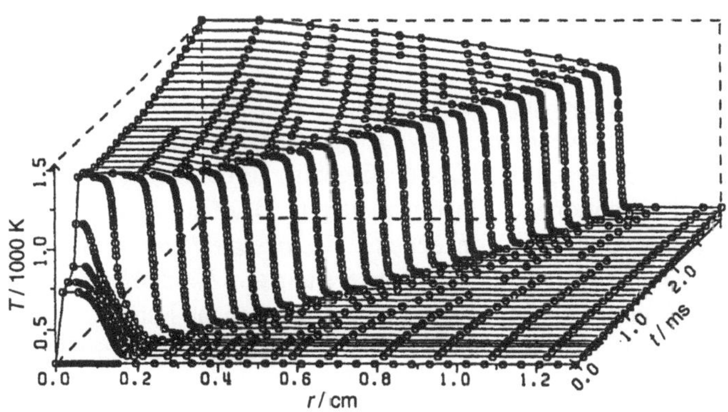

Abb. 10.8. Berechnete Temperaturprofile bei der Zündung einer Ozon-Sauerstoff-Mischung (Raffel et al. 1985)

Abb. 10.8 zeigt eine entsprechende Simulation für eine Ozon-Sauerstoff-Mischung. Aufgetragen ist die Temperatur gegen den Radius im zylinderförmigen Reaktionssystem (Radius = 13 mm) und die Zeit. Der Laserstrahl, der einen Durchmesser von ca. 3 mm besitzt, erwärmt die Mischung im Bereich der Zylinderachse (um den Punkt $r = 0$) auf ca. 700 K. Danach wird die Zündquelle abgeschaltet. Nach einer Zündverzugszeit von etwa 300 μs erfolgt Selbstzündung und ein Temperaturanstieg auf etwa 1400 K, anschließend langsamer Temperaturanstieg durch Kompression durch die fortschreitende Flammenfront. Die Punkte in Abb. 10.8 stellen die zur Ortsdiskretisierung verwendeten Gitterpunkte bei der numerischen Lösung des Differentialgleichungssystems dar (vergl. Kapitel 8). Man erkennt deutlich, dass zur Erhöhung der Genauigkeit die Ortsdiskretisierung ständig an das physikalische Problem (hier die wandernde Flammenfront) angepasst wird (zu Einzelheiten siehe Maas und Warnatz 1988).

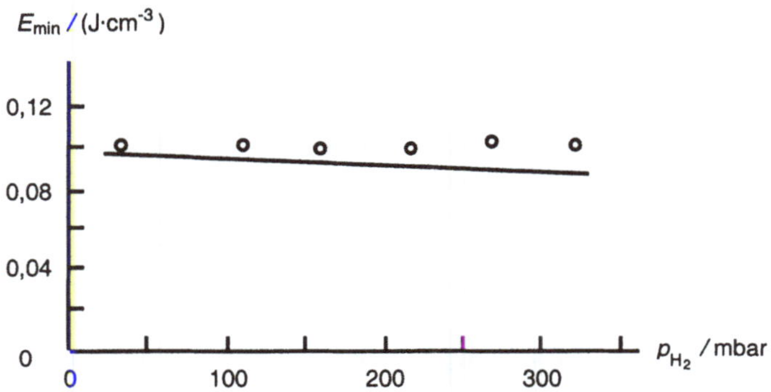

Abb. 10.9. Vergleich zwischen experimentell bestimmten (Punkte, Arnold et al. 1990b) und berechneten (Linie, Maas 1990) Mindestzündenergie-Dichten in H_2-O_2-O_3-Mischungen in Abhängigkeit vom H_2-Partialdruck; $p(O_2) = 261$ mbar, $p(O_3) = 68$ mbar

Ein Vergleich von Messungen und Simulationen zeigt (Abb. 10.9), dass die so bestimmten Zündenergien sich um weniger als etwa 15 % unterscheiden (Arnold et al. 1990b; Maas 1990). Das ist ein wesentlich besseres Ergebnis als bei der Verwendung von schlecht definierten konventionellen Energiequellen (z. B. Zündfunken).

Für Fremdzündungen sinnvoll ist das Konzept einer *Mindestzündtemperatur* (entsprechend einer *Mindestzündenergiedichte*). Um ein System zur Zündung zu veranlassen, muss ein kleines Volumen der Mischung auf eine ausreichend hohe Temperatur erwärmt werden. Die hierzu benötigte Energie ist proportional zum Druck (Änderung der Wärmekapazität pro Volumeneinheit, siehe Abb. 10.10) und zum Volumen der Zündquelle (Änderung der zu erwärmenden Stoffmenge, siehe Abb. 10.11), jedoch für hinreichend kurze Zündzeiten praktisch unabhängig von der Zünddauer.

Abweichungen von diesem Verhalten ergeben sich für kleine Zündvolumina, lange Zündzeiten und niedrigen Druck durch die dann bevorzugt in Erscheinung tretenden diffusiven Prozesse, die wegen Energieverlusten bzw. der Diffusion reaktiver Spezies aus dem Zündvolumen hinaus höhere Mindestzündenergien erfordern (Maas und Warnatz 1988).

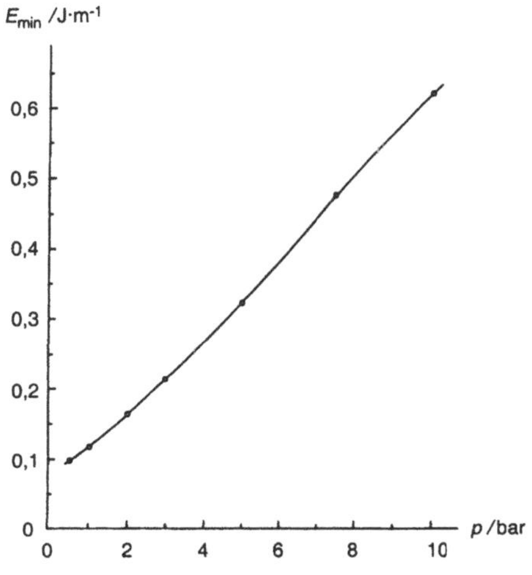

Abb. 10.10. Berechnete Mindestzündenergiedichten in stöchiometrischen Knallgasmischungen bei einer Anfangstemperatur $T = 298$ K (Maas und Warnatz 1988) in Abhängigkeit vom Druck; Zünddauer = 0,1 ms, Zündradius 0,2 mm, Zylindergeometrie

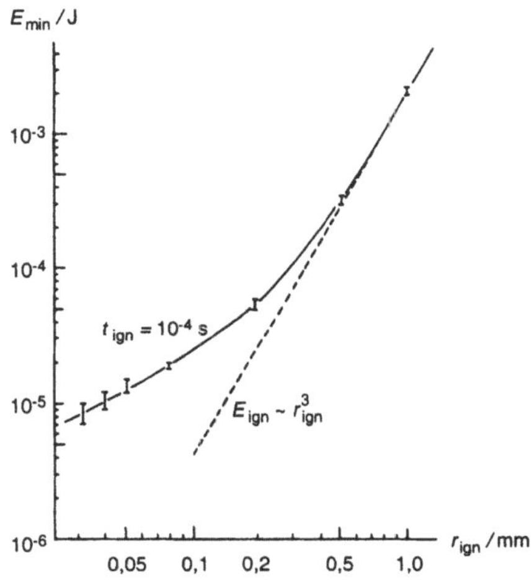

Abb. 10.11. Berechnete Mindestzündenergiedichten in stöchiometrischen Knallgasmischungen bei einer Anfangstemperatur $T = 298$ K (Maas und Warnatz 1988) in Abhängigkeit vom Zündradius; Kugelgeometrie, Zünddauer = 0,1 ms, Druck = 1 bar

Abbildung 10.12 zeigt schließlich die Abhängigkeit der Mindestzündenergiedichte von der Gesmischzusammensetzung für ein Knallgassystem. Sowohl bei sehr hohem als auch bei sehr niedrigem Wasserstoffgehalt ist eine Zündung der Mischung nicht möglich. Innerhalb der sogenannten *Zündgrenzen* sind die Mindestzündenergien bei großem Zündradius (hier 1 mm) annähernd unabhängig von der Gemischzusammensetzung. Bei kleinen Zündradien steigen die Mindestzündenergien mit zunehmendem Wasserstoffgehalt stark an wiederum bedingt durch Wärmeleitungs- und Diffusionseffekte (schnelle Diffusion der leichten Wasserstoffatome und -moleküle). Alle berechneten Ergebnisse in den Abbildungen 10.9-10.12 basieren auf numerischen Simulationen von Zündprozessen in H_2-O_2-Mischungen in sphärischen und zylindrischen Geometrien. In all diesen Beispielen wird die in Kapitel 6 beschriebene detaillierte Kinetik der Wasserstoffverbrennung benutzt.

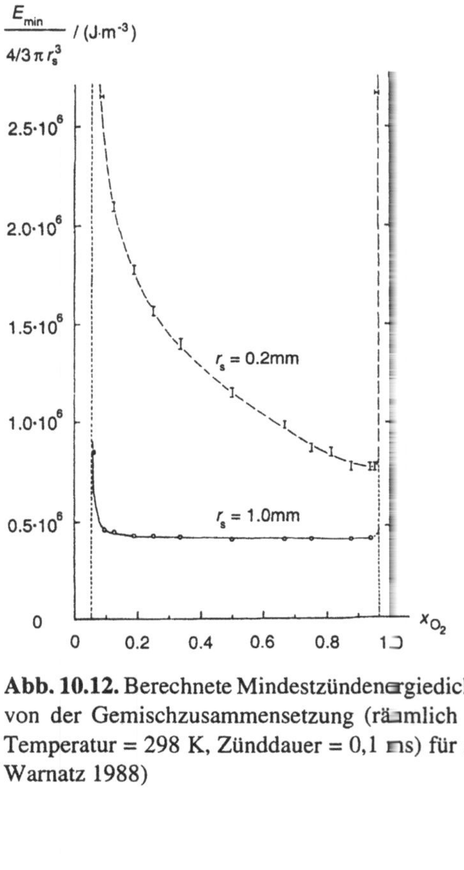

Abb. 10.12. Berechnete Mindestzündenergiedichten in Knallgasmischungen in Abhängigkeit von der Gemischzusammensetzung (räumlich homogener Druck, Anfangsdruck = 1 bar, Temperatur = 298 K, Zünddauer = 0,1 ms) für zwei verschiedene Zündradien r_s (Maas und Warnatz 1988)

10.6 Funkenzündung

Die oben behandelten Probleme (Zündgrenzen, Selbstzündung und Mindestzündenergie) spielen eine wichtige Rolle in der *Funkenzündung*, die wichtig ist z. B. in der Verbrennung in Otto-Motoren und für Sicherheitsbetrachtungen (Xu et al. 1994). Zur Vereinfachung von Experimenten benutzt man annähernd zylindersymmetrische Funken, so dass eine 2D-Beschreibung möglich sein sollte. Es wird dabei auf eine zeitlich gleichmäßige und langsame Entladung der elektrischen Energie geachtet, so dass gut definierte Bedingungen herrschen. Beispiele einer Untersuchung mit 2D-LIF von OH-Radikalen (siehe Kapitel 2) sind in Abb. 10.13 wiedergegeben (Xu et al. 1994).

Diese Experimente zusammen mit einer numerischen 2D-Auswertung (siehe Maas und Warnatz 1989, Thiele et al. 2000) sollten die Entwicklung von Kriterien für Zündung/Nicht-Zündung der Verbrennung in Otto-Motoren zur Benutzung in Motor-Simulationen erlauben. Für ein vorgegebenes Äquivalenzverhältnis kann Löschung entweder durch eine zu kleine Zündenergie oder durch Streckung der Flammenfront im inhomogenen Strömungsfeld verursacht werden (wie in Abschnitt 14.4 diskutiert). Weiterhin kann ein Einfluss des Elektrodenabstandes auf den Zündfunken (wegen erhöhter Wärmeableitung bei kleineren Abständen) beobachtet werden (siehe Abb. 10.13).

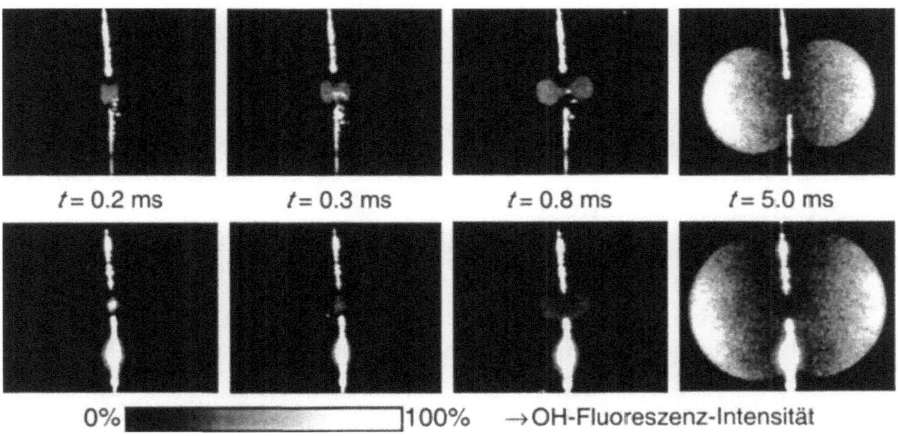

Abb. 10.13. Zeitliche Entwicklung des Flammenkerns während der Funkenzündung in einem 11% CH_3OH-Luft-Gemisch; E_{ign} = 1.6 mJ, t_{ign} = 35 μs, p = 600 mbar, Elektrodenabstand d = 3 mm (oben) und d = 2 mm (unten); die Elektrode ist wegen UV-Fluoreszenz sichtbar

10.7 Detonationen

Detonationen sollen an dieser Stelle nur kurz behandelt werden, obwohl sie sehr wichtig, z. B. für sicherheitstechnische Betrachtungen, sind. Ausführliche Beschreibungen dieses Phänomens finden sich z. B. bei Williams (1984) und Chue et al. (1993).

Bei Detonationen handelt es sich um einen Ausbreitungsprozess, bei dem im Gegensatz zur *Deflagration* (normale Flammenfortpflanzung, bedingt durch chemische Reaktion und molekulare Transportprozesse) die Flammenausbreitung durch eine Druckwelle bewirkt wird, welche durch die chemische Reaktion und die damit verbundene Wärmefreisetzung aufrechterhalten wird. Charakteristisch für Detonationsprozesse ist ihre große Ausbreitungsgeschwindigkeit (meist größer als 1000 m/s). Einer der Gründe für diese hohe Ausbreitungsgeschwindigkeit (und damit die Heftigkeit) von Detonationen ist die hohe Schallgeschwindigkeit im verbrannten Gas.

Die Detonationsgeschwindigkeit v_D (= Ausbreitungsgeschwindigkeit bezogen auf das unverbrannte Gas) sowie die Dichte ρ_b und der Druck p_b im verbrannten Gas lassen sich nach der Theorie von *Chapman-Jouguet* (siehe Hirschfelder et al. 1964) berechnen. Sie hängen von Druck p_u und Dichte ρ_u im unverbrannten Gas, von der spezifischen Reaktionswärme q und dem Verhältnis $\gamma = c_p / c_V$ der Wärmekapazitäten bei konstantem Druck bzw. konstantem Volumen ab. Es ergeben sich angenähert die formelmäßigen Zusammenhänge

$$v_D = \sqrt{2(\gamma^2 - 1)q} \qquad (10.9)$$

$$\frac{\rho_b}{\rho_u} = \frac{\gamma + 1}{\gamma} \qquad (10.10)$$

$$\frac{p_b}{p_u} = 2(\gamma - 1)\frac{q \cdot \rho_u}{p_u} \ . \qquad (10.11)$$

Einen Vergleich von Experimenten und Rechnungen gibt die Tabelle 10.1 wieder (p_u = 1 bar, T_u = 291 K).

Von besonderem Interesse ist die Frage, wann ein Übergang von einer regulären Flammenausbreitung (*Deflagration*) zu einer Detonation stattfinden kann. Mathematische Modellierungen erlauben die Simulation solcher Prozesse. Abbildungen 10.14 und 10.15 zeigen einen Übergang zu einer Detonation in einer Knallgasmischung. Die anfangs stattfindende Deflagration beschleunigt sich immer mehr, bis sie schließlich in eine Detonation übergeht.

Tab. 10.1. Ausbreitungsgeschwindigkeiten, Temperaturen und Drücke bei Detonationen in Wasserstoff-Sauerstoff-Systemen (Gaydon und Wolfhard 1979)

Mischung	p_b / bar	T_b / K	v_D(calc.) / (m·s^{-1})	v_D(exp.) / (m·s^{-1})
$2\,H_2 + O_2$	18,05	3583	2806	2819
$2\,H_2 + O_2 + 5\,N_2$	14,39	2685	1850	1822

Die Prozesse, die zu Detonationen führen, sind recht komplex. In experimentellen Untersuchungen beobachtet man meist die Ausbildung von zellulären Strukturen der Detonationsfront.

Auf diese Effekte kann jedoch hier nicht näher eingegangen werden, sondern es soll nur auf weiterführende Literatur (z. B. Oppenheim et al. 1963, Edwards 1969, Chue et al. 1993, He und Lee 1995) verwiesen werden.

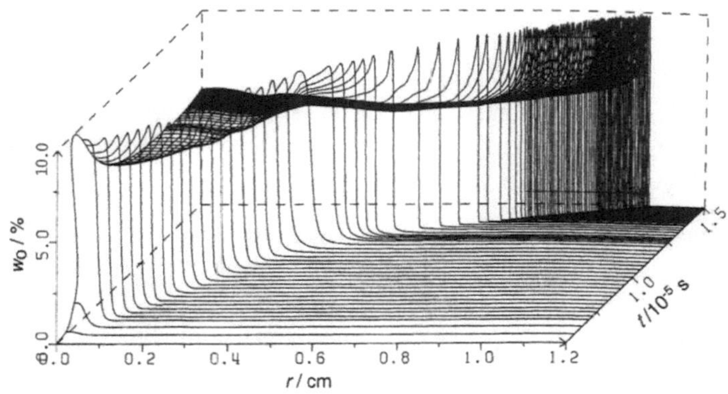

Abb. 10.14. O-Atom-Massenbrüche während der Entwicklung einer Detonation in einer H_2-O_2-Mischung bei einem Anfangsdruck von 2 bar (Goyal et al. 1990a,b). Die Flammenausbreitung wird durch einen kleinen Bereich erhöhter Temperatur (bei $r = 0$) induziert, wo als erstes eine Selbstzündung stattfindet, die dann zu einer Flammenausbreitung führt.

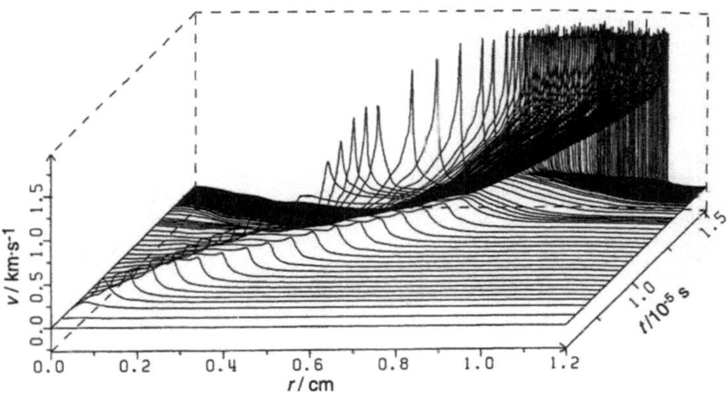

Abb. 10.15. Geschwindigkeitsprofile während der Entwicklung einer Detonation in einer H_2-O_2-Mischung bei einem Anfangsdruck von 2 bar (Goyal et al. 1990a,b)

10.8 Übungsaufgaben

Aufgabe 10.1: Betrachten Sie eine Einstufenreaktion F → P. Nach der Theorie von Semenov gibt es in einem reaktiven Gasgemisch, das in einem Behälter mit dem Volumen V_B eingeschlossen ist, nur dann stabile Zustände, wenn die bei der Reaktion entstehende Wärme

$$\dot{q}_P \;=\; M_F \cdot c_{F,0} \cdot Z \cdot \exp(-E/RT) \cdot (h_F - h_P)\, V_B$$

gleich der durch die Wärmeleitung zur Gefäßwand nach aussen abgeführten Wärme

$$\dot{q}_V = \chi \cdot S \cdot (T - T_W)$$

ist. Dabei sind $c_{F,0}$ die Konzentration des Brennstoffs zu Beginn der Reaktion, c der Wärmeübergangskoeffizient, T_W die Wandtemperatur des Behälters, V_B das Volumen und S die Oberfläche des Behälters.

a) Welche zusätzliche Bedingung gilt für die Zündgrenze, d. h. für den Punkt, für den gerade noch ein stabiler Zustand existiert? Welche zwei Variablen sind unbekannt?

b) Um die Zündtemperatur T_Z eines Gasgemisches zu ermitteln, wird dieses in einen Behälter eingefüllt, dessen Wandtemperatur T_W schrittweise erhöht wird. Bei T_W = 900 K wird eine Zündung des Gemischs beobachtet. Wie groß ist dann die Zündtemperatur, wenn die Aktivierungsenergie E = 167.5 kJ/mol beträgt?

Aufgabe 10.2: In einem stöchiometrischen Methan-Sauerstoff-Gemisch breitet sich nach der Zündung eine Detonationswelle aus. Bestimmen Sie die Ausbreitungsgeschwindigkeit v_D der Welle und die Nachströmgeschwindigkeit v_b des reagierten Gases. Wie groß sind Druck und Temperatur nach der Detonation? Es sind folgende Größen gegeben: Adiabatenkoeffizient im heissen Gas nach der Detonation γ = 1.16, Ausgangszustand: p_u = 1 bar, T_u = 298 K und

$$\Delta\overline{H}^0_{f,CH_4} = 74{,}92 \text{ kJ/mol}, \qquad \Delta\overline{H}^0_{f,O_2} = 0 \text{ kJ/mol}$$

$$\Delta\overline{H}^0_{f,H_2O} = -241{,}99 \text{ kJ/mol}, \qquad \Delta\overline{H}^0_{f,CO_2} = -393{,}79 \text{ kJ/mol}$$

11 Die Navier-Stokes-Gleichungen für dreidimensionale reaktive Strömungen

In den vorangegangenen Kapiteln wurden die Erhaltungsgleichungen für eindimensionale Flammen beschrieben und numerische Verfahren zu ihrer Lösung aufgezeigt. Ausgehend von einer Betrachtung der verschiedenen Prozesse in einer chemisch reagierenden Strömung sollen nun die allgemeinen dreidimensionalen Erhaltungsgleichungen für ein beliebiges System hergeleitet werden.

11.1 Die Erhaltungsgleichungen

Es soll ein beliebig (aber vernünftig) geformter Bereich Ω im dreidimensionalen Raum mit der Oberfläche $\partial\Omega$ betrachtet werden (siehe Abb. 11.1):

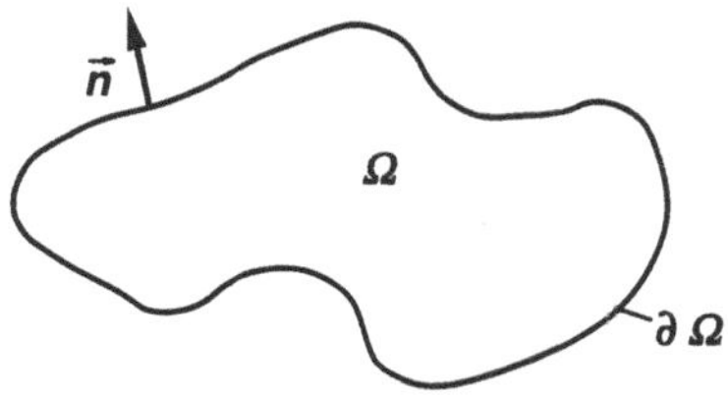

Abb. 11.1. Schematische Darstellung eines Volumenelementes Ω

Eine extensive Größe $F(t)$ lässt sich aus der zugehörigen Dichte $f(\vec{r},t) = \mathrm{d}F/\mathrm{d}V$ durch Integration über das ganze Volumenelement Ω berechnen. Es gilt dann (t = Zeit, $\vec{r}$ = Ortsvektor)

$$F(t) \quad = \quad \int_{\Omega} f(\vec{r},t)\mathrm{d}V, \tag{11.1}$$

wobei $\mathrm{d}V$ ein differentielles Volumenelement im betrachteten Volumen ist. Eine Änderung der extensiven Größe $F(t)$ kann durch drei verschiedene Prozesse erfolgen

($\vec{n}$ = Normalenvektor zur Oberfläche, dS = differentielles Oberflächenelement, siehe Abb. 11.1):

1. Änderung durch eine *Stromdichte* (oder einen *Fluss*) $\vec{\Phi}_f\, \vec{n}\, \mathrm{d}S$ durch die Oberfläche $\partial\Omega$ (bedingt z. B. durch Diffusion, Wärmeleitung, Reibungskräfte, Konvektion usw.). Die Stromdichte $\vec{\Phi}_f$ beschreibt hierbei die Menge F, die pro Zeit und Oberflächeneinheit fließt.
2. Änderung durch einen *Quellterm* q_f (z. B. durch chemische Reaktion) im Inneren des Volumenelementes, wobei q_f die pro Zeit und Volumeneinheit gebildete Menge an F beschreibt.
3. Änderung durch sogenannte *Fernwirkung* s_f (bekannte Beispiele sind hier die Wärmestrahlung und die Gravitation) von ausserhalb in das Innere des Volumenelementes Ω.

Die gesamte zeitliche Bilanz der jeweils betrachteten Größe F

$$\frac{\partial F}{\partial t} = \int_\Omega \frac{\partial f}{\partial t}\, \mathrm{d}V \tag{11.2}$$

lässt sich durch Integration des Flusses über die gesamte Oberfläche $\partial\Omega$ und Integration der Quellterme über das gesamte Volumenelement Ω berechnen als

$$\int_\Omega \frac{\partial f}{\partial t}\mathrm{d}V + \int_{\partial\Omega} \vec{\Phi}_f\, \vec{n}\, \mathrm{d}S = \int_\Omega q_f\, \mathrm{d}V + \int_\Omega s_f\, \mathrm{d}V. \tag{11.3}$$

Mit Hilfe des Gaußschen Integralsatzes (siehe Lehrbücher der Mathematik) lässt sich das Oberflächenintegral für die Änderung der Größe F durch den Fluss $\vec{\Phi}_f\, \vec{n}\, \mathrm{d}S$ durch ein Volumenintegral ersetzen,

$$\int_{\partial\Omega} \vec{\Phi}_f\, \vec{n}\, \mathrm{d}S = \int_\Omega \mathrm{div}\, \vec{\Phi}_f\, \mathrm{d}V, \tag{11.4}$$

und es ergibt sich der Zusammenhang

$$\int_\Omega \frac{\partial f}{\partial t}\mathrm{d}V + \int_\Omega \mathrm{div}\, \vec{\Phi}_f\, \mathrm{d}V = \int_\Omega q_f\, \mathrm{d}V + \int_\Omega s_f\, \mathrm{d}V. \tag{11.5}$$

Betrachtet man nun ein infinitesimal kleines Volumenelement und führt den Grenzübergang $\Omega \rightarrow 0$ durch, so erhält man

$$\frac{\partial f}{\partial t} + \mathrm{div}\, \vec{\Phi}_f = q_f + s_f. \tag{11.6}$$

Aus dieser allgemeinen Gleichung lassen sich nun Bilanzgleichungen für Masse, Energie, Impuls usw. herleiten (Hirschfelder und Curtiss 1949, Bird et al. 1960).

11.1.1 Erhaltung der Gesamtmasse

Betrachtet man die Gesamtmasse des Systems ($F = m$), so ist die entsprechende Dichte gegeben durch die *Massendichte* ρ. Die *Massenstromdichte* ergibt sich als Produkt aus der lokalen Strömungsgeschwindigkeit $\vec{v}$ und der Massendichte. Da Masse bei den hier betrachteten Prozessen weder vernichtet noch gebildet werden kann, treten weder Quell- noch Fernwirkungsterme auf, und man erhält die Zuordnungen

$$
\begin{aligned}
f_m &= \rho \\
\vec{\Phi}_m &= \rho \vec{v} \\
q_m &= 0 \\
s_m &= 0 \; .
\end{aligned}
$$

Nach Einsetzen in (11.6) erhält man die Beziehung

$$\frac{\partial \rho}{\partial t} + \operatorname{div}(\rho \vec{v}) = 0 . \qquad (11.7)$$

Diese Gleichung wird üblicherweise als *Massenerhaltungsgleichung* oder *Kontinuitätsgleichung* bezeichnet (Hirschfelder und Curtiss 1949, Bird et al. 1960).

11.1.2 Erhaltung der Speziesmassen

Betrachtet man die Masse m_i verschiedener Spezies, so ist die Dichte f gegeben durch die *partielle Massendichte* ρ_i der Teilchensorte i. Die lokale Strömungsgeschwindigkeit $\vec{v}_i$ der Teilchensorte i setzt sich zusammen aus der *mittleren Strömungsgeschwindigkeit* $\vec{v}$ des Schwerpunktes und der *Diffusionsgeschwindigkeit* $\vec{V}_i$ der Teilchensorte i (Geschwindigkeit relativ zum Schwerpunkt). Analog zur Bilanz für die Gesamtmasse tritt keine Fernwirkung auf.

Da durch chemische Reaktion jedoch Spezies ineinander umgewandelt werden, erhält man einen *Quellterm* $q_{m,i}$, der gegeben ist als das Produkt aus der molaren Masse M_i der Spezies und der Bildungsgeschwindigkeit ω_i in der molaren Skala (z. B. in mol/m^3·s). Daraus folgt:

$$
\begin{aligned}
f_{m,i} &= \rho_i &&= w_i \rho \\
\vec{\Phi}_{m,i} &= \rho_i \vec{v}_i &&= \rho_i (\vec{v} + \vec{V}_i) \\
q_{m,i} &= M_i \omega_i \\
s_{m,i} &= 0 \; .
\end{aligned}
$$

Bezeichnet man $\rho_i \vec{V}_i = \vec{j}_i$ als *Diffusionsstromdichte* (oder *Diffusionsfluss*), so erhält man nach Einsetzen in (11.6) die Erhaltungsgleichung (Hirschfelder und Curtiss 1949, Bird et al. 1960)

$$\frac{\partial \rho_i}{\partial t} + \operatorname{div}(\rho_i \vec{v}) + \operatorname{div} \vec{j}_i = M_i\, \omega_i\,. \tag{11.8}$$

11.1.3 Erhaltung des Impulses

Betrachtet man den Impuls $m\vec{v}$, so ist die Dichte $f_{m\vec{v}}$ gegeben durch die *Impulsdichte* $\rho\vec{v}$. Die *Impulsstromdichte* $\vec{\Phi}_{m\vec{v}}$ setzt sich zusammen aus einem konvektiven Anteil $\rho\vec{v}\otimes\vec{v}$ und einem Anteil $\overline{\overline{p}}$, der Impulsänderung durch Druck- und Reibungskräfte beschreibt (siehe Abschnitt 11.2). Es tritt kein Quellterm auf, jedoch existiert eine Fernwirkung, die *Gravitation*. Es gelten danach die Zuordnungen

$$\begin{aligned} f_{m\vec{v}} &= \rho\vec{v} \\ \vec{\Phi}_{m\vec{v}} &= \rho\vec{v}\otimes\vec{v} + \overline{\overline{p}} \\ q_{m\vec{v}} &= 0 \\ s_{m\vec{v}} &= \rho\vec{g}\quad . \end{aligned}$$

Dabei ist $\overline{\overline{p}}$ der *Drucktensor* (siehe weiter unten), $\otimes$ bezeichnet das dyadische Produkt zweier Vektoren (eine kurze Zusammenfassung der benötigten Definitionen und Gesetze aus der Vektor- und Tensoranalysis ist in Abschnitt 11.3 zu finden)), $\vec{g}$ ist die Erdbeschleunigung. Es ergibt sich durch Einsetzen in (11.6) die *Impulserhaltungsgleichung* (Hirschfelder und Curtiss 1949, Bird et al. 1960)

$$\frac{\partial(\rho\vec{v})}{\partial t} + \operatorname{div}(\rho\vec{v}\otimes\vec{v}) + \operatorname{div}\overline{\overline{p}} = \rho\vec{g}\,. \tag{11.9}$$

11.1.4 Erhaltung der Energie

Die Erhaltungsgleichung für die innere Energie bzw. die Enthalpie ergibt sich aus einer getrennten Betrachtung der potentiellen, der kinetischen und der inneren Energie. Für die Gesamtenergie erhält man die Zuordnungen

$$\begin{aligned} f_e &= \rho e \\ \vec{\Phi}_e &= \rho e\vec{v} + \overline{\overline{p}}\vec{v} + \vec{j}_q \\ q_e &= 0 \\ s_e &= q_\mathrm{r}\quad , \end{aligned}$$

wobei e die *spezifische Gesamtenergie* bezeichnet. Die *Energiestromdichte* $\vec{\Phi}_e$ setzt sich danach aus einem konvektiven Anteil $\rho e\vec{v}$, einem Anteil $\overline{\overline{p}}\vec{v}$, der Energieänderung durch Druck-und Reibungskräfte beschreibt, und einem durch Wärmeleitung bedingten Anteil zusammen ($\vec{j}_q$ = Wärmestromdichte). Während keine Quellterme auftreten, existiert als Fernwirkung die *Strahlung*, wobei q_r der Wärmeproduktionsterm durch Strahlung ist, angegeben z. B. in $\mathrm{J/(m^3{\cdot}s)}$.

Berücksichtigt man, dass sich die Gesamtenergiedichte aus der Dichte der inneren, der kinetischen und der potentiellen Energie zusammensetzt,

$$\rho e \;=\; \rho u + \frac{1}{2}\rho|\vec{v}|^2 + \rho G \tag{11.10}$$

mit G = Potential der Energie, $\vec{g}$ = grad G, u = spezifische innere Energie, so ergibt sich die *Energieerhaltungsgleichung* (Hirschfelder und Curtiss 1949, Bird et al. 1960)

$$\frac{\partial(\rho u)}{\partial t} + \mathrm{div}(\rho u \vec{v} + \vec{j}_q) + \overline{\overline{p}}:\mathrm{grad}\,\vec{v} \;=\; q_\mathrm{r} \tag{11.11}$$

wobei : die doppelte Verjüngung zweier Tensoren bezeichnet (siehe Abschnitt 11.3). Sie lässt sich mit der Beziehung $\rho h = \rho u + p$ in eine Erhaltungsgleichung für die spezifische Enthalpie umformen (Hirschfelder und. Curtiss 1949, Bird et al. 1960),

$$\frac{\partial(\rho h)}{\partial t} - \frac{\partial p}{\partial t} + \mathrm{div}(\rho \vec{v} h + \vec{j}_q) + \overline{\overline{p}}:\mathrm{grad}\,\vec{v} - \mathrm{div}(p\vec{v}) \;=\; q_\mathrm{r}\,. \tag{11.12}$$

11.2 Die empirischen Gesetze

Wenn die Anzahl der Gleichungen der Anzahl der abhängigen Variablen entspricht, dann ist das Gleichungssystem geschlossen. Die in Abschnitt 11.1 hergeleiteten Erhaltungsgleichungen sind erst in sich geschlossen, wenn man Gesetze formuliert, die die Stromdichten $\vec{j}_q$ und $\vec{j}_i$ sowie den Drucktensor $\overline{\overline{p}}$ als Funktionen bekannter Größen des Systems beschreiben. Man verwendet hierzu die sogenannten *empirischen Gesetze,* die sich jedoch auch mittels der kinetischen Theorie verdünnter Gase und der irreversiblen Thermodynamik herleiten lassen (Hirschfelder et al. 1964; siehe Kapitel 5).

11.2.1 Das Newtonsche Schubspannungsgesetz

Empirisch ergibt sich aus einer großen Anzahl von Untersuchungen für den Drucktensor (siehe Abschnitt 11.3) der Zusammenhang

$$\overline{\overline{p}} \;=\; p\overline{\overline{E}} + \overline{\overline{\Pi}}\,. \tag{11.13}$$

Dabei ist $\overline{\overline{E}}$ der Einheitstensor und p der hydrostatische Druck. Der erste Term in (11.13) beschreibt den *hydrostatischen* Anteil von $\overline{\overline{p}}$, der zweite Term den *viskosen* Anteil.

Die kinetische Theorie für verdünnte Gase ergibt weiterhin den Zusammenhang (Hirschfelder et al. 1964)

$$\overline{\overline{\Pi}} = -\mu\left[(\operatorname{grad}\vec{v})+(\operatorname{grad}\vec{v})^{\mathrm{T}}\right] + \left(\frac{2}{3}\mu-\kappa\right)(\operatorname{div}\vec{v})\overline{\overline{E}}, \tag{11.14}$$

wobei μ die mittlere *dynamische Viskosität* der Mischung bezeichnet. Die *Volumenviskosität* κ beschreibt Reibungskräfte, die bei der Expansion eines Fluids (bedingt durch Relaxationseffekte zwischen inneren Freiheitsgraden und der Translation) auftreten. Für einatomige Gase existieren keine inneren Freiheitsgrade, und es gilt $\kappa = 0$. Vernachlässigt man den Effekt der Volumenviskosität, so erhält man

$$\overline{\overline{\Pi}} = -\mu\left[(\operatorname{grad}\vec{v})+(\operatorname{grad}\vec{v})^{\mathrm{T}} - \frac{2}{3}(\operatorname{div}\vec{v})\overline{\overline{E}}\right]. \tag{11.15}$$

11.2.2 Das Fouriersche Wärmeleitfähigkeitsgesetz

Die Wärmestromdichte (siehe Abschnitt 11.1.4) ist gegeben durch die drei verschiedenen Anteile (Hirschfelder et al. 1964)

$$\vec{j}_q = \vec{j}_q^{\,\mathrm{c}} + \vec{j}_q^{\,\mathrm{D}} + \vec{j}_q^{\,\mathrm{d}}, \tag{11.16}$$

wobei $\vec{j}_q^{\,\mathrm{c}}$ den durch *Wärmeleitung*, $\vec{j}_q^{\,\mathrm{D}}$ den durch den *Dufour-Effekt* und $\vec{j}_q^{\,\mathrm{d}}$ den durch Diffusionsflüsse bedingten Anteil beschreiben (vergl. Kapitel 5),

$$\vec{j}_q^{\,\mathrm{c}} = -\lambda \operatorname{grad} T \tag{11.17}$$

$$\vec{j}_q^{\,\mathrm{D}} = \overline{M}RT\sum_i\sum_{j\neq i}\frac{D_i^{\mathrm{T}}}{\rho D_{ij}M_iM_j}\left(\frac{w_j}{w_i}\vec{j}_i - \vec{j}_j\right) \tag{11.18}$$

$$\vec{j}_q^{\,\mathrm{d}} = \sum_i h_i\,\vec{j}_i \tag{11.19}$$

mit λ = Wärmeleitfähigkeitskoeffizient, T = Temperatur, M_i = molare Masse, R = allgemeine Gaskonstante, D_i^{T} = Thermodiffusionskoeffizient, D_{ij} = binäre Diffusionskoeffizienten und h_i = spezifische Enthalpie des Stoffes i. Der Dufour-Effekt ist bei Verbrennungsprozessen normalerweise vernachlässigbar, so dass man vereinfacht schreiben kann

$$\vec{j}_q = -\lambda \operatorname{grad} T + \sum_i h_i\,\vec{j}_i\,. \tag{11.20}$$

11.2.3 Ficksches Gesetz und Thermodiffusion

Für die Diffusion ergeben sich drei verschiedene Anteile, die gegeben sind durch einen Anteil $\vec{j}_i^{\,\mathrm{d}}$, der die gewöhnliche Diffusion beschreibt, durch einen von dem Thermodiffusionseffekt bedingten Anteil $\vec{j}_i^{\,\mathrm{T}}$ und durch einen durch *Druckdiffusion* bedingten Anteil $\vec{j}_i^{\,p}$:

$$\vec{j}_i = \vec{j}_i^{\,\mathrm{d}} + \vec{j}_i^{\,\mathrm{T}} + \vec{j}_i^{\,p} \tag{11.21}$$

$$\vec{j}_i^{\,\mathrm{d}} = \rho_i \vec{V}_i = \frac{\rho M_i}{\overline{M}^2} \sum_{j \neq i} D_{ij}^{\mathrm{mult}} M_j \,\mathrm{grad}\, x_j \tag{11.22}$$

$$\vec{j}_i^{\,\mathrm{T}} = -D_i^{\mathrm{T}} \,\mathrm{grad}(\ln T) \tag{11.23}$$

$$\vec{j}_i^{\,p} = \frac{\rho M_i}{\overline{M}^2} \sum_{j \neq i} D_{ij}^{p} M_j \left(x_j - w_j\right) \mathrm{grad}(\ln p) \tag{11.24}$$

mit $\vec{V}_i$= Diffusionsgeschwindigkeit der Spezies i, x_i = Molenbruch, p = Druck. Die D_{ij}^{mult} sind *Multikomponenten-Diffusionskoeffizienten*, die konzentrationsabhängig sind und sich aus den binären Diffusionskoeffizienten berechnen lassen (Waldmann 1947, Curtiss und Hirschfelder 1959).

Die Druckdiffusion ist in Verbrennungsprozessen meist vernachlässigbar. Wie in Kapitel 5 beschrieben erhält man für die Diffusionsstromdichte näherungsweise

$$\vec{j}_i = -D_i^{\mathrm{M}} \rho \frac{w_i}{x_i} \mathrm{grad}(x_i) - D_i^{\mathrm{T}} \mathrm{grad}(\ln T), \tag{11.25}$$

was in vielen Anwendungsfällen eine recht gut brauchbare Näherung darstellt. Dabei ist D_i^{M} ein mittlerer Diffusionskoeffizient für die Diffusion der Teilchensorte i in die Mischung der anderen Spezies (Stefan 1874):

$$D_i^{\mathrm{M}} = \frac{1 - w_i}{\sum_{j \neq i} x_j / D_{ij}}. \tag{11.26}$$

11.2.4 Ermittlung von Transportkoeffizienten aus molekularen Eigenschaften

Die in den vorhergehenden Abschnitten zur Ermittlung der Stromdichten verwendeten Transportkoeffizienten λ, μ, D_i^{T} und D_{ij} können mit Hilfe der kinetischen Gastheorie aus molekularen Daten (vergl. Kapitel 5) und den abhängigen Variablen ρ, w_i, $\vec{v}$, T und p bestimmt werden. Damit bilden die Erhaltungsgleichungen für Gesamtmasse, Teilchenmasse, Impuls und Energie zusammen mit dem idealen Gasgesetz ein geschlossenes Gleichungssystem für Gesamtdichte ρ, Massenbrüche w_i, Geschwindigkeit $\vec{v}$, Temperatur T und Druck p.

11.3 Anhang: Einige verwendete Definitionen und Gesetze aus der Vektor- und Tensorrechnung

Es sollen hier kurz einige Definitionen und Gesetze aus der Vektor- und Tensorrechnung dargestellt werden, welche in den vorangegangenen Abschnitten verwendet worden sind. Es werden hier nur kartesische Koordinaten betrachtet. Einzelheiten findet man z. B. in Bird et al. (1960) oder Aris (1962). S bezeichnet einen *Skalar*, $\vec{v}$ einen *Vektor* und $\bar{\bar{T}}$ einen *Tensor*.

Das *dyadische Produkt* zweier Vektoren $\vec{v}$ und $\vec{v}'$ führt zu einem *Tensor* $\bar{\bar{T}}$,

$$\vec{v} \otimes \vec{v}' = \begin{pmatrix} v_x v'_x & v_x v'_y & v_x v'_z \\ v_y v'_x & v_y v'_y & v_y v'_z \\ v_z v'_x & v_z v'_y & v_z v'_z \end{pmatrix} \quad \text{mit} \quad \bar{\bar{T}} = \begin{pmatrix} T_{xx} & T_{xy} & T_{xz} \\ T_{yx} & T_{yy} & T_{yz} \\ T_{zx} & T_{zy} & T_{zz} \end{pmatrix}.$$

Der *transponierte Tensor* $\bar{\bar{T}}^{\mathrm{T}}$ entsteht durch Vertauschung von Zeilen und Spalten,

$$\bar{\bar{T}}^{\mathrm{T}} = \begin{pmatrix} T_{xx} & T_{yx} & T_{zx} \\ T_{xy} & T_{yy} & T_{zy} \\ T_{xz} & T_{yz} & T_{zz} \end{pmatrix}.$$

Der *Einheitstensor* $\bar{\bar{E}}$ ist gegeben durch

$$\bar{\bar{E}} = \begin{pmatrix} 1 & 0 & 0 \\ 0 & 1 & 0 \\ 0 & 0 & 1 \end{pmatrix}.$$

Die *doppelte Verjüngung* $\bar{\bar{T}}:\bar{\bar{T}'}$ zweier Tensoren $\bar{\bar{T}}$ und $\bar{\bar{T}'}$ ergibt einen Skalar

$$\bar{\bar{T}}:\bar{\bar{T}'} = \sum_i \sum_j T_{ij} T'_{ji} = S.$$

Der *Gradient* eines Skalars ergibt einen Vektor

$$\operatorname{grad} S = \begin{pmatrix} \dfrac{\partial S}{\partial x} \\ \dfrac{\partial S}{\partial y} \\ \dfrac{\partial S}{\partial z} \end{pmatrix}.$$

Der *Gradient* eines Vektors ergibt einen Tensor

$$\operatorname{grad} \vec{v} = \begin{pmatrix} \dfrac{\partial v_x}{\partial x} & \dfrac{\partial v_y}{\partial x} & \dfrac{\partial v_z}{\partial x} \\ \dfrac{\partial v_x}{\partial y} & \dfrac{\partial v_y}{\partial y} & \dfrac{\partial v_z}{\partial y} \\ \dfrac{\partial v_x}{\partial z} & \dfrac{\partial v_y}{\partial z} & \dfrac{\partial v_z}{\partial z} \end{pmatrix}.$$

Die *Divergenz* eines Vektors ergibt den Skalar

$$\operatorname{div}\vec{v} = \frac{\partial v_x}{\partial x} + \frac{\partial v_y}{\partial y} + \frac{\partial v_z}{\partial z}.$$

Die *Divergenz* eines Tensors ergibt schließlich einen Vektor

$$\operatorname{div}\overline{\overline{T}} = \begin{pmatrix} \dfrac{\partial T_{xx}}{\partial x} + \dfrac{\partial T_{yx}}{\partial y} + \dfrac{\partial T_{zx}}{\partial z} \\ \dfrac{\partial T_{xy}}{\partial x} + \dfrac{\partial T_{yy}}{\partial y} + \dfrac{\partial T_{zy}}{\partial z} \\ \dfrac{\partial T_{xz}}{\partial x} + \dfrac{\partial T_{yz}}{\partial y} + \dfrac{\partial T_{zz}}{\partial z} \end{pmatrix}.$$

11.4 Übungsaufgaben

Aufgabe 11.1. Schreiben Sie den Drucktensor (siehe dazu die Definitionen in Abschnitt 11.3)

$$\overline{\overline{p}} = p\overline{\overline{E}} - \mu\left[(\operatorname{grad}\vec{v}) + (\operatorname{grad}\vec{v})^{\mathrm{T}} - \frac{2}{3}(\operatorname{div}\vec{v})\overline{\overline{E}}\right]$$

in Matrizenschreibweise in kartesischen Koordinaten. Wie sieht die Impulserhaltungsgleichung für eine reibungsbehaftete eindimensionale Strömung aus?

Aufgabe 11.2. Zwischen zwei Kammern mit je 1 Liter Volumen befindet sich eine 150 cm lange dünne Leitung mit geschlossenem Ventil. Beide Kammern enthalten ein Xenon-Helium-Gemisch gleicher Stoffmengenanteile $x_{\mathrm{Xe}} = x_{\mathrm{He}} = 0{,}5$ bei einem Druck von 1 bar. Die Temperaturen der Kammern unterscheiden sich; sie werden konstant auf 300 K und 400 K gehalten.

(a) Welche Stoffmengenstromdichte $\vec{j}^{\,*}_{\mathrm{He}}$ des Heliums stellt sich nach dem Öffnen des Ventils unmittelbar am Auslass der kalten Kammer ein (dabei sei vorausgesetzt, dass $V_{\mathrm{Leitung}} \ll V_{\mathrm{Kammern}}$).
(b) Welche Stoffmengenanteile für Helium stellen sich nach langer Wartezeit in den Kammern ein?
(c) Wieviel des Heliums ist nach sehr langer Wartezeit durch die Leitung diffundiert?

Anmerkung: Ähnlich wie der Massenstrom ist der Stoffmengenstrom in einem Zweistoffgemisch definiert als

$$\vec{j}^{\,*}_i = -D_{12}\, c \operatorname{grad}(x_i) - D^{\mathrm{T}}_{12}\, c \operatorname{grad}(\ln T).$$

Der auf die Stoffmenge bezogene Thermodiffusionskoeffizient ist gegeben durch den Ausdruck

$$D_{12}^{\mathrm{T}} = D_{12}\,\alpha \cdot x_1\,x_2,$$

wobei α für die schwerere Komponente positiv und für die leichtere negativ anzusetzen ist. Gegeben sind

$$D_{\mathrm{He,Xe}} = 0{,}71\,\frac{\mathrm{cm}^2}{\mathrm{s}} \qquad \text{und} \qquad \alpha_{\mathrm{He}} = -0{,}43.$$

Aufgabe 11.3. Die x-Komponente der Geschwindigkeitsverteilung einer reibungsfreien, inkompressiblen, stationären, zweidimensionalen Strömung sei z. B. gegeben durch $v_x(x,y) = -x$. (Die Dichte ρ sei gleich 1.)

(a) Was muss für die y-Komponente $v_y(x,y)$ gelten, damit die Kontinuitätsgleichung erfüllt wird (im Punkt $x = 0$, $y = 0$ sei $v_y(x,y) = 0$)?
(b) Bestimmen Sie den Verlauf der Stromlinien! Um welche Strömung handelt es sich?
(c) Wie sieht die Druckverteilung aus, wenn im Punkt $x = 0$, $y = 0$ der Druck p_0 herrscht? Der Drucktensor ist dabei

$$\overline{\overline{p}} = \begin{pmatrix} p & 0 \\ 0 & p \end{pmatrix}.$$

Aufgabe 11.4. Leiten Sie die Impulsgleichung für eine reibungsfreie zweidimensionale Strömung anhand eines kleinen Flächenelementes her. Ausser Druckkräften sollen keine weiteren Kräfte auftreten.

12 Turbulente reaktive Strömungen

In den vorangegangenen Kapiteln wurden vorgemischte und nicht-vorgemischte Flammen unter der Annahme eines laminaren Strömungsfeldes diskutiert. Die meisten technischen Verbrennungsprozesse (Motoren, Brenner, Gasturbinen) verlaufen jedoch unter *turbulenten* Bedingungen. In *turbulenten reaktiven Strömungen* sind Mischungsprozesse erheblich schneller. Deshalb sind kleinere Abmessungen der Brennkammern im Vergleich zu laminaren Verbrennungsprozessen möglich. Trotz der weiten Verbreitung turbulenter Verbrennungsprozesse gibt es noch viele offene Fragen. Deshalb ist ein verbessertes Verständnis turbulenter Verbrennungsprozesse ein sehr aktuelles Forschungsgebiet.

Im Gegensatz zu laminaren Strömungen sind turbulente Prozesse durch schnelle Fluktuationen von Geschwindigkeit, Dichte, Temperatur und Zusammensetzung charakterisiert. Diese *chaotische* Natur der Turbulenz ist durch die hohe Nichtlinearität der zugrundeliegenden physikalisch-chemischen Prozesse begründet. Selbst kleine Änderungen der Parameter eines Strömungsfeldes können zu Instabilitäten und damit zur Ausbildung von Turbulenz führen.

Die Komplexität turbulenter Verbrennungsprozesse ist ein Grund dafür, dass die mathematischen Modelle zu ihrer Beschreibung bei weitem noch nicht so weit entwickelt sind wie Modelle zur Beschreibung laminarer Flammen. Im vorliegenden Kapitel soll nicht ein umfassender Überblick über das Phänomen der Turbulenz gegeben werden, sondern es sollen insbesondere Ansätze beschrieben werden, die es erlauben, die Kopplung der chemischen Kinetik mit den turbulenten Prozessen zu beschreiben. Einen umfassenden Überblick über turbulente Verbrennung findet man z. B. in einem Buch von Libby und Williams (1994).

12.1 Einige Grunderscheinungen

In laminaren Strömungen nehmen Geschwindigkeit und Skalare wohldefinierte Werte an. Im Gegensatz dazu sind turbulente Strömungen durch kontinuierliche *Fluktuationen* der Geschwindigkeit charakterisiert, die ihrerseits zu Fluktuationen der Skalare, wie Dichte, Temperatur und Konzentrationen, führen können. Diese Geschwindigkeitsfluktuationen (und damit auch Fluktuationen der Skalare) werden durch Wirbel bedingt, die durch Scherkräfte in der Strömung entstehen. Abbildung 12.1 zeigt die Entstehung und Entwicklung von Wirbeln, wenn zwei Fluidströme mit verschiedener Geschwindigkeit miteinander in Kontakt gebracht werden. Zwei in Abb. 12.1 erkennbare Phänomene sind von besonderer Bedeutung:

Als erstes lässt sich erkennen, dass das Fluid aus der oberen Schicht senkrecht zur Hauptströmungsrichtung in die untere Schicht strömt und umgekehrt. Dieser Konvektionsprozess, der durch die Bewegung der Wirbel bedingt wird, beschleunigt die Vermischung erheblich. Zweitens erkennt man, dass die Fläche der Grenzschicht stark vergrößert wird und damit auch die molekularen Mischungsprozesse zunehmen. Die Geschwindigkeit dieser molekularen Mischungsprozesse wird zusätzlich durch die steilen Gradienten erhöht, die sich durch die Streckung der Grenzfläche ausbilden.

Das Wachstum der Wirbel folgt aus einer Konkurrenz zwischen ihrer (nichtlinearen) Erzeugung und ihrer Zerstörung durch Dissipation. Der Umschlag einer *laminaren* in eine *turbulente* Strömung erfolgt bei einer charakteristischen *Reynoldszahl* $Re = \rho v l/\mu = v l/\nu$, die die Konkurrenz zwischen der destabilisierenden Trägheitskraft und einer stabilisierenden (oder dämpfenden) Viskositätskraft wiederspiegelt. Dabei ist ρ die Dichte, v die Geschwindigkeit und μ die Zähigkeit des betrachteten Fluids ($\nu = \mu/\rho$) und l eine charakteristische Länge des Systems. Diese Länge hängt von der Art und Geometrie des Systems ab. Für Rohrströmungen verwendet man z. B. den Rohrdurchmesser. Die kritische Reynolds-Zahl hängt von der Geometrie des betrachteten Problems ab und liegt z. B. bei der Rohrströmung bei ungefähr 2000. Überwiegen die destabilisierenden Prozesse die stabilisierenden Vorgänge, so führen selbst allerkleinste Störungen zu drastischen Änderungen der Strömung und bewirken somit einen Übergang zur Turbulenz.

Es existieren zahlreiche Beispiele turbulenter Strömungen, die sowohl für das theoretische Verständnis als auch für die Praxis relevant sind. Hier sollen nur einige einfache Beispiele vorgestellt werden (siehe z. B. Hinze 1972, Sherman 1990):

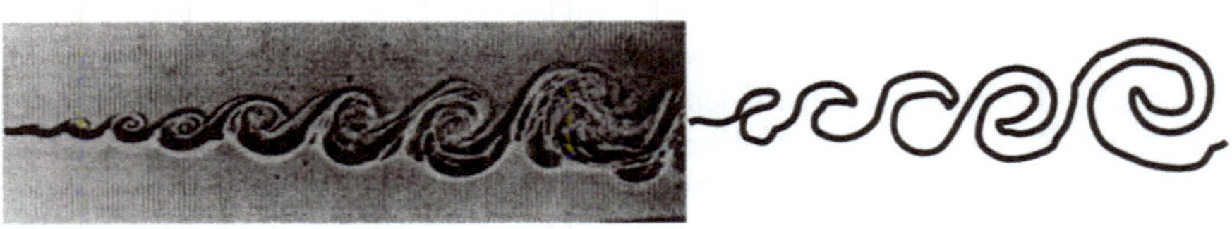

Abb. 12.1. Ausbildung einer turbulenten Scherschicht (Roshko 1975)

Scherschicht: Zwei parallel strömende Fluidschichten vermischen sich in der Grenzschicht hinter einer Trennplatte. Zuerst ist die Strömung zunächst noch laminar. Danach bilden sich jedoch bedingt durch die großen Scherkräfte *Wirbel* aus, bis schließlich ein vollständiger Übergang zur Turbulenz stattfindet (siehe Abb. 12.1). Die charakteristische Länge l ist hier der Abstand zur Trennplatte oder die Dicke der Scherschicht. In beiden Fällen nimmt die Reynoldszahl in Strömungsrichtung zu, und man erhält nach einem gewissen Abstand von der Trennplatte eine voll entwickelte turbulente Strömung (Oran und Boris 1993). Die Scherströmung ist die einfachste Anordnung, die die Voraussetzung für Turbulenz aufweist, und wurde deshalb eingehend untersucht (siehe z. B. Dimotakis und Miller 1990).

Rohrströmung: Hier wird die Turbulenz durch die Scherkräfte erzeugt, die entstehen, weil im Gegensatz zur Geschwindigkeit in der Mitte des Rohres die Geschwindigkeit an der Wand Null ist. Die charakteristische Länge ist hier der Rohrdurchmesser. Über einer Reynoldszahl von 2000 können die Reibungskräfte die Instabilitäten nicht mehr dämpfen und man erhält einen Übergang zu einer turbulenten Strömung. Damit verbunden ist eine sehr starke Beschleunigung der Mischungsprozesse. Die Vergrößerung der Impulsübertragung bewirkt einen gegenüber laminaren Strömungen erhöhten Druckabfall längs des Rohres bei gleichem Volumenstrom.

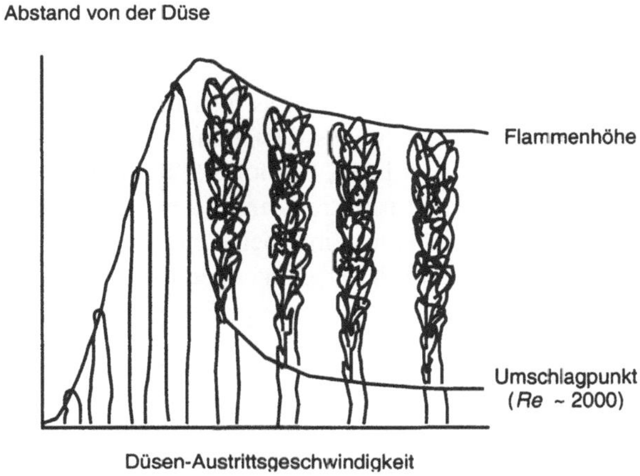

Abb. 12.2. Umschlag zur Turbulenz bei einer nicht vorgemischten Strahlflamme (nach Hottel und Hawthorne 1949). Bei hohen Reynoldszahlen bleibt die Flammenhöhe konstant.

Turbulente vorgemischte Flammen: Flammen können am Austritt eines Rohres stabilisiert werden. Bei niedriger Strömungsgeschwindigkeit verhalten sich solche Bunsenbrennerflammen laminar. Ab einer bestimmten Austrittsgeschwindigkeit verbrennt das Gemisch nicht mehr lautlos in einer wohldefinierten laminaren Flammenfront, sondern geräuschvoll in einer turbulenten Strömung. Bei Betrachtung mit dem Auge entsteht der Eindruck einer breiten diffusen Flammenfront, bei zeitlicher Auflösung erkennt man gewinkelte und sogar aufgerissene Flammenfronten mit stark fluktuierenden Strukturen (siehe Abb. 14.1-14.3). Turbulente vorgemischte Flammen findet man auch bei der Verbrennung in Ottomotoren und Gasturbinen.

Turbulente nicht-vorgemischte Flammen: Wenn Brennstoff aus einem Rohr in die Umgebungsluft einströmt, ist die resultierende Flamme bei niedrigen Strömungsgeschwindigkeiten laminar, bei hohen Geschwindigkeiten jedoch turbulent. Über einen Abstand von einigen Rohrdurchmessern hinweg lässt sich die Strömung wie eine axialsymmetrische Scherströmung beschreiben. Nach einigen Rohrdurchmessern wird der Brennstoffstrahl, der eine Seite der Scherströmung darstellt, durch Mischung mit der Umgebungsluft verdünnt. Wie in Abb. 12.2 zu sehen ist, nimmt die Höhe der Flamme mit zunehmender Strömungsgeschwindigkeit zu, bis die Turbulenz dazu führt, dass die Vermischung mit der Luft genauso schnell wie die Brennstoffzufuhr wird. Dann wird die Flammenlänge unabhängig von der Ausströmgeschwindigkeit.

12.2 Direkte Numerische Simulationen

Es gibt keinen Hinweis gegen die Gültigkeit der Navier-Stokes-Gleichungen auch für turbulente Strömungen, solange die turbulenten Längenmaße (siehe weiter unten) groß gegenüber den intermolekularen Abständen sind. Dies ist in Verbrennungsprozessen bei Atmosphärendruck regelmäßig erfüllt, so dass man im Prinzip eine turbulente Strömung durch Lösung der Navier-Stokes-Gleichungen beschreiben könnte. Bei *direkten numerischen Simulationen* (DNS, Reynolds 1989) müssen jedoch selbst die kleinsten Längenskalen bei der Ortsdiskretisierung aufgelöst werden (vergleiche Kapitel 8). Das Problem besteht daher in dem dabei nicht zu bewältigenden Rechenaufwand. Dies lässt sich durch einfache Überlegungen demonstrieren: Das Verhältnis von größtem und kleinstem turbulentem Längenmaß ist gegeben durch (siehe Abschnitt 12.10)

$$\frac{l_0}{l_K} \approx R_l^{3/4}, \qquad (12.1)$$

wobei R_l eine *Turbulenz-Reynoldszahl* ist, die in Abschnitt 12.10 definiert wird und für die allgemein $R_l < Re$ gilt. l_0 ist hierbei das *integrale Längenmaß*, das die größte Längenskala angibt und von den Gefäßabmessungen bestimmt wird. l_K ist das *Kolmogorov-Längenmaß*, das die Längenskala der kleinsten turbulenten Strukturen darstellt (siehe Abschnitt 12.10).

Für eine übliche turbulente Strömung mit $R_l = 500$ ist $l_0/l_K \approx 100$, so dass man zur örtlichen Auflösung der kleinsten Strukturen pro Dimension ein Gitter mit ~1000 Gitterpunkten, für 3D-Probleme also 10^9 Punkte braucht. Berücksichtigt man, dass zur Beschreibung eines instationären Verbrennungsvorganges mindestens 1000 Zeitschritte benötigt werden, so kommt man (bei 100 Rechenoperationen pro Gitterpunkt) auf eine Zahl von Rechenoperationen, die in der Größenordnung von 10^{14} ist. Ein weiteres Problem besteht darin, dass die Rechenzeit zur direkten Simulation ausser von der Beziehung (12.1) auch von der Tatsache bestimmt wird, dass die Zeitschritte umgekehrt proportional zum Quadrat der Stützstellenabstände reduziert werden müssen. Daraus resultiert, dass die Rechenzeit für die direkte Simulation mit etwa der vierten Potenz der Reynoldszahl ansteigt.

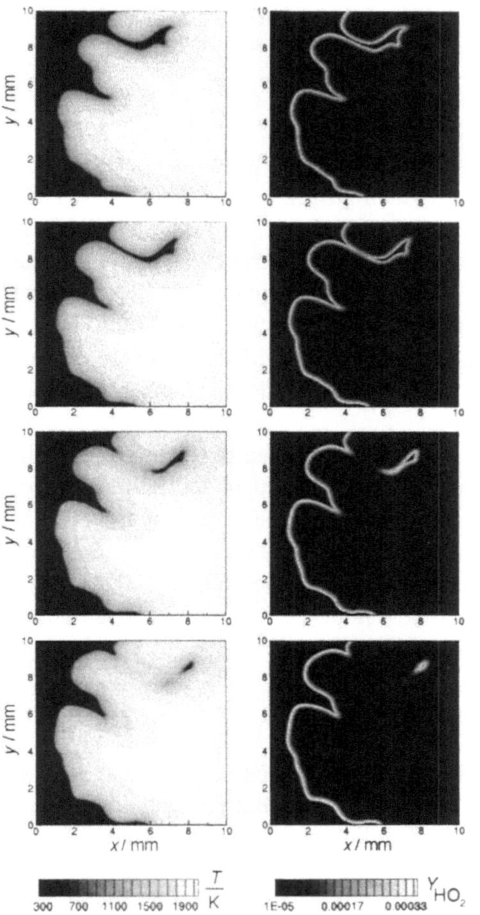

Abb. 12.4. Direkte numerische Simulation einer vorgemischten Wassertoff-Luft-Flamme (Lange et al. 1998). Die Zeiten nach Einwirkung des turbulenten Strömungsfeldes sind (von oben nach unten) 0,90 ms, 0,95 ms, 1,00 ms, und 1,05 ms. Die anfängliche Turbulenzintensität bei $t = 0$ entspricht einer Reynoldszahl $R_l = 175$.

Trotz dieser Probleme sind DNS für kleine Reynoldszahlen (heute $R_l < 1000$) bei sehr kleinen räumlich dreidimensionalen Systemen mit ein oder zwei chemischen Reaktionen oder bei zweidimensionalen Systemen unter Verwendung detaillierter Reaktionsmechanismen (siehe Abb. 12.3) möglich. Diese Simulationen sind zwar weit entfernt von praktischen Verbrennungssystemen, können jedoch bei kleinen Reynoldszahlen sehr nützliche Informationen über den Charakter turbulenter Verbrennungsprozesse liefern. Für praktische Anwendungen sind direkte Lösungen der Navier-Stokes-Gleichungen noch nicht möglich. Deswegen gibt es viele Näherungsansätze für turbulente reaktive Strömungen. Bevor diese diskutiert werden, sollen in den Abschnitten 12.3 bis 12.5 einige Grundkonzepte vorgestellt werden.

12.3 Konzepte zur Turbulenzmodellierung: Wahrscheinlichkeitsdichtefunktionen (PDF)

Selbst wenn die DNS technischer Systeme möglich wären, wäre man in der Praxis meist nicht an den lokalen Strukturen, sondern an globalen Ergebnissen, wie z. B. zeitlich gemittelten Temperaturen oder Zusammensetzungen, interessiert. Damit solche Aussagen getroffen werden könnten, müssten zahlreiche direkte numerische Simulationen für verschiedene (gering variierte) Eingangsparameter durchgeführt werden, da die lokalen Strukturen turbulenter Strömungen extrem stark von Anfangs- und Randbedingungen abhängen (große *parametrische Sensitivität*). Um dieses Problem zu umgehen, erscheint eine statistische Beschreibung der Turbulenz (als chaotischem Prozess) angemessen.

Die Wahrscheinlichkeit, dass das Fluid am Ort $\vec{r}$ eine Dichte zwischen ρ und ρ+dρ besitzt, dass die Geschwindigkeit in x-Richtung zwischen υ_x und $\upsilon_x + \mathrm{d}\upsilon_x$, die Geschwindigkeit in y-Richtung zwischen υ_y und $\upsilon_y + \mathrm{d}\upsilon_y$ und die Geschwindigkeit in z-Richtung zwischen υ_z und $\upsilon_z + \mathrm{d}\upsilon_z$ liegen, die Temperatur sich im Bereich zwischen T und T+dT befindet und die die lokale Zusammensetzung beschreibenden Massenbrüche w_i jeweils einen Wert zwischen w_i und $w_i + \mathrm{d}w_i$ besitzen, ist gegeben durch (siehe z. B. Libby und Williams 1980, 1994)

$$P(\rho, \upsilon_x, \upsilon_y, \upsilon_z, w_1, \ldots, w_{S-1}, T; \vec{r})\,\mathrm{d}\rho\;\mathrm{d}\upsilon_x\;\mathrm{d}\upsilon_y\;\mathrm{d}\upsilon_z\;\mathrm{d}w_1, \ldots, \mathrm{d}w_{S-1}\;\mathrm{d}T,$$

wobei P als *Wahrscheinlichkeitsdichtefunktion* (englisch: *probability density function, PDF*) bezeichnet wird (w_S geht wegen $\Sigma w_i = 1$ nicht in die Betrachtung ein).

Eine *Normierungsbedingung* für die Wahrscheinlichkeitsdichtefunktion ergibt sich aus der Tatsache, dass die Wahrscheinlichkeit, dass sich das System irgendwo im durch die Koordinaten ρ, υ_x, υ_y, υ_z, $w_1, \ldots, w_{S-1}$, T aufgespannten Konfigurationsraum befindet, gleich Eins sein soll,

$$\int_0^\infty \int_0^1 \ldots \int_0^1 \int_{-\infty}^\infty \int_{-\infty}^\infty \int_{-\infty}^\infty \int_0^\infty P(\rho, \upsilon_x, \upsilon_y, \upsilon_z, w_1, \ldots, w_{S-1}, T; \vec{r}) \cdot \mathrm{d}\rho\;\mathrm{d}\upsilon_x\;\mathrm{d}\upsilon_y\;\mathrm{d}\upsilon_z\;\mathrm{d}w_1 \ldots \mathrm{d}w_{S-1}\;\mathrm{d}T \quad = \quad 1\,. \qquad (12.2)$$

Kennt man an einem Punkt $\vec{r}$ die Wahrscheinlichkeitsdichtefunktion $P(\vec{r})$, so lassen sich leicht *Mittelwerte* der lokalen Eigenschaften berechnen. Für die mittlere Dichte bzw. den Mittelwert der Komponente der Impulsdichte in i-Richtung (das Symbol $\int$ bezeichnet hier zur Vereinfachung die Auflistung der Integrationen) ergeben sich dann z. B. die Zusammenhänge

$$\bar{\rho}(\vec{r}) \quad = \quad \int \rho\, P(\rho, \ldots, T; \vec{r})\,\mathrm{d}\rho \ldots \mathrm{d}T$$

$$\overline{\rho \upsilon_i}(\vec{r}) \quad = \quad \int \rho\, \upsilon_i\, P(\rho, \ldots, T; \vec{r})\,\mathrm{d}\rho \ldots \mathrm{d}T\,.$$

Diese Art der Mittelung entspricht einer *Ensemble*-Mittelung: Man nimmt eine genügend große Zahl verschiedener Ereignisse und mittelt dann. Die statistische Information über die Gewichtung der Einzelfälle ist in der Wahrscheinlichkeitsdichtefunktion enthalten. Bei experimentellen Untersuchungen lassen sich Mittelwerte analog erhalten, indem man über eine große Anzahl von Messungen (Momentaufnahmen von turbulenten Flammen) bei den gleichen Bedingungen mittelt.

12.4 Konzepte zur Turbulenzmodellierung: Zeit- und Favre-Mittelung

Einen mit dem Ensemble-Mittelwert übereinstimmenden Mittelwert erhält man durch *Zeitmittelung*. Dies sei anhand eines *statistisch stationären* Prozesses erläutert (siehe Abb. 12.4).

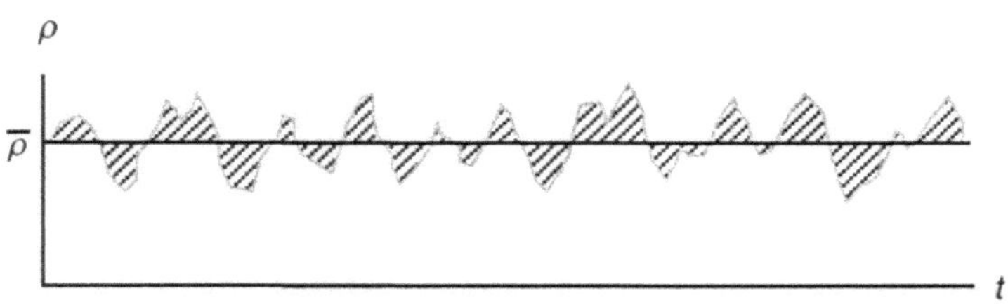

Abb. 12.4. Zeitliche Fluktuationen und zeitlicher Mittelwert bei einem statistisch stationären Prozess

Betrachtet man den zeitlichen Verlauf einer Größe, z. B. der Dichte ρ, so erkennt man, dass der Wert zwar zeitlich fluktuiert, im Mittel aber konstant bleibt. Den zeitlichen Mittelwert erhält man demnach durch Integration über einen sehr langen (im Idealfall unendlich langen) Zeitraum als

$$\bar{\rho}(\vec{r}) = \lim_{\Delta t \to \infty} \frac{1}{\Delta t} \int_0^{\Delta t} \rho(\vec{r}, t)\, \mathrm{d}t \,. \tag{12.3}$$

Entsprechend lassen sich auch zeitliche Mittelwerte in instationären Systemen festlegen, wenn die zeitlichen Fluktuationen sehr schnell gegenüber der zeitlichen Änderung des Mittelwertes sind (siehe Abb. 12.5). In diesem Fall ergibt sich für das Zeitmittel zur Zeit $t_1 \leq t' \leq t_2$

$$\bar{\rho}(\vec{r}, t') = \frac{1}{t_2 - t_1} \int_{t_1}^{t_2} \rho(\vec{r}, t)\, \mathrm{d}t \quad ; \quad t_1 \leq t' \leq t_2 \,. \tag{12.4}$$

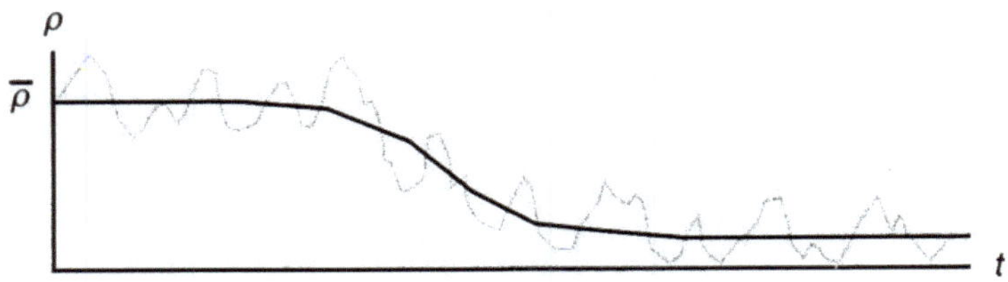

Abb. 12.5. Zeitliche Fluktuationen und zeitliche Mittelwerte bei einem statistisch instationären Prozess

Es ist jedoch unmittelbar aus Abb. 12.5 ersichtlich, dass bei instationären Prozessen die recht willkürliche Festlegung des betrachteten Zeitintervalls $[t_1, t_2]$ entscheidend das Ergebnis der Mittelung beeinflusst.

Es ist zweckmäßig, den aktuellen Wert einer Funktion q in ihren Mittelwert und die *Schwankung* oder *Fluktuation* (gekennzeichnet durch den hochgestellten Strich) aufzuspalten durch

$$q(\vec{r},t) \quad = \quad \bar{q}(\vec{r},t) + q'(\vec{r},t). \tag{12.5}$$

Bildet man in (12.5) den Mittelwert sowohl der rechten als auch der linken Seite der Gleichung, so erhält man die wichtige Bedingung, dass für den Mittelwert der Schwankungen

$$\overline{q'} \;=\; 0 \tag{12.6}$$

gilt. Eine bei Verbrennungsprozessen typische Eigenschaft ist das Auftreten von großen Dichteschwankungen. Es erweist sich (siehe weiter unten) daher als zweckmäßig, noch einen weiteren Mittelwert einzuführen, nämlich die *Favre-Mittelung* (*dichtegewichtete Mittelung*), die für eine beliebige Größe q gegeben ist durch

$$\tilde{q} \quad = \quad \frac{\overline{\rho q}}{\bar{\rho}} \quad \text{bzw.} \quad \bar{\rho}\,\tilde{q} \quad = \quad \overline{\rho q}. \tag{12.7}$$

Analog zu (12.5) lässt sich eine Größe wieder aufspalten in ihren Mittelwert und die Schwankung durch

$$q(\vec{r},t) \quad = \quad \tilde{q}(\vec{r},t) + q''(\vec{r},t), \tag{12.8}$$

wobei sich für den Mittelwert der Favre-Fluktuation (gekennzeichnet durch zwei hochgestellte Striche) ebenfalls ergibt, dass

$$\overline{\rho q''} \quad = \quad 0. \tag{12.9}$$

Setzt man in die Definition (12.7) für die Favre-Mittelung (12.5) ein, so lässt sich leicht eine Gleichung ableiten, die eine Umrechnung des Mittelwertes einer Variablen q in den Favre-Mittelwert erlaubt,

$$\tilde{q} = \frac{\overline{\rho q}}{\bar{\rho}} = \frac{\overline{(\bar{\rho} + \rho')(\bar{q} + q')}}{\bar{\rho}} = \frac{\overline{\bar{\rho}\bar{q}} + \overline{\bar{\rho}q'} + \overline{\rho'\bar{q}} + \overline{\rho'q'}}{\bar{\rho}}$$

bzw.

$$\tilde{q} = \bar{q} + \frac{\overline{\rho'q'}}{\bar{\rho}}. \tag{12.10}$$

Hierfür muss jedoch die *Korrelation* $\overline{\rho'q'}$ der Schwankungen der Dichte und der Größe q bekannt sein.

Nun sollen noch wichtige Beziehungen für die Mittelwerte hergeleitet werden, welche im nächsten Abschnitt für die Mittelung der Navier-Stokes Gleichungen benötigt werden. Der Mittelwert des Quadrates einer Größe q lässt sich leicht aus (12.5) berechnen als

$$\overline{q^2} = \overline{(\bar{q} + q')(\bar{q} + q')} = \overline{\bar{q}\,\bar{q}} + \overline{\bar{q}\,q'} + \overline{q'\,\bar{q}} + \overline{q'\,q'} = \bar{q}\,\bar{q} + 2\bar{q}\,\overline{q'} + \overline{q'\,q'}$$

bzw.

$$\overline{q^2} = \bar{q}^2 + \overline{q'^2}. \tag{12.11}$$

Der dichtegewichtete Mittelwert der Korrelation zweier Größen u und v lässt sich berechnen gemäß

$$\begin{aligned}
\overline{\rho u v} &= \overline{(\bar{\rho} + \rho')(\bar{u} + u')(\bar{v} + v')} \\
&= \overline{\bar{\rho}\,\bar{u}\,\bar{v} + \bar{\rho}\,\bar{u}\,v' + \bar{\rho}\,u'\,\bar{v} + \bar{\rho}\,u'\,v' + \rho'\,\bar{u}\,\bar{v} + \rho'\,\bar{u}\,v' + \rho'\,u'\,\bar{v} + \rho'\,u'\,v'} \\
&= \bar{\rho}\,\bar{u}\,\bar{v} + \bar{\rho}\overline{u'\,v'} + \bar{u}\overline{\rho'\,v'} + \bar{v}\overline{\rho'\,u'} + \overline{\rho'\,u'\,v'} \quad .
\end{aligned} \tag{12.12}$$

Andererseits ergibt sich bei Aufspaltung in Favre-Mittelwert und Favre-Schwankung

$$\overline{\rho u v} = \overline{\rho(\tilde{u} + u'')(\tilde{v} + v'')} = \overline{\rho\,\tilde{u}\,\tilde{v} + \rho\,\tilde{u}\,v'' + \rho\,u''\,\tilde{v} + \rho\,u''\,v''}$$

bzw.

$$\overline{\rho u v} = \bar{\rho}\,\tilde{u}\,\tilde{v} + \overline{\rho\,u''\,v''}\ . \tag{12.13}$$

Der Vergleich von (12.12) und (12.13) zeigt, dass mit Hilfe der Favre-Mittelung oft eine viel kompaktere Schreibweise möglich ist. Dies ist der Hauptgrund für die Verwendung der Favre-Mittelung.

12.5 Gemittelte Erhaltungsgleichungen

Die in Kapitel 11 hergeleiteten Navier-Stokes Gleichungen erlauben die Beschreibung reaktiver Strömungen. Ist man bei turbulenten Strömungen an den Mittelwerten interessiert, nicht aber an den zeitlichen Fluktuationen, so lassen sich *Reynolds-*

gemittelte Erhaltungsgleichungen unter Verwendung der in Abschnitt 12.4 beschriebenen Methoden herleiten (siehe z. B. Libby und Williams 1980, 1994). Aus (11.7) für die Erhaltung der Gesamtmasse folgt nach Mittelung unter Berücksichtigung von (12.7)

$$\frac{\partial \bar{\rho}}{\partial t} + \mathrm{div}(\bar{\rho}\tilde{\vec{v}}) = 0 \,. \tag{12.14}$$

Entsprechend ergibt sich für die Erhaltung der Masse der Teilchen i aus (11.8) unter Verwendung der Näherung $\vec{j}_i = -D_i \rho \,\mathrm{grad}\, w_i$ und (12.7) und (12.13)

$$\frac{\partial(\bar{\rho}\tilde{w}_i)}{\partial t} + \mathrm{div}\left(\bar{\rho}\tilde{\vec{v}}\tilde{w}_i\right) + \mathrm{div}\left(-\overline{\rho D_i \,\mathrm{grad}\, w_i} + \overline{\rho \vec{v}'' w_i''}\right) = \overline{M_i \omega_i} \,. \tag{12.15}$$

Für die Impulserhaltungsgleichung (11.9) ergibt die Mittelung weiterhin den Zusammenhang

$$\frac{\partial\left(\bar{\rho}\tilde{\vec{v}}\right)}{\partial t} + \mathrm{div}\left(\bar{\rho}\tilde{\vec{v}} \otimes \tilde{\vec{v}}\right) + \mathrm{div}\left(\bar{\bar{\bar{p}}} + \overline{\rho \vec{v}'' \otimes \vec{v}''}\right) = \bar{\rho}\vec{g} , \tag{12.16}$$

und für die Energieerhaltungsgleichung (11.12) ergibt sich schließlich mit der Näherung $\vec{j}_q = -\lambda \,\mathrm{grad}\, T$

$$\frac{\partial\left(\bar{\rho}\tilde{h}\right)}{\partial t} - \frac{\partial \bar{p}}{\partial t} + \mathrm{div}\left(\bar{\rho}\tilde{\vec{v}}\tilde{h}\right) + \mathrm{div}\left(-\overline{\lambda \,\mathrm{grad}\, T} + \overline{\rho v'' h''}\right) = \overline{q_\mathrm{r}} \,. \tag{12.17}$$

Dabei sind die Terme $\bar{\bar{p}}:\mathrm{grad}\,\vec{v}$ und $\mathrm{div}(p\,\vec{v})$ nicht berücksichtigt, da sie nur beim Auftreten von Stoßwellen oder Detonationen, d. h. bei extremen Druckgradienten wesentlich sind. Analog zu den ungemittelten Gleichungen benötigt man eine Zustandsgleichung (die *Ideale Gasgleichung*). Aus $p = \rho RT \,\Sigma(w_i / M_i)$ ergibt sich durch Mittelung

$$\bar{p} = R \sum_{i=1}^{S} \left(\bar{\rho}\tilde{T}\tilde{w}_i + \overline{\rho T'' w_i''}\right) \frac{1}{M_i} \,. \tag{12.18}$$

Wenn die molaren Massen ähnlich sind, kann näherungsweise angenommen werden, dass die mittlere molare Masse kaum fluktuiert. Nach Mittelung der idealen Gasgleichung erhält man dann näherungsweise

$$\bar{p} = \bar{\rho} R \tilde{T} / \overline{M} , \tag{12.19}$$

wobei in dieser Gleichung $\overline{M}$ die gemittelte mittlere molare Masse des betrachteten Gemisches ist.

In den Teilchenerhaltungsgleichungen treten Quellterme auf, deren Behandlung sich oft sehr schwierig gestaltet. Aus diesem Grund ist es zweckmäßig, *Element-*

Erhaltungsgleichungen zu betrachten. Elemente werden bei chemischen Reaktionen weder gebildet noch zerstört, und damit verschwinden in diesen Gleichungen die Quellterme. Man führt den *Element-Massenbruch* (Williams 1984)

$$Z_i = \sum_{j=1}^{S} \mu_{ij} w_j \qquad \text{für} \qquad i = 1, \ldots, M \tag{12.20}$$

ein, wobei S die Stoffzahl und M die Zahl der Elemente im betrachteten Gemisch sind. Die μ_{ij} bezeichnen den Massenanteil des Elementes i im Stoff j (siehe Abschnitt 9.3).

Nimmt man näherungsweise an, dass alle Diffusionskoeffizienten D_i in (12.15) gleich sind, so lassen sich die mit μ_{ij} multiplizierten Erhaltungsgleichungen (11.8) für die Teilchenmassen summieren, und man erhält die einfache Beziehung

$$\frac{\partial(\rho Z_i)}{\partial t} + \operatorname{div}(\rho \vec{v} Z_i) - \operatorname{div}(\rho D \operatorname{grad} Z_i) = 0 . \tag{12.21}$$

Diese Gleichung enthält wegen der Elementerhaltung $\Sigma \mu_{ij} M_i \omega_i = 0$ keinen Reaktionsterm mehr, was sich (siehe Kapitel 13) vorteilhaft verwenden lässt.

Durch Mittelung ergibt sich dann aus Gleichung (12.21) die ebenfalls quelltermfreie Gleichung

$$\frac{\partial(\bar{\rho} \tilde{Z}_i)}{\partial t} + \operatorname{div}\left(\bar{\rho} \tilde{\vec{v}} \tilde{Z}_i\right) + \operatorname{div}\left(\overline{\rho \vec{v}'' Z_i''} - \overline{\rho D \operatorname{grad} Z_i}\right) = 0 . \tag{12.22}$$

12.6 Turbulenzmodelle

Während die Navier-Stokes Gleichungen bei Verwendung der empirischen Gesetze für die Stromdichten in sich geschlossen sind und damit numerisch gelöst werden können, treten bei den gemittelten Erhaltungsgleichungen Terme der Form $\overline{\rho \vec{v}'' q''}$ auf, welche nicht explizit als Funktionen der Mittelwerte bekannt sind. Es liegen demnach mehr Unbekannte als Bestimmungsgleichungen vor (*Schließungsproblem* bei der Turbulenz).

Um nun zu einer Lösung des Problems zu gelangen, verwendet man Modelle, die die Reynoldsspannungs-Terme $\overline{\rho \vec{v}'' q''}$ in Abhängigkeit von den Mittelwerten beschreiben. Die heute üblichen Turbulenzmodelle (siehe z. B. Launder und Spalding 1972, Jones und Whitelaw 1985) interpretieren den Term $\overline{\rho \vec{v}'' q''}$ ($q = w_i$, $\vec{v}, h, Z_i$) in (12.14-17 und 12.22) als *turbulenten Transport* und modellieren ihn deshalb in Analogie zum laminaren Fall (siehe Kapitel 11) mit Hilfe eines *Gradientenansatzes*, nach dem der Term proportional zum Gradienten des Mittelwertes der betrachteten Größe ist,

$$\overline{\rho \vec{v}'' q_i''} = -\bar{\rho} \nu_{\mathrm{T}} \operatorname{grad} \tilde{q}_i , \tag{12.23}$$

wobei ν_T als *turbulenter Austauschkoeffizient* bezeichnet wird. Dieser Ansatz ist Quelle vieler Kontroversen. In der Tat zeigen Experimente, dass auch ein turbulenter Transport entgegen dem Gradienten stattfinden kann (Moss 1979).

Der turbulente Transport ist i. a. viel schneller als laminare Transportprozesse. Aus diesem Grund lassen sich die gemittelten laminaren Transportterme in (12.14-12.17) in sehr vielen Fällen vernachlässigen, so dass die gemittelten Erhaltungsgleichungen unter Verwendung dieser Näherungen geschrieben werden können als

$$\frac{\partial \bar{\rho}}{\partial t} + \mathrm{div}(\bar{\rho}\tilde{\vec{v}}) = 0 \tag{12.24}$$

$$\frac{\partial(\bar{\rho}\tilde{w}_i)}{\partial t} + \mathrm{div}\left(\bar{\rho}\tilde{\vec{v}}\tilde{w}_i\right) - \mathrm{div}\left(\bar{\rho}\,\nu_T\,\mathrm{grad}\,\tilde{w}_i\right) = \overline{M_i\,\omega_i} \tag{12.25}$$

$$\frac{\partial\left(\bar{\rho}\tilde{\vec{v}}\right)}{\partial t} + \mathrm{div}\left(\bar{\rho}\tilde{\vec{v}}\otimes\tilde{\vec{v}}\right) - \mathrm{div}\left(\bar{\rho}\,\nu_T\,\mathrm{grad}\,\tilde{\vec{v}}\right) = \overline{\rho\vec{g}} \tag{12.26}$$

$$\frac{\partial\left(\bar{\rho}\tilde{h}\right)}{\partial t} - \frac{\partial\bar{p}}{\partial t} + \mathrm{div}\left(\bar{\rho}\tilde{\vec{v}}\tilde{h}\right) - \mathrm{div}\left(\bar{\rho}\,\nu_T\,\mathrm{grad}\,\tilde{h}\right) = \bar{q}_r \tag{12.27}$$

$$\frac{\partial\left(\bar{\rho}\tilde{Z}_i\right)}{\partial t} + \mathrm{div}\left(\bar{\rho}\tilde{\vec{v}}\tilde{Z}_i\right) - \mathrm{div}\left(\bar{\rho}\,\nu_T\,\mathrm{grad}\,\tilde{Z}_i\right) = 0\,. \tag{12.28}$$

Diese Gleichungen lassen sich nun numerisch lösen, wenn der turbulente Austauschkoeffizienten ν_T (von dem anzunehmen ist, dass er für die verschiedenen Gleichungen verschiedene Werte annimmt) bekannt ist. Zur Bestimmung dieses Austauschkoeffizienten existieren zahlreiche Modelle, die im folgenden beschrieben werden:

Null-Gleichungs-Modelle: Diese (heute veralteten) Modelle geben direkte algebraische Ausdrücke für den turbulenten Austauschkoeffizienten an. Beispiel hierfür sind Modelle, die ν_T über die Prandtlsche Mischungslängen-Formel bestimmen (Prandtl 1925). Für den turbulenten Transportterm ergibt sich hiernach

$$\overline{\rho\tilde{v}''q''} = -\bar{\rho}\,l^2\left|\frac{\partial\tilde{v}}{\partial z}\right|\frac{\partial\tilde{q}}{\partial z}\,, \tag{12.29}$$

wobei l eine charakteristische Länge ist, die von dem jeweiligen Problem abhängt. Hieraus erhält man für den turbulenten Austauschkoeffizienten

$$\nu_T = l^2\left|\frac{\partial\tilde{v}}{\partial z}\right|. \tag{12.30}$$

Betrachtet man z. B. eine turbulente Scherströmung (siehe Abb. 12.6), so ergibt sich, dass l eine Funktion der jeweiligen Dicke δ der Grenzschicht ist, welche sich für Scherströmungen z. B. aus den Beziehungen

$$\delta = \begin{cases} 0,115\,x & \text{für einen 2D - Strahl aus einem Schlitz} \\ 0,085\,x & \text{für einen zylindersymmetrischen Strahl} \end{cases}$$

ergibt. Zusätzlich muss unterschieden werden, ob man sich im *inneren* oder *äusseren* Bereich der Grenzschicht befindet. Für die Mischungslänge l folgt dann

$$l = \begin{cases} \kappa z & \text{für} \quad z \le z_c & \text{(innere Grenzschicht)} \\ \alpha\delta & \text{für} \quad z_c \le z \le \delta & \text{(äußere Grenzschicht)} \end{cases}$$

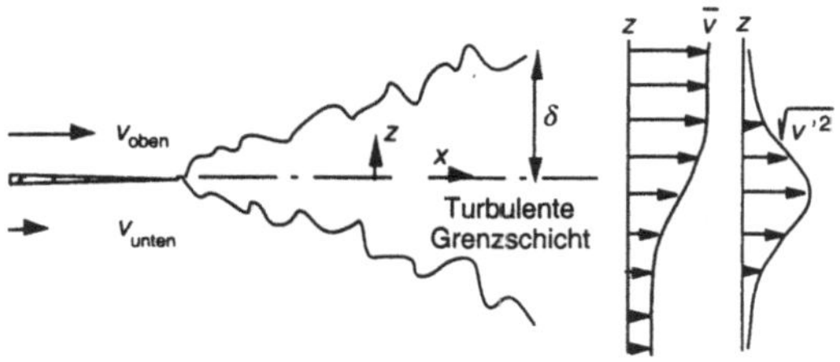

Abb. 12.6. Schematische Darstellung der turbulenten Grenzschicht bei einer Scherströmung

Die Koeffizienten α und κ, sowie die Dicke z_c der inneren Grenzschicht werden aus einer Vielzahl von Experimenten für typische Bedingungen bestimmt und ergeben sich zu $\kappa = 0{,}4$, $\alpha = 0{,}075$ und $z_c = 0{,}1875\ \delta$. Mit diesen Koeffizienten ergibt sich ein Verlauf der Mischungslänge in Abhängigkeit vom Ort in der Grenzschicht, der in Abb. 12.7 dargestellt ist.

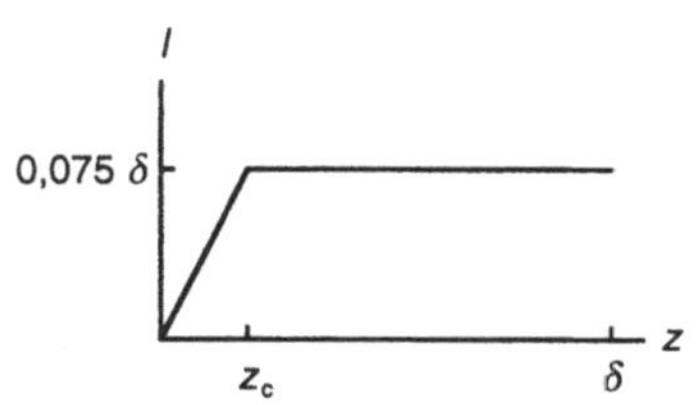

Abb. 12.7. Darstellung der Mischungslänge l in Abhängigkeit vom Ort z in der Grenzschicht

Der Prandtlsche Ansatz für die Mischungslänge wurde (von Karman 1930) durch die sogenannte *Mischungslängen*-Formel erweitert,

$$l \propto \left| \frac{\partial \tilde{v}}{\partial z} \bigg/ \frac{\partial^2 \tilde{v}}{\partial z^2} \right|, \tag{12.31}$$

was eine algebraische Vorgabe von l erübrigt. Nachteil dieser Formulierung ist, dass sie in den Wendepunkten des Profils von $\tilde{v}$ singulär und damit sinnlos wird.

Ein-Gleichungs-Modelle: Bei den ebenfalls veralteten Ein-Gleichungs-Modellen wird der turbulente Austauschkoeffizient ν_{T} aus einer partiellen Differentialgleichung (daher der Name) z. B. für die *turbulente kinetische Energie* (*TKE*)

$$\tilde{k} \;=\; \frac{1}{2}\frac{\overline{\rho \sum v_i''^2}}{\bar{\rho}} \tag{12.32}$$

bestimmt. Aus dieser turbulenten kinetischen Energie ergibt sich dann der benötigte turbulente Austauschkoeffizient mittels des einfachen Zusammenhangs (siehe z. B. Prandtl 1945)

$$\nu_{\mathrm{T}} \;=\; l\sqrt{\tilde{k}}\,. \tag{12.33}$$

Die Mischungslänge l wird weiterhin aus algebraischen Beziehungen ermittelt.

Zwei-Gleichungs-Modelle: Bei den heute üblicherweise (z. B. in kommerziellen Programmpaketen) verwendeten Zwei-Gleichungs-Modellen werden zur Bestimmung des turbulenten Austauschkoeffizienten ν_{T} neben den gemittelten Navier-Stokes Gleichungen zwei weitere partielle Differentialgleichungen gelöst. Dabei benutzt man als eine der Differentialgleichungen immer eine Gleichung für die turbulente kinetische Energie $\tilde{k}$, als zweite eine Variable z der Form $z = \tilde{k}^{m} \cdot l^{n}$ (m, n konstant). Die Viskositätshypothese lautet dann

$$\nu_{\mathrm{T}} \;\propto\; z^{\frac{1}{n}}\,\tilde{k}^{\frac{1}{2}-\frac{m}{n}}\,. \tag{12.34}$$

Am meisten verwendet wird zur Zeit das *k-ε-Turbulenzmodell* (Launder und Spalding 1972, Jones und Whitelaw 1985), das eine Gleichung für die turbulente kinetische Energie (12.32) benutzt, die sich in der üblichen Weise als Erhaltungsgleichung ableiten lässt. Die Konstanten n und m haben die Werte -1 bzw. 3/2, und man erhält für die Variable z, die in diesem Fall als *Dissipationsgeschwindigkeit* $\tilde{\varepsilon}$ der kinetischen Energie bezeichnet wird,

$$\tilde{\varepsilon} \;=\; \frac{\tilde{k}^{3/2}}{l}\;\left(=\frac{\tilde{k}}{l\,\tilde{k}^{-1/2}}=\frac{\text{Energie}}{\text{Zeit}}\right). \tag{12.35}$$

Für die Variable $\tilde{\varepsilon}$, die gegeben ist durch die Gleichung

$$\tilde{\varepsilon} \;=\; \nu\,\overline{\operatorname{grad}\vec{v}''^{\mathrm{T}} : \operatorname{grad}\vec{v}''} \tag{12.36}$$

mit $\nu = \mu/\rho$ = laminare kinematische Viskosität, wird auf empirischer Basis eine Differentialgleichung formuliert. Die zwei Differentialgleichungen sind dann gegeben durch (siehe z. B. Kent und Bilger 1976)

$$\frac{\partial(\bar{\rho}\tilde{k})}{\partial t} + \operatorname{div}(\bar{\rho}\tilde{\vec{v}}\tilde{k}) \;-\operatorname{div}(\bar{\rho}\,\nu_{\mathrm{T}}\operatorname{grad}\tilde{k}) \;=\; G_k - \bar{\rho}\,\tilde{\varepsilon} \tag{12.37}$$

$$\frac{\partial(\bar{\rho}\,\tilde{\varepsilon})}{\partial t} + \mathrm{div}(\bar{\rho}\,\tilde{\vec{v}}\,\tilde{\varepsilon}) - \mathrm{div}(\bar{\rho}\,\nu_{\mathrm{T}}\,\mathrm{grad}\,\tilde{\varepsilon}) = (C_1\,G_k - C_2\,\bar{\rho}\,\tilde{\varepsilon})\frac{\tilde{\varepsilon}}{\tilde{k}} \ . \qquad (12.38)$$

Der turbulente Austauschkoeffizient ν_{T} lässt sich dann aus (12.34) berechnen, und es ergibt sich der Zusammenhang

$$\nu_{\mathrm{T}} = C_\nu \frac{\tilde{k}^2}{\tilde{\varepsilon}} \ . \qquad (12.39)$$

Hierbei ist $C_\nu = 0{,}09$ eine empirisch bestimmte Konstante; C_1 und C_2 sind weitere empirisch zu bestimmende Konstanten des Modells. Der Term G_k ist eine komplizierte Funktion des Schubspannungs-Tensors, die sich bei der Ableitung von (12.38) ergibt,

$$G_k = -\overline{\rho\vec{v}'' \otimes \vec{v}''} : \mathrm{grad}\,\tilde{\vec{v}} \ . \qquad (12.40)$$

Die Konstanten des k-ε-Modells sind von Art und Geometrie des betrachteten Problems abhängig. Das Modell leidet ausserdem unter den weiter oben schon erwähnten Unzulänglichkeiten des Gradienten-Ansatzes (12.23).

Trotzdem wird es häufig benutzt, wie z. B. in dem Programmpaketen zur Simulation turbulenter Strömungen wie z. B. PHOENICS™, FIRE™, FLUENT™, STAR-CD™, NUMECA™ und KIVA™, die zur Beschreibung turbulenter Strömungen entwickelt wurden (siehe Rosten und Spalding 1987), da bessere Modelle derzeit kaum verfügbar sind.

12.7 Mittlere Reaktionsgeschwindigkeiten

Einer Lösung der gemittelten Erhaltungsgleichungen (12.24-12.28) steht jetzt nur noch die Bestimmung der mittleren Reaktionsgeschwindigkeiten $\overline{\omega}_i$ im Wege. Zur Demonstration der dadurch verursachten Probleme seien zwei einfache Beispiele behandelt (Libby und Williams 1994).

Als erstes Beispiel sei eine Reaktion A + B → Produkte bei konstanter Temperatur, aber variablen Konzentrationen betrachtet. Es soll ein hypothetischer (aber doch den Charakter turbulenter nicht-vorgemischter Verbrennung beschreibender) zeitlicher Konzentrationsverlauf entsprechend Abb. 12.8 angenommen werden, bei dem c_{A} und c_{B} nie gleichzeitig von Null verschieden sind. Es ist danach (um Verwechslungen mit der turbulenten kinetischen Energie vorzubeugen, ist der Geschwindigkeitskoeffizient k durch den Subskript R gekennzeichnet)

$$\omega_{\mathrm{A}} = -k_{\mathrm{R}}\,c_{\mathrm{A}}\,c_{\mathrm{B}} = 0 \qquad \text{und} \qquad \overline{\omega}_{\mathrm{A}} = 0 \ ,$$

d. h. die mittlere Reaktionsgeschwindigkeit lässt sich nicht, wie man bei naiver Betrachtung denken könnte, direkt aus den Mittelwerten der Konzentrationen berechnen. Vielmehr gilt (vergleiche Abschnitt 12.4) die Beziehung für die Mittelwerte

$$\overline{\omega}_A = -k_R \overline{c_A c_B} = -k_R \overline{c}_A \overline{c}_B - k_R \overline{c'_A c'_B}. \tag{12.41}$$

Es ist also keinesfalls erlaubt, die mittleren Reaktionsgeschwindigkeiten einfach (auch nur angenähert) dadurch zu berechnen, dass man die aktuellen Konzentrationen durch die gemittelten Konzentrationen ersetzt!

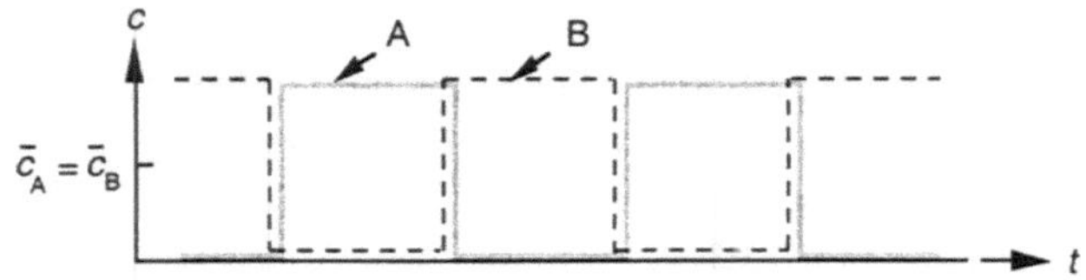

Abb. 12.8. Hypothetischer zeitlicher Konzentrationsverlauf in einer Reaktion A + B → Produkte

Als zweites Beispiel soll eine Reaktion bei variabler Temperatur (aber konstanten Konzentrationen) betrachtet werden, wobei ein sinusförmiger zeitlicher Temperaturverlauf angenommen werden soll (siehe Abb. 12.9).

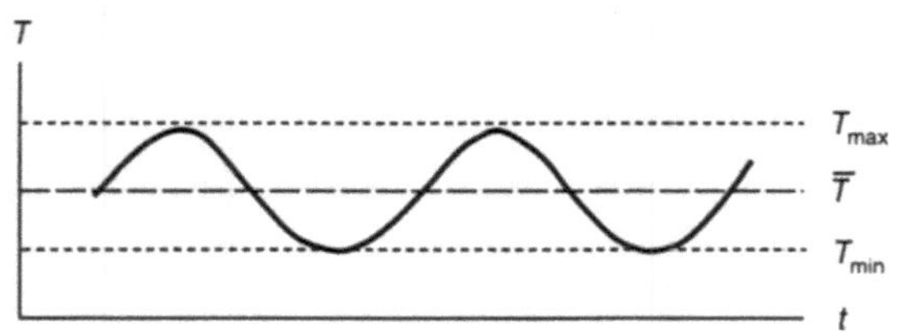

Abb. 12.9. Hypothetischer zeitlicher Temperaturverlauf bei einer Reaktion A + B → Produkte

Als Ergebnis der starken Nichtlinearität der Geschwindigkeitskoeffizienten $k_R = A \cdot \exp(-T_a/T)$ ist $\overline{k}_R$ vollkommen verschieden von $k_R(\overline{T})$.

Das soll anhand eines einfachen Zahlenbeispiels verdeutlicht werden. Für T_{min} = 500 K und T_{max} = 2000 K ergibt sich $\overline{T}$ = 1250 K. Berechnet man die Reaktionsgeschwindigkeit für eine Aktivierungstemperatur von T_a = 50.000 K ($T_a = E_a/R$), so erhält man

$$k_R(T_{max}) = 1{,}4 \cdot 10^{-11}\, A$$
$$k_R(T_{min}) = 3{,}7 \cdot 10^{-44}\, A$$
$$k_R(\overline{T}) = 4{,}3 \cdot 10^{-18}\, A$$

und nach Berechnung des Zeitmittels (z. B. durch numerische Integration)

$$\overline{k}_R = 7{,}0 \cdot 10^{-12}\, A\,.$$

Von besonderem Interesse ist diese Tatsache z. B. bei der Behandlung der Stickoxidbildung, die wegen der hohen Aktivierungstemperatur (T_a = 38 000 K) stark temperaturabhängig ist (siehe Kapitel 17). NO wird daher hauptsächlich bei den Temperatur-Spitzenwerten gebildet. Eine Ermittlung des NO beim Temperatur-Mittelwert ist deshalb sinnlos; Temperaturfluktuationen müssen in die Betrachtung einbezogen werden!

Ein Versuch, Temperaturfluktuationen zu berücksichtigen, besteht darin, dass T durch $\tilde{T} + T''$ ersetzt und die Exponentialfunktion entwickelt wird (Libby und Williams 1980, 1994),

$$k_R \;=\; A\exp\left(-T_a/\tilde{T}\right)\left\{1+\left(\frac{T_a}{\tilde{T}^2}\right)T''+\left[\left(\frac{T_a^2}{2\tilde{T}^4}\right)-\left(\frac{T_a}{\tilde{T}^3}\right)\right]T''^2+\ldots\right\}. \tag{12.42}$$

Eine Favre-Mittelung ergibt dann bei Vernachlässigung des Terms $T_a/\tilde{T}^3$

$$\tilde{k}_R \;=\; \frac{\overline{\rho k_R}}{\bar{\rho}} \;=\; A\exp\left(-\frac{T_a}{\tilde{T}}\right)\left[1+\frac{T_a^2}{2\tilde{T}^4}\frac{\overline{\rho T''^2}}{\bar{\rho}}+\ldots\right]. \tag{12.43}$$

Die Reihenentwicklung darf hier nach dem zweiten Glied abgebrochen werden für

$$\frac{T_a \cdot T''}{\tilde{T}^2} \;\ll\; 1.$$

Üblicherweise ist $T_a > 10\ \tilde{T}$; für $T_a T''/\tilde{T}^2 = 0{,}1$ ist dann also erforderlich, dass die Temperaturfluktuationen 1% nicht überschreiten. Da z. B. in turbulenten Vormischflammen Fluktuationen zwischen unverbranntem und verbranntem Gas auftreten, so dass sich für T_u = 300 K, T_b = 2000 K also Fluktuationen von 85% ergeben, ist diese sogenannte *Momenten-Methode* nicht praktikabel!

Einen Ausweg bietet die statistische Behandlung mit Hilfe von Wahrscheinlichkeitsdichtefunktionen (PDF). Kennt man die PDF, so lässt sich der mittlere Reaktionsterm durch Integration bestimmen. Für das Beispiel A + B → Produkte ergibt sich (Libby und Williams 1994)

$$\bar{\omega} \;=\; -\int_0^1\ldots\int_0^1\int_0^\infty\int_0^\infty k_R\, c_A\, c_B\, P(\rho, T, w_1, \ldots, w_{S-1}; \vec{r})\,\mathrm{d}\rho\,\mathrm{d}T\,\mathrm{d}w_1\ldots\mathrm{d}w_{S-1}$$

$$= -\frac{1}{M_A\, M_B}\int_0^1\ldots\int_0^1\int_0^\infty\int_0^\infty k_R(T)\,\rho^2\, w_A\, w_B\, P(\rho, T, w_1, \ldots, w_{S-1}; \vec{r})\,\mathrm{d}\rho\,\mathrm{d}T\,\mathrm{d}w_1\ldots\mathrm{d}w_{S-1} \tag{12.44}$$

Das Haupt-Problem bei diesem Verfahren besteht darin, dass die Wahrscheinlichkeitsdichtefunktion P bekannt sein muss. Zu ihrer Bestimmung gibt es mehrere verschiedene Verfahren, die je nach den speziellen Anforderungen des bearbeiteten Falles verwendet werden können:

PDF-Transportgleichungen (siehe z. B. Dopazo und O'Brien 1974, Pope 1986, Chen et al. 1989, Abschnitt 13.4): Den wohl allgemeinsten Weg stellt die Lösung von PDF-Transportgleichungen dar. Aus den Erhaltungsgleichungen für die Teilchenmassen lassen sich Transportgleichungen für die zeitliche Entwicklung der PDFs ableiten. Der große Vorteil dieses Verfahrens ist, dass die chemische Reaktion exakt behandelt wird (während der molekulare Transport auch hier leider empirisch modelliert werden muss).

Für die numerische Lösung der Transportgleichungen nähert man die Wahrscheinlichkeitsdichtefunktion durch eine sehr große Anzahl verschiedener sogenannter stochastischer Partikel, die einzelne Realisierungen der Strömung darstellen. Die Lösung der PDF-Transportgleichungen erfolgt dann mittels eines Monte-Carlo-Verfahrens. Sie ist sehr aufwendig und gegenwärtig auf kleine chemische Systeme mit maximal vier Stoffen beschränkt, so dass man unbedingt mit einem reduzierten Mechanismus arbeiten muss (siehe Abschnitt 7.4).

Empirische Konstruktion von PDF: Bei diesem Verfahren werden Wahrscheinlichkeitsdichtefunktionen aus empirischen Daten konstruiert. Dabei wird konsequent die Tatsache ausgenutzt, dass Ergebnisse der Simulation turbulenter Flammen meist nur wenig von der genauen Form der PDFs abhängen.

Eine ganz einfache Art, eine multidimensionale Wahrscheinlichkeitsdichtefunktion zu konstruieren, besteht darin, statistische Unabhängigkeit bezüglich der einzelnen Variablen anzunehmen. In diesem Fall lässt sich die PDF in ein Produkt eindimensionaler PDF zerlegen (Gutheil und Bockhorn 1987) mittels

$$P\left(\rho, T, w_1, \ldots, w_{S-1}\right) = P(\rho) \cdot P(T) \cdot P(w_1) \cdot \ldots \cdot P(w_{S-1}). \qquad (12.45)$$

Diese Separation ist natürlich nicht korrekt, da ρ, T, w_1, w_2, . . . , $w_{S\text{-}1}$ nicht unabhängig voneinander sind. Aus diesem Grund müssen zusätzliche Korrelationen zwischen den einzelnen Variablen berücksichtigt werden.

Eindimensionale PDF können aus Experimenten empirisch bestimmt werden. Im folgenden sollen einige solcher Ergebnisse für einfache Geometrien skizziert werden (Libby und Williams 1994).

In Abb. 12.10 sind PDFs für den Massenbruch des Brennstoffs schematisch für verschiedene Punkte einer turbulenten Mischungsschicht dargestellt. Am Rand der Mischungsschicht ist die Wahrscheinlichkeit, reinen Brennstoff oder reine Luft anzutreffen, sehr groß (angedeutet durch Pfeile), während eine Mischung von Brennstoff und Luft nur mit einer geringen Wahrscheinlichkeit vorliegt.

Im Inneren der Mischungsschicht ist die Wahrscheinlichkeit, nicht reinen Brennstoff oder reine Luft, sondern eine Mischung anzutreffen, jedoch groß, die PDF besitzt für einen bestimmten Mischungsbruch ein Maximum. Trotzdem liegen auch hier mit großer Wahrscheinlichkeit (angedeutet wieder durch die Pfeile) reine Ausgangsstoffe vor. Der Grund hierfür ist *Intermittenz*, ein Phänomen, das dadurch bedingt ist, dass durch turbulente Fluktuationen sich die örtliche Grenzen zwischen Brennstoff, Mischung und Luft dauernd verschieben. Zu bestimmten Zeitpunkten befindet sich ein Punkt im reinen Brennstoffstrom oder im reinen Luftstrom (siehe z. B. Libby and Williams 1980, 1994).

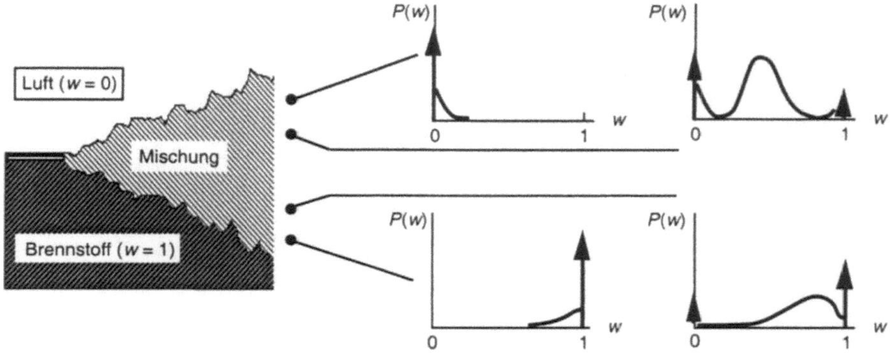

Abb. 12.10. Schematische Darstellung von Wahrscheinlichkeitsdichtefunktionen für den Massenbruch des Brennstoffs in einer turbulenten Mischungsschicht

Ähnliche Ergebnisse erhält man für einen turbulenten Strahl, der in einfacher Weise als eine Kombination von zwei Mischschichten betrachtet werden kann (siehe Abb. 12.11).

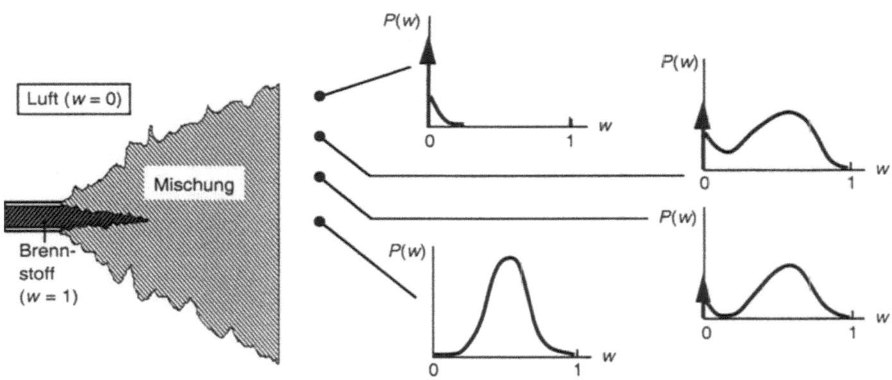

Abb. 12.11. Schematische Darstellung von Wahrscheinlichkeitsdichtefunktionen für den Massenbruch des Brennstoffs in einem turbulenten Strahl

Bei einem turbulenten Reaktor (vergleiche Abb. 12.12) entspricht die Wahrscheinlichkeitsdichtefunktion in etwa einer Gauß-Verteilung. Je weiter man sich von dem Einströmrand entfernt, desto größer wird die Wahrscheinlichkeit für eine vollständige Vermischung.

Die Breite der Gauß-Verteilung wird immer geringer, bis schließlich die Gauß-Verteilung in eine *Diracsche Deltafunktion* übergeht (die Wahrscheinlichkeit, vollständige Durchmischung anzutreffen, geht gegen Eins).

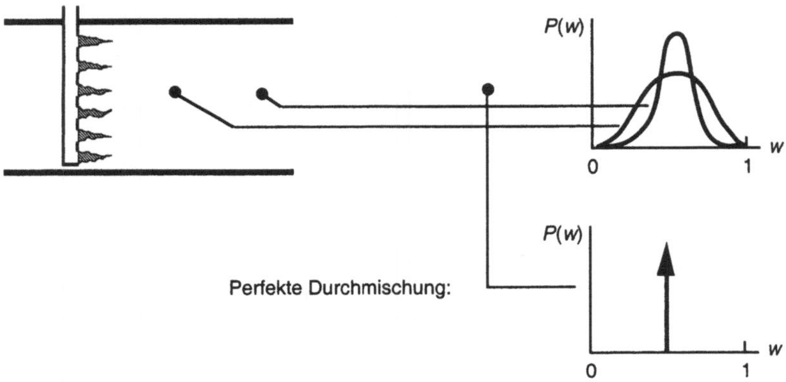

Abb. 12.12. Schematische Darstellung von Wahrscheinlichkeitsdichtefunktionen für den Massenbruch des Brennstoffs in einem turbulenten Reaktor

Zur analytischen Beschreibung von eindimensionalen PDFs verwendet man z. B. *abgeschnittene Gauß-Funktionen* oder *β-Funktionen*.

Die *abgeschnittene Gauß-Funktion* (siehe Abb. 12.13) besteht aus einer Gauß-Verteilung und zwei Diracschen δ-Funktionen zur Beschreibung der *Intermittenzspitzen* (Gutheil und Bockhorn 1987).

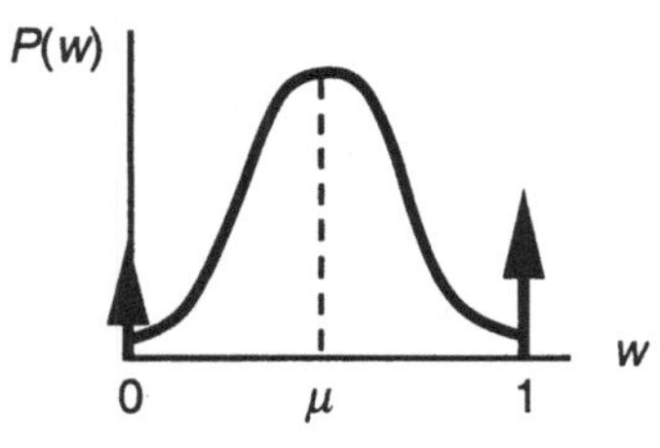

Abb. 12.13. Verlauf einer abgeschnittenen Gauß-Funktion

Eine analytische Darstellung für diese sehr oft benutzte Funktion ist gegeben durch (Williams 1984)

$$P(Z) \;=\; \alpha\cdot\delta(Z)+\beta\cdot\delta(1-Z)+\gamma\cdot\exp\left[-(Z-\zeta)^2/\left(2\sigma^2\right)\right]. \qquad (12.46)$$

Dabei charakterisieren ζ und σ die Lage bzw. die Breite der Gauß-Verteilung ($Z = w_i, T, \ldots$). Die Normierungskonstante γ ergibt sich bei vorgegebenen α und β aus

$$\gamma \;=\; \frac{(1-\alpha-\beta)\sqrt{\dfrac{2\sigma}{\pi}}}{\operatorname{erf}\left(\dfrac{1-\zeta}{\sqrt{2}\sigma}\right)+\operatorname{erf}\left(\dfrac{\zeta}{\sqrt{2}\sigma}\right)}, \qquad (12.47)$$

wobei die Abkürzung „erf" die *Fehlerfunktion* (englisch: *error function*) bezeichnet.

Die *β-Funktion* (Abb. 12.14) besitzt den großen Vorteil, dass sie nur zwei Parameter (α, β) enthält, aber trotzdem eine große Breite verschiedener Formen der PDF wiedergeben kann (Rhodes 1979):

$$P(Z) \;=\; \gamma\, Z^{\alpha-1}(1-Z)^{\beta-1} \quad \text{mit} \quad \gamma = \frac{\Gamma(\alpha+\beta)}{\Gamma(\alpha)\cdot\Gamma(\beta)}. \tag{12.48}$$

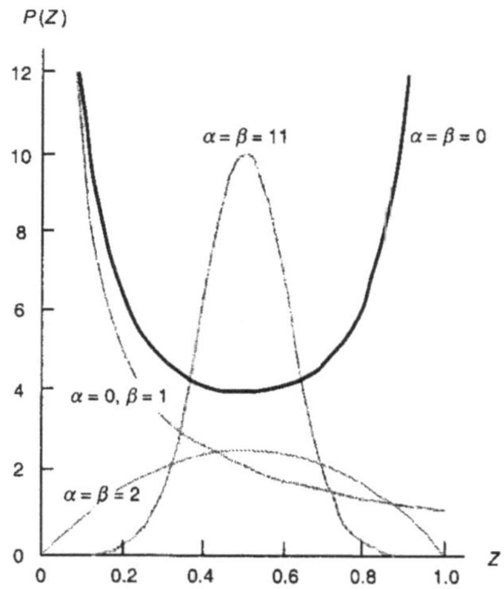

Abb. 12.14. Verlauf der β-Funktion für verschiedene Parametersätze α und β; der Einfachheit halber ist die Normalisierungskonstante γ als 1 angenommen (Libby und Williams 1994)

Der dritte Parameter γ ergibt sich aus der Normierungsbedingung $\int P(Z)\,\mathrm{d}Z = 1$. (Es sei in diesem Zusammenhang angemerkt, dass in der Mathematik üblicherweise das Integral $B(\alpha,\beta) = \int_0^1 t^{\alpha-1}(1-t)^{\beta-1}\mathrm{d}t$ als β-Funktion bezeichnet wird.) Die Konstanten α und β lassen sich sehr einfach aus Mittelwert und Varianz von Z ermitteln als

$$\overline{Z} \;=\; \frac{\alpha}{\alpha+\beta} \qquad \text{und} \qquad \overline{Z'^2} \;=\; \frac{\overline{Z}\left(1-\overline{Z}\right)}{1+\alpha+\beta}. \tag{12.49}$$

Man sieht leicht, dass die β-Funktion eine flexible und leicht anwendbare Zweiparameter-Formulierung darstellt.

12.8 „Eddy-Break-Up"-Modelle

„*Eddy-Break-Up*"-Modelle sind empirische Modelle für die mittlere Reaktionsgeschwindigkeit bei sehr schneller Chemie. In diesem Fall wird die Reaktionsgeschwindigkeit

digkeit durch die Geschwindigkeit der turbulenten Dissipation kontrolliert (*"mixed is burnt"*). Dieses Modell beschreibt die Reaktionszone als eine Mischung aus unverbrannten und fast vollständig verbrannten Bereichen.

Eine Formulierung von Spalding (1970) beschreibt die Geschwindigkeit, mit der Bereiche unverbrannten Gases in kleinere Bruchstücke zerfallen, die ausreichend Kontakt zu bereits verbranntem Gas haben, dadurch eine ausreichend hohe Temperatur haben und somit reagieren, analog zur Abnahme der turbulenten Energie. Es ergibt sich danach (Spalding 1970) für die Reaktionsgeschwindigkeit (F = Brennstoff, C_F ist eine empirische Konstante der Größenordnung 1)

$$\overline{\omega}_\mathrm{F} = -\frac{\overline{\rho}\, C_\mathrm{F}}{\overline{M}} \sqrt{\overline{w_\mathrm{F}''^{\,2}}}\, \frac{\tilde{\varepsilon}}{\tilde{k}} \quad , \quad \overline{w_\mathrm{F}''^{\,2}} \le \overline{w}_\mathrm{F} \cdot (1 - \overline{w}_\mathrm{F}); \text{ siehe Abschnitt 17.5.} \qquad (12.50)$$

12.9 „Large-Eddy"-Simulation (LES)

„Large Eddy"-Simulation (LES, Reynolds 1989) bedeutet die Simulation eines turbulenten Geschwindigkeitsfeldes mit Hilfe direkter Simulation der großen Strukturen, während die zu Auflösungs- und Rechenzeitproblemen führende Simulation kleiner Strukturen mit Hilfe eines Turbulenzmodells, z. B. des k-ε-Modells oder des *„Linear Eddy"*-Modells von Kerstein 1992 (LES-LE) geschieht. Hierzu werden die strömungsmechanischen Prozesse durch einen Filter in zwei Längenskalenbereiche geteilt. Die Anwendung erfolgt z. B. bei Motorensimulationen (z. B. Programmpaket KIVA™, Amsden et al. 1989) oder bei Wetterberechnungen.

12.10 Turbulente Skalen

Wie weiter oben schon erwähnt wurde, spielen sich turbulente Prozesse auf verschiedenen Längenskalen ab. Die größten Längenskalen entsprechen hierbei den geometrischen Abmessungen des Systems (*integrales Längenmaß* l_0). Durch Störungen großer Wellenlänge (kleiner Frequenz) im Strömungsfeld werden primär große Wirbel gebildet. Diese Wirbel wechselwirken miteinander und zerfallen unter Bildung immer kleinerer Wirbel (kleinere Wellenlänge, größere Frequenz). Es liegt somit eine *Energiekaskade* vor.

Der größte Anteil der kinetischen Energie steckt in Prozessen großer Wellenlänge, also in der Bewegung großer Wirbel. Die Energiekaskade endet damit, dass die kinetische Energie sehr kleiner Wirbel (unterhalb der Größe des Kolmogorov-Längenmaßes l_K) durch Reibungskräfte (Viskosität) in thermische Energie (also molekulare Bewegung) dissipiert.

Die Verteilung der kinetischen Energie auf die verschiedenen Längenskalen des Gesamtprozesses lässt sich anhand des *turbulenten Energiespektrums* darstellen (Abb. 12.15). Dabei wird die Abhängigkeit der mittleren spezifischen turbulenten kinetischen Energie pro Masseneinheit (hier als q bezeichnet) von der Wellenzahl k, d. h. des Reziprokwertes des turbulenten Längenmaßes ($k = 1/l$), durch die spektrale Energiedichte $e(k)$ beschrieben,

$$q(\vec{r},t) = \int_0^\infty e(k;\vec{r},t)\mathrm{d}k\,. \tag{12.51}$$

Das Energiespektrum beginnt beim *integralen Längenmaß* l_0 (bestimmt durch die charakteristische Länge der Versuchsanordnung) und bricht bei dem *Kolmogorov-Längenmaß* l_K ab. Bei der Kolmogorov-Länge entspricht die halbe Umdrehungszeit eines Wirbels der Zeit für die Diffusion über den Durchmesser l_K. Unter l_K ist die Diffusion (molekularer Transport) schneller als der turbulente Transport. Deshalb findet man unterhalb des Kolmogorov-Längenmaßes keine turbulenten Prozesse.

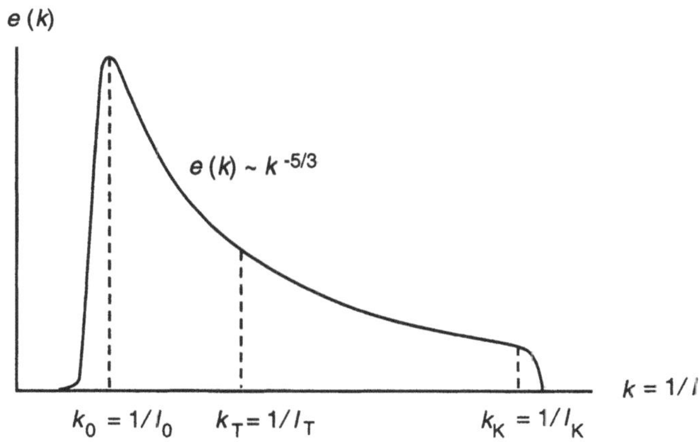

Abb. 12.15. Turbulentes Energiespektrum; l_T = Taylor-Längenmaß

Kolmogorov (1942) leitete für isotrope Turbulenz ab (und wird durch spätere Messungen bestätigt), dass für vollentwickelte Turbulenz der Zusammenhang

$$e(k) \sim k^{-5/3} \tag{12.52}$$

gilt. Zur Beschreibung des Turbulenzgrades benutzt man nun anstelle der unpräzisen, von der Geometrie abhängigen Reynoldszahl (*Re*) zweckmäßigerweise die *Turbulenz-Reynoldszahlen* (Williams 1984, Libby und Williams 1994)

$$R_l = \frac{\bar{\rho}\sqrt{2q}\, l_0}{\bar{\mu}}\,, \tag{12.53}$$

die sich auf das integrale Längenmaß l_0 und die turbulente kinetische Energie bezieht anstelle auf die mittlere Geschwindigkeit. Mit Hilfe der Turbulenz-Reynoldszahl lässt sich die Kolmogorov-Länge l_K berechnen als

$$l_K = \frac{l_0}{R_l^{3/4}} . \tag{12.54}$$

Die Turbulenz-Reynoldszahl ist demnach eine Maß für das Verhältnis zwischen integralem Längenmaß und Kolmogorov-Länge. Aus diesem Zusammenhang ist ersichtlich, dass die Turbulenz-Reynoldszahl turbulente Strömungen besser charakterisiert als die Reynoldszahl *Re*.

Ein weiteres Längenmaß, das oft bei der Beschreibung der Dissipation verwendet wird, ist das *Taylor-Längenmaß* $l_T = l_0/R_l^{1/2}$. Es lässt sich eine auf die Taylor-Länge bezogene Turbulenz-Reynoldszahl definieren (vergleiche 12.53),

$$R_T = \frac{\bar{\rho}\sqrt{2q}\, l_T}{\bar{\mu}} , \tag{12.55}$$

wobei sich der folgende einfache Zusammenhang mit der Turbulenz-Reynoldszahl ergibt, dass

$$R_T = \sqrt{R_l} . \tag{12.56}$$

Im stationären Fall muss die *Dissipationsgeschwindigkeit* ε der turbulenten kinetischen Energie (auf der rechten Seite des Spektrums) gleich sein der Geschwindigkeit der Bildung turbulenter kinetischer Energie auf der linken Seite des Spektrums z. B. durch Schervorgänge in den Grenzschichten, die untrennbar mit der Bildung turbulenter Strömung verbunden sind. Es ergibt sich durch eine Dimensionsanalyse, dass die Dissipationsgeschwindigkeit von der Energie q des Spektrums und dem integralen Längenmaß l_0 abhängt gemäß

$$\varepsilon = (2q)^{3/2}/l_0 . \tag{12.57}$$

Die Vorstellung der *Energiekaskade* hat wesentlich zur Entwicklung des k-ε-Modells beigetragen.

12.11 Übungsaufgaben

Aufgabe 12.1. Eine auf T_P = 500° C erhitzte Platte wird von Gas der Temperatur T_0 = 0° C längs angeströmt. Die Strömung sei turbulent. Für den Punkt 2 (siehe Zeichnung) wird eine Temperatur-Messreihe aufgenommen, die in der folgenden Tabelle wiedergegeben ist:

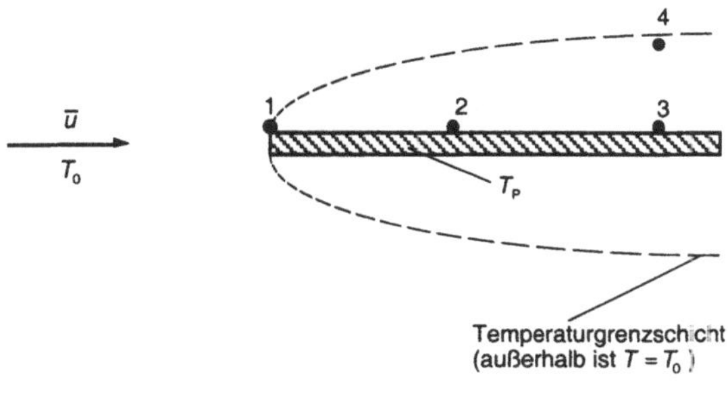

Nr.	1	2	3	4	5	6	7	8	9	10	11	12	13	14	15
T [°C]	400	392	452	410	363	480	433	472	402	350	210	490	351	421	279

Nr.	16	17	18	19	20	21	22	23	24	25	26	27	28	29	30
T [°C]	403	404	221	445	292	430	444	370	482	102	412	409	302	480	308

a) Ermitteln Sie an Hand der Messreihe die mittlere Temperatur und die Wahrscheinlichkeit W dafür, dass die gemessene Temperatur im Intervall 0 - 100° C bzw. 100 - 200° C bzw. 200 - 300° C bzw. 300 - 400° C bzw. 400 - 500° C liegt. Zeichnen Sie für die aus diesem Fall resultierende Wahrscheinlichkeitsdichtefunktion ein Diagramm. (Ersetzen Sie hierzu Differentiale durch Differenzen.)
b) Die Wahrscheinlichkeitsdichtefunktion am Punkt 2 soll beschrieben sein durch die Funktion

$$P(T) = \frac{1}{100[1-\exp(-S)]} \cdot \exp\left(\frac{T/{}^\circ\mathrm{C}-500}{100}\right) \qquad (T \text{ in } {}^\circ\mathrm{C})$$

Zeigen Sie, dass diese Funktion die Normierungsbedingung erfüllt und geben Sie die mittlere Temperatur an, die sich aus dieser Funktion ergibt. Zeichnen Sie diese PDF in das Diagramm aus a) ein.
c) Skizzieren Sie die PDF für die Punkte 1, 3 und 4.

Aufgabe 12.1. Betrachten Sie eine turbulente Rohrströmung. Wie groß sind bei einem Durchmesser von 200 mm und bei einer Turbulenz-Reynoldszahl $R_l = 15000$ das Kolmogorov-Längenmaß l_K und die spezifische turbulente Energie q? Messungen zeigen, dass $\sqrt{\overline{v'^2}}/\bar{v}$ in der Achse einer Rohrströmung 5% beträgt (Hinze 1972). Geben Sie ausserdem den Funktionsverlauf der spektralen Dichte $e(k)$ der spezifischen turbulenten Energie an (es sei $\bar{\nu} = \bar{\mu}/\bar{\rho} = 20\ \mathrm{mm^2/s}$).

Aufgabe 12.3. Turbulente Mischung besteht aus zwei gleichzeitig ablaufenden Teilschritten: (1) Verwirbelung, die die Grenzfläche vergrößert und (2) Diffusion, die die Grenzfläche „verschmiert“. Man erhält einen schönen Eindruck von turbulenten

Mischungsprozessen, wenn man den Vorgang, der in der untenstehenden Abbildung dargestellt ist, betrachtet. Dort wird nach jeder „Wirbelumdrehungszeit" ein Würfel (Kantenlänge l) in acht gleich große kleinere Würfel unterteilt. Dies entspricht der Vorstellung von der Turbulenzkaskade, wo große Wirbel in immer kleinere zerfallen (siehe Abschnitt 12.10).

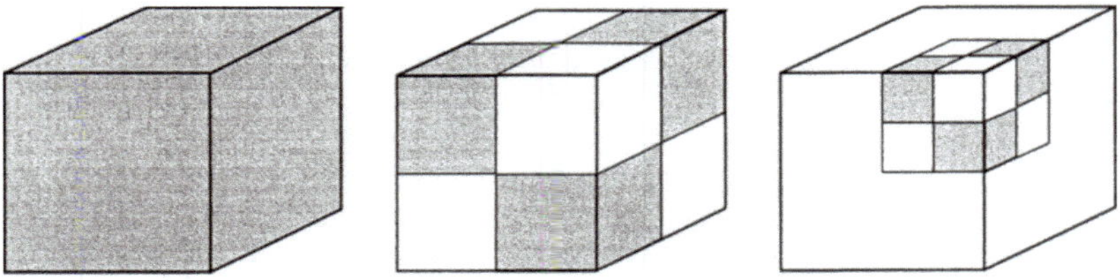

(a) Überzeugen Sie sich davon, dass sich die Oberfläche nach N Unterteilungen von $6\,l^2$ auf $2^{2N} \cdot 6\,l^2$ vergrößert hat. Die charakteristische Würfelgröße ist von l auf $l\,/\,2^N$ abgefallen. Wenn die Wirbelumdrehungszeit τ also 1 ms beträgt, dann hat sich die Oberfläche nach 10 ms um einen Faktor von einer Million vergrößert und ein 1 cm großer Würfel ist in viele 10 µm große Würfel zerfallen.

(b) Wie im Text beschrieben ist das Kolmogorov-Längenmaß l_K diejenige Würfelgröße, bei der die Diffusion den Würfel in der Wirbelumdrehungszeit mit seiner Umgebung vermischt. l_K lässt sich aus dem Diffusionskoeffizienten bei Raumtemperatur von $D = 0{,}1\ \mathrm{cm}^2/\mathrm{s}$ und einer Wirbelumdrehungszeit von 1 ms berechnen. Berechnen Sie die Kolmogorov-Länge, $l_K \approx \sqrt{Dt}$ (siehe Gl. 3.14).

(c) Berechnen Sie die Zeit, die nötig ist um einen 1 cm Würfel auf das Kolmogorov-Längenmaß zu reduzieren. Nach dieser Zeit liegt eine vollkommen homogene Mischung vor. (Dieses Beispiel zeigt, dass eine vollständige Vermischung nach weniger als 10 ms keine unvernünftige Annahme ist.)

(d) Berechnen Sie (für atmosphärische Bedingungen) die charakteristische Mischungszeit für einen Mischungsprozess, bei dem nur molekulare Diffusion und keine Verwirbelung stattfindet.

13 Turbulente nicht-vorgemischte Flammen

Turbulente nicht-vorgemischte Flammen sind von großem Interesse in praktischen Anwendungen. Man findet sie zum Beispiel in Düsentriebwerken, Dieselmotoren, Dampferzeugern, Öfen und Wasserstoff-Sauerstoff-Raketentriebwerken. Da sich Brennstoff und Oxidationsmittel erst im Verbrennungsraum vermischen, sind nicht-vorgemischte Flammen im Hinblick auf sicherheitstechnische Überlegungen wesentlich einfacher zu handhaben als die viel gefährlicheren vorgemischten Flammen. Gerade die praktische Bedeutung ist ein Grund dafür, dass zahlreiche mathematische Modelle entwickelt wurden, die eine Simulation dieser Verbrennungsprozesse erlauben.

Wie unten gezeigt wird, bildet das Verständnis laminarer nicht-vorgemischter Flammen (siehe Kapitel 9) die Grundlage für das Verständnis turbulenter nicht-vorgemischter Flammen. Wie schon erwähnt, wurden solche Flammen früher als *Diffusionsflammen* bezeichnet, da die Diffusion von Brennstoff und Oxidationsmittel zur Flammenzone langsam (und damit geschwindigkeitsbestimmend) gegenüber der chemischen Reaktion ist.

Wie in Kapitel 8 beschrieben wurde ist das Fortschreiten vorgemischter Flammen ein Resultat diffusiver Prozesse, die durch Gradienten von Konzentrationen und Temperatur bedingt werden. Diese Gradienten werden durch die chemische Reaktion aufrecht erhalten (siehe z. B. Liñan und Williams 1993). Da die Diffusion also auch bei vorgemischten Flammen eine Voraussetzung für die Verbrennung ist, sollen zur Unterscheidung die exakteren Begriffe „vorgemischte" und „nicht-vorgemischte" Flammen verwendet werden.

Das vorliegende Kapitel stellt zunächst ein idealisiertes Modell vor, das viele makroskopische Eigenschaften nicht-vorgemischter Flammen verdeutlicht. Danach werden die Nachteile dieses Modells diskutiert und einige Modellverbesserungen vorgestellt. Von besonderem Interesse sind hierbei Modelle, die den gesamten Verbrennungsvorgang, die Wärmefreisetzung und die Schadstoffbildung unter Einbeziehung elementarer Reaktionen beschreiben.

Es wird gezeigt, dass zwar bereits erhebliche Fortschritte gemacht wurden, dass hier aber auch noch ein großer Forschungsbedarf besteht. Übersichtsartikel zu diesem Thema findet man in der Literatur (z. B. Bilger 1976 und 1980, Peters 1987, Libby und Williams 1994, Dahm et al. 1995, Pope 1986, Pope 1991 und Takeno 1995).

13.1 Nicht-vorgemischte Flammen mit Gleichgewichts-Chemie

Man erhält einen guten Einblick in den Charakter nicht-vorgemischter turbulenter Flammen schon, wenn man vereinfacht annimmt, dass Brennstoff und Oxidationsmittel unendlich schnell reagieren, sobald sie sich gemischt haben. Verwendet man diese Annahme, so muss lediglich bestimmt werden, wie schnell die Mischung stattfindet.

Eine Momentaufnahme eines solchen *turbulenten Mischungsprozesses* ist in Abb. 13.1 dargestellt. Brennstoff strömt in das Oxidationsmittel (Sauerstoff, Luft). Turbulente Vermischung bewirkt, dass Brennstoff und Oxidationsmittel eine brennbare Mischung bilden, die unter der oben gemachten Annahme unendlich schneller Chemie sofort reagiert. Neben Bereichen, in denen der Brennstoff überwiegt (fette Mischung), und Bereichen, in denen Oxidationsmittel im Überschuss vorhanden ist (magere Mischung), existiert eine stöchiometrische Fläche, entlang derer eine stöchiometrische Mischung vorliegt. Im oberen Teil der Abbildung ist der Molenbruch beispielhaft für einen bestimmten Abstand zum Brenner dargestellt. In vielen Fällen treten bei turbulenten nicht vorgemischten Flammen im Bereich sehr nahe der stöchiometrischen Mischung Flammenfronten auf, die sich durch die intensiven Leuchterscheinungen identifizieren lassen.

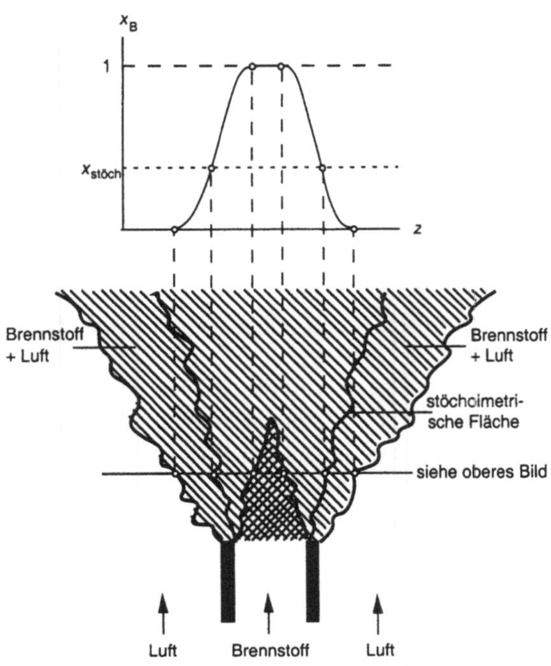

Abb. 13.1. Schematische Darstellung einer Momentaufnahme einer turbulenten nicht-vorgemischten Freistrahlflamme

Die Beschreibung der Mischungsprozesse in nicht reagierenden turbulenten Freistrahlen ist alleine schon eine schwierige Aufgabe. Das zusätzliche Problem variabler Dichte bei reagierenden Strömungen kommt bei Verbrennungsprozessen erschwerend hinzu.

Das Mischungsproblem lässt sich jedoch erheblich vereinfachen, wenn man gleiche Diffusionskoeffizienten für alle Skalare annimmt. Dann mischen alle Spezies gleich schnell und man muss nur die Mischung einer einzigen Variablen betrachten. Da chemische Spezies bei chemischen Reaktionen gebildet oder verbraucht werden, ist es einfacher, den Mischungsprozess für die Elemente zu verfolgen. Ganz analog zum laminaren Fall (siehe Abschnitt 9.3) führt man führt dazu den *Mischungsbruch* ξ ein als

$$\xi = \frac{Z_i - Z_{i2}}{Z_{i1} - Z_{i2}} . \tag{13.1}$$

Dabei sind die Z_i Element-Massenbrüche. Es soll nun ein Zwei-Strom-Problem mit den Element-Massenbrüchen Z_{i1} und Z_{i2} in den beiden Strömen (z. B. in einer Strahlflamme) betrachtet werden. ξ ist bei gleichen Diffusivitäten unabhängig von der Wahl des betrachteten Elementes i ($i = 1, \ldots, M$) und wegen Gleichung (13.1) und $Z_i = \Sigma \mu_{ij} w_j$ (wie schon in Abschnitt 12.5 besprochen) linear mit den Massenbrüchen w_j verknüpft.

Es ist $\xi = 1$ in Strom 1, $\xi = 0$ in Strom 2. Der Mischungsbruch ξ kann als der Massenbruch des Materials gedeutet werden, das aus Strom 1 stammt, 1-ξ als der Massenbruch des Materials, das aus Strom 2 stammt (Einzelheiten darüber finden sich in Kapitel 9).

Wegen der linearen Abhängigkeit (13.1) lässt sich mit Gleichung (12.21) leicht eine Erhaltungsgleichung für den Mischungsbruch ξ ableiten als

$$\frac{\partial(\rho\xi)}{\partial t} + \mathrm{div}(\rho\vec{v}\xi) - \mathrm{div}(\rho D \cdot \mathrm{grad}\ \xi) = 0 . \tag{13.2}$$

Bemerkenswert ist, dass in der Erhaltungsgleichung für ξ kein Quellterm auftritt. Man nennt ξ deswegen auch oft *skalare Erhaltungsgröße* (englisch: *conserved scalar*). Nimmt man zusätzlich an, dass die Lewis-Zahl $Le = \lambda/(D\rho c_p) = 1$ ist, und dass keine Wärmeverluste auftreten, so kann auch das Enthalpie- bzw. Temperaturfeld durch ξ mitbeschrieben werden (die kinetische Energie der Strömung ist vernachlässigbar und damit der Druck konstant),

$$\xi = \frac{h - h_2}{h_1 - h_2} . \tag{13.3}$$

Bei Annahme von (a) unendlich schneller Chemie (Gleichgewichtschemie), (b) gleichen Diffusivitäten und $Le = 1$ und (c) fehlenden Wärmeverlusten sind alle skalaren Variablen (Temperatur, Massenbrüche und Dichte) eindeutige Funktionen des Mischungsbruches. Diese Funktionen sind direkt durch die Gleichgewichtszusammensetzung gegeben.

Das Problem der Beschreibung turbulenter nicht-vorgemischter Flammen hat sich damit in einfacher Weise auf das Problem der Beschreibung des turbulenten Mischungsprozesses für den Mischungsbruch ξ reduziert. Für dieses Problem gibt es zahlreiche Ansätze, wie z. B. DNS (Reynolds 1989), LES (McMurtry et al. 1992), die Lagrangesche Integral-Methode (LIM; Dahm et al. 1995) und die PDF-Methode (Pope 1991).

Nach Mittelwertbildung und unter Verwendung des Gradientenansatzes (12.23) mit dem turbulenten Austauschkoeffizienten ν_T ergibt sich für den stationären Fall (vergleiche Gleichung 12.28)

$$\mathrm{div}\left(\bar{\rho}\tilde{\vec{v}}\tilde{\xi}\right) - \mathrm{div}\left(\bar{\rho}\nu_T\,\mathrm{grad}\tilde{\xi}\right) = 0\,. \tag{13.4}$$

Kennt man die Wahrscheinlichkeitsdichtefunktion des Mischungsbruches, so lassen sich die Mittelwerte der skalaren Größen berechnen. Da in die Gleichungen (12.24-28) die mittlere Dichte des Gemisches eingeht, lässt sich auf diese Weise das System der gemittelten Erhaltungsgleichungen schließen. Im Idealfall sollte die Wahrscheinlichkeitsdichtefunktion über ihre Transportgleichung berechnet werden (siehe z. B. Pope 1986).

Eine einfachere Methode, die Wahrscheinlichkeitsdichtefunktion des Mischungsbruches zu bestimmen, besteht darin, dass man eine bestimmte Form der Verteilungsfunktion annimmt (z. B eine Gauß- oder eine β-Funktion) und durch Mittelwert und Varianz von ξ charakterisiert (vergleiche Abschnitt 12.7). Anstelle der Transportgleichung für die PDF müssen dann nur Bilanzgleichungen für Mittelwert und Varianz von ξ gelöst werden.

Aus Gleichung (13.4) lässt sich eine Erhaltungsgleichung für die Favre-Varianz $\widetilde{\xi''^2} = \overline{\rho\xi''^2}/\bar{\rho}$ herleiten (Multiplikation von Gleichung 13.4 mit $\tilde{\xi}$ und anschließende Mittelwertbildung). Es ergibt sich (Bilger 1980)

$$\mathrm{div}(\bar{\rho}\tilde{\vec{v}}\widetilde{\xi''^2}) - \mathrm{div}(\bar{\rho}\nu_T\,\mathrm{grad}\,\widetilde{\xi''^2}) = 2\bar{\rho}\nu_T\mathrm{grad}^2\tilde{\xi} - 2\overline{\rho D\mathrm{grad}^2\xi''}\,, \tag{13.5}$$

wobei $\mathrm{grad}^2\,\xi$ das Betragsquadrat des Gradienten, $(\mathrm{grad}\,\xi)^T\,\mathrm{grad}\,\xi$, bezeichnet. Den letzten Term dieser Gleichung nennt man *skalare Dissipationsgeschwindigkeit* χ. Sie dissipiert Fluktuationen der Skalare analog zur Dissipation von Geschwindigkeitsfluktuationen durch die viskose Dissipation. Auch der Term χ muss in Abhängigkeit bekannter Größen modelliert werden z. B. durch den einfachen Gradiententransport-Ansatz

$$\tilde{\chi} = \overline{2\rho D\mathrm{grad}^2\xi''}/\bar{\rho} \approx 2D\,\mathrm{grad}^2\tilde{\xi}\,. \tag{13.6}$$

Aus $\tilde{\xi}$ und $\widetilde{\xi''^2}$ lässt sich nun die Wahrscheinlichkeitsdichtefunktion $P(\xi;\vec{r})$ bestimmen (z. B. eine β-Funktion; siehe Abschnitt 12.7). Mit deren Hilfe können dann die interessierenden Mittelwerte berechnet werden, da ρ, w_i und T als Funktionen von ξ bekannt sind:

$$
\begin{aligned}
\tilde{w}_i(\vec{r}) &= \int_0^1 w_i(\xi)\,\tilde{P}(\xi;\vec{r})\,\mathrm{d}\xi \\
\tilde{T}(\vec{r}) &= \int_0^1 T(\xi)\,\tilde{P}(\xi;\vec{r})\,\mathrm{d}\xi \\
\widetilde{w_i''^2}(\vec{r}) &= \int_0^1 \left[w_i(\xi) - \tilde{w}_i(\vec{r})\right]^2 \tilde{P}(\xi;\vec{r})\,\mathrm{d}\xi \\
\widetilde{T''^2}(\vec{r}) &= \int_0^1 \left[T(\xi) - \tilde{T}(\vec{r})\right]^2 \tilde{P}(\xi;\vec{r})\,\mathrm{d}\xi
\end{aligned}
\tag{13.7}
$$

$\tilde{P}$ ist dabei eine Favre-gemittelte Wahrscheinlichkeitsdichtefunktion, die sich aus der Wahrscheinlichkeitsdichtefunktion durch Integration über die Dichte berechnen lässt,

$$
\widetilde{P}(\xi;\vec{r}) = \frac{1}{\bar{\rho}} \int_0^\infty \rho\, P(\rho,\xi;\vec{r})\,\mathrm{d}\rho\,. \tag{13.8}
$$

Damit besteht das Gleichungssystem aus den Erhaltungsgleichungen für Dichte- und Geschwindigkeitsfeld (z. B. unter Benutzung der Gleichungen des k-ε Modells), sowie den Bilanzgleichungen für Favre-Mittelwert $\tilde{\xi}$ und Favre-Varianz $\widetilde{\xi''^2}$ des Mischungsbruches ξ. Aus $\tilde{\xi}$ und $\widetilde{\xi''^2}$ lässt sich die Wahrscheinlichkeitsdichtefunktion P(ξ) bestimmen. Wegen des eindeutigen Zusammenhangs zwischen ξ und allen skalaren Größen (d. h. die Gleichgewichtszusammensetzungen) kann man die Statistik jedes Skalars berechnen. Mit diesen Gleichungen lassen sich Flammenlängen, Temperaturfelder und die Konzentrationsfelder von Hauptkomponenten (Brennstoff, Sauerstoff, Wasser, Kohlendioxid) berechnen.

Das Modell wird jedoch nie eine Flammenlöschung simulieren können, da man unendlich schnelle Chemie annimmt. Auch die Rußbildung (Kapitel 18) und die Bildung von Stickoxiden (Kapitel 17) lassen sich durch das Modell nicht beschreiben. Dies sind jedoch wichtige Phänomene in Verbrennungsprozessen, denen Beachtung geschenkt werden muss. Deswegen sollen im folgenden Modellverbesserungen behandelt werden, die den Einfluss endlich schneller Chemie berücksichtigen.

13.2 Nicht-vorgemischte Flammen mit endlich schneller Chemie

Im Falle endlich schneller Chemie müssen die vollständigen Erhaltungsgleichungen betrachtet werden, d. h. neben den Erhaltungsgleichungen für Gesamtmasse, Energie und Impuls zusätzlich alle Erhaltungsgleichungen für die einzelnen Spezies des Reaktionssystems mit den Quelltermen $M_i\omega_i$ für alle beteiligten Stoffe i

$$\frac{\partial(\rho w_i)}{\partial t} + \mathrm{div}(\rho \vec{v}\, w_i) + \mathrm{div}(\rho D \cdot \mathrm{grad}\, w_i) = M_i \omega_i \quad , \quad i = 1, \ldots, S. \qquad (13.9)$$

Wie in Abschnitt 12.7 beschrieben wurde, treten Probleme bei der Mittelung der Quellterme auf, da diese sowohl von der Temperatur als auch von den Konzentrationen nichtlinear abhängen.

Prinzipiell ist eine Mittelung möglich, wenn die PDFs der Massenbrüche w_i bekannt sind. Dann kann man die Gleichungen mitteln und lösen (Gutheil und Bockhorn 1987). Probleme treten jedoch dadurch auf, dass man die PDF meist nicht gut kennt und ausserdem die Rechnungen wegen der großen Anzahl verschiedener Spezies den Bereich des Möglichen sprengen.

Mit zunehmender Mischungsgeschwindigkeit wird ein chemischer Prozess als erster aus dem Gleichgewicht gebracht. Nimmt die Mischungsgeschwindigkeit weiter zu, so weicht ein weiterer Prozess vom Gleichgewicht ab. Die chemischen Prozesse werden nacheinander vom Gleichgewicht abweichen, bis die Reaktionen, die den Hauptteil der Energiebilanz ausmachen, mit Zeitskalen vergleichbar der des Mischungsprozesses ablaufen. Wird dann die Mischungsgeschwindigkeit weiter erhöht, so weicht die Temperatur von ihrem Gleichgewichtswert ab.

Dies ist in Abb. 13.2 dargestellt. Die Temperatur weicht nur mäßig von ihren Gleichgewichtswerten ab. Linkes und rechtes Diagram zeigen das gleiche Experiment, wobei lediglich die Geschwindigkeit des Wasserstoffstrahls im rechten Bild auf das Dreifache erhöht wurde. Das Laser-Ramanstreuungs-Experiment misst simultan den Mischungsbruch und die Temperatur. Jeder Mikrosekunden-Puls liefert einen Punkt im Diagramm.

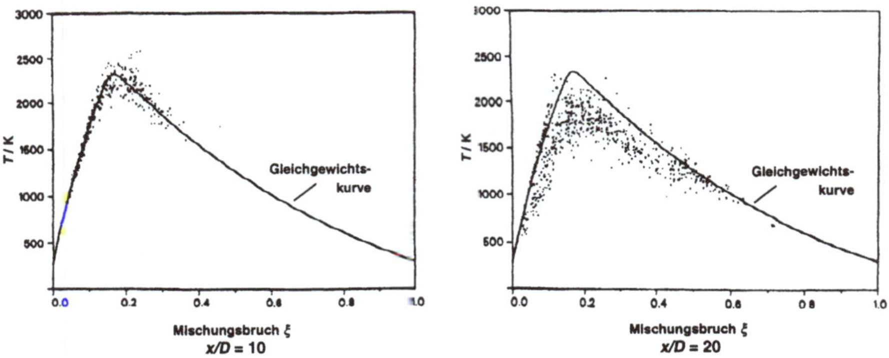

Abb. 13.2. Laser-Raman-Streudiagramm von simultanen Messungen des Mischungsbruchs und der Temperatur in einer turbulenten nicht-vorgemischten Wasserstoff-Strahlflamme. Die Strahlgeschwindigkeit ist im rechten Bild um einen Faktor 3 größer (Magre und Dibble 1988)

Wie man sofort erkennt, häufen sich im linken Bild die Messungen um die Gleichgewichtslinie. Rechts zeigt die Abnahme der Temperatur, dass der Mischungsprozess, der einer horizontalen Bewegung im Diagramm entspricht, mit der Wärmefreisetzung durch chemische Reaktion, die einer vertikalen Bewegung im Diagramm entspricht, konkurriert. Die Messungen sind ganz deutlich unter der Gleichgewichtslinie. Eine weitere Erhöhung der Strahlgeschwindigkeit führt zu einer globalen Flammenlöschung.

Ein anderes Verhalten zeigt Abb. 13.3. Diese Streudiagramme zeigen lokale Flammenlöschung in der Flamme. Links ist eine nicht-vorgemischte Methan-Luft-Flamme bei kleiner Mischungsgeschwindigkeit dargestellt. Rechts sind Messungen in der gleichen Flamme, aber an einem anderen Ort in der Flamme, nämlich dort, wo Luft schnell mit dem Brennstoff mischt. Die lokale Flammenlöschung äussert sich dadurch, dass zahlreiche Messpunkte weit von der Gleichgewichtslinie entfernt liegen. Wird die Strahlgeschwindigkeit weiter erhöht, so beobachtet man auch hier globale Flammenlöschung.

Eine Verbesserung des im letzten Abschnitt vorgestellten Gleichgewichtsmodells erhält man nun dadurch, dass man die Geschwindigkeit des ersten Nichtgleichgewichts-Prozesses berechnet und annimmt, dass sich die restlichen (schnelleren) chemischen Prozesse im Gleichgewicht befinden. Je schneller die Mischung stattfindet, desto mehr wird dieser langsame Prozess vom Gleichgewicht abweichen. Man benötigt dabei einen Parameter, um dieses Abweichen vom Gleichgewicht zu beschreiben.

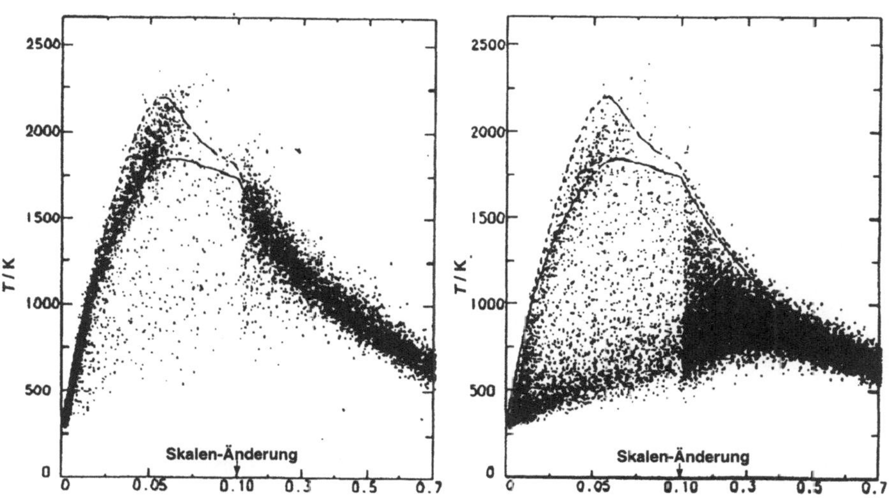

Abb. 13.3. Laser-Raman-Streudiagramm von simultanen Messungen des Mischungsbruchs und der Temperatur in einer turbulenten nicht-vorgemischten Methan-Strahlflamme bei verschiedenen Abständen vom Brenner (Dibble et al. 1987, Masri et al. 1988); die Linien geben Flamelet-Rechnungen für $a = 1\ s^{-1}$ (gestrichelt) und $a = 320\ s^{-1}$ wieder.

Die laminaren Gegenstromflammen aus Kapitel 9 besitzen Lösungen, die zunehmend vom Gleichgewicht abweichen. Der entscheidende Parameter hierbei ist die Strekkung a, die mit der skalaren Dissipationsgeschwindigkeit $\chi = 2D\cdot(\mathrm{grad}\ \xi)^2$ in Beziehung steht über (Dahm und Bish 1993, Bish und Dahm 1995)

$$a = 2\pi D\left[\frac{\mathrm{grad}\,\xi\cdot\mathrm{grad}\,\xi}{\left(\xi^{+}-\xi^{-}\right)^{2}}\right]\cdot\exp 2\left\{\mathrm{erf}^{-1}\left[\frac{\xi-\frac{1}{2}\left(\xi^{+}+\xi^{-}\right)}{\frac{1}{2}\left(\xi^{+}-\xi^{-}\right)}\right]\right\}^{2} \tag{13.10}$$

für eine lokal zweidimensionale Strömung. (Für die Tsuji-Geometrie (z. B. in Abb. 9.1) nähert man die Streckungsgeschwindigkeit üblicherweise durch die Lösung der Potentialströmung, $a = 2V/R$.) Diese Gleichung beschreibt korrekt, dass bei jeder Streckung a die skalare Dissipation groß oder klein sein kann, je nachdem ob die Differenz zwischen ξ^+ und ξ^- groß oder klein ist.

Die skalare Dissipationsgeschwindigkeit ist somit ein passender Parameter, der die Abweichung vom Gleichgewicht beschreiben kann. Die skalaren Größen in der Flamme sind dann wiederum eindeutige Funktionen des Mischungsbruchs, wobei jedoch nicht die Gleichgewichtswerte benutzt werden, sondern die Werte einer gestreckten Flamme. Dies bedeutet, dass man die turbulente Flamme als ein Ensemble vieler kleiner laminarer Flämmchen (*Flamelets*) annähert, die alle die gleiche skalare Dissipationsgeschwindigkeit χ besitzen.

Dieses Modell stellt eine große Verbesserung dar. Nicht-Gleichgewichts-Konzentrationen von CO, NO und anderen Stoffen werden vorhergesagt. Das Modell wird weiter verbessert, wenn man zulässt, dass das Ensemble der Flamelets eine Verteilung der skalaren Dissipationsgeschwindigkeit besitzt, da sich das Geschwindigkeitsfeld in der Flamme durch die Bewegung der Wirbel ändert. Solch ein Modell soll nun vorgestellt werden.

Bei einem gegebenen Wert für die skalare Dissipationsgeschwindigkeit ξ sind die Massenbrüche an jedem Ort in der Flamme eindeutige Funktionen des Mischungsbruches ξ vermittels

$$w_i = w_i^{(\mathrm{F})}(\xi) \quad , \quad \frac{\partial w_i}{\partial t} = \frac{\partial w_i^{(\mathrm{F})}}{\partial \xi}\frac{\partial \xi}{\partial t} \quad \text{und} \quad \mathrm{grad}\ w_i = \frac{\partial w_i^{(\mathrm{F})}}{\partial \xi}\,\mathrm{grad}\ \xi\,.$$

Einsetzen in die Erhaltungsgleichung für w_i liefert dann die (nur im Rahmen der oben genannten Vereinfachung gültige) Gleichung (Bilger 1980, Peters 1987)

$$\frac{\partial w_i^{(\mathrm{F})}}{\partial \xi}\left[\frac{\partial(\rho\xi)}{\partial t}+\mathrm{div}(\rho\vec{v}\,\xi)-\mathrm{div}\left(\rho D\,\mathrm{grad}\,\xi\right)\right]-\rho D\left(\mathrm{grad}\,\xi\right)^{2}\frac{\partial^{2} w_i^{(\mathrm{F})}}{\partial \xi^{2}} = M_i\,\omega_i\,.$$

Gemäß Gleichung (13.4) verschwindet der Term in der eckigen Klammer und man erhält die *Flamelet*-Gleichung

$$-\rho D\,\mathrm{grad}^{2}\xi\,\frac{\partial^{2} w_i^{(\mathrm{F})}}{\partial \xi^{2}} = M_i\omega_i. \tag{13.11}$$

Führt man eine Favre-Mittelung durch, erhält man die mittleren Reaktionsgeschwindigkeiten

$$\overline{M_i \omega_i} = -\frac{1}{2}\,\bar{\rho} \int_0^1 \int_0^\infty \chi \,\frac{\partial^2 w_i^{(F)}}{\partial \xi^2}\, \tilde{P}(\chi,\xi)\,\mathrm{d}\chi\,\mathrm{d}\xi\,, \qquad (13.12)$$

wobei χ wiederum die skalare Dissipationsgeschwindigkeit $\chi = 2D\cdot(\mathrm{grad}\ \xi)^2$ bezeichnet. Die Abhängigkeit der Massenbrüche von dem Mischungsbruch, die zur Berechnung von $\partial^2 w_i^{(F)}/\partial\xi^2$ bekannt sein muss, lässt sich dabei aus Berechnungen laminarer nicht-vorgemischter Flammen (siehe Kapitel 9) ermitteln. Mit Hilfe von Gleichung (13.12) kann nun das Gleichungssystem (12.24-28) gelöst werden, wenn die Wahrscheinlichkeitsdichteverteilung $\tilde{P}(\chi,\xi)$ bekannt ist.

Üblicherweise nimmt man an, dass χ und ξ *statistisch unabhängig* sind, so dass man einen Produktansatz $\tilde{P}(\chi,\xi) = \tilde{P}_1(\chi)\tilde{P}_2(\xi)$ verwenden kann (Peters 1987). Für $\tilde{P}_1(\chi)$ benutzt man nach Kolmogorov eine logarithmische Normalverteilung (siehe z. B. Liew et al. 1984, Buch und Dahm 1996, 1998), während für $\tilde{P}_2(\xi)$ eine β-Funktion gewählt wird (siehe Abschnitt 12.7).

Der bis hier geschilderte Weg, turbulente nicht-vorgemischte Flammen mit einem Flamelet-Modell zu simulieren, verlangt die Lösung der Erhaltungsgleichungen für alle im Reaktionssystem vorkommenden Spezies und ist daher sehr aufwendig. Zudem sind die Massenbrüche, die Temperatur und die Dichte (gemäß der oben dargestellten Annahme) eindeutige Funktionen des Mischungsbruches und der skalaren Dissipationsgeschwindigkeit. Ein einfacherer Weg ist es demnach, die Dichte, die Massenbrüche und die Temperaturen mit Hilfe der Wahrscheinlichkeitsdichteverteilungen für χ und ξ zu berechnen, so dass sich analog zu (13.7) ergibt, dass

$$\begin{aligned}
\bar{\rho}(\vec{r}) &= \int_0^1\int_0^\infty \rho^{(F)}(\chi,\xi) P(\chi,\xi;\vec{r})\,\mathrm{d}\chi\mathrm{d}\xi \\
\tilde{w}_i(\vec{r}) &= \int_0^1\int_0^\infty w_i^{(F)}(\chi,\xi)\tilde{P}(\chi,\xi;\vec{r})\,\mathrm{d}\chi\mathrm{d}\xi \\
\tilde{T}(\vec{r}) &= \int_0^1\int_0^\infty T^{(F)}(\chi,\xi)\tilde{P}(\chi,\xi;\vec{r})\,\mathrm{d}\chi\mathrm{d}\xi \\
\widetilde{w_i''^2}(\vec{r}) &= \int_0^1\int_0^\infty \left[w_i^{(F)}(\chi,\xi) - \tilde{w}_i^{(F)}(\vec{r})\right]^2 \tilde{P}(\chi,\xi;\vec{r})\,\mathrm{d}\chi\mathrm{d}\xi \\
\widetilde{T''^2}(\vec{r}) &= \int_0^1\int_0^\infty \left[T^{(F)}(\chi,\xi) - \tilde{T}^{(F)}(\vec{r})\right]^2 \tilde{P}(\chi,\xi;\vec{r})\,\mathrm{d}\chi\mathrm{d}\xi
\end{aligned} \qquad (13.13)$$

Dabei ist $\tilde{P}(\chi,\xi;\vec{r})$ hier wiederum eine Favre-gemittelte PDF; d. h., es gilt also dabei

$$\tilde{P}(\chi,\xi;\vec{r}) = \frac{1}{\bar{\rho}}\int_0^\infty \rho^{(F)} P\left(\rho^{(F)},\chi,\xi;\vec{r}\right)\mathrm{d}\rho^{(F)}. \qquad (13.14)$$

Nimmt man näherungsweise wieder an, dass die Dichte $\rho^{(F)}$ nur vom Mischungsbruch ξ abhängt, so ergibt sich zwischen PDF und Favre-PDF der einfache Zusammenhang

$$\tilde{P}(\chi,\xi;\vec{r}) = \frac{\rho^{(F)}(\xi)}{\bar{\rho}(\vec{r})} P(\chi,\xi;\vec{r}). \tag{13.15}$$

Voraussetzung für die Auswertung von (13.13) ist, dass die Abhängigkeiten $\rho^{(F)} = \rho^{(F)}(\chi,\xi)$, $w_i^{(F)} = w_i^{(F)}(\chi,\xi)$, $T^{(F)} = T^{(F)}(\chi,\xi)$ aus Berechnungen laminarer nicht-vorgemischter Flammenfronten bekannt sind. Man benötigt demnach *Bibliotheken* von Flammenstrukturen $\rho^{(F)} = \rho^{(F)}(\xi)$, $w_i^{(F)} = w_i^{(F)}(\xi)$, $T^{(F)} = T^{(F)}(\xi)$ bei verschiedenen skalaren Dissipationsgeschwindigkeiten χ. Die Berechnung solcher Bibliotheken ist zwar aufwendig, muss jedoch nur einmal durchgeführt werden. Die Berechnung der Mittelwerte nach (13.13) ist dann recht einfach (siehe Rogg et al. 1987 für Strahl-Flammen, Gill et al. 1994 für motorische Verbrennung).

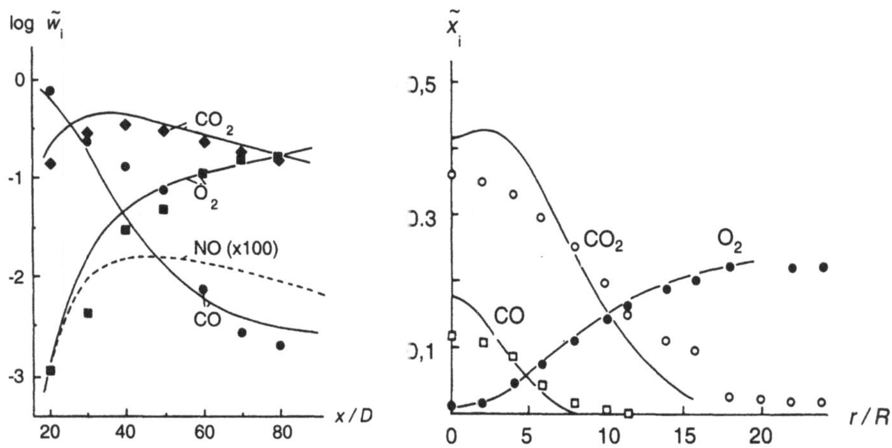

Abb. 13.4. Berechnete (Behrendt et al. 1987) und experimentelle (Razdan und Stevens 1985) Konzentrationsprofile in einer nicht-vorgemischten turbulenten CO-Luft-Freistrahlflamme; dargestellt sind radiale (links) und axiale (rechts) Profile; $D = 2R$ = Düsendurchmesser

Das oben beschriebene Modell liefert, sofern die Flamelet-Annahme erfüllt ist, mit einem recht geringen Aufwand sehr gute Ergebnisse. Zur Demonstration zeigt Abb. 13.4 gemessene (Razdan und Stevens 1985) und mit Hilfe des Flamelet-Modells simulierte (Behrendt et al. 1987) Konzentrationsprofile in einer turbulenten nicht-vorgemischten Strahlflamme von CO in Luft. Das CO-Luft-System hat hier den Vorzug, dass die Bedingung gleicher Diffusionskoeffizienten recht gut erfüllt ist, andererseits nicht (wie bei Kohlenwasserstoff-Flammen) Strahlung von Ruß die Temperatur absenkt.

13.3 Flammenlöschung

Laminare nicht-vorgemischte Gegenstromflammen wurden in Kapitel 9 schon beschrieben. Es zeigte sich, dass charakteristische Parameter, wie z. B. Flammentemperaturen sehr stark abhängen von der skalaren Dissipationsgeschwindigkeit, die mit dem Streckungsparameter a über (13.10) verknüpft ist.

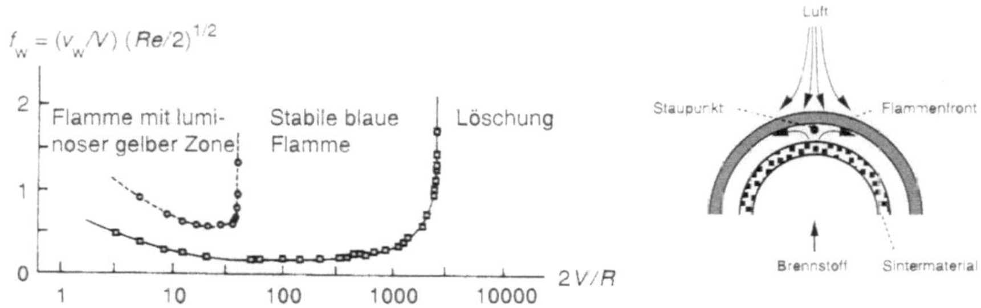

Abb. 13.5. Stabilitätsdiagramm einer laminaren nicht-vorgemischten Gegenstromflamme (Tsuji und Yamaoka 1967)

Bei genügend großem χ verlöschen die laminaren nicht-vorgemischten Flammen. Dieses Verhalten ist in Abb. 13.5 (Experimente von Tsuji und Yamaoka 1967) dargestellt. Oberhalb einer kritischen skalaren Dissipationsgeschwindigkeit χ_q (entsprechend einer kritischen Anströmgeschwindigkeit V der Luft) wird die Flamme „ausgeblasen". f_W ist ein dimensionsloser Ausströmparameter, der sich aus der Geschwindigkeit V der einströmenden Luft, der Austrittsgeschwindigkeit v_W des Brennstoffs aus dem porösen Zylinder, der Reynoldszahl Re und dem Zylinderradius R berechnen lässt. Die Streckung ist dabei näherungsweise gegeben durch $a = 2V/R$ (siehe Kapitel 9).

Abbildung 13.6 zeigt berechnete Temperaturprofile für verschiedene skalare Dissipationsgeschwindigkeiten χ, d. h. für verschiedene Streckungen a, in einer nicht-vorgemischten Gegenstromflamme. Mit wachsender skalarer Dissipationsgeschwindigkeit sinkt die maximale Flammentemperatur. Oberhalb eines bestimmten kritischen χ_q (hier für $\chi_q = 20{,}6\ s^{-1}$, wobei der Subskript q für *„quenching"* steht) tritt schließlich Flammenlöschung auf (Rogg et al. 1987).

Die Temperatur sinkt, da der konvektiv-diffusive Wärmetransport zunimmt, während gleichzeitig durch die verringerte Verweilzeit die Wärmeerzeugung durch chemische Reaktion abnimmt. Die plötzliche Verlöschung ist analog zur Betrachtung der Zündgrenzen in Abschnitt 10.1 (vergl. insbesondere Abb. 10.1). Flammen nahe der Verlöschung werden empfindlich durch die Lewis-Zahlen $Le = \lambda/(D\rho c_p)$, d. h. durch das Verhältnis von molekularem Wärmetransport zu molekularem Stofftransport, beeinflusst (Tsuji und Yamaoka 1967; Peters und Warnatz 1982).

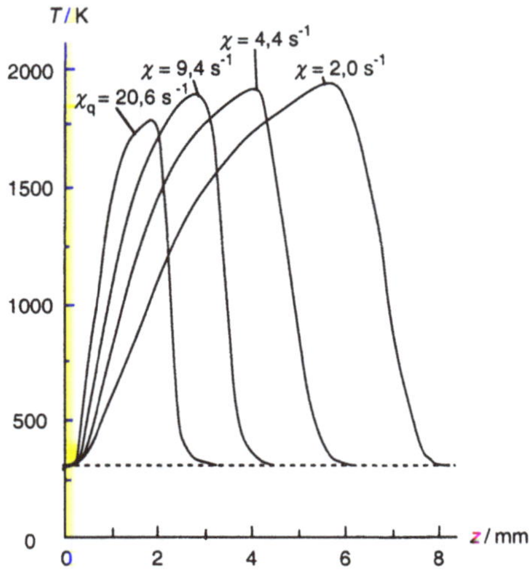

Abb. 13.6. Berechnete Temperaturprofile in einer nicht-vorgemischten CH_4-Luft-Gegenstromflamme für verschiedene skalare Dissipationsgeschwindigkeiten χ (Rogg et al. 1987); die Flammen-Löschung tritt bei $\chi > 20{,}6\ \mathrm{s}^{-1}$ auf; Frischgas-Temperatur $T = 298$ K auf beiden Seiten; Druck $p = 1$ bar

Auf die Löschung durch Streckung lässt sich mit Hilfe des Flamelet-Modells auch das *Abheben* von turbulenten Flammen zurückführen, das in Abb. 13.7 schematisch dargestellt ist. Am Düsenaustritt ist die skalare Dissipation am größten, da ξ sowohl seinen Maximalwert ξ^+ als auch seinen Minimalwert ξ^- annehmen kann und die Streckung am größten ist. Demgemäß tritt hier am häufigsten Löschung ein. Die mittlere leuchtende Flammenkontur zeigt also ein Abheben vom Brenner an, das um so größer ist, je größer die Austrittsgeschwindigkeit des Brennstoffs ist. Die praktische Bedeutung dieser Betrachtung über den Abhebevorgang liegt in der Möglichkeit, Löschprozesse (z. B. an brennenden Ölquellen) optimal durchzuführen, nämlich am Fuß der Flamme, wo die Neigung zur Löschung wegen der dort stärksten Streckung am größten ist.

Bei der Modellierung von turbulenten nicht-vorgemischten Flammen werden Löschprozesse dadurch berücksichtigt, dass bei der Ermittlung der Mittelwerte für Dichte, Temperatur und Massenbrüche nur über denjenigen Bereich der skalaren Dissipationsgeschwindigkeit integriert wird, in dem keine Flammenlöschung stattfindet:

$$\tilde{T}(\vec{r}) = \int_0^1 \int_0^{\chi_q} T^{(F)}(\chi,\xi)\tilde{P}(\chi,\xi;\vec{r})\,\mathrm{d}\chi\,\mathrm{d}\xi + \int_0^1 \int_{\chi_q}^{\infty} T_u(\chi,\xi)\tilde{P}(\chi,\xi;\vec{r})\,\mathrm{d}\chi\,\mathrm{d}\xi\,. \quad (13.16)$$

Analoge Ausdrücke erhält man für die anderen Mittelwerte in den Gleichungen (13.13). Nach der lokalen Verlöschung bei nicht vorgemischten Flammen mischen sich die Reaktanden. Dies führt lokal zu Bereichen partiell vorgemischter Flammen, und man benötigt einen weiteren Parameter um diese Vormischung zu beschreiben (Rogg et al 1987). Die Prozesse in turbulenten vorgemischten Flammen werden in Kapitel 14 behandelt.

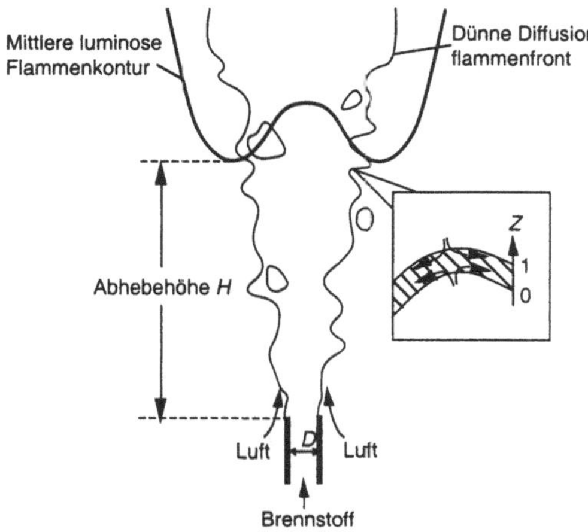

Abb. 13.7. Schematische Darstellung der Vorgänge beim Abheben einer turbulenten nicht-vorgemischten Freistrahlflamme

13.4 PDF-Simulationen turbulenter nicht-vorgemischter Flammen

In Kapitel 12 wurde angemerkt, dass das *Schließungsproblem* der chemischen Quellterme gelöst ist, wenn man die gebundene Wahrscheinlichkeitsdichtefunktion (PDF) der Skalare kennt. Manche Verfahren nehmen dazu bestimmte analytische Ausdrücke für die PDF an (z. B. abgeschnittene Gauß-Funktionen oder β-Funktionen). Diese Funktionen sind durch Mittelwert und Varianz einer Variable bestimmt. Aus den Navier-Stokes-Gleichungen lassen sich Bilanzgleichungen für diese zwei Variablen ableiten. Obwohl große Fortschritte mit diesem Verfahren erzielt wurden (siehe z. B. Libby und Williams 1994), lässt sich nicht übersehen, dass die tatsächlichen PDFs oft Eigenschaften aufweisen, die durch die analytischen Funktionen nur unzureichend wiedergegeben werden. Prinzipiell lässt sich jede PDF durch ihre (unendlich vielen) Momente beschreiben. Die Herleitung von Bilanzgleichungen für die höheren Momente und deren Lösung ist jedoch von einem praktischen Gesichtspunkt aus nicht sinnvoll. Die Form der gebundenen Wahrscheinlichkeitsdichtefunktion der Skalare ergibt sich aus den Mischungsprozessen und der chemischen Reaktion und ist damit durch die Navier-Stokes-Gleichungen zusammen mit den Teilchenerhaltungsgleichungen bestimmt. Ausgehend von diesen Gleichungen lässt sich eine Transportgleichung für die *gebundene Wahrscheinlichkeitsdichtefunktion von Geschwindig-*

keit und Skalaren herleiten (Pope 1986). Die Einpunkt-Wahrscheinlichkeitsdichtefunktion

$$f\left(v_x, v_y, v_z, \psi_1, \ldots, \psi_n; x, y, z, t\right) \mathrm{d}v_x \mathrm{d}v_y \mathrm{d}v_z \mathrm{d}\psi_1 \ldots \mathrm{d}\psi_n$$

gibt die Wahrscheinlichkeit zur Zeit t und am Ort x, y, z an, dass das Fluid Geschwindigkeitskomponenten im Bereich von v_i und $v_i + \mathrm{d}v_i$ hat und Werte der Skalare (Massenbrüche, Dichte, Enthalpie) zwischen ψ_α und $\psi_\alpha + \mathrm{d}\psi_\alpha$. Dann lautet die Transportgleichung, die die Entwicklung der PDF beschreibt (Pope 1986, 1991),

$$\rho(\vec{\Psi})\frac{\partial f}{\partial t} + \rho(\vec{\Psi})\sum_{j=1}^{3}\left(v_j \frac{\partial f}{\partial x_j}\right) + \sum_{j=1}^{3}\left(\left[\rho(\vec{\Psi})g_j - \frac{\partial \bar{p}}{\partial x_j}\right]\frac{\partial f}{\partial v_j}\right) + \sum_{\alpha=1}^{n}\left(\frac{\partial}{\partial \psi_\alpha}\left[\rho(\vec{\Psi})S_\alpha(\vec{\Psi})f\right]\right)$$

$$= \sum_{j=1}^{3}\left(\frac{\partial}{\partial v_j}\left[\left\langle \frac{\partial p'}{\partial x_j} - \sum_{i=1}^{3}\frac{\partial \tau_{ij}}{\partial x_i}\middle| \vec{v}, \vec{\Psi}\right\rangle f\right]\right) + \sum_{\alpha=1}^{n}\left(\frac{\partial}{\partial \psi_\alpha}\left[\sum_{i=1}^{3}\left\langle \frac{\partial J_i^\alpha}{\partial x_i}\middle| \vec{v}, \vec{\Psi}\right\rangle f\right]\right), \quad (13.17)$$

wobei x_i die x-, y- und z-Koordinaten bezeichnen, g_i die Erdbeschleunigung in x-, y- und z- Richtung, $\vec{\Psi}$ den n-dimensionalen Vektor der Skalare, v_j die Komponenten des Geschwindigkeitsvektors $\vec{v}$, S_α die Quellterme für die Skalare (z. B. chemische Quellterme), τ_{ij} die Komponenten des Schubspannungs-Tensors und J_i^α die Komponenten der molekularen Stromdichten (z. B. Diffusions- oder Wärmestromdichte) des Skalars α in i-Richtung. Die Terme $\langle q | \vec{v}, \vec{\Psi} \rangle$ kennzeichnen *bedingte Erwartungswerte* der Variable q. So ist $\langle q | \vec{v}, \vec{\Psi} \rangle$ der Mittelwert von q unter der Nebenbedingung, dass Geschwindigkeit und Zusammensetzung jeweils die Werte $\vec{v}$ und $\vec{\Psi}$ annehmen. Physikalisch bedeutet dies, dass die bedingten Erwartungswerte die Mittelwerte der molekularen Stromdichten für bestimmte Werte der Geschwindigkeit und der Skalare beschreiben.

Der erste Term auf der linken Seite beschreibt die zeitliche Änderung der PDF, der zweite die Konvektion (Transport im Ortsraum), der dritte den Transport im Geschwindigkeitsraum durch Gravitation und mittlere Druckgradienten und der vierte den Transport im Zustandsraum durch Quellterme (z. B. chemische Reaktion). Besonders wichtig ist hierbei, dass alle Terme auf der linken Seite der Gleichung in geschlossener Form auftreten. Die chemische Reaktion wird also, was der große Vorteil des Verfahrens ist, exakt behandelt.

Die bedingten Erwartungswerte $\langle q | \vec{v}, \vec{\Psi} \rangle$ der molekularen Stromdichten auf der rechten Seite der Gleichung müssen jedoch modelliert werden, da sie nicht in geschlossener Form auftreten. Dies bedeutet, dass man eine Abhängigkeit dieser Terme von den bekannten (z. B. berechneten) Größen formulieren muss. Die Notwendigkeit solcher Modelle resultiert daraus, dass man nur eine Einpunkt-PDF zur Beschreibung der Strömung verwendet und somit keine Informationen über räumliche Korrelationen vorliegen hat.

Die Transportgleichung (13.17) für die Einpunkt-PDF kann mit den heutigen Computern nicht einfach gelöst werden. Das Problem ist dabei die hohe Dimension.

Während bei den Navier-Stokes-Gleichungen nur die Zeit und die Ortskoordinaten unabhängige Variablen sind, sind bei der Transportgleichung (13.17) auch die Geschwindigkeitskomponenten und die Skalare unabhängige Variablen.

Die *Monte-Carlo Methode* stellt einen Ausweg für dieses Problem dar. Bei diesem Verfahren wird die PDF durch eine sehr große Anzahl (z. B. 100 000 bei räumlich zweidimensionalen Systemen) *stochastischer Partikel* genähert. Diese Partikel verändern zeitlich ihre Eigenschaften bedingt durch Konvektion, chemische Reaktion, molekularen Transport und äussere Kräfte. Sie imitieren somit die Entwicklung der PDF (siehe Pope 1986).

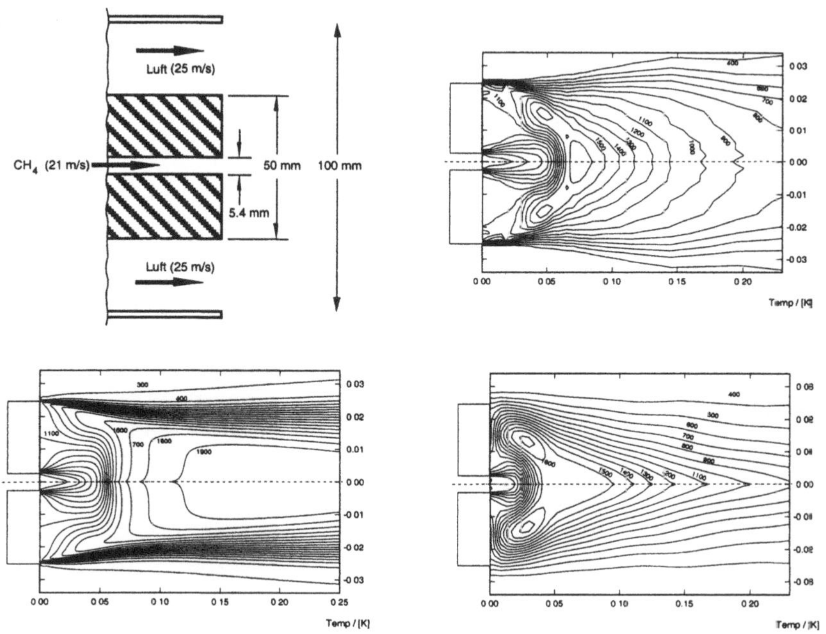

Abb. 13.8. Simulation einer nicht vorgemischten CH_4-Luft Strahlflamme (Nau et al. 1996); (oben links) Konfiguration; (oben rechts) gemessene Temperaturprofile, $T_{max} \approx 1500$ K (Perrin et al. 1995); (unten links) „Eddy Dissipation"-Modell, $T_{max} \approx 1900$ K; (unten rechts) kombiniertes PDF/Turbulenzmodell-Verfahren, $T_{max} \approx 1600$ K

In praktischen Anwendungen reduziert man die gebundene Wahrscheinlichkeitsdichtefunktion von Geschwindigkeiten und Skalaren $f(\vec{v},T, w_i,\rho)$ oft auf eine PDF für die Skalare (zur exakten Beschreibung der chemischen Reaktion) und berechnet das Geschwindigkeitsfeld über ein Turbulenzmodell (z. B. das k-ε-Modell), das auf den gemittelten Navier-Stokes-Gleichungen basiert. Beide Modelle koppeln über die Dichte ρ. Das PDF-Modell liefert ein Dichtefeld, das in das Turbulenzmodell eingeht. Daraus wird ein neues Strömungsfeld berechnet und die Information an das

PDF-Modell zurückgegeben. Dieser Prozess wird so lange wiederholt, bis man eine konvergierte Lösung erhalten hat.

Solche hybride PDF/Turbulenzmodell-Simulationen ermöglichen die realistische Behandlung turbulenter Flammen. Als Beispiel zeigt Abb. 13.8 einen Vergleich zwischen experimentellen Ergebnissen an einer rezirkulierenden nicht-vorgemischten Methan-Luft-Flamme mit einer entsprechenden Simulation (Nau et al. 1995). Die Simulation basiert auf einem hybriden Verfahren in Kombination mit vereinfachter chemischer Kinetik (ILDM, siehe Abschnitt 7.4). Die Übereinstimmung ist recht gut. Das Modell ist deutlich besser als ein „*Eddy Dissipation*"-Modell (verbessertes EBU-Modell, siehe Abschnitt 12.8), das annimmt, dass die chemische Reaktion viel schneller als das molekulare Mischen stattfindet. Wie aus Abb. 13.8 leicht ersichtlich ist überschätzt die Annahme schneller Chemie die Produktbildung und damit den Temperaturanstieg. Als Konsequenz daraus werden die vorhergesagten Werte für die NO-Bildung erheblich zu groß sein.

13.5 Übungsaufgaben

Aufgabe 13.1. Betrachten Sie einen beidseitig offenen Zylinder, bei dem an einer Seite Oxidationsmittel O und an der anderen Seite Brennstoff F vorbeiströmen. Im Zylinder laufe eine schnelle chemische Reaktion nach der Formel F + 2 O → 3 P (P = Produkt) ab.

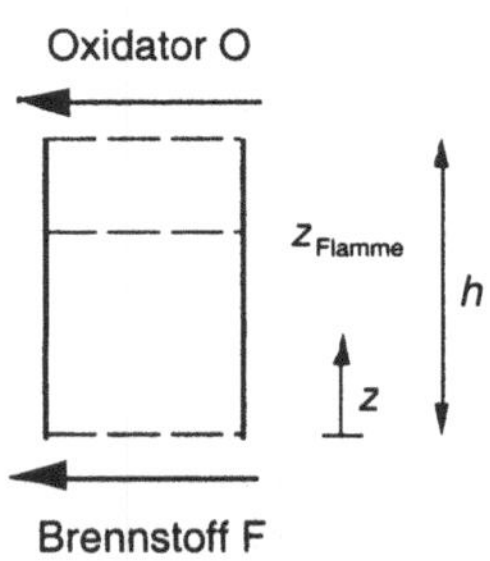

a) Durch welche Bedingung ist die Lage der Flammenfront im laminaren Fall bestimmt; wo liegt sie? Skizzieren Sie den Verlauf der Molenbrüche von Brennstoff, Oxidator und den Produkten über dem Mischungsbruch und über der Höhe z.

b) Die Verbrennung soll nun als turbulent angesehen werden. Welches Diagramm aus a) gilt weiterhin und welches kann nicht mehr verwendet werden? Begründen Sie Ihre Antwort!

14 Turbulente Vormischflammen

In diesem Kapitel werden *turbulente vorgemischte Flammen* behandelt. Der Unterschied zwischen vorgemischten und nicht-vorgemischten Flammen wird deutlich, wenn man die idealisierten Extremfälle betrachtet. Eine ideale nicht-vorgemischte Flamme beinhaltet sehr (im Idealfall unendlich) schnelle Chemie, die schnell in das zu dem jeweiligen Mischungsbruch gehörende Gleichgewicht führt; der Mischungsbruch variiert hierbei. Das unverbrannte Gas in einer idealen vorgemischten Flamme ist vollkommen durchmischt, bevor die chemische Reaktion einsetzt. Die ideale Vormischflamme hat demnach eine δ-Funktion als PDF für den Mischungsbruch. Die chemische Reaktion führt dazu, dass an einer Grenzfläche ein schneller Übergang von unverbrannt zu verbrannt stattfindet. Diese Grenzfläche bewegt sich mit der Geschwindigkeit v_L.

Oft lässt sich nicht eindeutig zwischen vorgemischt und nicht-vorgemischt unterscheiden, wenn die Zeitskalen von Mischung und chemischer Reaktion von der selben Größenordnung sind. Lokale Flammenlöschung bei nicht-vorgemischten Flammen führt z. B. dazu, dass sich Brennstoff und Luft mischen, bevor sie von der sie umgebenden nicht-vorgemischten Verbrennungszone „gezündet" werden (was zu einer *partiell vorgemischten Verbrennung* führt).

Die Bewegung einer Vormischflamme ist eine Überlagerung von Flammenfortpflanzung und (gegebenenfalls turbulenter) Strömung. Kurz ausgedrückt bedeutet dies, dass die Modellierung turbulenter Vormischflammen noch eine viel größere Herausforderung darstellt als die Modellierung nicht-vorgemischter Flammen.

14.1 Charakterisierung turbulenter vorgemischter Flammen

Eine vorgemischte Flamme im turbulenten Strömungsfeld ist in Abb. 14.1 dargestellt. Eine Mischung aus Brennstoff und Oxidationsmittel strömt nach oben, und eine vorgemischte Flamme stabilisiert sich durch Rezirkulation heisser Gase hinter einem Staukörper. Die Flamme pflanzt sich vom Staukörper aus in die unverbrannte Mischung fort. Wäre die Strömung laminar, so hätte die Flamme eine „V"-Form. Würde man dann die laminare Flammengeschwindigkeit berechnen, so liesse sich zusammen mit Gleichung (1.8) der Winkel des „V" ermitteln.

Da die Strömung jedoch turbulent ist, ändert sich der Winkel der Flamme ständig, je nach der lokalen Anströmgeschwindigkeit, und die Flamme nimmt die in Abb. 14.1 gezeigte Form an.

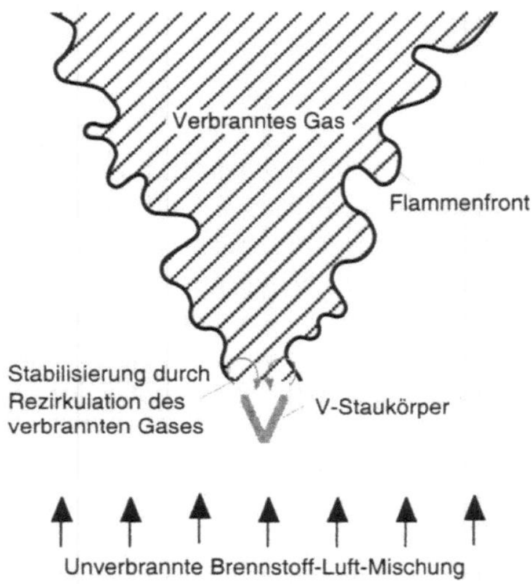

Abb. 14.1. Schematische Darstellung einer Momentaufnahme einer staukörperstabilisierten turbulenten Vormischflamme

Die bei zunehmendem Turbulenzgrad zunehmende dreidimensionale Struktur der Flamme lässt sich anhand des *Borghi-Diagramms* erklären (Borghi 1984; Candel et al. 1994; Poinsot et al. 1991), das in Abb. 14.2 in einer doppelt logarithmischen Auftragung dargestellt ist. Aufgetragen ist v'/v_L, die Turbulenzintensität v' normiert durch die laminare Flammengeschwindigkeit, gegen l_0/l_L, d. h., die größte Längenskala l_0 der Wirbel normiert durch die laminare Flammendicke l_L. (Man beachte gemäß Kapitel 12, dass die Geschwindigkeitsfluktuationen v' durch Wirbel in der Strömung bewirkt werden und dass $v' = \sqrt{2k_0/\bar{\rho}_0}$ ist, wobei k_0 die turbulente kinetische Energie ist und ρ_0 die Dichte.)

Das Diagramm wird durch verschiedene Geraden in einzelne Bereiche aufgeteilt. Ist die Turbulenz-Reynoldszahl $R_l = v' l_0 / \nu$ (siehe Gleichung 12.53) kleiner als Eins, $R_l < 1$, so findet laminare Verbrennung statt. Der Bereich turbulenter Verbrennung ($R_l > 1$) lässt sich weiter unterteilen. Dazu ist es vorteilhaft, zwei dimensionslose Größen neu einzuführen, nämlich die *turbulente Karlovitz-Zahl Ka* und weiterhin die *turbulente Damköhler-Zahl Da*.

Die turbulente Karlovitz-Zahl *Ka* beschreibt das Verhältnis der Zeitskala t_L der laminaren Flamme ($t_L = l_L/v_L$) zur Kolmogorov-Zeitskala t_K,

$$Ka = \frac{t_L}{t_K} \qquad \text{mit} \qquad t_K = \sqrt{\frac{\nu}{\tilde{\varepsilon}}} \,, \tag{14.1}$$

wobei ν eine charakteristische kinematische Viskosität ist ($\nu = \mu/\rho$) und $\tilde{\varepsilon}$ die Dissipationsgeschwindigkeit der turbulenten kinetischen Energie; siehe Gleichung (12.35). Bei der Kolmogorov-Skala ist die Zeit, die ein Wirbel der Größe l_K für eine Umdrehung braucht, so groß wie die Zeit, die durch Diffusion durch den Wirbel hindurch benötigt wird. Auf der Ebene von Längenskalen kleiner als l_K liegen lokal laminare Strömungsbedingungen vor (Peters 1987). Ist die Zeitskala der laminaren Flamme kleiner als die Kolmogorov-Skala, so liegen lokal laminare Vormischflammen vor, die in die turbulente Strömung eingebettet sind. Im Borghi-Diagramm liegt dieser *Flamelet-Bereich* unterhalb der Geraden $Ka = 1$.

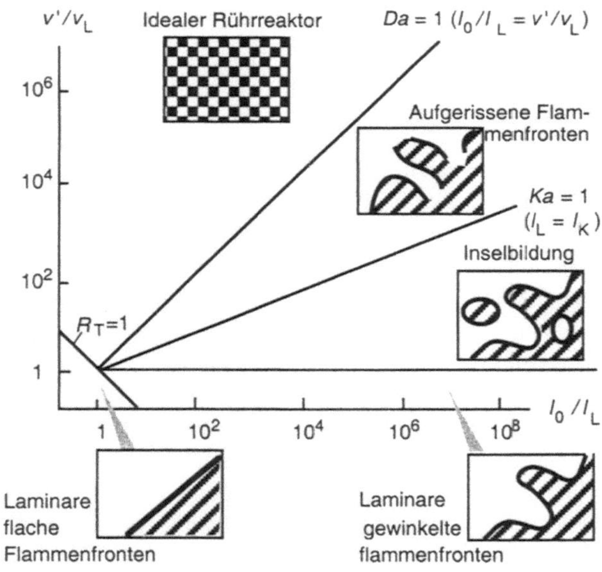

Abb. 14.2. Borghi-Diagramm

Die turbulente Damköhler-Zahl *Da* beschreibt das Verhältnis zwischen den makroskopischen Zeitskalen und der Zeitskala der chemischen Reaktion,

$$Da = \frac{t_0}{t_L} = \frac{l_0 \, v_L}{v' \, l_L} \,. \tag{14.2}$$

Für $Da < 1$ ist die Zeit für die chemische Reaktion länger als die Zeit für die ablaufenden physikalischen Prozesse. In diesem Bereich wechselwirken die Wirbel direkt mit der Flammenstruktur, die so sehr verbreitert ist, dass man sie kaum noch als „Flammenfront" bezeichnen kann. Im Borghi-Diagramm liegt dieser Bereich oberhalb der Geraden $Da = 1$. Dieser Bereich, der auch als *homogener Reaktor, perfekter Rührreaktor* oder *Idealreaktor* genannt wird, soll an späterer Stelle noch behandelt werden.

Zwischen dem Bereich des Idealreaktors und dem Flamelet-Bereich befindet sich das Gebiet *verbreiterter Reaktionszonen*, wo – so ist die Vorstellung – sich ein Teil der Wirbel in der Flammenfront befindet (Wirbel, die Längenskalen l_K kleiner als l_L besitzen). In jeder turbulenten Strömung liegt ein breites Spektrum verschiedener Dissipationsgeschwindigkeiten $\tilde{\varepsilon}$ vor, die wahrscheinlich eine logarithmische Normalverteilung besitzen (Buch und Dahm 1996,1998). Aus diesem Grund lassen sich die Bedingungen in einer turbulenten Flamme nicht als Punkt im Borghi-Diagramm beschreiben, sondern durch eine Zone, die sich über verschiedene Bereiche des Diagramms erstrecken kann.

14.2 „Flamelet"-Behandlung

Die in den ersten acht Kapiteln beschriebenen Hilfsmittel erlauben die Berechnung laminarer vorgemischter Flammen, z. B. der Profile von Temperatur und Konzentrationen (einschließlich Schadstoffen), sowie der Flammengeschwindigkeit. Turbulente Flammen sind jedoch dreidimensional und instationär. Eine direkte numerische Simulation (DNS) übersteigt deshalb (vergl. auch Abschnitt 12.2) weit den Bereich des heute Möglichen bezüglich der Rechenkapazität. Die praktische Alternative hierzu ist, Modelle zu entwickeln, die eine Beschreibung der wichtigsten Eigenschaften der turbulenten Flammen erlauben. Eine beträchtliche Vereinfachung erhält man, wenn man physikalische Prozesse in Form von Teilmodellen („sub-models") in der Berechnung implementiert. Solch ein Verfahren ist das sogenannte *Flamelet-Modell*.

Das *Flamelet-Modell* turbulenter vorgemischter Flammen ist analog zum Flamelet-Modell nicht-vorgemischter Flammen. Die turbulente Flamme wird als ein Ensemble vieler kleiner laminarer Flammen im turbulenten Strömungsfeld betrachtet. Geht die turbulente Reynolds-Zahl R_l gegen Null, so geht das Modell korrekt in das Modell einer laminaren Flamme über. Es herrscht die übereinstimmende Meinung, dass das Flamelet-Konzept im Bereich großer Damköhler-Zahlen, wo die turbulenten Zeitskalen größer sind als die Zeitskala der laminaren Flammen, angewendet werden kann. Dieser Bereich liegt im unteren rechten Teil des Borghi-Diagramms (Abschnitt 14.1).

In turbulenten nicht-vorgemischten Flammen konnte (zumindest im Falle schneller Chemie) das Konzentrationsfeld durch den Mischungsbruch vollständig beschrieben werden. Für turbulente Vormischflammen ist diese Begriffsbildung sinnlos, da Brennstoff und Oxidationsmittel schon vor der Reaktion miteinander vermischt sind. Daher muss eine andere Variable zur Beschreibung des Verbrennungsprozesses gewählt werden. Es hat sich deshalb durchgesetzt, dazu eine *Fortschrittsvariable c* zu benutzen, die den Fortgang der Verbrennung in einer Vormischflammenfront beschreibt und so wie der Mischungsbruch Werte von Null bis Eins annimmt (Bray 1980, Bray und Libby 1976, Bray und Moss 1977). Dazu benutzt man z. B. den Prozentsatz der Bildung eines Endproduktes wie

$$w_{CO_2} = c \cdot w_{CO_2,b} , \tag{14.3}$$

wobei der Index b das verbrannte Gas bezeichnet. Das benutzte Profil darf kein Maximum aufweisen, da sonst keine eindeutige Festlegung von c möglich ist. Die Skalare, wie z. B. OH, O_2, CO, CO_2 usw., sind dann an jedem Punkt in der Strömung eindeutig durch die Reaktionsfortschrittsvariable c und, wenn nötig, durch die lokale Dissipation von c bestimmt.

Laminare Vormischflammen mit vorgegebenen Werten der Dissipationsgeschwindigkeit lassen sich bei einer Gegenstromanordnung experimentell (Law 1989) und numerisch (unter Verwendung eindimensionaler Geometrien, siehe Kapitel 9, Stahl und Warnatz 1991) erhalten. Wie bei nicht-vorgemischten Flammen besteht die Hoffnung, dass die turbulente vorgemischte Flamme durch ein Ensemble aus laminaren vorgemischten Flammen beschrieben werden kann.

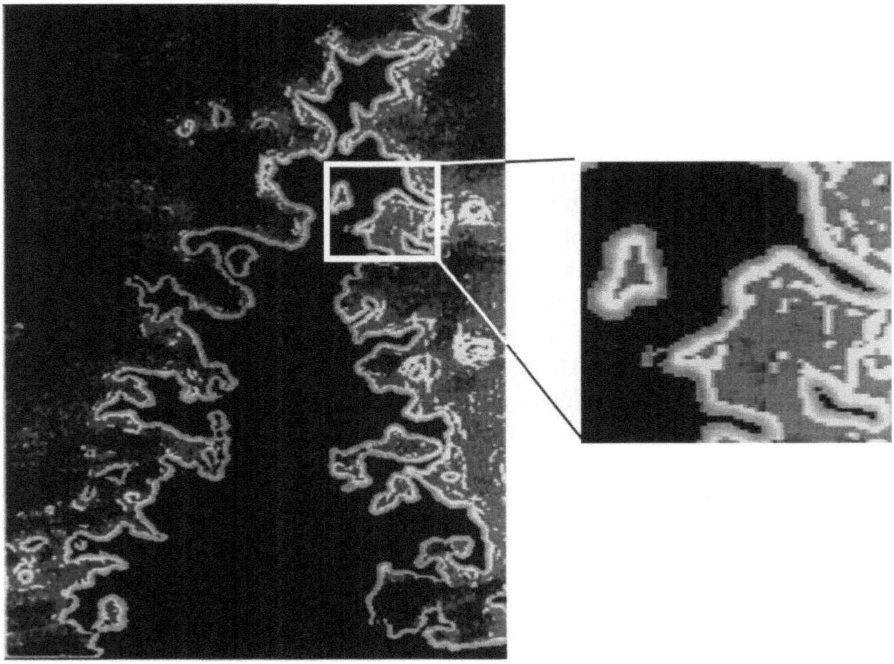

Abb. 14.3. Laser-Lichtschnitt-LIF-Messung der OH-Konzentration in einer turbulenten vorgemischten Erdgas-Luft-Strahlflamme, die auf einer Düse von 3 cm Durchmesser stabilisiert ist (Dinkelacker et al. 1993); das schwarze Innere zeigt den Bereich der einströmenden Mischung ($\Phi = 0{,}8$, $R_l = 857$, $Ka = 0{,}07$)

Die Rechtfertigung der Anwendung des Flamelet-Modells in vorgemischter turbulenter Verbrennung bei motorischen Bedingungen ergibt sich z. B. aus Laser-Lichtschnitt-Experimenten. Abbildung 2.7 zeigt Messungen von OH-Konzentrationen (Maximum ca. 0,3 mol-%) in einem Otto-Motor (Becker et al. 1991). Es lassen sich deutlich die lokal gewinkelten Flammenfronten erkennen.

Ein weiteres Beispiel ist in Abb. 14.3 dargestellt. Auch in dieser turbulenten Bunsen-Flamme scheint die Flamelet-Annahme gerechtfertigt. Die Abbildung zeigt eine LIF-OH Momentaufnahme einer turbulenten Erdgas-Luft-Freistrahl-Vormischflamme auf einem Brenner in halbtechnischem Maßstab (Dinkelacker et al. 1993). Wieder lassen sich ganz deutlich die gewinkelten laminaren Flammenstrukturen erkennen.

Bei Verwendung des Flamelet-Modells benötigt man ein Modell zur Beschreibung des Transports und der Änderung von c. Aus c ergeben sich mit Hilfe des Flamelet-Modells die Temperatur, die Stoffkonzentrationen und die Dichte, die dann in das Turbulenzmodell eingeht. Zur Koppelung von Flamelet- und Turbulenzmodell gibt es zahlreiche Möglichkeiten, die z. B. bei Ashurst (1995), Candel et al. (1994), Pope (1991), Libby und Williams (1994) und Peters (1987) beschrieben werden.

Das einfachste Modell zur Beschreibung des Transports und der Änderung von c ist das *„eddy breakup"*-Modell. Solch ein EBU-Modell (kurz behandelt in Kapitel 12) liefert eine Produktbildungsgeschwindigkeit $\overline{\omega}_c$ in Abhängigkeit von der turbulenten Frequenz (eine inverse Wirbelrotationszeit) und der Fluktuation der Reaktionsprodukte c'_{rms}. Integration von

$$\overline{\omega}_c \quad = \quad -\frac{\overline{\rho}\, C_c}{\overline{M}}\, c'_{\text{rms}}\, \frac{\tilde{\varepsilon}}{\tilde{k}} \tag{14.4}$$

liefert den Mittelwert der Produkte $\bar{c}$, aus dem die Dichte ρ über das Flamelet-Modell bestimmt werden kann, z. B. $c = (\rho - \rho_u)/(\rho_b - \rho_u)$ worin b = verbrannt (burnt) und u = unverbrannt (unburnt) bedeuten. Diese Dichte wird im Turbulenzmodell benötigt. Dieses Modell sagt korrekt voraus, dass die Reaktionsgeschwindigkeit in den Reaktanden und den Produkten gegen Null geht. Wie man jedoch in Kapitel 13 sieht, überschätzt das Modell die Reaktionsgeschwindigkeit. Ausserdem sagt das Modell zwar die mittlere Reaktionsgeschwindigkeit voraus, liefert aber keine Information über die Schadstoffbildung. Dies wird jedoch heute von Modellen erwartet.

Man findet zahlreiche Verbesserungen des Flamelet-Modells in der Literatur; Übersichtsartikel sind zu finden bei Ashurst (1995), Candel et al. (1994), Pope (1991), Libby und Williams (1994), und Peters (1987).

14.3 Turbulente Flammengeschwindigkeit

Eines der Ziele von Modellen turbulenter vorgemischter Flammen ist die Vorhersage der mittleren Verbrennungsgeschwindigkeit. Dies würde z. B. erlauben, den Flammenwinkel in Abb. 14.1 und 14.3 zu bestimmen. Es ist anzunehmen, dass es hierzu ausreicht, die Parameter ϕ, T, $\bar{v}$ und v' zu kennen Den Fortschritt einer turbulenten Vormisch-Flammenfront versucht man (analog zum laminaren Fall) durch eine *turbulente Flammengeschwindigkeit* v_T zu beschreiben. Im einfachsten Fall stellt man sich die turbulente Flammenfront als eine gewinkelte laminare Flammenfront vor (Damköhler 1940). Mit dem Ansatz

$$\rho_u v_T A_T = \rho_u v_L A_L , \tag{14.5}$$

wobei A_L die Gesamtfläche der gewinkelten laminaren Flammenfronten, A_T die Fläche der mittleren turbulenten Flammenfront und v_L die laminare Flammengeschwindigkeit bezeichnen (vergl. Abb. 14.3). Es ergibt sich dann der grundlegende Zusammenhang

$$v_T = v_L A_L / A_T . \tag{14.6}$$

Das Verhältnis von v_T und v_L ist also durch das Flächenverhältnis von laminarer und (mittlerer) turbulenter Flammenfläche gegeben. Damköhler verwendet z. B. den Ansatz $A_L/A_T = 1 + v'/v_L$ wobei v' die turbulente Schwankungsgeschwindigkeit bedeutet (vergleiche Abschnitt 14.1). Damit ergibt sich der recht einfache Ausdruck

$$v_T = v_L + v' = v_L(1 + v'/v_L) . \tag{14.7}$$

Dieses Ergebnis stimmt mit experimentellen Ergebnissen überein (siehe Abb. 14.6), solange die Turbulenzintensität nicht zu groß ist (Auftreten von Flammenlöschung; vergleiche Abschnitt 14.4). Insbesondere beschreibt dieses Modell auf sehr einfache Weise die Tatsache, dass bei der motorischen Verbrennung die Erhöhung der Umdrehungszahl (v' ist in etwa proportional zur Umdrehungszahl) zur Beschleunigung der Brenngeschwindigkeit führt. Ohne diesen Zusammenhang wäre eine effektive motorische Verbrennung auf niedrige Drehzahlen beschränkt (Heywood 1988).

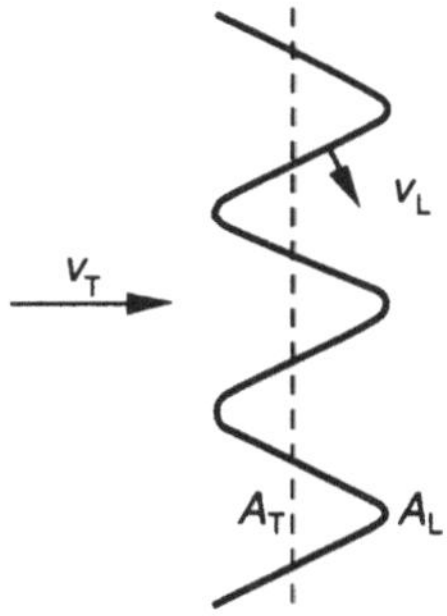

Abb. 14.4. Schematische Darstellung der Fortpflanzung einer turbulenten Flammenfront

Ebenfalls in Übereinstimmung mit dem Experiment (Liu und Lenze 1988) ist die Tatsache, dass Gleichung (14.5) keine Abhängigkeit vom turbulenten Längenmaß (z. B. vom integralen Längenmaß l_0) zeigt. Dies lässt sich ganz zwanglos anhand einer einfachen schematischen Darstellung erklären (Abb. 14.5). Obwohl die beiden dargestellten Flammenfronten verschiedene Längenskalen besitzen, sind die Gesamtflächen der laminaren Flammenfronten und damit auch die turbulente Flammengeschwindigkeit gleich.

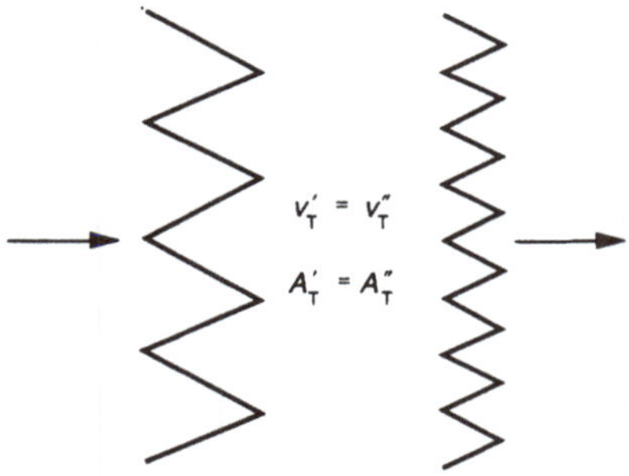

Abb. 14.5. Schematische Darstellung zweier Flammenfronten mit unterschiedlichen Längenskalen, aber gleicher Fläche.

Probleme treten bei diesem einfachen Modell auf, wenn die Mischung zu fett oder zu mager ist (ausserhalb der Brennbarkeitsgrenzen, aus Abb. 14.7 durch Extrapolation zu ermitteln). Dann ist die laminare Flammengeschwindigkeit v_L Null, es liegt also keine Flamme vor, aber das Modell sagt fälschlicherweise $v_T = v'$ voraus.

14.4 Flammenlöschung

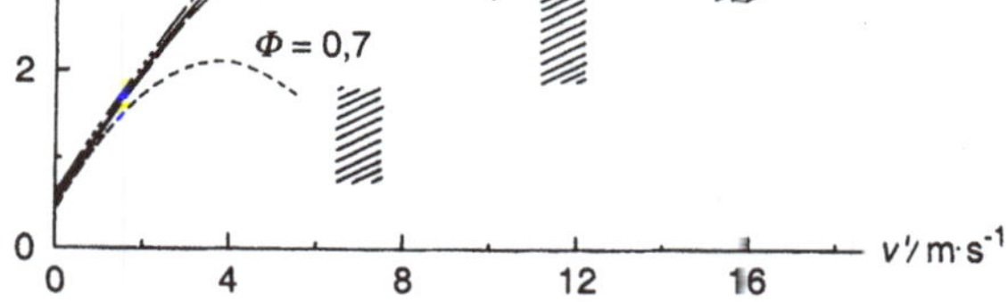

Abb. 14.6. Abhängigkeit der turbulenten Flammengeschwindigkeit von der Turbulenzintensität; Reaktion einer C_3H_8/Luft-Mischung in einer Verbrennungsbombe (Abdel-Gayed et al. 1984); gestrichelt unterlegt: Verlöschungsbereich

Bei zunehmender Turbulenzintensität v' beobachtet man ein Maximum der turbulenten Flammengeschwindigkeit v_T, bedingt durch lokale *Flammenlöschung*. Diese wurde z. B. von Bradley und Mitarbeitern (Abdel-Gayed et al. 1984, Bradley 1993) in einer Verbrennungsbombe mit C_3H_8-Luft bei intensiver Turbulenzerzeugung durch mehrere starke Ventilatoren gezeigt (Abb. 14.6). Eine Erklärung für dieses Verhalten erhält man sofort, wenn man auf die Flamelet-Vorstellung zurückgreift (Löschung bei genügend großer Streckung). Turbulente Flammen müssen demnach dasselbe Löschverhalten aufweisen (vergl. Kapitel 13).

Abbildung 14.7 zeigt die zur Löschung notwendige Streckung als Funktion des Äquivalenzverhältnisses Φ für ein Paar von gegeneinander brennenden Methan-Luft-Vormischflammen. Es werden verschiedene Reaktionsmechanismen überprüft, um abzusichern, dass die Diskrepanz zwischen Messung und Simulation nicht auf die Chemie zurückzuführen ist. Die Erfahrung zeigt, dass geringe Energieverluste, die im Experiment schwierig zu quantifizieren sind, für die Diskrepanz verantwortlich sein können (Stahl und Warnatz 1991).

Diese Messungen und Simulationen bei laminaren Bedingungen zusammen mit einem Flamelet-Modell erlauben eine Erklärung der in turbulenten Vormischflammen beobachtbaren Löscherscheinungen.

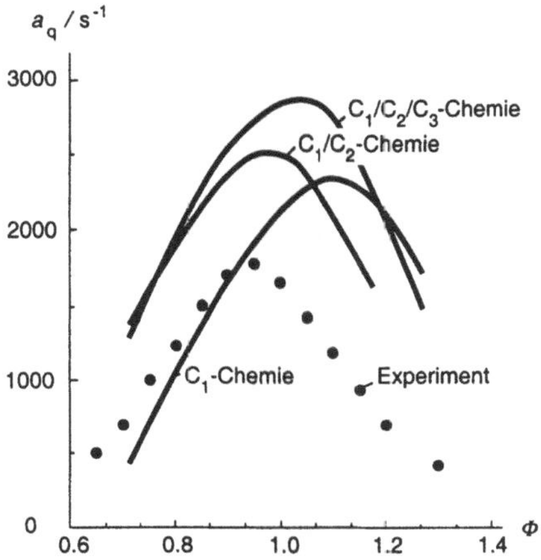

Abb. 14.7. Abhängigkeit der zur Flammenlöschung notwendigen Streckung a_q von der Gemischzusammensetzung für Propan-Luft Flammen (Stahl und Warnatz 1991)

Mit zunehmender Turbulenz nehmen die Konzentrationsgradienten und somit die Diffusionsprozesse zu. Dies führt so weit, dass die chemische Reaktion die Produkte (und damit auch die Reaktionswärme) nicht mehr so schnell nachliefern kann, wie sie sich durch die Diffusion verteilen. Die Temperatur sinkt dabei und erniedrigt zusätzlich die Reaktionsgeschwindigkeit. Die Spitzentemperatur würde kontinuierlich weiter sinken, wenn nicht bei etwa 1700 K die Reaktionsgeschwindigkeit schnell sehr klein würde, was zum plötzlichen Verlöschen führt (dargestellt in Abb. 14.8).

Rechnungen zeigen weiterhin, dass die charakteristische Zeit für die Flammenlöschung nur einige Bruchteile von Millisekunden beträgt (siehe Beispiel in Abb. 14.9). Die durch das plötzliche Löschen verursachten Kontraktionen des Gases sind als Quelle der Flammengeräusche (zusammen mit durch die Geometrie bedingten entsprechenden Resonanzbedingungen) anzusehen (Stahl und Warnatz 1991). Turbulente vorgemischte Flammen sind, wie auch turbulente nicht vorgemischte Flammen, sehr empfindlich gegenüber Lewis-Zahl bedingten Instabilitäten (Peters und Warnatz 1982).

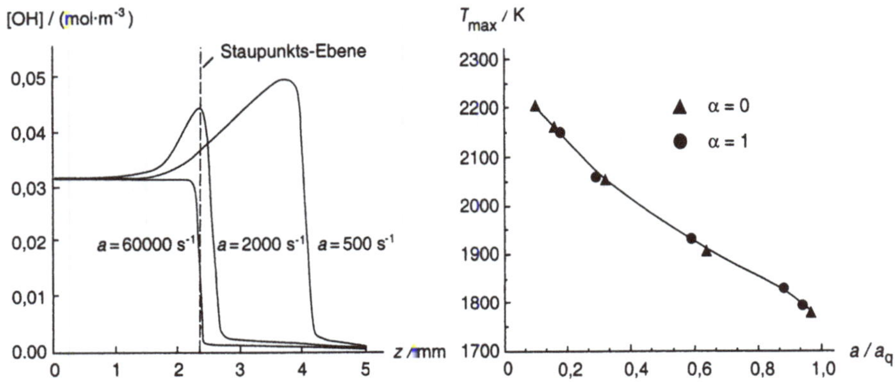

Abb. 14.8. Links: Abhängigkeit der OH-Konzentration in der Flammenfront als Funktion der Streckung für stöchiometrische Propan-Luft Flammen im Gegenstrom mit heissen Verbrennungsprodukten; rechts: maximale Flammentemperaturen in Abhängigkeit von der Streckungsrate in einer stöchiometrischen Methan-Flamme bei planarer ($\alpha = 0$) und zylindrischer ($\alpha = 1$) Gegenstrom-Anordnung (Stahl und Warnatz 1991)

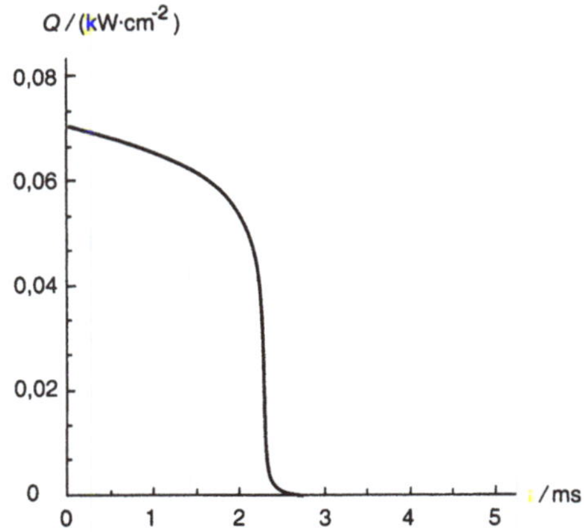

Abb. 14.9. Zeitlicher Verlauf der Wärmefreisetzung während der Flammenlöschung für eine stöchiometrische Methan-Luft Gegenstrom-Vormischflamme bei Normaldruck (Stahl und Warnatz 1991)

Wie Abb. 14.7 zeigt, löschen magere (wie auch fette) Gemische besonders leicht. Dies ist einer der Gründe, warum man unerwartet starke Kohlenwasserstoff-Emissionen bei Magermotoren beobachtet. (Naiverweise würde man meinen, dass der Überschuss an Sauerstoff zu einer vollständigen Verbrennung führt.)

14.5 Weitere Modelle turbulenter vorgemischter Verbrennung

Trotz vieler Beobachtungen, die die Anwendbarkeit des Flamelet-Modells belegen, gibt es extreme Bedingungen, in denen die Voraussetzungen für laminare Flamelets nicht gegeben sind. Dieser extreme Bereich liegt links oberhalb der Geraden $Da = 1$ im Borghi-Diagramm, Abb. 14.2. Beispiele sind mit Düsenstrahl durchmischte Reaktoren (Malte und Pratt 1974, Glarborg et al. 1986) und sehr hohe Turbulenzgrade (Roberts et al. 1993).

Bei solch einer intensiven Mischung sind die Reaktionszonen sehr breit, wenn nicht sogar eine annähernd homogene Durchmischung vorliegt. Deshalb werden keine so großen Anforderungen an die räumliche Auflösung bei der Simulation gestellt, und erstaunlicherweise lassen sich „*large eddy*"-Simulationen (*LES*, Reynolds 1989) mit einem vernünftigen Aufwand durchführen. Dabei wird das turbulente Strömungsfeld direkt berechnet mit der Vereinfachung, dass das räumliche Gitter nicht die kleinsten Längenskalen auflöst. Die großen Ortsskalen werden demnach über DNS bestimmt, während die Prozesse mit Längenskalen, die kleiner sind als die Ortsauflösung (*subgrid scales*) modelliert werden. Hierzu lassen sich das k-ε-Modell oder das „*linear eddy*"-Modell (Modell linearer Wirbel) von Kerstein 1992 (LES-LE) verwenden. Anwendungen von LES sind Motorenberechnungen (z. B. mit dem Programm KIVA™, Amsden et al. 1989) oder Wetterberechnungen.

14.6 Übungsaufgaben

Aufgabe 14.1. In einer turbulenten vorgemischten Bunsenflamme sei die folgende Wahrscheinlichkeitsdichtefunktion für die Geschwindigkeit gegeben:

$$P(u) = 0{,}0012\,(\,10\,u^2 - u^3\,) \qquad \text{für} \qquad 0 \leqq u \leqq 10 \text{ m/s}$$

$$P(u) = 0 \qquad \text{für} \qquad u \geqq 10 \text{ m/s}$$

wobei in $P(u)$ die Geschwindigkeit dimensionslos eingesetzt werde. Berechnen Sie wahrscheinlichste Geschwindigkeit u_w, Mittelwert $\bar{u}$ und mittleres Schwankungsquadrat $\overline{u'^2}$. Wie groß ist die mittlere turbulente Flammengeschwindigkeit v_T, wenn die laminare Flammengeschwindigkeit $v_L = 60$ cm/s ist? Geben Sie ausserdem das Flächenverhältnis von der mittleren turbulenten zur laminaren Flammenfläche an.

Aufgabe 14.2. Der Grenzfall turbulenter vorgemischter Flammen wäre eine unendlich schnelle Vermischung von Reaktanden und Produkten. Stellen Sie sich dazu einen Reaktor vor, in welchen Brennstoff und Luft einströmen und in dem so stark verwirbelt wird, dass überall eine konstante Mischung aus Brennstoff, Luft und Produkten vorliegt. Temperatur T_R und Druck p im Reaktor seien ebenfalls konstant.

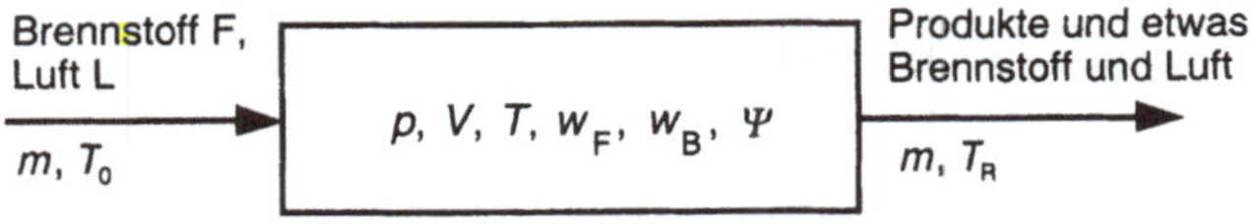

a) Bestimmen Sie den Massenanteil Ψ an unverbrannten Bestandteilen in Abhängigkeit von der Temperatur T_R des Reaktors und der Temperatur T_b, die sich bei vollständiger Verbrennung einstellen würde. Nehmen Sie dazu eine mittlere konstante Wärmekapazität c_p und eine massenspezifische Reaktionswärme q an.
b) Leiten Sie eine Beziehung her, die den volumenbezogenen Massenstrom $\dot{m}/V$ in Abhängigkeit von der Reaktortemperatur, den Brennstoff- und Luftmassenanteilen und vom Druck zeigt. Was ergibt sich für $T_R = T_b$? Die Reaktion erfolge nach der Gleichung

$$\mathrm{F} + \mathrm{L} \rightarrow \text{Produkte}$$

und die auf die Dichte bezogene Geschwindigkeitskonstante sei $k = A \cdot \exp(-E/RT)$.

Aufgabe 14.3. Benützen Sie die Gleichungen (14.1) und (14.2), um zu zeigen, dass $R_l = Ka^2\, Da^2$ (Peters 1987).

Aufgabe 14.4. Nach Peters (1987) ist die Umdrehungsgeschwindigkeit v_e eines Wirbels der Größe l_e gegeben durch $v_e^3 = \varepsilon \cdot l_e$. Zeigen Sie damit, dass die Kolmogorov-Zeitskala gleich der charakteristischen Diffusionszeit $l_K = \sqrt{\nu \cdot t}$ ist.

15 Verbrennung flüssiger und fester Brennstoffe

In den vorangegangenen Kapiteln wurden Verbrennungsprozesse in der Gasphase betrachtet. Bei vielen technisch relevanten Verbrennungsprozessen werden jedoch flüssige oder feste Brennstoffe durch ein gasförmiges Oxidationsmittel verbrannt. Beispiele für flüssige Kraftstoffe sind die Verbrennung in Flugzeugturbinen, Dieselmotoren und Ölöfen; Beispiele für Feststoffe sind die Verbrennung von Kohle, Holz (auch bei Haus- und Waldbränden), Kunststoffen und Müll.

Wegen der zusätzlichen Komplexität bei diesen Verbrennungsprozessen (Phasenübergänge finden statt) sind sie weniger gut verstanden als Verbrennungsprozesse in homogener Phase. Dies ist nicht zuletzt dadurch begründet, dass neben den Prozessen in der Gasphase (chemische Reaktion und molekularer Transport) auch die Vorgänge in der flüssigen oder festen Phase sowie die Prozesse an den Grenzschichten zwischen den Phasen berücksichtigt werden müssen. Zusätzlich ist die Strömung meist turbulent. Deshalb bestehen die Modelle für die Verbrennung flüssiger oder fester Kraftstoffe aus einer großen Anzahl miteinander wechselwirkender Teilmodelle. Jedes dieser Teilmodelle lässt sich stets verbessern, wobei auch der rechnerische Aufwand schnell ansteigt. Deshalb wird ein zuverlässiges Gesamtmodell einige vereinfachte Teilmodelle beinhalten, während andere Teilmodelle sehr detailliert sind. Die Entscheidung, welches Teilmodell den größten Detailliertheitsgrad aufweisen muss, hängt vom jeweiligen Problem ab. Die Auswahl geeigneter Teilmodelle ist schon für sich allein ein Problem. Dies wird z. B. in den Übersichtsartikel von Faeth (1984), Williams (1990) und Sirignano (1992) eingehend beschreiben. Im vorliegenden Kapitel sollen nun einige grundsätzlichen Eigenschaften der Verbrennung von Flüssigkeiten und Feststoffen kurz beschrieben werden.

15.1 Tröpfchen- und Spray-Verbrennung

Die Verbrennung flüssiger Kraftstoffe erfolgt typischerweise durch Einspritzung einer Flüssigkeit durch eine Düse in den Brennraum. Turbulenz innerhalb des Kraftstoffstrahls (erzeugt durch die hohen Scherkräfte im Injektor) führt zu einem Aufbrechen des Strahls in Ligamente, die ihrerseits wieder in eine dichte Tröpfchenwolke zerfallen. Wärmeübertragung auf die Tröpfchen erhöht deren Temperatur und damit den Dampfdruck, und die Tröpfchen verdampfen. Schließlich findet eine Zündung in der Gasphase statt. Um die Tröpfchen bilden sich nicht-vorgemischte Flammen aus. Es ist wichtig festzustellen, dass der Kraftstoffdampf und nicht der flüssige Kraftstoff selbst brennt. Die Gesamtheit dieser Prozesse nennt man *Spray-Verbrennung*. Bei der Modellierung unterscheidet man prinzipiell zwei verschiedene Vorgehensweisen:

1. **Verbrennung von Einzeltröpfchen:** Ist man an den grundlegenden physikalisch-chemischen Prozessen interessiert, so beschränkt man sich auf die Betrachtung von einzelnen Tröpfchen und verwendet sehr detaillierte Modelle zur Beschreibung der chemischen Reaktion, der Verdampfung und des molekularen Transports in der Gasphase, im Tröpfchen und an der Grenzschicht.

2. **Spray-Verbrennung:** Ist man an der Modellierung realer technischer Systeme (Gasturbinen, Dieselmotoren, direkteinspritzende Ottomotoren) interessiert, so müssen alle ablaufenden Teilprozesse durch Teilmodelle berücksichtigt werden. Wie oben beschrieben, sollen die benutzen Teilmodelle den gleichen Detailliertheitsgrad aufweisen, um den rechnerischen Aufwand auf ein vertretbares Maß zu beschränken. So führen sehr detaillierte Modelle zu einem nicht zu bewältigenden Rechenaufwand. Daher beschreibt man Strahlzerfall, Verdampfung, turbulente Mischung, Verbrennung usw. derzeit meist durch vereinfachte Modelle (oft globale oder reduzierte Modelle genannt).

Die Beziehung zwischen der Verbrennung von Einzeltröpfchen und der Spray-Verbrennung ist analog zu der zwischen laminaren und turbulenten Flammen, wenn turbulente Flammen als Ensemble laminarer Flamelets betrachtet werden.

15.1.1 Verbrennung von Einzeltröpfchen

Bei der Untersuchung der Verbrennung von Einzeltröpfchen geht man davon aus, dass die Sprayverbrennung als ein Ensemble von Verbrennungsprozessen einzelner Tröpfchen betrachtet werden kann. Diese Annahme ist analog zu der Annahme, dass eine turbulente Flamme als Ensemble laminarer Flammen (Flamelets) angesehen werden kann. Beide Annahmen haben beträchtlich zum Verständnis dieser Verbrennungsprozesse beigetragen. Ein Verständnis der Verbrennung von Einzeltröpfchen ist deshalb eine Grundvoraussetzung für ein Verständnis des weitaus komplexeren Spray-Verbrennungsprozesses.

Um die Behandlung der Tröpfchenverbrennung zu vereinfachen, nimmt man meist an, dass das Tröpfchen eine ideale sphärische Geometrie besitzt und deshalb durch ein eindimensionales Modell beschrieben werden kann. Ein erster Schritt bei der Modellierung der Tröpfchenverbrennung ist die Modellierung des reinen Verdampfungsprozesses. Analytische Modelle der Tröpfchenverdampfung wurden in den Übungsaufgaben 5.2 und 5.3 hergeleitet. Diese Modelle lassen sich leicht zur Beschreibung der Tröpfchenverbrennung erweitern, wenn man zusätzlich berücksichtigt, dass das Tröpfchen von einer sphärischen nicht-vorgemischten Flamme umgeben wird. Diese einfachen analytischen Modelle beinhalten jedoch zahlreiche Annahmen und Vereinfachungen, wie z. B. eines stationären Verbrennungsprozesses, schneller Chemie, gleicher Diffusivitäten für alle chemische Spezies und die Wärme (Lewis-Zahl = 1), konstanter und von der Temperatur unabhängiger Stoffeigenschaften (Wärmeleitfähigkeit, spezifische Wärme, Produkt ρD aus Dichte und Diffusionskoeffizient). Die Modelle liefern die Verdampfungsgeschwindigkeit $\dot{m}_{\mathrm{f}}$ (verdampfende Masse pro Zeiteinheit),

$$\dot{m}_{\mathrm{f}} = \frac{2\pi\lambda_{\mathrm{g}} d}{c_{p,\mathrm{g}}} \cdot \ln[1+B] \quad \text{mit} \quad B = \frac{\Delta h_{\mathrm{comb}} / \nu + c_{p,\mathrm{g}}(T_\infty - T_{\mathrm{s}})}{h_{\mathrm{f,g}}} \,. \tag{15.1}$$

Hierbei bezeichnet d den Tröpfchenradius, λ_{g} die Wärmeleitfähigkeit in der Gasphase, $c_{p,\mathrm{g}}$ die spezifische Wärmekapazität in der Gasphase, $\Delta h_{\mathrm{comb}}/\nu$ das Verhältnis von Verbrennungsenthalpie und dem stöchiometrischen Massenverhältnis von Oxidationsmittel und Brennstoff, $T_\infty - T_{\mathrm{s}}$ die Differenz zwischen der Temperatur in der Gasphase weit weg vom Tröpfchen und der Temperatur an der Tröpfchenoberfläche und $h_{\mathrm{f,g}}$ die Verdampfungsenthalpie. B ist die sogenannte *Spalding-Transfer-Zahl*. Berücksichtigt man, dass die Verdampfungsgeschwindigkeit gegeben ist durch

$$\dot{m}_{\mathrm{f}} = \rho_{\mathrm{L}} \frac{\pi}{2} d^2 \cdot \frac{\mathrm{d}d}{\mathrm{d}t} = \rho_{\mathrm{L}} \frac{\pi}{4} d \cdot \frac{\mathrm{d}d^2}{\mathrm{d}t} \,, \tag{15.2}$$

so erhält man

$$\frac{\mathrm{d}d^2}{\mathrm{d}t} = \frac{8\lambda_{\mathrm{g}}}{\rho_{\mathrm{L}} c_{p,\mathrm{g}}} \cdot \ln[1+B] \,.$$

Integration liefert das bekannte d^2-Gesetz für die Tröpfchenverbrennung,

$$d^2(t) = d_0^2 - Kt \qquad \text{mit} \qquad K \equiv \frac{8\lambda_{\mathrm{g}}}{\rho_{\mathrm{L}} c_{p,\mathrm{g}}} \cdot \ln[1+B] \,. \tag{15.3}$$

Man sieht, dass die Verbrennungsgeschwindigkeit nur schwach (logarithmisch) von den Brennstoffeigenschaften (Reaktionswärme Δh_{comb}, Verdampfungsenthalpie $h_{\mathrm{f,g}}$) abhängt und direkt von den Eigenschaften der Gasphase und dem Tröpfchenradius bestimmt wird. Eine Verdoppelung des Tröpfchendurchmessers vervierfacht z. B. die Zeit zur vollständigen Verbrennung, und der Brennraum muss deswegen länger sein. Für den Grenzfall $\Delta h_{\mathrm{comb}} = 0$ erhält man reine Verdampfung.

Solche interessanten Einblicke erhält man unter Verwendung analytischer Modelle. Auf der anderen Seite erlauben numerische Simulationen, dass die oben beschriebenen Vereinfachungen nicht vorgenommen werden müssen sind. Werden alle Teilprozesse detailliert berücksichtigt, so nennt man dies *Simulation*.

Die Simulation geschieht dann durch Lösen der Erhaltungsgleichungen im Tröpfchen, in der Gasphase und an der Grenzschicht (siehe z. B. Cho et al. 1992, Stapf et al. 1991). Auch experimentell lässt sich dieses einfache System realisieren. Hierzu werden in einer Verbrennungskammer fein verteilte Tröpfchen erzeugt. Um den Einfluss der Gravitation auszuschließen, der zu einer Störung der sphärischen

Symmetrie führen würde, wird die Verbrennungskammer während des Experiments in einem Fallturm frei fallen gelassen (siehe z. B. Yang und Avedisian 1988). Es sei jedoch angemerkt, dass sich die Gravitation auch leicht bei der Simulation berücksichtigen lässt. In diesem Fall liegt jedoch keine sphärische Symmetrie mehr vor und die numerische Lösung gestaltet sich entsprechend aufwendiger.

Üblicherweise beobachtet man bei der Verbrennung von Tröpfchen drei verschiedene Phasen, die i. a. parallel zueinander ablaufen und miteinander wechselwirken:

(I) Aufheizphase: Wärme wird von der Gasphase auf das Tröpfchen übertragen und das Tröpfchen aufgeheizt. Wärmetransport im Tröpfchen führt dazu, dass sich die Temperatur erhöht und der Siedetemperatur nähert, bis eine nahezu homogene Temperaturverteilung im Tröpfchen vorliegt und rasche Verdampfung einsetzt.

(II) Verdampfungsphase: Der Brennstoffdampf wandert – bedingt durch Diffusion – in die Gasphase, und es wird ein brennbares Gemisch gebildet. Das Quadrat des Tröpfchenradius nimmt linear mit der Zeit ab (*d^2-Gesetz*).

(III) Verbrennungsphase: Das Gemisch zündet schließlich; anschließend erfolgt Verbrennung um das Tröpfchen herum in Form einer nicht-vorgemischten Flamme. Der Tröpfchenradius ändert sich zeitlich wieder gemäß dem d^2-Gesetz, jetzt jedoch mit einem anderen Proportionalitätsfaktor K in (15.3), da sich Temperatur und damit die Stoffeigenschaften geändert haben

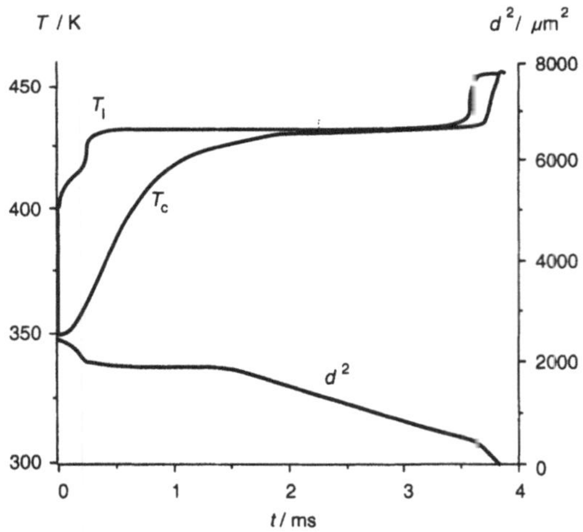

Abb. 15.1. Charakteristische Größen bei der Zündung und Verbrennung eines Methanoltröpfchens (Temperatur 350 K, Durchmesser 50 µm) in Luft (T = 1100 K, p = 30 bar); dargestellt sind die Temperatur im Tröpfchenmittelpunkt (T_c) und an der Phasengrenze (T_l) sowie der Tröpfchendurchmesser d (Stapf et al. 1991)

Charakteristische Größen bei der (I) Aufheizphase, der (II) Verdampfung und (III) der Verbrennung eines Methanoltröpfchens, das von heißer Luft umgeben ist, sind in

Abb. 15.1 dargestellt. Sobald das Tröpfchen der heißen Umgebung ausgesetzt wird, findet Wärmeübergang von der heißen Gasphase an das Tröpfchen statt und die Temperatur T_1 am Tröpfchenrand steigt rasch an, bis sich ein Phasengleichgewicht ausbildet. Auch im Inneren des Tröpfchens findet Wärmeleitung statt, was dazu führt, dass auch die Temperatur T_c im Mittelpunkt des Tröpfchens ansteigt. Nach der Einstellung des Phasengleichgewichtes beginnt die Verdampfung des Tröpfchens, die in Abb. 15.1 an der Abnahme des Durchmessers zu erkennen ist. Die Simulation zeigt, dass die Annahme eines quasistationären Zustandes (notwendig für eine analytische Lösung der Erhaltungsgleichungen) eine Übervereinfachung darstellt, die die Lebensdauer des Tröpfchens um etwa 50% unterschätzt. Würde man die analytische Lösung zur Auslegung des Brennraums verwenden, wäre dieser dann zu kurz.

Basierend auf einer vereinfachten Betrachtung des Verdampfungsprozesses (siehe z. B. Strehlow 1985 oder Übungsaufgaben 5.2 und 5.3) wurde abgeleitet, dass das Quadrat des Tröpfchendurchmessers bei der Verdampfung linear mit der Zeit abnimmt, $\mathrm{d}(d^2)/\mathrm{d}t = \text{const.}$, wobei die Konstante von zahlreichen Eigenschaften des Tröpfchens und der umgebenden Gasphase abhängt. Wie die geraden Linien in Abb. 15.1 zeigen, ist das *d^2-Gesetz* in weiten Bereichen der Tröpfchenlebensdauer gültig.

Zündung in der Gasphase findet nach einer Induktionszeit (bei t = 3,5 ms in Abb. 15.1) statt. Die nicht-vorgemischte Flamme, die das Tröpfchen umgibt, führt zu einer gesteigerten Aufheizung des Tröpfchens und damit zu einer Beschleunigung der Verdampfung. Dies lässt sich deutlich an der größeren negativen Steigung der Linie von d^2 bei t = 3,5 ms in Abb. 15.1 erkennen.

Bedingt durch die Vielzahl parallel ablaufender physikalisch-chemischer Prozesse wird die Zündung von Tröpfchen durch viele Faktoren beeinflusst. Für praktische Anwendungen ist oft eine Kenntnis der Zündverzugszeiten wichtig (vergl. hierzu auch Abschnitt 10.4). Da eine zündfähige Mischung erst nach Verdampfung des Brennstoffs und Diffusion in die Gasphase vorliegt, werden Ort der Zündung und Zündverzugszeit sowohl durch die Temperatur der Gasphase als auch durch die lokale Zusammensetzung der Gasphase bestimmt. Nur wenn gleichzeitig eine ausreichend hohe Temperatur und eine zündfähige Gemischzusammensetzung vorliegen, kann eine Zündung erfolgen. Aus diesem Grund hängt die Zündverzugszeit bei Tröpfchen stark von den Eigenschaften (Temperatur, Durchmesser) des Tröpfchens ab. Da die Zündverzugszeit empfindlich durch die chemische Kinetik beeinflusst wird, sind analytische Modelle mit einfachen Globalreaktionen nicht in der Lage, den Zündprozess zufriedenstellend zu beschreiben.

Zündverzugszeiten in Abhängigkeit von der Temperatur der Gasphase sind für verschiedene Tröpfchenradien in Abb. 15.2 dargestellt (Stapf et al. 1991). Eine Erhöhung der Temperatur führt analog zu Zündprozessen in gasförmigen Mischungen zu einer Verkürzung der Zündverzugszeit. Im allgemeinen steigt die Zündverzugszeit mit zunehmendem Tröpfchenradius. Dies ist dadurch bedingt, dass das Tröpfchen der Gasphase bei der Verdampfung Wärme entzieht.

Abweichungen von diesem Verhalten ergeben sich bei sehr kleinen Tröpfchendurchmessern, da in diesem Fall das Tröpfchen vor der eigentlichen Zündung schon vollständig verdampft ist.

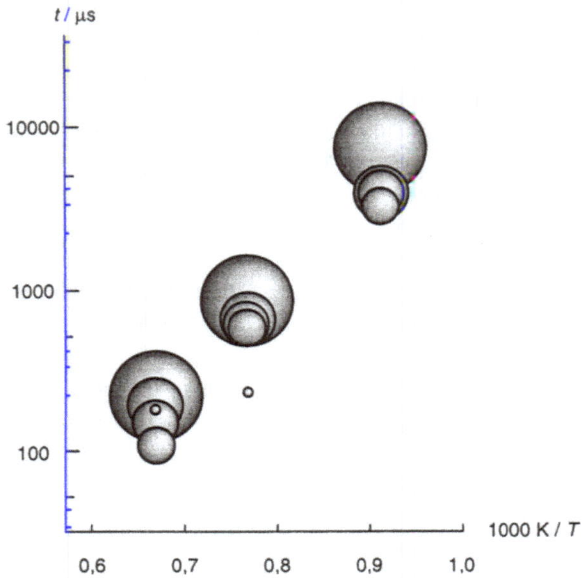

Abb. 15.2. Zündverzugszeiten bei der Zündung von Methanoltröpfchen in Luft in Abhängigkeit von Temperatur der Luft und Tröpfchengröße (die Durchmesser von 10 bis 100 µm der Tröpfchen sind durch die Größen der Kugeln dargestellt)

Die Beispiele oben betrachteten die Tröpfchenverbrennung in einer ruhenden Umgebung. In praktischen Anwendungen bewegen sich die Tröpfchen üblicherweise mit einer Geschwindigkeit relativ zum umgebenden Gas, bedingt z. B. durch die Einspritzung des Kraftstoffstrahls oder durch das turbulente Strömungsfeld. Deswegen ist es ganz wichtig, den Einfluss des Strömungsfeldes auf den Verbrennungsprozess zu kennen.

Man erkennt dies in Abb. 15.3, in der ein Zündprozess eines Methanol-Tröpfchens in Luft gezeigt ist. Das Tröpfchen wird von der Luft von links mit einer Geschwindigkeit von 10 m/s angeströmt. Man sieht, dass in diesem Fall die Zündung im Windschatten des Tröpfchens einsetzt. Nach einiger Zeit bildet sich dann eine Flamme aus, die eine Struktur ähnlich zu der laminarer nicht-vorgemischter Flammen in Gegenstromanordnung besitzt (vergl. Abb. 9.1.a).

Die meisten flüssigen Kraftstoffe werden durch Destillation aus Erdöl gewonnen und bestehen aus Hunderten verschiedener Komponenten mit einem breiten Siedebereich. Wenn das Tröpfchen erwärmt wird, verdampft die flüchtigste Komponente bevorzugt, gefolgt von den Komponenten mit höheren Siedepunkten und schließlich den Komponenten mit den höchsten Siedepunkten (Öle).

Es ist deshalb ein glücklicher Umstand, dass die Selbstzündung früh einsetzt und daher die Verdampfung der schwer flüchtigen Komponenten durch die Ausbildung der Flamme und den damit einhergehenden Wärmeübergang an das Tröpfchen erleichtert.

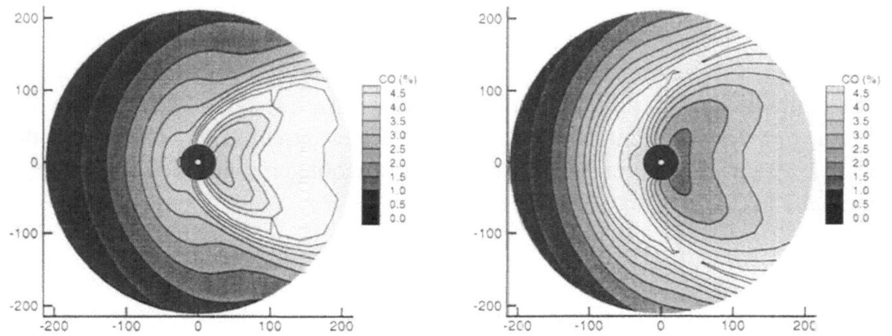

Abb. 15.3. Zündung eines Methanol-Tröpfchens, der von links von heißer Luft mit einer Geschwindigkeit von 10 m/s angeströmt wird. Links: CO-Isolinien während des Zündprozesses; rechts: Isolinien nach Ausbildung einer nicht vorgemischten Flamme (Aouina 1997); Entfernungen in mm

15.1.2 Verbrennung eines Sprays

Ein erster Schritt bei der Modellierung der Spray-Verbrennung ist es anzunehmen, dass das verbrennende Spray einfach ein Ensemble einzelner, nicht miteinander wechselwirkender, verbrennender Tröpfchen ist. Die Tröpfchen liegen nach der Einspritzung als eine dichte Tröpfchenwolke mit verschiedenen Tröpfchenradien vor. Es ist jedoch nicht hinreichend bekannt, wie diese Tröpfchen verschiedenen Durchmessers miteinander und mit der sie umgebenden turbulenten Gasphase wechselwirken (siehe z. B. Williams 1990). Um einen genaueren Einblick in die Spray-Verbrennung zu erhalten, teilt man deshalb den Gesamtprozess in verschiedene Teilprozesse, nämlich die Spraybildung, die Bewegung der Tröpfchen, die Verdampfung und die sich anschließende Verbrennung auf.

Die Bildung des Sprays erfolgt dadurch, dass ein Brennstoffstrahl (z. B. der Strahl aus einer Kraftstoffdüse) bei der schnellen Einspritzung in das Gas durch Scherkräfte in einzelne Fragmente aufgespalten wird. Dieser Vorgang erfolgt ähnlich wie die Erzeugung von turbulenten Strukturen in Scherschichten (Clift et al. 1978). Die flüssigen Fragmente, die noch keine kugelförmige Gestalt aufweisen, bewegen sich dann im (meist turbulenten) Strömungsfeld und bilden schließlich Tröpfchen. Die Tröpfchengröße in einem Spray ist nicht einheitlich, sondern es liegt eine Tröpfchengrößenverteilung vor, die durch die Art der Einspritzung und die Strömung im Brennraum bestimmt wird.

Durch Verdampfung der Tröpfchen und Diffusion des Brennstoffs in die Gasphase entsteht eine brennbare Mischung, die bei ausreichend hoher Temperatur zündet. Betrachtet man *dünne Sprays*, d. h. Sprays, bei denen die einzelnen Tröpfchen hinreichend weit voneinander entfernt sind, so lassen sich die Prozesse bei der Zündung und Verbrennung durch eine isolierte Betrachtung der Tröpfchen verstehen. Bei *dichten Sprays* sind sich die Tröpfchen jedoch so nahe, dass ihre gegenseitige Wechselwirkung nicht mehr vernachlässigt werden kann. Dies erkennt man in Abb.

15.4, in der ein Verbrennungsprozess zweier Tröpfchen flüssigen Sauerstoffs in einer heißen Wasserstoffatmosphäre dargestellt ist. Dies ist ein Verbrennungssystem, das in kryogenen Raketentriebwerken Anwendung findet, wie sie für den Transport von Telekommunikationssatelliten eingesetzt werden. Zuverlässige mathematische Modellierungen der Verbrennungsprozesse in solchen Triebwerken reduzieren den Bedarf an (sehr teueren) experimentellen Untersuchungen unter diesen kryogenen Bedingungen (~100 K und 400 bar).

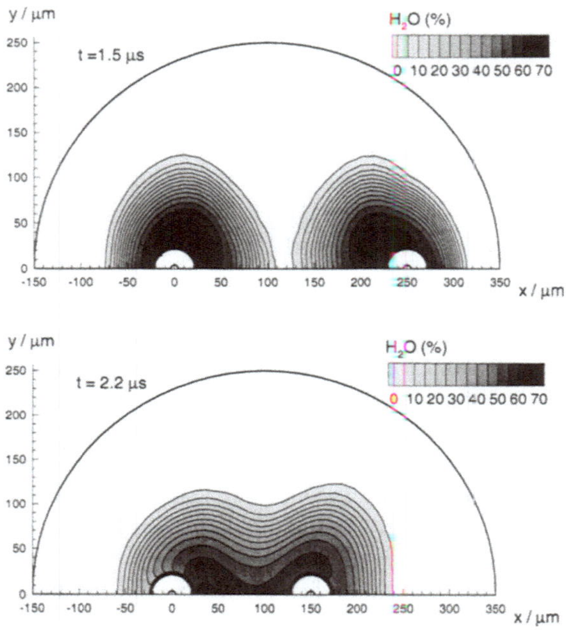

Abb. 15.4. Verbrennung von Wasserstoff durch Tröpfchen flüssigen Sauerstoffs; Isolinien kennzeichnen den Massenbruch von Wasser (Aouina 1997).

Die Sauerstoff-Tröpfchen mit einem Anfangsdurchmesser von 50 µm und einer Anfangstemperatur von 85 K werden in Abb. 15.4 von links mit einer Geschwindigkeit von 25 m/s von Wasserstoff mit 1500 K und 10 bar angeströmt. Im oberen Bild beträgt der Abstand der Tröpfchen 250 µm (5-facher Tröpfchendurchmesser) und im unteren Bild 150 µm (3-facher Tröpfchendurchmesser). Wegen der Symmetrie ist jeweils nur die obere Hälfte der Konfigurationgezeigt. Ist der Abstand zwischen den beiden Tröpfchen hinreichend klein, so werden die Tröpfchen von einer gemeinsamen Flamme umgeben, ist er groß, so besitzt jedes Tröpfchen eine eigene es umgebende Flamme.

Da die Spray-Verbrennung ein komplexes Wechselspiel verschiedener Prozesse, wie Tröpfchenaufheizung, Verdampfung, Zündung, Verbrennung, Wechselwirkung von Tröpfchen untereinander, Wechselwirkung mit dem turbulenten Strömungsfeld ist, gestaltet sich ihre mathematische Modellierung außerordentlich schwierig. Wie im Falle der turbulenten Verbrennung in der Gasphase (vergl. Kap. 12) lassen sich auch hier technische Systeme nicht durch direkte numerische Simulationen beschreiben. Analog zu reinen Gasphasen-Prozessen kann man jedoch aus detaillierten Simulationen erhaltene Informationen über die Verbrennung von Einzeltröpfchen und Tröpfchengruppen direkt in Modellen der Spray-Verbrennung implementieren.

Dieser Ansatz ist analog zu dem Flamelet-Modell (vergl. Kap. 13) mit dem Unterschied, dass die Flamelets nun Flammen sind, die ein Tröpfchen umgeben. Laminare nicht-vorgemischte Flamelets wurden durch Mischungsbruch und Streckungsgeschwindigkeit charakterisiert. In Analogie hierzu charakterisiert man bei der Spray-Verbrennung die Flamelets durch den Mischungsbruch und die Geschwindigkeit der Tröpfchen relativ zum umgebenden Gas (siehe Abb. 15.5).

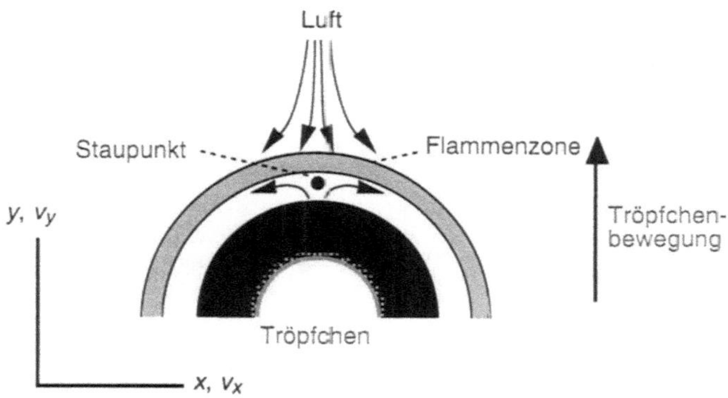

Abb. 15.5. Schematische Darstellung der Tröpfchen-Verbrennung in Gegenstrom-Anordnung (vergl. Abb. 9.1)

Für Spray-Flammen wird das Flamelet-Konzept dadurch erschwert, dass zusätzliche Parameter berücksichtigt werden müssen, wie z. B. Tröpfchengrößen, unterschiedliche Temperaturen und Zusammensetzungen in der Gasphase (ein Tröpfchen kann in Bereiche kommen, in denen heiße Verbrennungsprodukte eines anderen Tröpfchens vorliegen) und instationäre Prozesse (kontinuierliche Verdampfung der Tröpfchen und ggf. vollständige Verdampfung, wonach die Verbrennung des Tröpfchens aufhört). Ein weiteres Problem ist, dass die Berechnung der Flamelet-Bibliotheken sehr aufwendig ist.

Weiterhin zeigt sich, dass es in Spray-Flammen Bereiche gibt, in denen die Tröpfchenanzahldichte so groß ist, dass nicht genügend Oxidationsmittel zur Verfügung steht und damit lokal keine Verbrennung stattfinden kann. Dies ist in Abb. 15.6 dargestellt. Wenn das Spray sehr dicht ist, dann ist die Brennstoffkonzentration im Spraykern so hoch, dass Sättigung auftritt und die Tröpfchen nicht mehr verdampfen können. In der Nähe der umgebenden Luft findet dann Verdampfung statt und eine Brennstoffwolke wird gebildet, die in das Oxidationsmittel diffundiert und zu einer nicht-vorgemischten Flamme führt. Diesen Verbrennungsmodus bezeichnet man als *externe Gruppenverbrennung mit Verdampfung in der Hülle des Sprays* (Chiu et al. 1982). Bei niedrigeren Spraydichten verdampfen alle Tröpfchen, aber die Flamme befindet sich immer noch an der Grenze zwischen Kraftstoffdampf und umgebendem Oxidationsmittel (*externe Gruppenverdampfung mit einer abgesetzten Flamme*). Wenn das Spray noch dünner ist, liegen einige Tröpfchen in einer Umgebung mit überschüssigem Oxidationsmittel vor. Diese Tröpfchen werden von eigenen Flammen umgeben, aber zwischen der dichten Brennstoffwolke und dem Oxidationsmittel tritt immer noch eine Flamme auf (*interne Gruppenverbrennung* mit der hauptsächlichen Verbrennungszone am Rand des Spraykerns). In dünnen Sprays liegt schließlich *Einzeltröpfchenverbrennung* vor.

Natürlich stellen diese vier Verbrennungsmodi nur eine grobe Einteilung dar. Beim Übergang von externer zu interner Gruppenverbrennung beobachtet man z. B. Flammen um Tröpfchengruppen (Abb. 15.4).

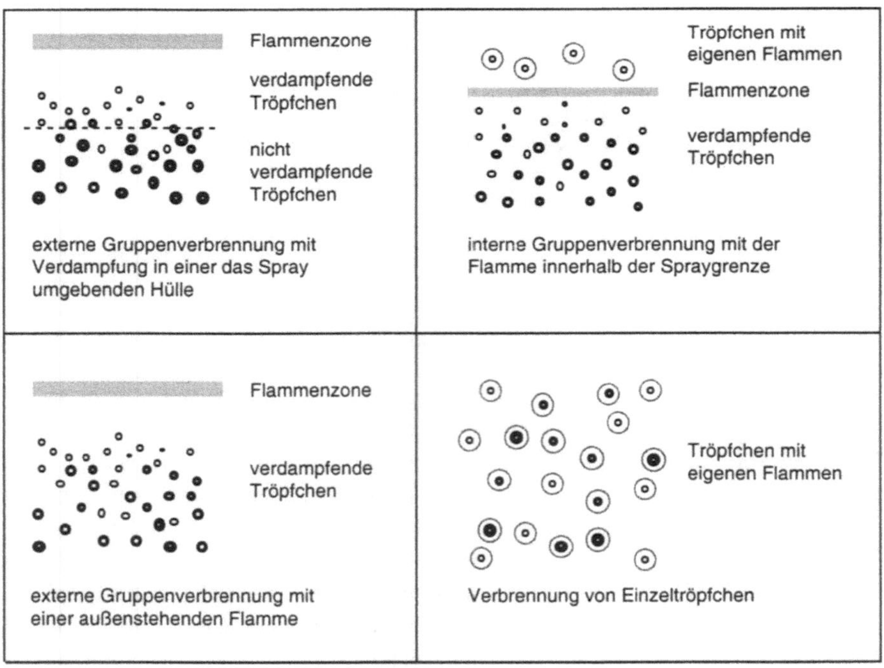

Abb. 15.6. Verbrennungsmodi in einer Tröpfchenwolke (nach Chiu et al. 1982)

Wie bei der Verbrennung gasförmiger Brennstoffe erhält man einen schönen Einblick in die zugrundeliegenden Prozesse durch Untersuchungen von Tröpfchen, die in einer Gegenstrom-Anordnung verbrennen. Hierbei besteht z. B. einer der Ströme aus Tröpfchen in gasförmigem Oxidationsmittel, während der andere aus reinem Oxidationsmittel besteht. Abbildung 15.7 zeigt eine Simulation, bei der der Impuls der Tröpfchen dazu führt, dass sie sich durch die Flamme und den Staupunkt bewegen. Durch die Geschwindigkeit des von der Gegenseite anströmenden Gases wird die Richtung der Tröpfchenbewegung schließlich umgekehrt und die Tröpfchen wandern wieder durch die Flamme.

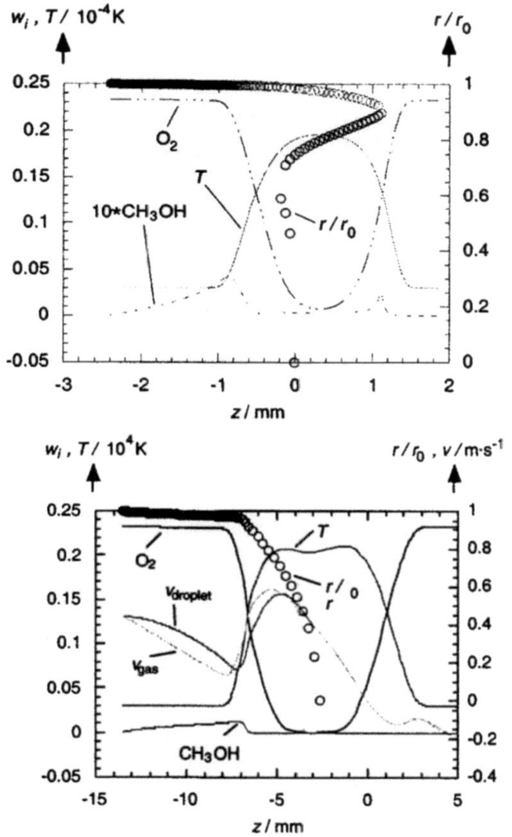

Abb. 15.7. Verbrennung eines monodispersen Methanol-Sprays in Luft bei hoher (oben) und niedriger (unten) Streckungsgeschwindigkeit (Gutheil und Sirignano 1998)

Da die Spray-Verbrennung ein typischer nicht-vorgemischter Verbrennungsprozess ist, bieten sich Flamelet-Modelle für die mathematische Beschreibung an. Diese Modelle können mit Modellen für die Spray-Verdampfung gekoppelt werden. Solch ein Modell wurde z. B. benutzt, um einen mit n-Oktan betriebenen Schichtlademotor zu modellieren (Gill et al. 1994).

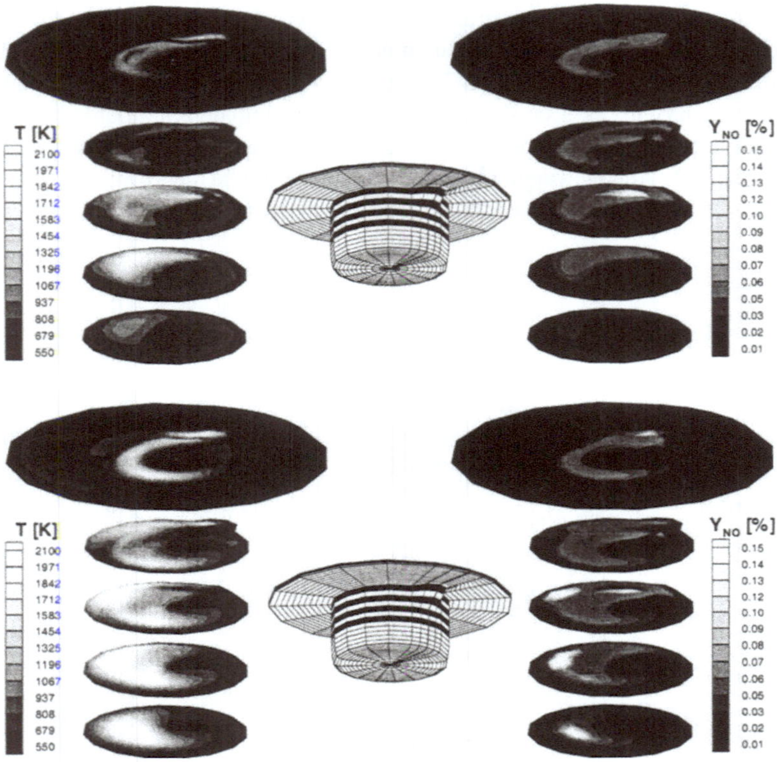

Abb. 15.8. Mittlere Temperaturen (links) und mittlere NO-Massenbrüche (rechts) in einem Schichtlademotor bei 5° Kurbelwellenwinkel vor oberem Totpunkt für Teillast (obere Abbildungen) und Volllast (untere Abbildungen); Schnitte durch 5 verschiedenen Ebenen (dunkel in der Abbildung des Rechengitters eingezeichnet) im Brennraum (Gill et al. 1994)

Schichtlademotoren vereinen die Vorteile von Diesel- und Ottomotoren (Takagi 1998). Der Brennstoff wird während der Kompression in den Zylinderraum eingespritzt. Die Zündung wird durch eine Zündkerze eingeleitet, die in der Nähe der Mischungszone von Brennstoff und Luft angeordnet ist. Dort liegt eine fette Mischung vor, was den Zündprozess begünstigt. Andererseits ist die Mischung global mager, was zu einer Minderung der Stickoxidbildung führt (siehe Kapitel 17). Die resultierenden Temperaturen und NO-Massenbrüche sind in Abb. 15.8 für zwei charakteristische Fälle (Teil- und Voll-Last bei 5° Kurbelwellenwinkel vor oberem Totpunkt) gezeigt. Trotz der zahlreichen Vereinfachungen in den Teilmodellen (Spray-Dynamik, Tröpfchenverdampfung, Funkenzündung, Flammenausbreitung und -Löschung, um nur einige zu nennen) stellt die Modellierung ein wertvolles Werkzeug bei der Entwicklung neuer Motorenkonzepte, wie zum Beispiel direkteinspritzende Ottomotoren oder das Raumzündverfahren (kontrolliertes Motorklopfen, „homogeneous charge compression ignited (HCCI)") dar (Thring 1989, Christensen et al. 1998).

15.2 Kohleverbrennung

Die Verbrennung von Feststoffen (z. B. Holz oder Plastik) ist der von Flüssigkeiten sehr ähnlich. Wie bei Flüssigkeitströpfchen werden die Feststoffe aufgeheizt und bilden flüchtige Stoffe, die in die Gasphase übergehen und verbrannt werden. Unterschiede ergeben sich, wenn ein Teil des Brennstoffs nicht verdampft. Dann bleibt ein kohlenstoffhaltiger Feststoff zurück, dessen Kohlenstoff durch O_2 zu CO oder CO_2 oxidiert wird. Deshalb wird die Beschreibung der Verbrennung von Feststoffen zusätzlich erschwert.

Hier soll nur ein kurzer Abriss der Prozesse bei der Verbrennung von Feststoffen mit dem Schwerpunkt auf der Verbrennung von Kohle gegeben werden. Eine umfassendere Übersicht findet sich bei Hobbs et al. (1993), Smoot (1993), Speight (1994) und Turns (1996).

Kohle ist keine einheitliche chemische Verbindung, sondern eine Mischung verschiedener Bestandteile mit komplizierter Struktur. Neben den brennbaren Anteilen enthält Kohle auch nicht brennbare Stoffe, die nach dem Verbrennungsprozess als *Asche* anfallen. Man unterscheidet bei der Kohleverbrennung drei Teilprozesse, die sich gegenseitig beeinflussen: die *Pyrolyse* der Kohle (die flüchtige Bestandteile und Koks, einen Feststoff mit hohem Kohlenstoffanteil, bildet), den *Abbrand der flüchtigen Bestandteile* und den *Koksabbrand* .

Pyrolyse der Kohle: Die Pyrolyse (*thermische Zersetzung* und *Entgasung*) der Kohle findet bei Temperaturen > 600 K statt. Hierbei erfolgt eine Trennung in Koks, Teer und flüchtige Bestandteile. Der Pyrolysevorgang hängt von zahlreichen physikalisch-chemischen Faktoren ab. Hierzu zählen z. B. das Schwellen oder Schrumpfen der Kohlepartikel, die Struktur der Kohle (z. B. Porengröße), die Transportprozesse in den Poren und an den Korngrenzen, die Temperatur bei der Pyrolyse und Sekundärreaktionen der Pyrolyseprodukte.

Da die genaue chemische Zusammensetzung der Kohle nicht bekannt ist, kann der Mechanismus der Kohlepyrolyse nur in sehr groben Zügen beschrieben werden (siehe z. B. Solomon et al. 1987). Flüchtige Bestandteile entstehen z. B. durch die thermische Abspaltung einzelner funktioneller Gruppen unter Bildung von CH_4, H_2, CO, HCN usw. Durch Aufspaltung chemischer Bindungen entstehen weiterhin kleinere Bruchstücke, die sich umlagern können und zu Teerverbindungen weiterreagieren.

An die chemische Umwandlung der Kohle schließt sich Diffusion der flüchtigen Bestandteile an die Oberfläche der Kohlepartikel an, wo sie verdampfen, in die Gasphase diffundieren und schließlich verbrennen. Da nur wenig über die detaillierten Prozesse bekannt ist, wird der komplexe Pyrolysevorgang meist durch sehr grobe Modelle, wie z. B. Annahme konstanter Pyrolysegeschwindigkeit oder globaler Geschwindigkeitsgesetze beschrieben. Ebenso wie bei Reaktionen in der Gasphase (siehe Kapitel 6) besitzen diese einfachen Modelle den Nachteil, dass sie nur für ganz bestimmte Bedingungen verwendet werden können und eine Extrapolation auf andere Bedingungen meist nicht möglich ist.

Abbrand der flüchtigen Bestandteile: Die bei der Entgasung gebildeten flüchtigen Bestandteile werden in der Gasphase verbrannt. Die zugrundeliegenden Prozesse (Verdampfung, Diffusion in die Gasphase und Verbrennung) sind denen der Tröpfchenverbrennung sehr ähnlich. Allerdings sind die bei der Entgasung gebildeten Produkte eine sehr komplizierte Mischung verschiedener Bestandteile, so dass eine genaue Beschreibung zur Zeit noch nicht möglich ist.

Koksabbrand: Auch der Koksabbrand ist ein sehr komplexer Vorgang. Koks besteht zu einem sehr großen Teil aus Kohlenstoff und besitzt einen sehr kleinen Dampfdruck, so dass eine Verdampfung mit anschließender Oxidation in der Gasphase nicht möglich ist. Stattdessen wird der Kohlenstoff in einer Reaktion an der Oberfläche von CO_2 (und O_2), welche auf die Oberfläche treffen, zu CO oxidiert; für die Oxidation durch CO_2 erfolgt die Reaktion gemäß $C(s) + CO_2(g) = 2\,CO(s)$. Das entstehende CO verlässt die Oberfläche und wird in der Gasphase (überwiegend durch OH) schließlich zu CO_2 oxidiert.

Die Modellierung dieses Prozesses weist große Ähnlichkeiten zur Modellierung katalytischer Verbrennungsprozesse auf (vergl. Abschnitt 6.7). Der Formalismus beinhaltet Absorption von Molekülen an der Oberfläche, Oberflächenreaktionen, Desorption der Produkte, Diffusion durch die Poren des Kokses und Diffusion in der Gasphase. Wie bei der katalytischen Verbrennung wird die Gesamt-Reaktionsgeschwindigkeit vom langsamsten Teilschritt bestimmt. Die exponentielle Temperaturabhängigkeit der Oberflächenreaktionen führt dazu, dass bei niedrigen Temperaturen die Oberflächenreaktionen geschwindigkeitsbestimmend sind („kinetisch kontrollierter Prozess" mit hoher Aktivierungsenergie, Zone 1 in Abb. 15.9).

Bei hohen Temperaturen sind die chemischen Reaktionen schnell und die Porendiffusion (Zone 2 in Abb.. 15.9) und die Diffusion in der Gasphase (Zone 3 in Abb. 15.9) werden geschwindigkeitsbestimmend („diffusionskontrollierter Prozess" mit relativ geringer Aktivierungsenergie). Im Gegensatz zu den Verbrennungsprozessen in der Gasphase sind die heterogenen Reaktionen bei der Verbrennung von Koks nur wenig bekannt (Lee et al. 1995).

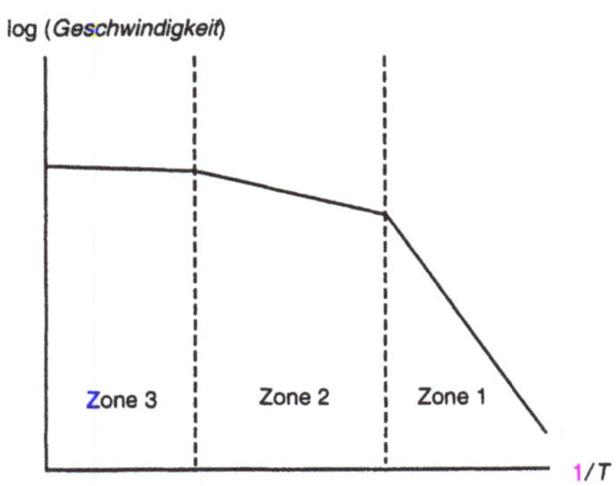

Abb. 15.9. Konsequenz von kinetischer Kontrolle (Zone 1) und Diffusionskontrolle (Zonen 2 und 3) auf die globale Aktivierungsenergie der Verbrennungsgeschwindigkeit von Kohle (Görner 1991)

16 Motorklopfen

Eine genaue Kenntnis der Verbrennungsvorgänge in Motoren bildet die Grundlage für eine Weiterentwicklung sowohl der Motortechnik als auch der Kraftstofftechnologie mit dem Ziel, einen sparsameren und umweltfreundlicheren Betrieb von Kraftfahrzeugen zu ermöglichen. Vor allem die beim Ottomotor unerwünscht in Erscheinung tretenden Selbstzündungen verlangen eine besondere Beachtung. Eine thermodynamische Analyse des in einem Ottomotor ablaufenden Kreisprozesses zeigt, dass der ideale Wirkungsgrad η eines Ottomotors mit zunehmendem Verdichtungsverhältnis ε ansteigt (es gilt dabei $\eta \approx 1 - 1/\varepsilon^{\kappa-1}$). Gleichzeitig nimmt die absolute Leistung infolge des größeren Füllgrades des Motors zu. Die Verdichtung lässt sich jedoch nicht beliebig steigern; Grund dafür ist das Auftreten des Motorklopfens.

16.1 Grundlegende Phänomene

Beim *Motorklopfen* wird das Frischgas vom Kolben und von der sich ausbreitenden regulären Flammenfront komprimiert und dadurch erhitzt, bis spontane Selbstzündung auftritt (Jost 1939). Dabei entstehen hohe Druckspitzen im Verbrennungsraum; die gesamte Gasmasse wird zu starken Schwingungen angeregt, welche das bekannte klingelnde Geräusch hervorrufen und den Motor übermäßig beanspruchen (für eine Übersicht über die motorische Verbrennung sei auf Heywood 1988 verwiesen).

Verschiedene Brennstoffe unterscheiden sich sehr in ihrer Tendenz, zum Klopfen zu führen. Um einen Vergleich zu ermöglichen, definierte das *Cooperative Fuel Research Committee* (CFR, ca. 1930) eine Skala, die die sogenannte *Oktanzahl* (ON, *octane number*) festlegt. In dieser Skala wird die Klopftendenz eines Brennstoffs mit der einer Mischung von n-Heptan und iso-Oktan (2,2,4-Trimethyl-Pentan) verglichen, wobei der Verbrennungsprozess in einem standardisierten Einzylindermotor stattfindet. Iso-Oktan (mit niedriger Klopftendenz) hat dabei vereinbarungsgemäß die Oktanzahl 100, während n-Heptan, das eine große Klopftendenz besitzt, die Oktanzahl 0 zugeordnet wird. Danach hat also z. B. ein Brennstoff mit ON = 80 dieselbe Klopftendenz wie eine Mischung von 80% iso-Oktan und 20% n-Heptan.

Tab. 16.1. Gemessene Oktanzahlen (RON) einiger ausgewählter Brennstoffe (Lovell 1948)

Formel	Name	RON	Formel	Name	RON
CH_4	Methan	120	C_6H_{12}	1,1,2-Trimethyl-cyclopropan	111
C_2H_6	Ethan	115			
C_3H_8	Propan	112	C_7H_{14}	Cycloheptan	39
C_4H_{10}	n-Butan	94	C_8H_{16}	Cyclooktan	71
C_4H_{10}	iso-Butan (2-Methylpropan)	102		——	
			C_6H_6	Benzol	103
C_5H_{12}	n-Pentan	62	C_7H_8	Toluol (Methylbenzol)	120
C_5H_{12}	iso-Pentan (2-Methylbutan)	93			
			C_8H_{10}	Ethylbenzol	111
C_6H_{14}	n-Hexan	25	C_8H_{10}	m-Xylol (1,3-Dimethylbenzol)	118
C_6H_{14}	iso-Hexan (3-Methylpentan)	104			
				——	
C_7H_{16}	n-Heptan	0	C_3H_6	Propen	102
C_7H_{16}	Triptan	112	C_4H_8	Buten-1	99
C_8H_{18}	n-Oktan	-20	C_5H_{10}	Penten-1	91
C_8H_{18}	iso-Oktan	100	C_6H_{12}	Hexen-1	76
	——		C_5H_8	Cyclopenten	93
C_4H_8	Methylcyclopropan	102	CH_3OH	Methanol	106
C_5H_{10}	Cyclopentan	101	CH_3OH	Methanol	106
C_6H_{12}	Cyclohexan	84	C_2H_5OH	Ethanol	107

Ein Vergleich der gemessenen Oktanzahlen (siehe Tabelle 16.1) zeigt sehr schnell, dass iso-Alkane viel weniger zum Klopfen neigen als n-Alkane (Jost 1939, Heywood 1988). Änderungen der Klopftendenz aufgrund von Änderungen der Molekülstruktur (wie Kettenverlängerung oder Methyl-Addition) sind in Abb. 16.1 dargestellt (Lovell 1948, Morley 1987).

Das Einsetzen der Zündung wird – wie bei Zündvorgängen zu erwarten – fast ausschließlich durch die chemische Kinetik kontrolliert. Temperatur- und Druckgeschichte im Endgas (noch unverbrannte Mischung im Zylinder) bestimmen die Zündverzugszeit (siehe Kapitel 10). Das Endgas wird von dem sich aufwärts bewegenden Kolben und der sich ausbreitenden Flammenfront der regulären Zündung komprimiert und deshalb stark erhitzt. Ist die Temperatur nicht sehr hoch, so wird die sich ausbreitende reguläre Flamme das Endgas verbrauchen, bevor Selbstzündung im Endgas einsetzen kann. Ist die Temperatur jedoch hoch genug, so zündet das Endgas und Klopfen setzt ein. Wegen der großen Sensitivität der Zündverzugszeit bezüglich der Temperatur zündet das Endgas zunächst an Punkten erhöhter Temperatur (englisch: *hot spots*), die ihre Ursache darin haben, dass das Endgas zwar nahezu homogen ist, aber doch immer geringe Fluktuationen von z. B. Druck, Temperatur und Konzentrationen vorhanden sein müssen. Die Zündung der „hot spots" leitet dann durch druckinduzierte Flammenfortpflanzung oder die Bildung von Detonationswellen eine schnelle Zündung des gesamten Endgases ein (siehe Abschnitt 10.6 für Einzelheiten über diesen Prozess).

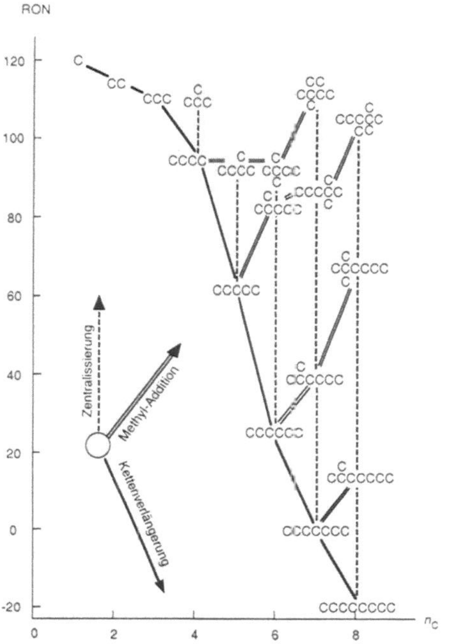

Abb. 16.1. Abhängigkeit der Oktanzahl (*research octane number*, RON) von Änderungen der Molekularstruktur (Lovell 1948, Morley 1987)

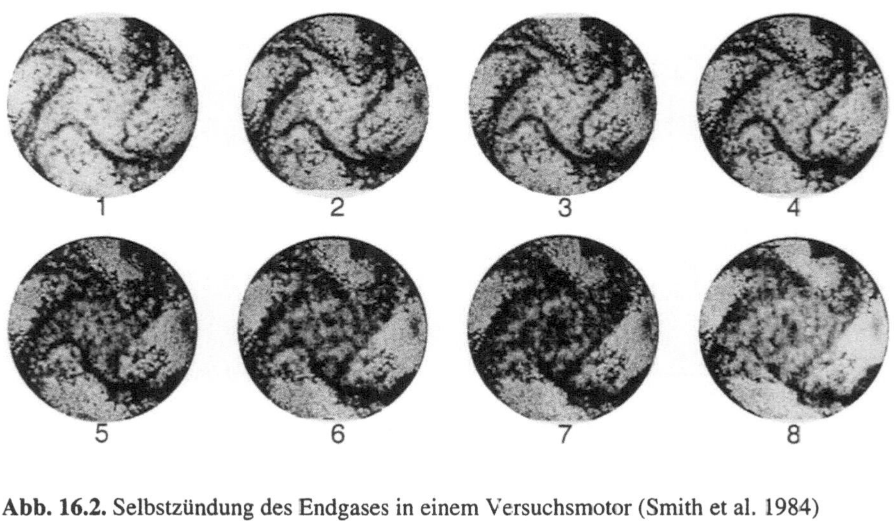

Abb. 16.2. Selbstzündung des Endgases in einem Versuchsmotor (Smith et al. 1984)

Aufnahmen in einem Versuchsmotor mit optischem Zugang vom Zylinderkopf her (Smith et al. 1984) zeigen die Selbstzündung des unverbrannten Endgases (Abb. 16.2).

Die Einzelbilder sind in einem zeitlichen Abstand von 28,6 μs mit einer Belichtungszeit von 1,5 μs aufgenommen. Das Endgas wird hier durch vier Flammenfronten (herrührend von vier Zündkerzen) komprimiert, um Wärmeverluste zur Wand möglichst zu vermeiden und eine weitgehend adiabatische Versuchsdurchführung zu garantieren, so dass aus dem gemessenen Druckverlauf (unter Annahme weitgehend adiabatischer Versuchsführung) gut auf den Temperaturverlauf im Endgas geschlossen werden kann.

Das Einsetzen der Zündung findet in diesem Beispiel zu einem Zeitpunkt nach der vierten Momentaufnahme statt (zu erkennen an einer Verdunkelung). Das unverbrannte Endgas zündet (im Rahmen der vorgegebenen Zeitauflösung) vollkommen simultan.

16.2 Hochtemperatur-Oxidation

Abbildung 16.3 zeigt durch CARS- (*coherent Anti-Stokes Raman Scattering*) und SRS-Spektroskopie (*spontaneous Raman scattering*) – also modernen berührungsfreien Messmethoden (siehe Kapitel 2) – gemessene Temperaturen im Endgas des in Abschnitt 16.1 beschriebenen Versuchsmotors (Smith et al. 1984). Das Klopfen tritt in diesem Motor bei etwa 1100 K auf, und es besteht also die Aufgabe, nach Reaktionsmechanismen zu suchen, die bei dieser Temperatur die Selbstzündung beschreiben.

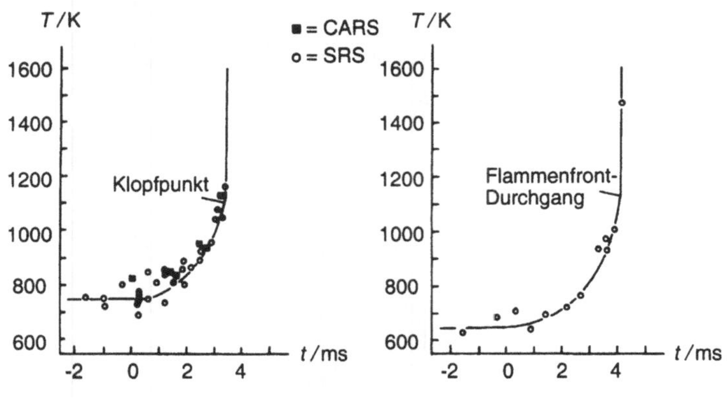

Abb. 16.3. Temperatur des unverbrannten Endgases in einem Versuchsmotor (Messungen aus verschiedenen Zyklen)

Unterhalb von $T \approx 1200$ K (bei $p = 1$ bar) ist die in Flammenfortpflanzungsprozessen bei höheren Temperaturen dominierende Kettenverzweigung

$$\mathrm{H}\bullet \quad + \quad \mathrm{O_2} \quad \rightarrow \quad \mathrm{O}\bullet \quad + \quad \mathrm{OH}\bullet$$

wegen ihrer starken Temperaturabhängigkeit zu langsam, um den Selbstzündungsprozess im Endgas des Otto-Motors erklären zu können. Reaktionsweg- und Sensitivitätsanalysen führen zu dem Schluss (Esser et al. 1985), dass die zur Selbstzündung führende Kettenverzweigung gegeben ist durch (R• = Kohlenwasserstoffrest)

$$HO_2\bullet + RH \rightarrow H_2O_2 + R\bullet$$
$$H_2O_2 + M \rightarrow OH\bullet + OH\bullet + M\,.$$

Die OH-Radikale können dann wieder das ursprünglich eingesetzte HO_2 zurückbilden, z. B. durch

$$OH\bullet + H_2 \rightarrow H_2O + H\bullet$$
$$H\bullet + O_2 + M \rightarrow HO_2\bullet + M\,.$$

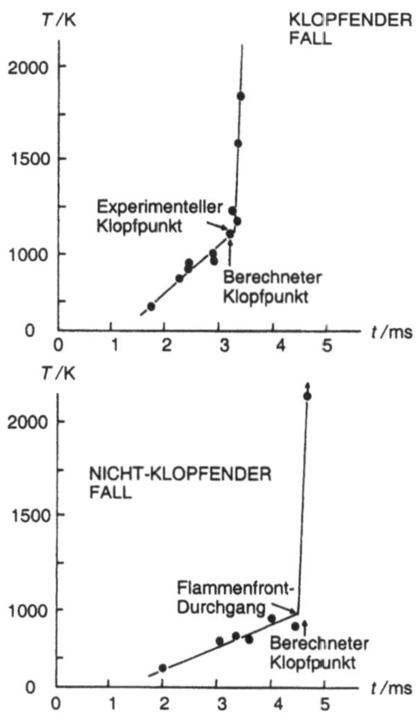

Abb. 16.4. Klopfpunkte in einem klopfenden (oben) und einem nicht klopfenden Zyklus (unten); Treibstoff: n-Butan. Experiment: Smith et al. 1984, Simulation: Esser et al. 1985

In der Tat vermag die Verzweigung über das HO_2-Radikal die Ergebnisse in dem betrachteten Versuchsmotor um 1100 K zu erklären. Abbildung 16.4 zeigt Simulation und Experiment für einen klopfenden und einen nicht-klopfenden Motorzyklus (Esser et al. 1985). Ausgehend von gemessenen Druckprofilen und daraus berechneten Temperaturprofilen wird der Zündzeitpunkt bei den jeweiligen Bedingungen berechnet. Im klopfenden Fall stimmt der berechnete Zündzeitpunkt mit der Zeit, zu der im Experiment das Klopfen einsetzt, recht gut überein. Für den nicht-klopfenden Fall läge der Zündpunkt so spät, dass die sich ausbreitende Verbrennung abgeschlossen wäre, bevor eine Selbstzündung eintreten könnte.

Dieses Ergebnis darf jedoch leider nicht verallgemeinert werden. Serienmotoren in Automobilen klopfen wegen größerem Wärmeübergang zur Wand bei wesentlich niedrigeren Temperaturen; die Chemie des Klopfvorgangs gestaltet sich deshalb wesentlich komplizierter, wie im nächsten Abschnitt gezeigt wird.

16.3 Niedertemperatur-Oxidation

Bei Serienmotoren sind die Wärmeverluste zur Wand größer als im vorher beschriebenen Experimentalmotor, und die Selbstzündung findet bei niedrigeren Temperaturen statt (800 K - 900 K, siehe Beispiel weiter unten). Bei diesen Temperaturen wird der oben erwähnte H_2O_2-Zerfall ziemlich langsam und andere (brennstoffspezifische und damit kompliziertere) Kettenverzweigungsmechanismen bauen sich auf (Pitz et al. 1989):

R•	+ O_2	$\rightleftarrows$	RO_2•		(erste O_2-Addition)
RO_2•	+ RH	$\rightarrow$	ROOH	+ R•	(externe H-Atom-Abstraktion)
ROOH		$\rightarrow$	RO•	+ OH•	(Kettenverzweigung)
RO_2•		$\rightarrow$	R'OOH•		(interne H-Atom-Abstraktion)
R'OOH•		$\rightarrow$	R'O	+ OH•	(Kettenfortpflanzung) .

Im ersten Schritt reagieren Kohlenwasserstoffradikale mit Sauerstoff zu Peroxi-Radikalen (RO_2•). Diese können nun Wasserstoffatome unter Bildung von Hydroperoxi-Verbindungen (ROOH) abstrahieren (Abb. 16.5):

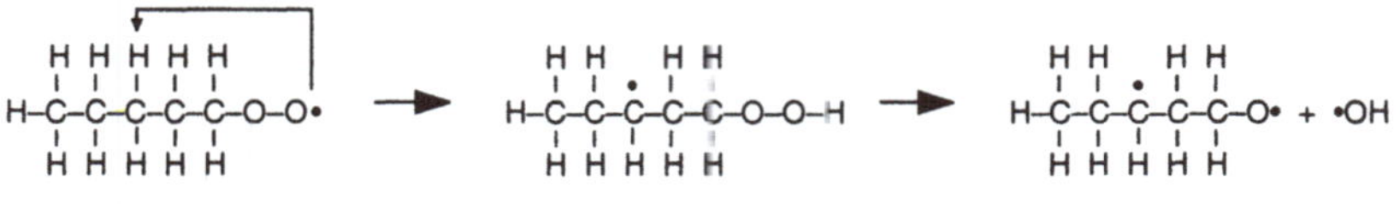

Abb. 16.5. Interne H-Atom-Abstraktion in einem Heptylperoxi-Radikal über eine intermediär gebildete 6-Ring-Struktur. Das nach dem Zerfall gebildete Diradikal isomerisiert sofort z. B. zu einem stabilen Aldehyd C_4H_9–CHO

Bei einer externen H-Atom-Abstraktion (Reaktion mit einem anderen Molekül) zerfällt das Hydroperoxid unter Kettenverzweigung in ein Oxiradikal (RO•) und OH•. Alternativ hierzu kann auch eine interne Wasserstoffabstraktion (Abstraktion eines Wasserstoffatoms des selben Moleküls) stattfinden. Dies ist möglich, wenn intermediär ein recht stabiler 5-, 6- oder 7-Ring gebildet werden kann, wobei die zwei

O-Atome und das H-Atom auch an der Ringstruktur beteiligt sind (siehe Abb. 16.5). Nach der internen Abstraktion zerfällt das primär gebildete Radikal R'O_2H• (die freie Valenz ist nun an der Stelle, von der das Wasserstoffatom abstrahiert wurde) entsprechend einer Kettenfortpflanzung zu einer gesättigten Verbindung (Aldehyd oder Keton) und OH•.

Es ergibt sich jedoch, dass die externe H-Atom-Abstraktion sehr viel langsamer ist als die interne H-Atom-Abstraktion, so dass mit diesem Mechanismus noch keine wirksame Kettenverzweigung und damit auch keine Zündung des Gemisches erklärt werden kann. Das wird jedoch erreicht, wenn man die O_2-Addition mit dem bei der internen Wasserstoffabstraktion gebildeten Radikal R'O_2H• noch einmal wiederholt (Chevalier et al 1990a,b):

R'O_2H•	+ O_2	$\rightleftarrows$	O_2R'O_2H•		(zweite O_2-Addition)
O_2R'O_2H•	+ RH	$\rightarrow$	HO_2R'O_2H	+ R•	(externe H-Atom-Abstraktion)
HO_2R'O_2H		$\rightarrow$	HO_2R'O•	+ OH•	(Kettenverzweigung)
HO_2R'O•		$\rightarrow$	OR'O	+ OH•	(Kettenfortpflanzung)
O_2R'O_2H•		$\rightarrow$	HO_2R"O_2H•		(interne H-Atom-Abstraktion)
HO_2R"O_2H•		$\rightarrow$	HO_2R"O	+ OH•	(Kettenfortpflanzung)
HO_2R"O		$\rightarrow$	OR"O•	+ OH•	(Kettenverzweigung) .

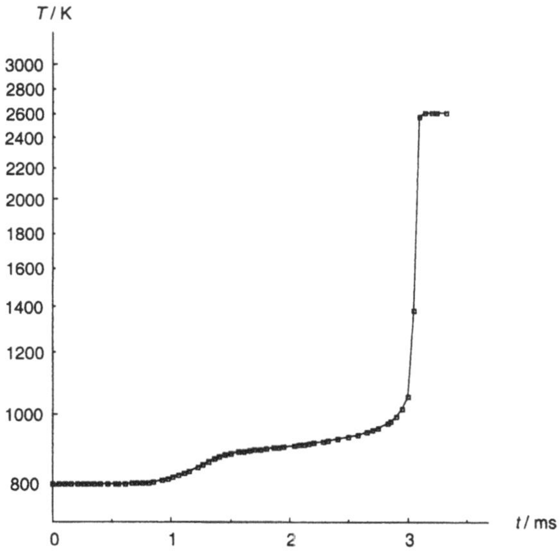

Abb. 16.6. Temperaturverlauf bei einer Zweistufenzündung in einem Heptan-Luft-Gemisch, p = 15 bar, T_0 = 800 K, Φ = 1, adiabatisch (Mechanismus von Chevalier et al 1990a,b)

Mit diesem Mechanismus lassen sich die sogenannte *Zweistufenzündung* (siehe Abb. 16.6) und ein *negativer Temperaturkoeffizient* der Zündverzugszeit (siehe Abb. 16.7) erklären: Die durch die Sauerstoffaddition gebildeten Vorläufer der Kettenverzweigung zerfallen wegen ihrer Instabilität bei höherer Temperatur wieder in die Ausgangsstoffe (man sagt daher *degenerierte Kettenverzweigung*). Bei der Zweistufenzündung reagiert ein brennbares Gemisch zunächst unter geringer Temperaturerhöhung, die (überraschenderweise) zum Abbruch der Kettenverzweigung führt. Nach einer weiteren sehr langen Induktionszeit findet dann eine zweite Zündung mit vollständiger Reaktion statt, die allein durch die langsamere Hochtemperatur-Oxidation zustandekommt. Der Bereich des negativen Temperaturkoeffizienten ist dadurch charakterisiert, dass bei einer Erhöhung der Temperatur eine Verlangsamung der Zündung (d. h. eine Verlängerung der Induktionszeit) erfolgt. In einem bestimmten Temperaturintervall gilt dann nicht mehr die normale Temperaturabhängigkeit der Zündverzugszeit, bei der die Zündverzugszeit mit steigender Temperatur abnimmt (vergleiche Abschnitt 10.4). Weiterhin erlaubt das Phänomen der Mehrstufenzündung prinzipiell die Erklärung der komplexen Struktur der p-T-Explosionsdiagramme höherer Kohlenwasserstoffe, die in Abschnitt 10.3 behandelt wurden (siehe Bamford und Tipper 1977).

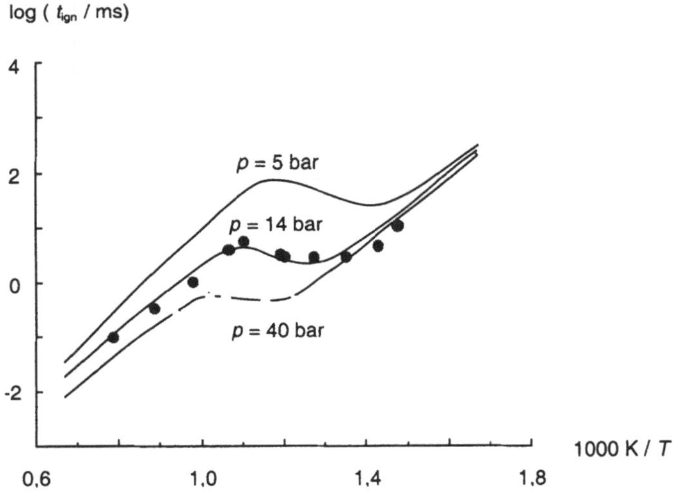

Abb. 16.7. Zündverzugszeiten in stöchiometrischen n-Heptan-Luft-Mischungen; negativer Temperaturkoeffizient (Chevalier et al. 1990a,b)

Ein Beispiel für die Selbstzündung (als notwendige Voraussetzung für das Motorklopfen) in einem serienmäßigen Motor ist in Abb. 16.8 wiedergegeben (Warnatz 1991). Dabei ist der benutzte Treibstoff das relativ klopfempfindliche unverzweigte n-Oktan. Der Druckverlauf wird gemessen und daraus der Temperaturverlauf unter Berücksichtigung der Wärmeverluste an der Wand berechnet.

Die Selbstzündung im Experiment ereignet sich etwa bei 900 K, erkennbar durch deutliche Oszillationen des Druckverlaufs. Die Simulation stützt sich auf den gemessenen Druck-Verlauf, aus dem unter Annahme einer nahezu adiabatischen Kompression mit Wärmeverlusten an die Zylinderwände die Temperatur berechnet wurde. Man erhält bei der Simulation ein ähnliches Selbstzündverhalten wie im Experiment, erkennbar z. B. am OH-Radikal-Profil und dem Einsetzen der CO-Bildung.

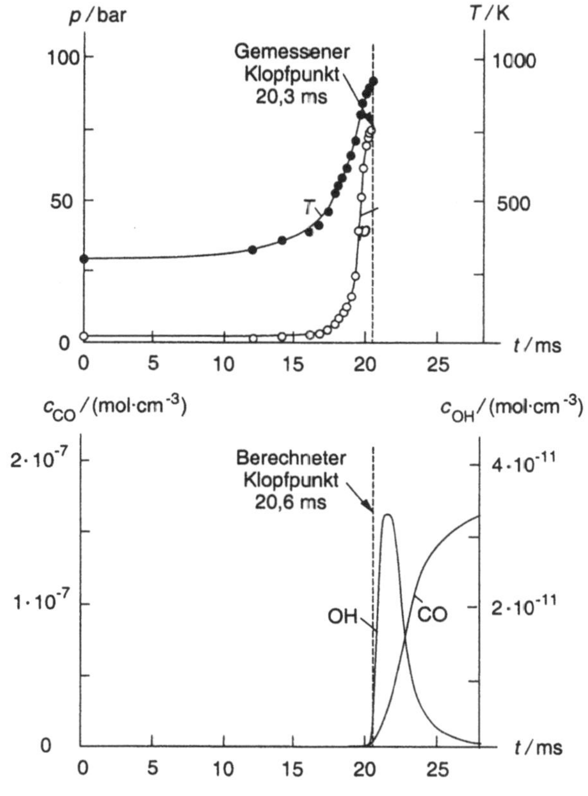

Abb. 16.8. Experimentelles (oben) und simuliertes (unten) Klopfverhalten eines Motors (Warnatz 1991)

Die hier beschriebene Niedertemperatur-Oxidation führt zu sehr großen Reaktionsmechanismen, da die enthaltenen Radikale R, R', R", usw. viele verschiedene isomere Strukturen haben können (~5000 Reaktionen von ~1000 Spezies für n-$C_{16}H_{34}$, n-Cetan, einem Bestandteil von Diesel- und Flugzeugturbinenkraftstoff, siehe Abb. 16.9). Aus diesem Grunde werden diese Reaktionsmechanismen von Computerprogrammen automatisch erzeugt, um Fehlerquellen bei der Eingabe der großen Mechanismen von Hand zu vermeiden (Chevalier et al. 1990b).

Die dabei berücksichtigten Reaktionstypen sind bei hohen Temperaturen (1) Alkan- und Alkenzerfall, (2) H-Atom-Abstraktion aus Alkanen und Alkenen durch H, O, OH, HO_2 und CH-Radikalen, (3) β-Zerfall der Alkyl-Radikale und (4) Isomerisierung der Alkyl-Radikale. Bei tiefen Temperaturen hat man zusätzlich (5) zwei aufeinanander folgende O_2-Additionen an die Alkyl-Radikale, (6) Isomerisierung der Alkylperoxi- und Alkylhydroperoxi-Radikale über Ringstrukturen, (7) OH-Abspaltung nach interner Umlagerung und (8) β-Zerfall von O=RO$^•$, C=RO$^•$, O=R$^•$ und Alkenyl-Radikalen. Diese Reaktionen werden für die jeweiligen molekularen Strukturen formuliert, die aus der Oxidation des Kraftstoffs resultieren.

Ein weiteres Beispiel für die Anwendung solcher Reaktionsmechanismen ist die eindeutige Korrelation von Zündverzugszeiten und Oktanzahlen. Dieser eindeutige Zusammenhang ist ein weiterer Beweis für die Hypothese, dass das Motorklopfen durch die Kinetik der Selbstzündung des Endgases bestimmt wird.

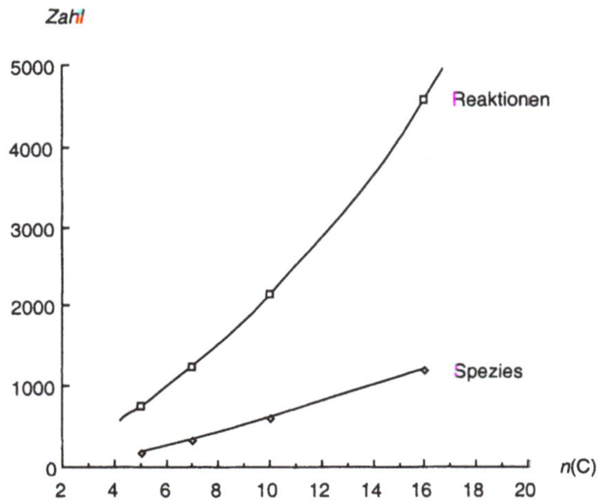

Abb. 16.9. Anzahl an chemischen Spezies und Elementarreaktionen bei der Niedertemperatur-Oxidation von Alkanen

16.4 Klopfschäden

Das Auftreten von lokalen Zündzentren („*hot spots*") im unverbrannten Endgas eines Otto-Motors beruht auf Nicht-Uniformitäten im Temperatur- oder Konzentrationsfeld (näheres ist hier noch nicht bekannt). Die Zündung erfolgt dabei so schnell, dass ein sofortiger Druckausgleich nicht möglich ist. Aus diesem Grund werden Druckwellen erzeugt, die die Bildung von Detonationwellen verursachen können (Lutz et al. 1989, Goyal et al. 1990a,b); siehe Abschnitt 10.6.

Ein experimenteller Nachweis von „hot spots" ist in Abb. 16.10 wiedergegeben (Bäuerle et al. 1995), wobei 2D-LIF von Formaldehyd (CH_2O) zum Nachweis benutzt wird. CH_2O wird im Endgas vor der Flammenfront durch die in Abschnitt 16.3 beschriebenen Niedertemperaturreaktionen aufgebaut; die „hot spots" können durch seine höhere Konzentration nachgewiesen werden. Nach der Selbstzündung verschwindet das Zwischenprodukt Formaldehyd wieder aufgrund vollständiger Verbrennung.

Die schnelle Ausbreitung der Detonationswellen (u. U. mit Geschwindigkeiten von mehr als 2000 m/s; siehe Kapitel 10) bewirkt eine nahezu simultane Zündung des Endgases. Charakteristisch für Detonationen sind hohe Druckspitzen. Treffen solche Druckwellen (z. B. auch die Überlagerung mehrerer Wellen oder fokussierte Druckwellen) auf die Zylinderwände oder den Kolben, so können die bekannten Klopfschäden resultieren.

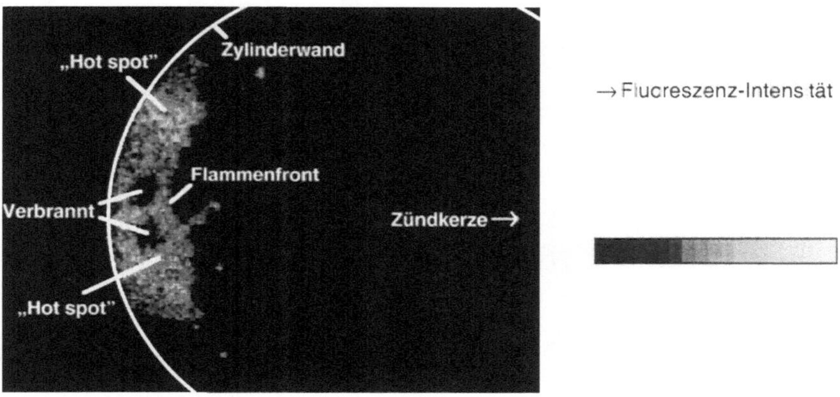

Abb. 16.10. „Hot spot"-Bildung im Endgas eines Otto-Motors; Visualisierung durch 2D-LIF von Formaldehyd, CH_2O

16.5 Übungsaufgaben

Aufgabe 16.1. Stellen Sie für den für das Motorklopfen verantwortlichen Reaktionsmechanismus die zeitliche Änderung der Konzentration der OH-Radikale in Abhängigkeit von R, O_2 und RH dar, wobei R und R' zwei verschiedene Kohlenwasserstoffreste sind und der Punkt über einem Molekül eine freie Bindung andeutet. Sie können dazu für Zwischenprodukte Quasistationarität annehmen. Der Mechanismus sei gegeben durch die Reaktionen

$$
\begin{array}{llllllr}
\dot{R} & + & O_2 & \rightarrow & \dot{R}O_2 & & & (1) \\
\dot{R}O_2 & & & \rightarrow & \dot{R} & + & O_2 & (-1) \\
\dot{R}O_2 & + & RH & \rightarrow & ROOH & + & \dot{R} & (2) \\
ROOH & & & \rightarrow & \dot{R}O & + & \dot{O}H & (3) \\
\dot{R}O_2 & & & \rightarrow & \dot{R}'OOH & & & (4) \\
\dot{R}'OOH & & & \rightarrow & R'O & + & \dot{O}H & (5)
\end{array}
$$

Wie sieht das Ergebnis aus, wenn Reaktion (-1) wesentlich langsamer verläuft als Reaktion (1)?

17 Stickoxid-Bildung

Die zunehmende Umweltbelastung erfordert eine Minimierung aller aus Verbrennungsprozessen resultierenden Schadstoffe. Sogar die bis vor nicht allzu langer Zeit als harmlos angesehenen Hauptprodukte Kohlendioxid (im Hinblick auf den Treibhaus-Effekt) und Wasser (wenn es z. B. in der oberen Atmosphäre freigesetzt wird) müssen heute als Schadstoffe angesehen werden.

Besondere Bedeutung kommt den Stickoxiden zu. In den letzten Jahrzehnten ist klargeworden, dass NO und NO_2 (zusammen als NO_x bezeichnet) in der Troposphäre die Bildung des (gefährlichen) Ozons und des photochemischen Smogs begünstigen (Seinfeld 1986). Stickoxide tragen auch zu den Kettenreaktionen bei, die das (erwünschte) stratosphärische Ozon abbauen mit der Konsequenz, dass eine erhöhte ultraviolette Strahlung die Erdoberfläche erreicht (Johnston 1992). Des weiteren spielt das N_2O eine Rolle als wirksames Treibhausgas.

Auch bei der Bildung von Stickoxiden ist eine phänomenologische oder experimentelle Untersuchung allein nicht sinnvoll. Nur in Verbindung mit detaillierten Modellen zur Beschreibung der Stickoxidbildung lassen sich die komplexen Prozesse, insbesondere die Reaktionsmechanismen, verstehen und Wege zur Schadstoff-Minderung finden.

Bei der Stickoxidbildung (Überblick z. B. von Bowman 1993) unterscheidet man drei verschiedene Prozesse, nämlich die Bildung von NO_x aus Luftstickstoff bei hohen Temperaturen, die bei relativ niederen Temperaturen und die Bildung aus brennstoffgebundenem Stickstoff. Bei der Reduktion der NO_x-Emissionen lassen sich *Primärmaßnahmen*, die die Bildung von NO_x während der Verbrennung verhindern, und *Sekundärmaßnahmen*, welche NO_x zu relativ ungefährlichen Produkten (wie z. B. H_2O und N_2) abbauen, unterscheiden.

17.1 Thermisches NO (Zeldovich-NO)

Thermisches NO oder *Zeldovich*-NO (nach Y. A. Zeldovich, 1946, der den Mechanismus zuerst postulierte) entsteht durch die Elementarreaktionen (Baulch et al. 1994)

$$O + N_2 \xrightarrow{k_1} NO + N \quad k_1 = 1{,}8 \cdot 10^{14} \exp[-318\ \text{kJ}\cdot\text{mol}^{-1}/(RT)]\ \text{cm}^3/(\text{mol}\cdot\text{s}) \quad (1)$$

$$N + O_2 \xrightarrow{k_2} NO + O \quad k_2 = 9{,}0 \cdot 10^{9} \exp[-27\ \text{kJ}\cdot\text{mol}^{-1}/(RT)]\ \text{cm}^3/(\text{mol}\cdot\text{s}) \quad (2)$$

$$N + OH \xrightarrow{k_3} NO + H \quad k_3 = 2{,}8 \cdot 10^{13}\ \text{cm}^3/(\text{mol}\cdot\text{s}) \quad (3)$$

Den Namen „thermisch" verdankt dieser Mechanismus der NO-Bildung der Tatsache, daß die erste Reaktion (1) wegen der starken N_2-Dreifachbindung eine hohe Aktivierungsenergie besitzt und daher erst bei sehr hohen Temperaturen ausreichend schnell abläuft. Wegen ihrer relativ kleinen Geschwindigkeit ist Reaktion (1) also der geschwindigkeitsbestimmende Schritt bei der thermischen Stickoxid-Bildung. Die Temperaturabhängigkeit des Geschwindigkeitskoeffizienten k_1 ist in Abb. 17.1 dargestellt.

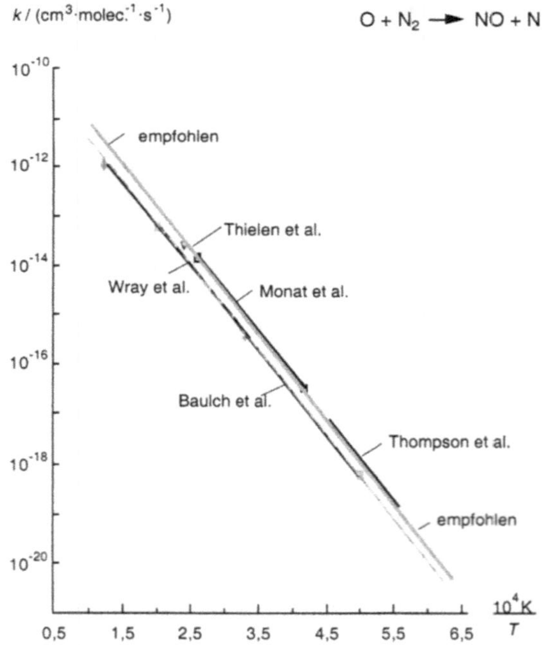

Abb. 17.1. Arrhenius-Darstellung log $k = f(1/T)$ für die Reaktion $O + N_2 \rightarrow NO + N$ (Riedel et al. 1992)

Abbildung 17.2 zeigt Ergebnisse von NO-Konzentrationsmessungen in Wasserstoff-Luft-Flammen verschiedener Stöchiometrie und stellt diese den Resultaten einer Simulation gegenüber, die die Reaktionen (1-3) berücksichtigt (Warnatz 1981b). Es ergibt sich gute Übereinstimmung, da die Geschwindigkeitskoeffizienten k_1, k_2 und k_3 recht genau gemessen sind (vergleiche z. B. Abb. 17.1).

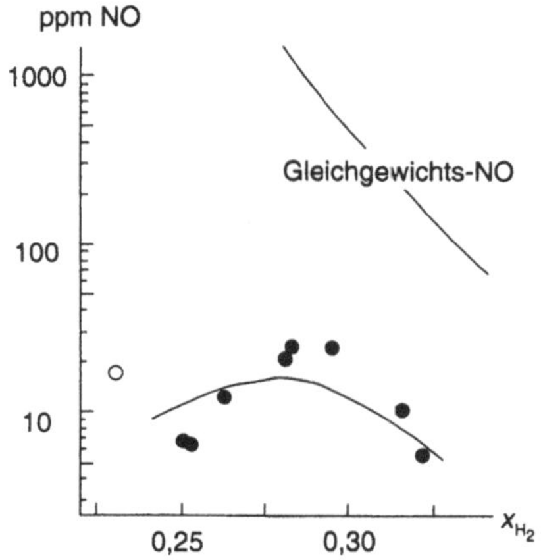

Abb. 17.2. Gemessene und berechnete NO-Konzentrationen in H_2-Luft-Flammen in Abhängigkeit von der Stöchiometrie (Warnatz 1981b)

Vollkommen falsche Ergebnisse erhält man dagegen (diese Annahme wird trotzdem noch oft benutzt), wenn man die Einstellung eines chemischen Gleichgewichts annimmt (man beachte die logarithmische Skala in Abb. 17.2). Reaktion (1) ist so langsam, daß sich das Gleichgewicht erst nach Zeiten einstellt, die um Größenordnungen länger sind als die in der Flammenfront zur Verfügung stehenden charakteristischen Zeiten (einige ms bei normalen Bedingungen).

Für die NO-Bildungsgeschwindigkeit ergibt sich gemäß den Reaktionen (1-3) das Geschwindigkeitsgesetz

$$\frac{\mathrm{d[NO]}}{\mathrm{d}t} = k_1[\mathrm{O}][\mathrm{N_2}] + k_2[\mathrm{N}][\mathrm{O_2}] + k_3[\mathrm{N}][\mathrm{OH}] \,. \tag{17.1}$$

Da weiterhin

$$\frac{\mathrm{d[N]}}{\mathrm{d}t} = k_1[\mathrm{O}][\mathrm{N_2}] - k_2[\mathrm{N}][\mathrm{O_2}] - k_3[\mathrm{N}][\mathrm{OH}] \tag{17.2}$$

gilt und die Stickstoffatome wegen der schnellen Weiterreaktion in den Schritten (2) und (3) als quasistationär angenommen werden dürfen (Einzelheiten dazu in Abschnitt 7.1.1), d. h. $\mathrm{d[N]}/\mathrm{d}t \approx 0$, ergibt sich für die NO-Bildung der einfache Zusammenhang

$$\frac{\mathrm{d[NO]}}{\mathrm{d}t} = 2k_1[\mathrm{O}][\mathrm{N_2}] \,. \tag{17.3}$$

Eine Minimierung des NO ist demnach möglich durch Minimierung von k_1 (d. h. Verringerung der Temperatur), von [O] oder von [N_2] (z. B. durch Benutzung von Sauerstoff statt Luft).

Am einfachsten wäre es jetzt, für die O-Atom-Konzentration den aus thermodynamischen Betrachtungen leicht zu ermittelnden Gleichgewichtswert einzusetzen (die N_2-Konzentration ist leicht meßbar oder gut abschätzbar). Dies führt jedoch zu großen Fehlern von bis zu einem Faktor 10, da (wie man aus Abb. 17.3 ersehen kann) in der Flammenfront – insbesondere bei niedrigem Druck – eine erhöhte Konzentration an Sauerstoffatomen auftritt (englisch: *super-equilibrium concentration*).

Einen Ausweg bietet die Berechnung von O-Konzentrationen unter Annahme eines *partiellen Gleichgewichtes* (siehe Abschnitt 7.1.2). Damit ergibt sich

$$[O] = \frac{k_{H+O_2} \cdot k_{OH+H_2} \cdot [O_2][H_2]}{k_{OH+O} \cdot k_{H+H_2O} \cdot [H_2O]} \ . \tag{17.4}$$

Die O-Atom-Konzentration kann somit aus den Konzentrationen von H_2O, O_2 und H_2 ermittelt werden, die als stabile Teilchen wieder leicht meßbar oder genügend gut abschätzbar sind. Diese einfache algebraische Beziehung gilt nur für hohe Temperaturen (siehe Abschnitt 7.1.2). Im betrachteten Zusammenhang ist das jedoch überhaupt keine Einschränkung (Warnatz 1990), da thermisches NO selbst erst bei hohen Temperaturen gebildet wird.

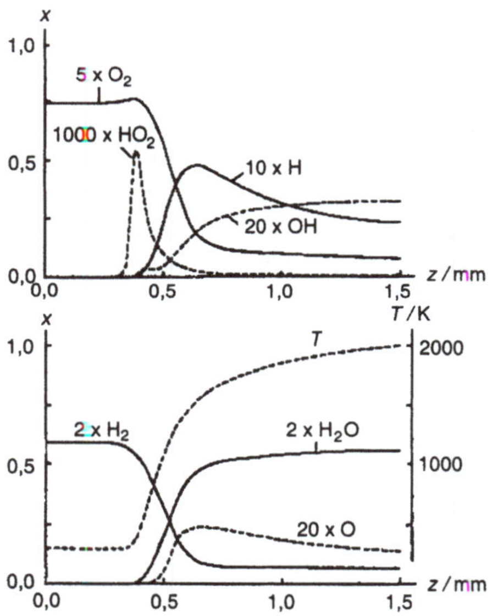

Abb. 17.3. Molenbruchprofile in einer stöchiometrischen Wasserstoff-Luft-Flamme; $p = 1$ bar, $T_u = 298$ K (Warnatz 1981b)

17.2 Promptes NO (Fenimore-NO)

Die Behandlung des *prompten* NO (oder nach C. P. Fenimore (1979), der diesen Mechanismus erstmals postulierte, *Fenimore*-NO genannt) ist wesentlich komplizierter als die des vorher behandelten thermischen NO, da seine Entstehung mit dem

Radikal CH verbunden ist, dessen Bildung (siehe Reaktionsschema Abb. 17.4) und Verbrauch noch nicht gut aufgeklärt sind. Das intermediär gebildete CH reagiert mit Luftstickstoff, wobei Blausäure (HCN) gebildet wird, welche dann schnell zu NO weiterreagiert (für Einzelheiten siehe Abschnitt 17.4):

$$CH + N_2 \rightarrow HCN + N \begin{smallmatrix} \nearrow \cdots \rightarrow NO \\ \searrow \cdots \rightarrow N_2 \end{smallmatrix} .$$

Über den geschwindigkeitsbestimmenden Schritt $CH + N_2 \rightarrow HCN + N$ gibt es in der Literatur noch nicht sehr genaue Informationen, wie aus einer Arrhenius-Darstellung der Temperaturabhängigkeit des Geschwindigkeitskoeffizienten (dargestellt in Abb. 17.5) leicht ersichtlich ist.

Dementsprechend läßt sich die Bildung des Fenimore-NO noch nicht befriedigend durch Simulationen reproduzieren, wie Abb. 17.6 zeigt (geschätzte Genauigkeit zur Zeit: Faktor 2). Dargestellt sind hier Molenbruchprofile in einer stöchiometrischen C_3H_8-Luft-Flamme (Bockhorn et al. 1991). Dabei kennzeichnen Punkte experimentelle Ergebnisse, die Linien stellen Simulationen dar.

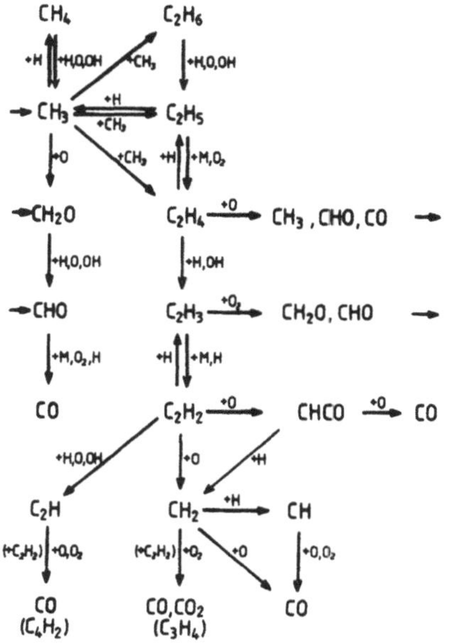

Abb. 17.4. Mechanismus der Oxidation von C_1- und C_2-Kohlenwasserstoffen (Warnatz 1981a)

Da das Ethin (Acetylen) als Vorläufer des CH-Radikals (siehe Abb. 17.4) nur unter brennstoffreichen Bedingungen gebildet wird (Bevorzugung der Bildung von C_2-Kohlenwasserstoffen durch CH_3-Rekombination), wird auch das prompte NO hauptsächlich unter diesen Bedingungen gebildet.

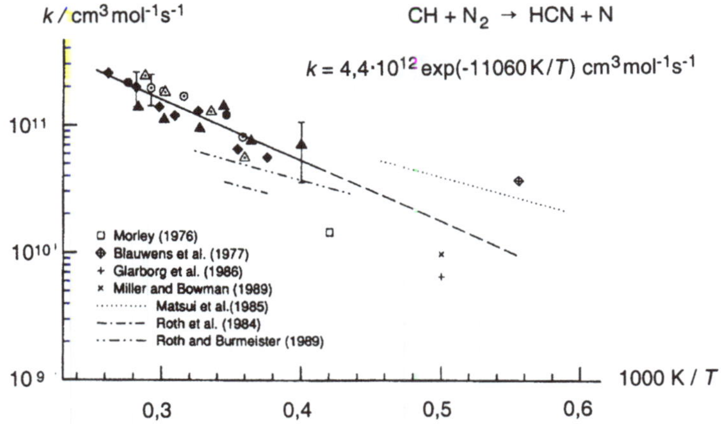

Abb. 17.5. Geschwindigkeitskoeffizienten für die Reaktion von CH mit N_2 (Dean et al. 1990)

Zur Demonstration ist die Bildung von NO in einem *Rührreaktor* bei der Verbrennung von CH_4 in Abb. 17.7 wiedergegeben. Berechnet ist die NO-Bildung für einen rein thermischen Mechanismus und für den vollständigen Mechanismus (Zeldovich- und Fenimore-NO), so daß die Differenz zwischen thermischem NO und Gesamt-NO dem prompten NO zuzurechnen ist.

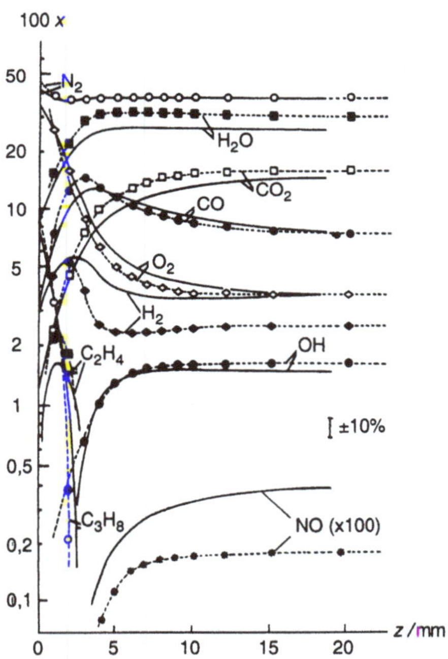

Abb. 17.6. Molenbruchprofile in einer Propan-Luft-Niederduckflamme (Bockhorn et al. 1991)

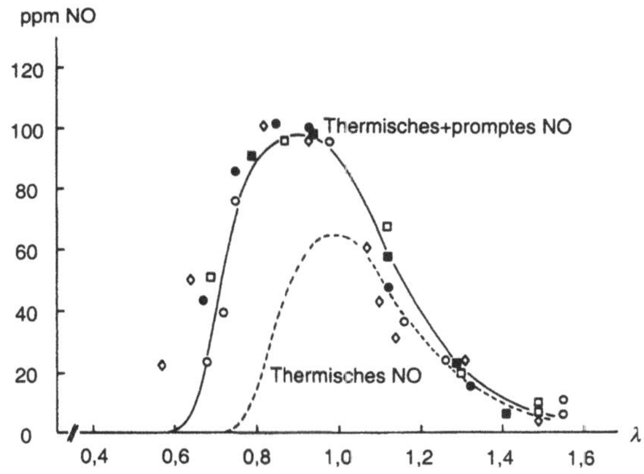

Abb. 17.7. NO-Bildung in einem idealen Rührreaktor in Abhängigkeit von der Luftzahl $\lambda = 1/\Phi$ (Bartok et al. 1972, Glarborg et al. 1986)

Die Aktivierungsenergie der Reaktion $CH + N_2 \rightarrow HCN + N$ beträgt nur 92 kJ/mol im Vergleich zu den 318 kJ/mol für die Bildung des thermischen NO; dementsprechend tritt das prompte NO auch schon bei viel tieferen Temperaturen (um 1000 K) als thermisches NO auf.

17.3 Über Distickstoffoxid erzeugtes NO

Der *Distickstoffoxid* (*N_2O*)*-Mechanismus* ist analog zum thermischen Mechanismus insofern, als O-Atome den molekularen Stickstoff angreifen. In diesem Fall erfolgt jedoch eine Stabilisierung durch ein Molekül M, so daß das Reaktionsprodukt N_2O ist (zuerst postuliert von Wolfrum 1972),

$$N_2 + O + M \rightarrow N_2O + M \ .$$

Das N_2O kann in einer Folgereaktion mit O-Atomen unter Bildung von NO reagieren (Malte und Pratt 1974),

$$N_2O + O \rightarrow NO + NO \qquad E_a = 97 \text{ kJ/mol} \ .$$

Diese Reaktion ist oft übersehen worden, da sie gewöhnlicherweise nur insignifikant zur gesamten NO-Bildung beiträgt. Die Reaktion ist jedoch wichtig, wenn magere Bedingungen die Bildung von CH zurückdrängen (siehe Abb. 17.4) und damit zu nur wenig Fenimore-NO führen und wenn weiterhin niedrige Temperaturen die Bildung von Zeldovich-NO unterdrücken. Es bleibt das NO, das über N_2O erzeugt wird.

Dieser Reaktionsweg wird bei insbesondere hohem Druck bevorzugt, da es in einer Dreierstoß-Reaktion gebildet wird, und hat eine niedrige Aktivierungsenergie, wie sie typisch für diesen Reaktionstyp ist. Aus diesem Grunde unterdrücken niedrige Temperaturen diese Reaktion nicht so sehr, wie es für die Zeldovich-NO-Reaktion der Fall ist. All diese Umstände führen dazu, daß der N_2O-Weg die überwiegende Quelle von NO in der mageren vorgemischten Verbrennung in stationären Turbinen ist (Correa 1992).

17.4 Konversion von Brennstoff-Stickstoff in NO

Die Umwandlung von Brennstoff-Stickstoff in NO tritt hauptsächlich bei der Kohleverbrennung auf, da auch sehr „saubere" Kohle etwa 1% gebundenen Stickstoff enthält. Die stickstoffhaltigen Verbindungen entweichen bei der Entgasung zum größten Teil und führen dann in der Gasphase zu NO-Bildung.

Typisch für diesen Prozeß ist, daß die Umwandlung des Brennstoff-Stickstoffs in Verbindungen wie NH_3 (Ammoniak) und HCN (Blausäure) sehr schnell erfolgt und damit nicht geschwindigkeitsbestimmend ist (siehe Abb. 17.8). Die geschwindigkeitsbestimmenden langsamen Schritte sind hier die Reaktionen der N-Atome (siehe weiter unten).

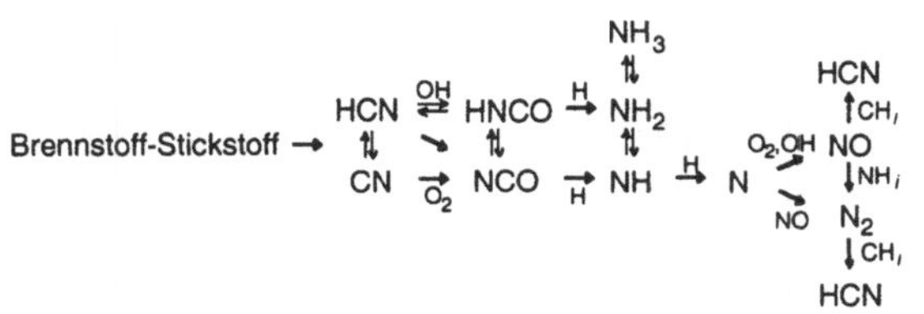

Abb. 17.8. Reaktionsschema für die NO-Bildung aus brennstoffgebundenem Stickstoff (Glarborg et al. 1986)

Als Modellsystem für die Bildung von NO aus brennstoffgebundenem Stickstoff kann man eine Propan-Luft-Flamme betrachten, der 2400 ppm CH_3-NH_2 (Methylamin) zugesetzt sind (Abb. 17.9, Eberius et al. 1987). Bei Luftüberschuß ($\Phi < 1{,}0$) werden etwa zwei Drittel dieses Stickstoffs zu NO oxidiert, der Rest wird in N_2 umgesetzt. Bei brennstoffreichen Bedingungen ($\Phi > 1{,}0$) sinkt die Menge an gebildetem NO zwar, dafür entstehen jedoch Stoffe wie HCN (Blausäure) und NH_3 (Ammoniak), die in der Atmosphäre ebenfalls zu NO umgesetzt werden. Entscheidend ist, daß die Summe der Schadstoffe ein Minimum bei $\Phi = 1{,}4$ besitzt, d. h. unter diesen brennstoffreichen Bedingungen wird ein Maximum des Brennstoff-Stickstoffs in den erwünschten molekularen Stickstoff (N_2) umgewandelt. Die entsprechenden Simulationen wurden mit einem Reaktionsmechanismus ähnlich dem in Tab. 17.1 dargestellten (zusätzlich zu dem für die Propan-Verbrennung Tab. 6.1) ausgeführt, der prompte und thermische NO-Bildung einschließt.

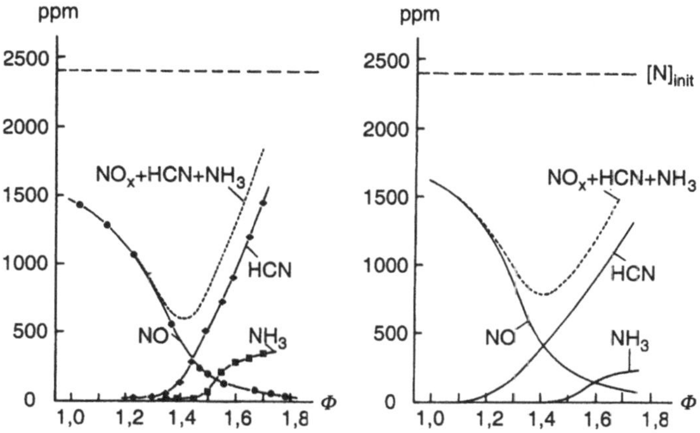

Abb. 17.9 Messung (links) und Simulation (rechts) der Bildung stickstoffhaltiger Verbindungen in mit 2400 ppm Methylamin dotierten Propan-Luft-Flammen verschiedener Stöchiometrie (Eberius et al. 1987)

Tab. 17.1. Detaillierter Reaktionsmechanismus für die NO-Bildung (Klaus und Warnatz 1995); die Geschwindigkeitskoeffizienten sind in der Form $k = A \cdot T^b \cdot \exp(-E/RT)$ wiedergegeben; $[M^*] = [H_2]+6{,}5 \cdot [H_2O]+0{,}4 \cdot [O_2]+0{,}4 \cdot [N_2]+0{,}75 \cdot [CO]+1{,}5 \cdot [CO_2]+3{,}0 \cdot [CH_4]$; $\rightarrow$: nur die Vorwärtsreaktion wird betrachtet; = : der Geschwindigkeitskoeffizient der Rückreaktion wird mit Gleichung (6.9) berechnet; $^+$) die Geschwindigkeitskoeffizienten dieser beiden (identischen) Reaktion müssen aufaddiert werden; $^{++}$) der Geschwindigkeitskoeffizient ist etwas verschieden von der Empfehlung in Abb. 17.5

Reaktion					A[cm,mol,s]	b	E/kJ·mol^{-1}
---- 30. - 40. Reaktionen von H-N-O-Spezies							
---- 30. Verbrauch von NH_3							
NH_3	$+H$	$=NH_2$	$+H_2$		$6{,}36 \cdot 10^{05}$	2,4	42,6
NH_3	$+O$	$=NH_2$	$+OH$		$1{,}10 \cdot 10^{06}$	2,1	21,8
NH_3	$+OH$	$=NH_2$	$+H_2O$		$2{,}04 \cdot 10^{06}$	2,0	2,37
NH_3	$+M^*$	$=NH_2$	$+H$	$+M^*$	$1{,}40 \cdot 10^{16}$	,06	379,
---- 31. Verbrauch von NH_2							
NH_2	$+H$	$=NH$	$+H_2$		$6{,}00 \cdot 10^{12}$	0,0	0,00
NH_2	$+O$	$=NH$	$+OH$		$7{,}00 \cdot 10^{12}$	0,0	0,00
NH_2	$+O$	$=HNO$	$+H$		$4{,}50 \cdot 10^{13}$	0,0	0,00
NH_2	$+O$	$=NO$	$+H_2$		$5{,}00 \cdot 10^{12}$	0,0	0,00
NH_2	$+N$	$=N_2$	$+H$	$+H$	$7{,}20 \cdot 10^{13}$	0,0	0,00
NH_2	$+O_2$	$=HNO$	$+OH$		$4{,}50 \cdot 10^{12}$	0,0	105,
NH_2	$+O_2$	$=NH$	$+HO_2$		$1{,}00 \cdot 10^{14}$	0,0	209,
NH_2	$+OH$	$=NH$	$+H_2O$		$9{,}00 \cdot 10^{07}$	1,5	-1,91
NH_2	$+HO_2$	$=NH_3$	$+O_2$		$4{,}50 \cdot 10^{13}$	0,0	0,00
NH_2	$+NH_2$	$=NH_3$	$+NH$		$6{,}30 \cdot 10^{12}$	0,0	41,8

----	32. Verbrauch von NH							
NH	+H		=N	$+H_2$		$1,00\cdot10^{13}$	0,0	0,00
NH	+O		=NO	+H		$7,00\cdot10^{13}$	0,0	0,00
NH	+OH		=NO	$+H_2$		$2,40\cdot10^{13}$	0,0	0,00
NH	+OH		=N	$+H_2O$		$2,00\cdot10^{09}$	1,2	0,02
NH	+OH		=HNO	+H		$4,00\cdot10^{13}$	0,0	0,00
NH	$+O_2$		=NO	+OH		$1,00\cdot10^{13}$	-0,2	20,8
NH	$+O_2$		=HNO	+O		$4,60\cdot10^{05}$	2,0	27,2
NH	+NH		$=N_2$	+H	+H	$2,54\cdot10^{13}$	0,0	0,40
----	33. Verbrauch von N							
N	+OH		=NO	+H		$3,80\cdot10^{13}$	0,0	0,00
N	$+O_2$		=NO	+O		$6,40\cdot10^{09}$	1,0	26,1
N	$+CO_2$		=NO	+CO		$1,90\cdot10^{11}$	0,0	14,2
N	+NO		$=N_2$	+O		$3,27\cdot10^{12}$	0,3	0,00
N	+N	+M*	$=N_2$	+M*		$2,26\cdot10^{17}$	0,0	32,3
N	+NH		$=N_2$	+H		$3,00\cdot10^{13}$	0,0	0,00
N	+CH		=CN	+H		$1,30\cdot10^{12}$	0,0	0,00
N	$+^3CH_2$		=HCN	+H		$5,00\cdot10^{13}$	0,0	0,00
N	$+CH_3$		$=H_2CN$	+H		$7,10\cdot10^{13}$	0,0	0,00
N	+HCCO		=HCN	+CO		$5,00\cdot10^{13}$	0,0	0,00
N	$+C_2H_2$		=HCN	+CH		$1,04\cdot10^{15}$	-0,5	0,00
N	$+C_2H_3$		=HCN	$+^3CH_2$		$2,00\cdot10^{13}$	0,0	0,00
----	34. Verbrauch von N_2H							
N_2H	+O		$=N_2O$	+H		$1,00\cdot10^{14}$	0,0	0,00
N_2H	+O		=NO	+NH		$1,00\cdot10^{13}$	0,0	0,00
N_2H	+OH		$=N_2$	$+H_2O$		$3,00\cdot10^{13}$	0,0	0,00
N_2H	+M*		$=N_2$	+H	+M*	$1,70\cdot10^{12}$	0,0	59,9
N_2H	+NO		$=N_2$	+HNO		$5,00\cdot10^{13}$	0,0	0,00
----	35. Verbrauch von N_2							
N_2	+CH		=HCN	+N	++)	$1,56\cdot10^{12}$	0,0	75,1
N_2	$+^3CH_2$		=HCN	+NH		$4,82\cdot10^{12}$	0,0	150,
----	36. Verbrauch von NO							
NO	+OH	+M*	$=HNO_2$	+M*		$5,08\cdot10^{12}$	-2,5	0,28
NO	$+HO_2$		$=NO_2$	+OH		$2,10\cdot10^{12}$	0,0	-2,01
NO	+NH		$=N_2$	+OH		$2,16\cdot10^{13}$	-,23	0,00
NO	+NH		$=N_2O$	+H	+)	$2,94\cdot10^{14}$	-0,4	0,00
NO	+NH		$=N_2O$	+H	+)	$-2,16\cdot10^{13}$	-,23	0,00
NO	$+NH_2$		$=N_2$	$+H_2O$		$2,00\cdot10^{20}$	-2,6	3,87
NO	$+NH_2$		$=N_2$	+H	+OH	$4,76\cdot10^{15}$	-1,1	0,81
NO	$+NH_2$		$=N_2H$	+OH		$3,97\cdot10^{11}$	0,0	-1,63
NO	+CH		=HCN	+O		$1,20\cdot10^{14}$	0,0	0,00
NO	$+^1CH_2$		=HCN	+OH		$2,00\cdot10^{13}$	0,0	0,00
NO	$+^3CH_2$		=HCNO	+H		$2,59\cdot10^{12}$	0,0	25,0
NO	$+^3CH_2$		=HCN	+OH		$5,01\cdot10^{11}$	0,0	12,0
NO	$+CH_3$		=HCN	$+H_2O$		$1,50\cdot10^{12}$	0,0	91,0
NO	$+CH_3$		$=H_2CN$	+OH		$1,00\cdot10^{12}$	0,0	91,0
NO	+CHO		=CO	+HNO		$7,20\cdot10^{12}$	0,0	0,00

NO	$+C_2H$	=HCN	+CO		$2{,}11 \cdot 10^{13}$	0,0	0,00
NO	+HCCO	=HCNO	+CO		$1{,}30 \cdot 10^{13}$	0,0	0,00
----	37. Verbrauch von N_2O						
N_2O	+H	=OH	$+N_2$		$9{,}64 \cdot 10^{13}$	0,0	63,1
N_2O	+O	=NO	+NO		$6{,}60 \cdot 10^{13}$	0,0	111,
N_2O	+O	$=N_2$	$+O_2$		$1{,}02 \cdot 10^{14}$	0,0	117,
N_2O	+OH	$=HO_2$	$+N_2$		$2{,}00 \cdot 10^{12}$	0,0	41,8
N_2O	+CO	$=N_2$	$+CO_2$		$1{,}25 \cdot 10^{12}$	0,0	72,3
N_2O	$+CH_3$	$=CH_3O$	$+N_2$		$1{,}00 \cdot 10^{15}$	0,0	119,
N_2O	+M*	=O	$+N_2$	+M*	$7{,}23 \cdot 10^{17}$	-,73	263,
----	38. Verbrauch von NO_2						
NO_2	+O	=NO	$+O_2$		$1{,}00 \cdot 10^{13}$	0,0	2,51
NO_2	+H	=NO	+OH		$1{,}00 \cdot 10^{14}$	0,0	6,27
NO_2	+N	$=N_2$	$+O_2$		$1{,}18 \cdot 10^{12}$	0,0	0,00
NO_2	+CO	=NO	$+CO_2$		$1{,}20 \cdot 10^{14}$	0,0	132,
NO_2	+CH	=CHO	+NO		$5{,}90 \cdot 10^{13}$	0,0	0,00
NO_2	$+^3CH_2$	$=CH_2O$	+NO		$5{,}90 \cdot 10^{13}$	0,0	0,00
NO_2	$+CH_3$	$=CH_3O$	+NO		$1{,}30 \cdot 10^{13}$	0,0	0,00
NO_2	+CHO	$=CO_2$	+H	+NO	$8{,}40 \cdot 10^{15}$	-,75	8,07
NO_2	+CHO	=CO	+HNO		$2{,}10 \cdot 10^{00}$	3,3	9,82
NO_2	+HCCO	=NCO	+CO	+OH	$5{,}00 \cdot 10^{12}$	0,0	0,00
NO_2	+HCCO	=HNCO	$+CO_2$		$5{,}00 \cdot 10^{12}$	0,0	0,00
NO_2	+HCCO	=HCN	$+CO_2$	+O	$5{,}00 \cdot 10^{12}$	0,0	0,00
NO_2	+M*	=NO	+O	+M*	$1{,}10 \cdot 10^{16}$	0,0	276,
NO_2	$+NO_2$	=NO	+NO	$+O_2$	$1{,}60 \cdot 10^{12}$	0,0	109,
----	39. Verbrauch von HNO						
HNO	+H	=NO	$+H_2$		$1{,}81 \cdot 10^{13}$	1,9	4,16
HNO	+OH	=NO	$+H_2O$		$1{,}32 \cdot 10^{07}$	1,9	-4,00
HNO	+N	=NO	+NH		$1{,}00 \cdot 10^{13}$	0,0	8,30
HNO	$+O_2$	=NO	$+HO_2$		$3{,}16 \cdot 10^{12}$	0,0	12,5
HNO	$+NH_2$	=NO	$+NH_3$		$5{,}00 \cdot 10^{13}$	0,0	4,20
HNO	+HNO	$=N_2O$	+OH		$3{,}90 \cdot 10^{12}$	0,0	209,
HNO	+NO	$=N_2O$	$+H_2O$		$2{,}00 \cdot 10^{12}$	0,0	109,
HNO	$+NO_2$	$=HNO_2$	+NO		$6{,}02 \cdot 10^{11}$	0,0	8,31
HNO	+M*	=NO	+H	+M*	$1{,}50 \cdot 10^{16}$	0,0	203,
----	40. Verbrauch von HNO_2						
HNO_2	+H	$=NO_2$	$+H_2$		$1{,}20 \cdot 10^{13}$	0,0	30,7
HNO_2	+O	$=NO_2$	+OH		$1{,}20 \cdot 10^{13}$	0,0	25,1
HNO_2	+OH	$=NO_2$	$+H_2O$		$1{,}30 \cdot 10^{10}$	1,0	0,56
----	50. - 55. Reaktionen von C-H-N-O-Spezies						
----	50. Verbrauch von HCN						
HCN	+O	=NCO	+H		$1{,}11 \cdot 10^{06}$	2,1	25,6
HCN	+O	=NH	+CO		$2{,}77 \cdot 10^{05}$	2,1	25,6
HCN	+OH	=HNCO	+H		$4{,}77 \cdot 10^{11}$	0,0	91,4
HCN	+CN	$=C_2N_2$	+H		$2{,}00 \cdot 10^{13}$	0,0	0,00

----	51. Verbrauch von CN/C_2N_2						
CN	+O	=CO	+N		$1{,}00\cdot10^{13}$	0,0	0,00
CN	+OH	=NCO	+H		$6{,}00\cdot10^{13}$	0,0	0,00
CN	$+O_2$	=NCO	+O		$6{,}60\cdot10^{12}$	0,0	-1,70
CN	$+H_2$	=HCN	+H		$3{,}10\cdot10^{05}$	2,4	9,30
CN	$+H_2O$	=HCN	+OH		$7{,}83\cdot10^{12}$	0,0	31,1
CN	+N	$=N_2$	+C		$1{,}04\cdot10^{15}$	-0,5	0,00
CN	+NO	$=N_2$	+CO		$1{,}07\cdot10^{14}$	0,0	33,4
CN	+NO	=NCO	+N		$9{,}64\cdot10^{13}$	0,0	176,
CN	$+N_2O$	=NCO	$+N_2$		$1{,}00\cdot10^{13}$	0,0	0,00
CN	$+NO_2$	=NCO	+NO		$3{,}00\cdot10^{13}$	0,0	0,00
CN	+CH4	=HCN	$+CH_3$		$9{,}03\cdot10^{12}$	0,0	7,82
C_2N_2	+O	=NCO	+CN		$4{,}57\cdot10^{12}$	0,0	37,1
----	52. Verbrauch von HNCO/HCNO						
HCNO	+H	=HCN	+OH		$1{,}00\cdot10^{14}$	0,0	0,00
HCNO	+H	=HNCO	+H		$1{,}00\cdot10^{11}$	0,0	0,00
HNCO	+H	$=NH_2$	+CO		$2{,}25\cdot10^{07}$	1,7	15,9
HNCO	+O	=NH	$+CO_2$		$9{,}60\cdot10^{07}$	1,4	35,6
HNCO	+O	=NCO	+OH		$2{,}20\cdot10^{06}$	2,1	47,8
HNCO	+O	=HNO	+CO		$1{,}50\cdot10^{08}$	1,6	184,
HNCO	+OH	=NCO	$+H_2O$		$6{,}40\cdot10^{05}$	2,0	10,7
HNCO	$+O_2$	=HNO	$+CO_2$		$1{,}00\cdot10^{12}$	0,0	146,
HNCO	$+HO_2$	=NCO	$+H_2O_2$		$3{,}00\cdot10^{11}$	0,0	121,
HNCO	+M*	=NH	+CO	+M*	$1{,}10\cdot10^{16}$	0,0	359,
HNCO	+NH	=NCO	$+NH_2$		$3{,}03\cdot10^{13}$	0,0	99,1
HNCO	$+NH_2$	=NCO	$+NH_3$		$5{,}00\cdot10^{12}$	0,0	25,9
----	53. Verbrauch von NCO						
NCO	+O	=NO	+CO		$4{,}20\cdot10^{13}$	0,0	0,00
NCO	+H	=NH	+CO		$5{,}20\cdot10^{13}$	0,0	0,00
NCO	+OH	=CHO	+NO		$5{,}00\cdot10^{12}$	0,0	62,7
NCO	$+H_2$	=HNCO	+H		$7{,}60\cdot10^{02}$	3,0	16,7
NCO	+N	$=N_2$	+CO		$2{,}00\cdot10^{13}$	0,0	0,00
NCO	$+O_2$	=NO	$+CO_2$		$2{,}00\cdot10^{12}$	0,0	83,6
NCO	+M*	=N	+CO	+M*	$1{,}00\cdot10^{15}$	0,0	195,
NCO	+NO	$=N_2O$	+CO		$6{,}20\cdot10^{17}$	-1,7	3,19
NCO	+NO	$=N_2$	$+CO_2$		$7{,}80\cdot10^{17}$	-1,7	3,19
NCO	+NCO	$=N_2$	+CO	+CO	$1{,}80\cdot10^{13}$	0,0	0,00
NCO	$+NO_2$	=CO	+NO	+NO	$1{,}30\cdot10^{13}$	0,0	0,00
NCO	$+NO_2$	$=CO_2$	$+N_2O$		$5{,}40\cdot10^{12}$	0,0	0,00
NCO	+HNO	=HNCO	+NO		$1{,}80\cdot10^{13}$	0,0	0,00
NCO	$+HNO_2$	=HNCO	$+NO_2$		$3{,}60\cdot10^{12}$	0,0	0,00
NCO	+CHO	=HNCO	+CO		$3{,}60\cdot10^{13}$	0,0	0,00
----	54. Verbrauch von C						
CH	+H	=C	$+H_2$		$1{,}50\cdot10^{14}$	0,0	0,00
C	$+O_2$	=CO	+O		$5{,}00\cdot10^{13}$	0,0	0,00
C	+NO	=CN	+O		$6{,}60\cdot10^{13}$	0,0	0,00
----	55. Verbrauch von H_2CN						
H_2CN	+N	$=N_2$	$+{}^3CH_2$		$2{,}00\cdot10^{13}$	0,0	0,00
H_2CN	+M*	=HCN	+H	+M*	$3{,}00\cdot10^{14}$	0,0	92,0

Eine Empfindlichkeitsanalyse ist in Abb. 17.10 wiedergegeben. Die Bedingungen dabei entsprechen denen in den Flammen, die in Abb. 17.9 behandelt sind ($\Phi = 1{,}3$). Es zeigt sich, daß die geschwindigkeitsbestimmenden Schritte für die NO-Bildung die beiden um die N-Atome konkurrierenden (aus dem Zeldovich-Mechanismus schon bekannten) Reaktionen

$$\begin{aligned} N + OH &\rightarrow NO + H \\ N + NO &\rightarrow N_2 + O \end{aligned}$$

sind. Für diese beiden Reaktionen liegen wegen ihrer Einfachheit zuverlässige Literaturdaten vor, so daß die Brennstoffstickstoff-Konversion quantitativ verstanden werden kann. Im übrigen stellt sich heraus, daß die Reaktionen im Knallgas-System hier wieder in geringerem Umfang mit geschwindigkeitsbestimmend sind, während die übrigen Reaktionen in Tab. 17.1 nur wenig beitragen.

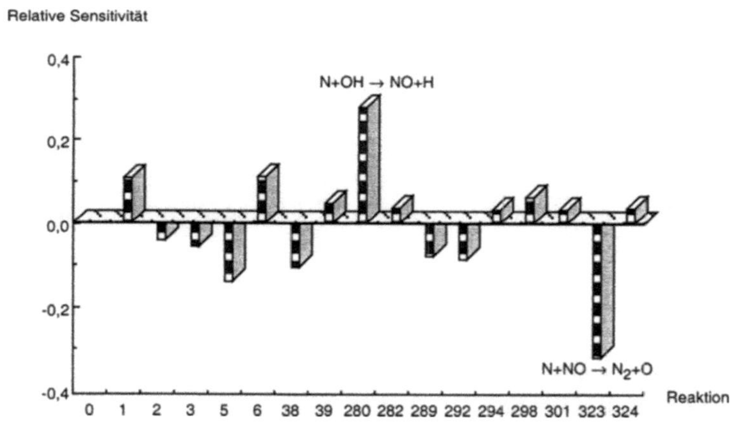

Abb. 17.10. Empfindlichkeitsanalyse bezüglich der NO-Bildung für einen Reaktionsmechanismus ähnlich dem in Tab. 17.1 (Bockhorn et al. 1991)

17.5 NO-Reduktion durch primäre Maßnahmen: Stufung, Magerverbrennung

Unter Benutzung des weiter oben beschriebenen Grundlagenwissens sind von Seiten der Ingenieure Veränderungen in der Führung des Verbrennungsprozesses vorgenommen worden, die die NO-Bildung wesentlich verringern können. Solche Modifizierungen in der Verbrennungsführung werden *primäre Maßnahmen* genannt. Natürlich strebt man an, daß diese Änderungen nicht mit größeren Kosten verbunden sind und daß sie nicht den Einsatz weiterer Zusatzstoffe verlangen. Primäre Maßnahmen verlangen normalerweise jedoch eine andere Geometrie der Verbrennungsanordnung, so daß es schwierig ist, vorhandene Verbrennungsanlagen zu ändern. Die Realisierung primärer Maßnahmen ist also normalerweise auf den Bau von Neuanlagen beschränkt. Für Altanlagen bleibt jedoch die Möglichkeit einer Anwendung von *sekundären Maßnahmen*, wie sie in den Abschnitten 17.7 und 17.8 beschrieben werden sollen.

Die in Abschnitt 17.4 beschriebenen Resultate können z. B. bei der *gestuften Verbrennung* angewendet werden. In der ersten Stufe werden brennstoffreiche Bedingungen gewählt (etwa $\Phi = 1{,}4$), damit eine minimale Bildung der Summe der Schadstoffe NO_x+HCN+NH_3 erreicht wird. In einer zweiten Stufe werden dann sauerstoffreiche Bedingungen so gewählt, daß im Gesamtprozeß eine stöchiometrische Verbrennung garantiert ist. Das in der ersten Stufe gebildete N_2 wird dabei nicht in thermisches NO umgewandelt, da die Verbrennungstemperatur fortwährend durch Strahlung und konvektiven Wärmeübergang zur Wand reduziert wird. Eine weitere Reduktion des NO kann durch einen Überschuß von Luft in der zweiten Stufe erreicht werden; in einer dritten Stufe wird dies dann kompensiert durch Zugabe von zusätzlichem Brennstoff (*reburn*), der zur weiteren Reduktion von NO durch die Reaktion NO + $CH_i \rightarrow$ Produkten führt (Kolb et al. 1988).

Wegen der hohen Aktivierungsenergie ($T_a \approx 38\,200$ K) der thermischen NO-Bildung führt jede Maßnahme zur Senkung der Spitzentemperaturen zu einem niedrigeren NO-Ausstoß. In nicht-vorgemischten Strahl-Flammen erniedrigt die Emission von Strahlung diese Spitzentemperaturen mit einem signifikanten Effekt auf die NO-Bildung. Ebenso ist es vorteilhaft, ein „inertes" Gas zur Verdünnung (so wie z. B. Stickstoff oder Wasser) beizumischen, dessen zusätzliche Wärmekapazität die Spitzentemperatur erniedrigt.

Die Abgase des Verbrennungsprozesses sind in diesem Sinne genügend inert und haben überdies den Vorteil, das Äquivalenzverhältnis nicht zu ändern. Diese primäre Maßnahme wird als *Abgas-Rezirkulation* bezeichnet, und zwar als *EGR* (*exhaust-gas recirculation*) in Kolbenmaschinen und als *FGR* (*flue-gas recirculation*) in Öfen oder Heizkesseln bei Atmosphärendruck.

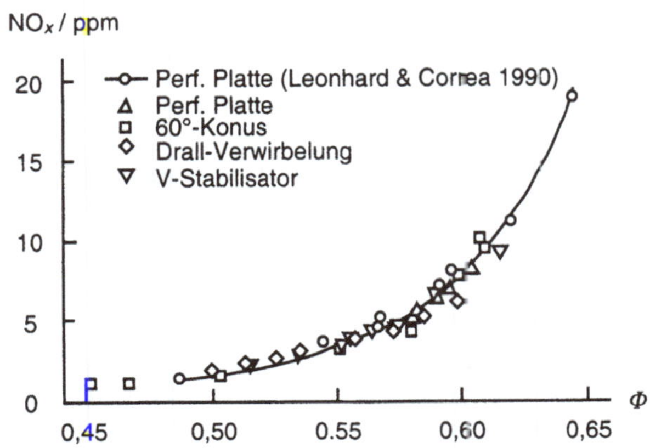

Abb. 17.11. NO_x-Emission als Funktion des Äquivalenzverhältnisses Φ für verschiedene Typen von Flammenhaltern ($T = 615$ K, $p = 10{,}2$ bar)

Trotz des Erfolges der EGR ergeben sich hohe NO-Emissionen aus Diesel- und Otto-Motoren wegen der hohen Temperaturen und Drücke im Brennraum, wie die Gleichungen (17.3)-(17.4) anzeigen. Aus diesem Grund ziehen Maschinen, die bei niedrigeren Temperaturen und Drücken arbeiten, zunehmende Aufmerksamkeit auf sich. Zu nennen sind hier die Benutzung der Dampfkraft, Gasturbinen, der Stirlingmotor und Brennstoffzellen.

Ein Überblick über die NO_x-Bildung in Gasturbinen wird von Correa (1992) gegeben. Eine vermehrte Injektion von Wasser erniedrigt zunehmend die Bildung von NO_x, bis der Massenfluß des Wassers ungefähr dem des Brennstoffs gleicht. An diesem Punkt steigen die Bildung von CO und unverbrannten Kohlenwasserstoffen steil auf unakzeptable Werte an.

Eine weitere Verringerung der NO-Bildung kann man erreichen, wenn vorgemischte Flammen bei niedriger Temperatur brennen, die durch Wahl magerer Bedingungen erreicht wird. Das Potential für die Unterdrückung der NO-Bildung bei Magerbedingungen kann aus Abb. 17.7 entnommen werden und wird durch Ergebnisse über die Magerverbrennung in Abb. 17.11 bestätigt (Lovett und Abuaf 1992). Bemerkenswert ist, daß das gebildete NO kaum von der Art des Flammenhalters (d. h. von der Art der Flammenstabilisierung) abhängt; das ist konsistent mit der Beobachtung, daß der größte Teil des NO über CH (d. h. über den Fenimore-Mechanismus) und über Übergleichgewichts-O-Atome (über den N_2O-Mechanismus) erzeugt werden, die ja in der eigentlichen Flammenfront ablaufen (siehe Abb. 2.8 bzw. Abb. 17.3).

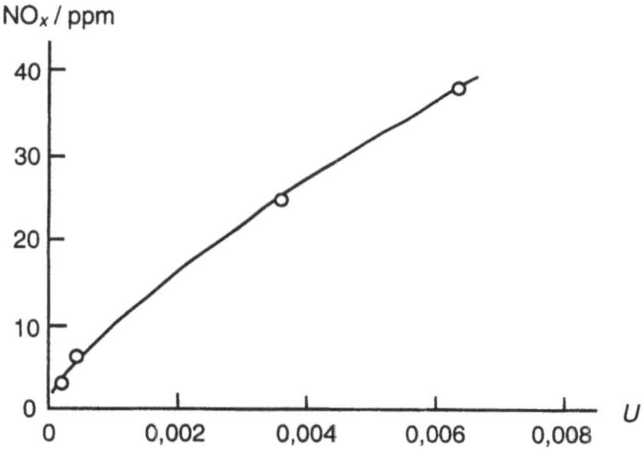

Abb. 17.12. Qualitative Beziehung zwischen der NO_x-Bildung und dem Unvermischtheits-Parameter U

Natürlich gilt – wie auch in jedem anderen Verbrennungssystem –, daß man sich um so mehr dem Gleichgewichts-NO-Wert nähert, je länger die Aufenthaltszeit bei hoher Temperatur ist. Daher sucht man nach einer optimalen Zeit, bei der der Brennstoff (und auch das als Zwischenprodukt gebildete CO) möglichst vollständig oxidiert sind und die Bildung von NO durch rasches Abkühlen unterbunden wird (Takeno et al. 1993).

Für die NO-Reduzierung durch magere vorgemischte Verbrennung ist es wichtig, daß die Vormischung wirklich gleichmäßig ist. Das wird in Abb. 17.12 (Fric 1993) demonstriert, die für eine vorgegebene mittlere Brennstoff-Konzentration $\bar{c}$ zeigt, daß am wenigsten NO_x produziert wird, wenn das Schwankungsquadrat $\overline{c'^2}$ Null erreicht. Das Ausmaß der *Nicht-Vorgemischtheit U* ist dabei das Verhältnis von $\overline{c'^2}$ und (zur Normalisierung) seinem maximal möglichen Wert für ein vorgegebenes $\bar{c}$; dieser Maximalwert wird durch die *Housdorf-Relation*

$$\overline{c'^2_{\max}} = \bar{c} \cdot (1 - \bar{c})$$

gegeben; dabei erreicht $\overline{c'^2_{\max}}$ den Wert Null, wenn $\bar{c}$ Null oder Eins wird (Dimotakis und Miller 1990). Wenn U den Wert Null annimmt, ist der betrachtete Skalar vollständig gemischt und homogen; wenn U den Wert Eins erreicht, hat man überhaupt keine Mischung, auch wenn $\overline{c'^2}$ klein ist.

Wie Abb. 17.11 zeigt, erreicht man eine geringe NO_x-Bildung durch zunehmend magere Verbrennung. In der Praxis gibt es dabei jedoch zwei Schwierigkeiten:

(1) Einfrieren der Konversion von CO zu CO_2: Mit zunehmender Abmagerung des Systems wird die Flammentemperatur – und damit das NO_x – zwar immer niedriger. Gleichzeitig nimmt jedoch die Geschwindigkeit der Reaktion von CO nach CO_2 ab. Es ergibt sich ein unterer Wert von Φ, bei dem die CO-Emission unakzeptabel hoch wird.

Eine nähere Betrachtung dieser Erscheinung zeigt, dass die Reaktion CO + OH $\rightarrow$ CO_2 + H eine sehr kleine Aktivierungsenergie besitzt (siehe Tabelle 6.1). Für Flammentemperaturen über 1500 K ist der Arrhenius-Term $\exp(-E_a/RT)$ praktisch 1 und damit der Geschwindigkeitskoeffizient der Reaktion praktisch unabhängig von der Temperatur. Die starke Temperaturabhängigkeit der CO-Konversion muss also auf einer starken Temperaturabhängigkeit der OH-Konzentration beruhen (siehe auch Abb. 7.3).

(2) Auftreten von Instabilitäten: Eine zweite Schwierigkeit bei der Magerverbrennung in Gasturbinen ist das Einsetzen von starken Druck-Fluktuationen in den Brennräumen. Für einen Gasturbinen-Brenner bei z. B. einem Druck von 15 bar können Druckschwankungen bis zu ± 2 bar auftreten, die die Maschine mit der Zeit beschädigen können. Der Grund dafür ist folgender: Mit abnehmendem Φ besitzen die Reaktionsgeschwindigkeiten und damit die Flammengeschwindigkeit eine immer größere Sensitivität bezüglich der Systemparameter wie z. B. Druck p und Äquivalenzverhältnis Φ (bis sie an der Zündgrenze schließlich unendlich groß werden). Druckoszillationen im Brenner, typischerweise bei Frequenzen festgelegt durch akustische Moden der Brennraumgeometrie (ν = 100 Hz bis 1000 Hz), können eine Modulierung der Reaktionsgeschwindigkeit und damit der Wärmefreisetzungs-Geschwindigkeit mit derselben Frequenz bewirken und damit die Druckwellen verstärken. Diese Druckwellen im Brennraum können darüberhinaus auch die Zufuhr von Brennstoff oder Luft (und damit von Φ) modulieren und damit eine weitere Verstärkung der Druckwellen anfachen.

Solche Modulationen sind sowohl gemessen (Mongia et al. 1998) als auch rechnerisch simuliert worden (Lieuwen und Zinn 1998).

Abb. 17.13 gibt eine graphische Darstellung der verschiedenen in diesem Abschnitt behandelten Möglichkeiten zur NO_x-Reduzierung. Die Mischung von Brennstoff mit Luft wird durch waagerechte Bewegung repräsentiert, während schnelle chemische Reaktion durch Bewegung senkrecht nach oben angezeigt wird. In nicht-vorgemischten Flammen werden z. B. Mischung und gleichzeitige Reaktion des Brennstoffs durch die gerade Linien von reinem Brennstoff ($\xi = 1$, $T = T_0$) zum Zustand maximaler Temperatur bei ($\xi = \xi_{\text{stöch}}$, $T = T_{\text{stöch}}$) und dann weiter zum Endzustand $\xi = \xi_{\text{Ende}}$, $T = T_{\text{Ende}}$ repräsentiert. Beim Zustand maximaler Temperatur ($\xi = \xi_{\text{stöch}}$, $T = T_{\text{stöch}}$) wird das meiste NO erzeugt; dieser Bereich des Diagramms sollte bei guter Verbrennungsführung also vermieden werden.

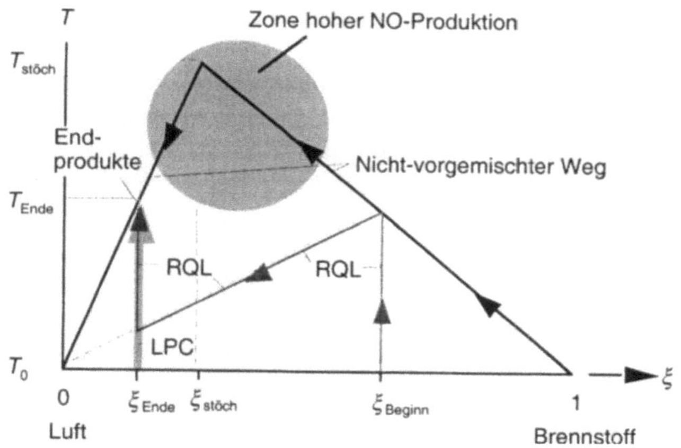

Abb. 17.13. Schematische Darstellung des Ablaufs von Mischung und Reaktion; LPC = magere Vormisch-Verbrennung (englisch: lean premixed combustion), RQL = gestufte Verbrennung mit schnellem Übergang von fetter zu magerer Verbrennung (englisch: rich-quick-lean approach)

Die Strategie bei der Abgasrückführung (EGR bzw. FGR) besteht darin, die Luft mit inerten Verbrennungsprodukten zu vermischen und dadurch die maximale Temperatur $T_{\text{stöch}}$ – und damit die NO-Erzeugung – zu verringern.

Bei der mageren Vormisch-Verbrennung wird die Zone hoher NO-Produktion dadurch vermieden, dass Brennstoff ($\xi = 1$, $T = T_0$) mit Luft ($\xi = 0$, $T = T_0$) ohne Reaktion vermischt werden (waagerechte Bewegung im Diagramm nach $\xi = \xi_{\text{Ende}}$, $T = T_0$). Danach erfolgt Reaktion (vertikale Bewegung im Diagramm) zum NO-armen Endzustand $\xi = \xi_{\text{Ende}}$, $T = T_{\text{Ende}}$.

Die RQL-Strategie besteht darin, die Produkte fetter Verbrennung entlang der Mischungslinie nach $\xi = 0$, $T = T_0$ schnell mit Luft zu vermischen, um anschließend durch Reaktion nach $\xi = \xi_{\text{Ende}}$, $T = T_{\text{Ende}}$ zu gelangen. In der Praxis gelingt die Mischung normalerweise nicht schnell genug, so dass ein Teil des Systems der nicht-vorgemischten Linie folgt und etwas NO erzeugt.

17.6 Primäre Maßnahmen: Katalytische Verbrennung

Die eben geschilderten Probleme mit der Mager-Verbrennung kann man vermeiden, wenn man (zumindestens teilweise) katalytisch verbrennt. Dabei werden der Brennstoff (und das CO) auf einer katalytischen Oberfläche durch eine Sequenz von Reaktionen mit niedriger Aktivierungsenergie umgesetzt.

Diese katalytische Oxidation ist auch noch bei sehr viel kleineren Äquivalenzverhältnissen Φ (d. h. niedrigeren Temperaturen) viel schneller als die entsprechenden Vorgänge in der Gasphase (siehe Abschnitt 6.7). Darüberhinaus erzeugt die Oberflächenreaktion kein NO; die NO_x-Emissionen sind unterhalb von 1 ppm. In Bezug auf Instabilitäten wirkt sich die katalytische Oxidation ebenfalls vorteilhaft aus, da die große Oberfläche des Katalyators zu einer viskosen Dämpfung führt und Druckoszillationen schwächt.

Leider ergeben sich jedoch in der praktischen Anwendung der katalytischen Verbrennung einige Hürden. Die aktive Oberfläche besteht üblicherweise aus Platin (Pt) oder Palladium (Pd). Diese Edelmetalle oxidieren und verdampfen bei Temperaturen oberhalb ~1500 K. Als Folge davon verbietet sich ein längerer Betrieb eines Edelmetallkatalysators oberhalb von $T \approx 1300$ K, da sonst ein unakzeptabel großer Verlust an Katalysatormaterial eintritt.

Um die erwünschte Eintritts-Temperatur einer Gasturbine (1800 K) zu erreichen, besteht die Vorgehensweise meistens darin, etwa die Hälfte des Brennstoffs (*primärer Brennstoff*) im Katalysator zu oxidieren und den verbleibenden Brennstoff (*sekundärer Brennstoff*) dann in der homogenen Gasphase zu verbrennen. Diese Gasphasen-Verbrennung kann dann sehr mager erfolgen, da die Zündgrenzen sich mit zunehmender Temperatur ausweiten; sie produziert jedoch leider NO_x und braucht eine genügend hohe Temperatur und genug Zeit, um das entstehende CO zu CO_2 umzusetzen.

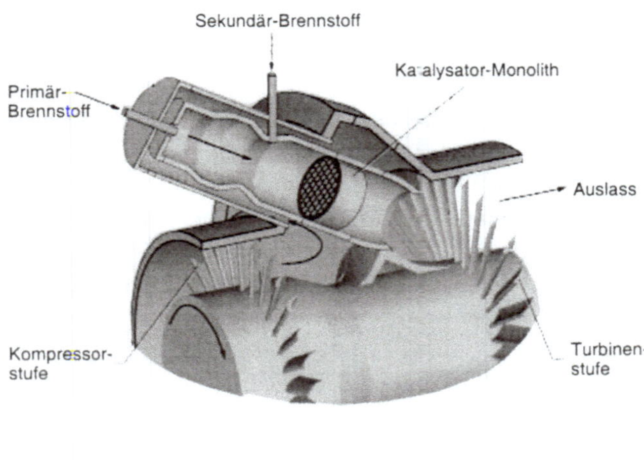

Abb. 17.14. Katalytische Verbrennung von primärem Brennstoff und Gasphasen-Verbrennung des sekundären Brennstoffs in einer Turbine

In der Turbinenbrennkammer in Abb. 17.14 ist eine Mindest-Aufenthaltszeit von ~20 ms notwendig (Beebe et al. 1995, Dalla Betta et al. 1996, Schlatter et al. 1997, Raja et al. 2000). Die Injektion des sekundären Brennstoffs kann dabei auf verschiedene Art erfolgen. Eine Möglichkeit besteht darin, dass der Katalysator nur in der Hälfte der Kanäle aktiv ist, so dass der sekundäre Brennstoff den Katalysator unverbrannt passiert und dann nach Kontakt mit den primären Verbrennungprodukten hinter dem Katalysator verbrennt. Eine andere Möglichkeit besteht darin, den sekundären Brennstoff mit Luft vorzumischen und hinter dem Katalysator zu injizieren (Fujii et al. 1996, Smith et al. 1997).

17.7 NO-Reduktion durch sekundäre Maßnahmen: Stationäre Anlagen

Der Einfachheit halber soll zuerst die *selektive homogene Reduktion* von NO (*SHR*, auch *thermisches DeNOx* genannt) behandelt werden. Hierbei wird den Abgasen NH_3 (Ammoniak) zugesetzt, das durch vorhandenes OH bei genügend hoher Temperatur zu NH_2 abgebaut wird welches anschließend NO zu Wasser und N_2 (bzw. N_2H, das letztlich auch N_2 bildet) umsetzt (Lyon 1974, Gehring et al. 1973). Die wichtigsten Elementarreaktionen dieses Prozesses sind in Abb. 17.15 dargestellt.

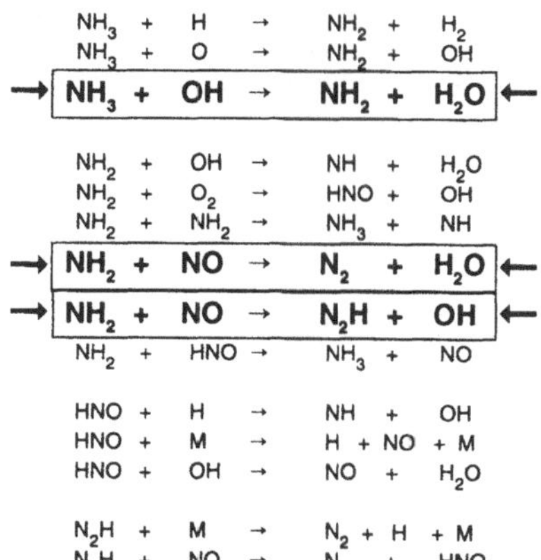

Abb. 17.15. Schlüsselreaktionen der selektiven homogenen NO-Reduktion (Glarborg et al. 1986)

Zu hohe Temperatur führt jedoch zur Oxidation des NH_2, d. h. das Ammoniak wird selbst oxidiert. Daher ist die selektive Reduktion nur in einem relativ engen Temperaturfenster möglich. Abb. 17.16 zeigt das Verhältnis von NO vor und nach der Reduktion; man sieht, daß eine effektive Reduktion nur im Bereich um 1300 K stattfindet.

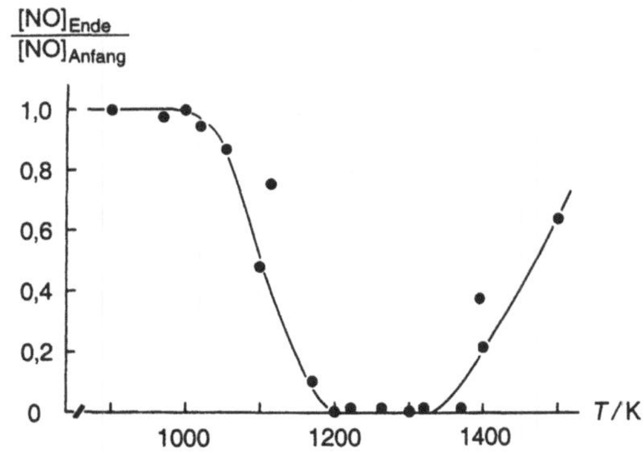

Abb. 17.16. Temperaturfenster für die NO-Reduktion durch thermisches DeNOx ; Punkte: Messungen (Lyon 1974), Linie: Rechnungen (Warnatz 1987); 4,6% O_2 mit 0,074% NO und 0,85% NH_3 in N_2, Reaktionszeit 0,15 s

Der Überschuß des Ammoniaks gegenüber dem NO darf nicht zu groß sein ($[NH_3]/[NO] < 1,5$), da sonst der NH_3-Schlupf in die Atmosphäre letztlich wieder zu NO_x führt. Außerdem muß eine gute Vermischung stattfinden, wie in Abb. 17.17, in der Ergebnisse von Messungen des Entstickungsgrades dargestellt sind, zu sehen ist (Mittelbach und Voje 1986). Ammoniak wird mit Wasserdampf bei hohem Druck verschieden schnell eingedüst, wobei sich verschiedene Entstickungsgrade ergeben. Die Ergebnisse beruhen auf einer sorgfältigen Optimierung der Chemie des Vorgangs, der in einem Kraftwerk getestet wurde. Zum Vergleich sind (gestrichelt) ältere Ergebnisse aus einem Kraftwerk in Long Beach, CA, wiedergegeben (Hurst 1984).

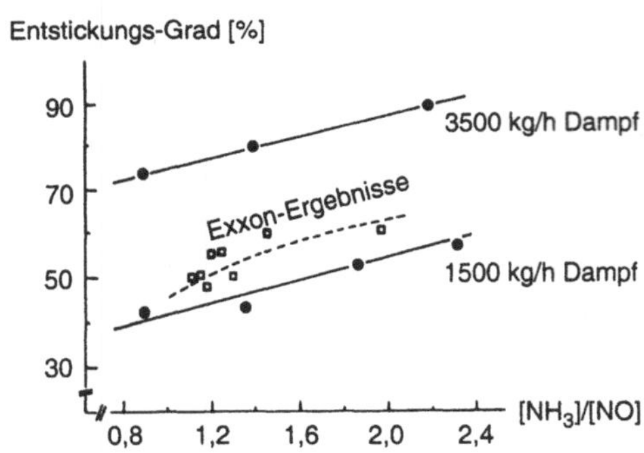

Abb. 17.17. Gemessene Effektivität der NO-Reduktion durch thermisches DeNOx

Bei der *selektiven katalytischen Reduktion* (*SCR*) von NO wird ein Katalysator benutzt (NO_x-Symposium 1985). Die Chemie der Reaktion mit NH_3 an diesem Katalysator ist nicht bekannt, führt aber ebenfalls zu H_2O und N_2 als harmlosen Endprodukten.

Die Vorteile des katalytischen Verfahrens sind der Wegfall des schwierig zu handhabenden Temperaturfensters und die Pufferwirkung des Katalysators, die Schwankungen in der Verbrennungsführung überbrücken kann. Nachteilig sind die hohen Kosten des Katalysators und Schwierigkeiten bei der Verwendung sehr schlechter Kohle (Vergiftung des Katalysators).

Statt das NH_3 in den Abgasstrom zu injizieren, wobei die Temperatur des Abgases im richtigen Temperaturfenster liegen muss, gibt es auch die Möglichkeit, das Abgas gezielt herunterzukühlen und dann durch weitere Verbrennung von Brennstoff wieder zu erhitzen.

Dasselbe Ziel kann man auch dadurch erreichen, dass man in einer Gegenstrom-Anordnung in einem Wärmetauscher das Abgas zuerst abkühlt und dann wieder aufheizt (entspräche dem Aufbau in Abb. 17.18, jedoch ohne Injektion von Brennstoff; ausserdem kann durch Zugabe von Brennstoff zusätzlich aufgeheizt werden). Eine ausführliche Diskussion solcher und ähnlicher Verfahren wird von Weinberg (1975, 1986) gegeben.

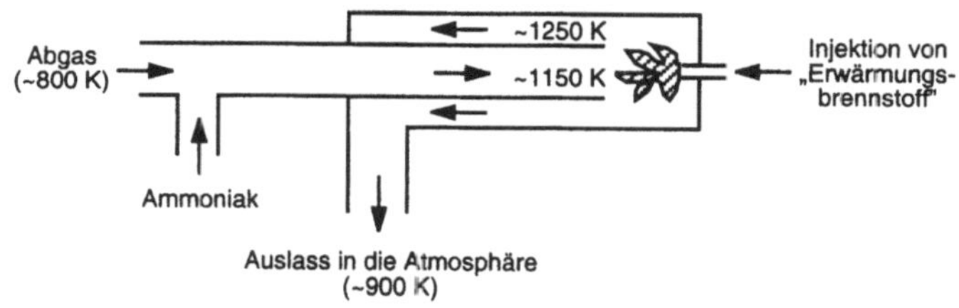

Abb. 17.18. Energie-Rückgewinnung bei der temporären Aufheizung des Abgases in das gewünschte DeNOx-Temperaturfenster

Etwas aufwendiger sind Verfahren (siehe Abb. 17.19), in denen eine Turbine erst zur Kompression des Abgases zum Erreichen der gewünschten höheren DeNOx-Temperatur führt und danach wieder expandiert, um die Kompressionswärme zurückzugewinnen (*TurboNOx*, Edgar und Dibble 1996).

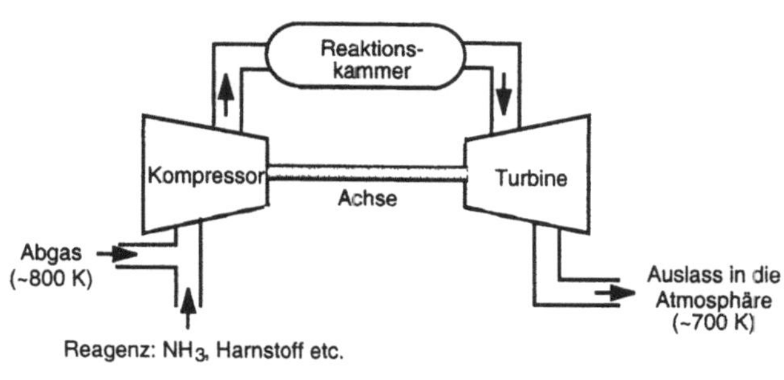

Abb. 17.19. Kompression zur temporären Erhöhung der Abgastemperatur auf die des DeNOx-Fensters

17.8 NO-Reduktion durch sekundäre Maßnahmen: Motoren

Über die detaillierten chemischen Prozesse bei der katalytischen NO-Reduktion ist, ebenso wie über die Prozesse im *Dreiwegekatalysator* von Kraftfahrzeugen, nur äußerst wenig detailliertes bekannt (siehe z. B. Heck und Farrauto 1995). Durch eine λ-Sonde wird hier eine Luftzahl $\lambda = 1/\Phi = 1$ eingeregelt. Bei genau dieser Bedingung wird dann (global betrachtet) NO zu N_2 reduziert, während simultan und damit gekoppelt CO und unverbrannter Kohlenwasserstoff zu CO_2 oxidiert werden. Zu einer detaillierten und quantitativen Aufklärung der ablaufenden Vorgänge müssen wieder die in Abschnitt 6.7 kurz diskutierten Elementarschritte auf Oberflächen herangezogen werden. Ein Reaktionsmechanismus wird von Chatterjee et al. (2001) vorgestellt. Die Simulation der Dreiwege-Abgaskatalyse mit diesem Reaktionsmechanismus in einem Katalysatorröhrchen ist in Abb. 17.20 wiedergegeben (Braun et al. 2000).

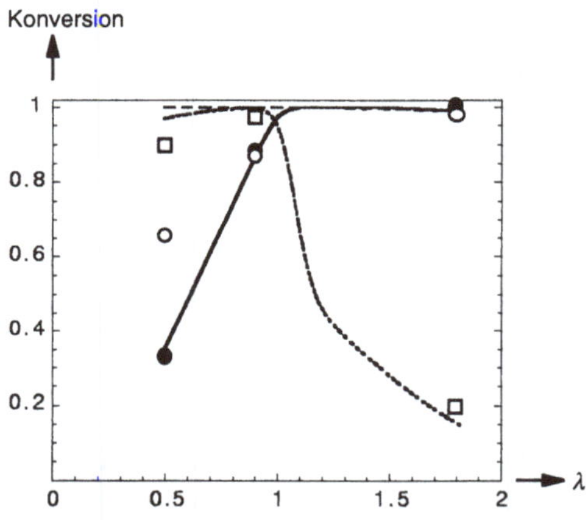

Abb. 17.20. λ-Fenster bei der Dreiwege-Katalyse mit C_3H_8 als Modell-Brennstoff bei 500°C (Braun et al. 2000); Vergleich von Experimenten (○ C_3H_8, ● CO, □ NO) und von Berechnungen (– – – – C_3H_8, —— CO, ······· NO)

Für (global) magere Verbrennung wie im Diesel-Motor ist diese Art der Abgaskatalyse leider nicht brauchbar, so dass man andere Konzepte entwickeln muss (siehe z. B. Fritz und Pitchin, 1997)

18 Bildung von Kohlenwasserstoffen und Ruß

Neben den Stickoxiden (Kapitel 17) sind *unverbrannte Kohlenwasserstoffe*, *polyzyklische aromatische Kohlenwasserstoffe* und *Ruß* unerwünschte Schadstoffe bei Verbrennungsprozessen. Die Bildung dieser Schadstoffe ist zwar experimentell recht gut untersucht, ein vollständiges theoretisches Verständnis aller zugrundeliegenden Prozesse liegt zur Zeit jedoch noch nicht vor. Allerdings existieren für einzelne Teilaspekte auch hier Modelle, die jedoch in der Zukunft stark verfeinert und ausgeweitet werden müssen.

18.1 Unverbrannte Kohlenwasserstoffe

Bei Kohlenwasserstoffen als Schadstoffen ist es im Prinzip nicht korrekt, von einer „Bildung" zu sprechen. Vielmehr entstehen diese Schadstoffe teilweise auch dadurch, daß der Brennstoff nicht vollständig verbrannt wird. Dies ist bedingt durch lokale Flammenlöschung. Man unterscheidet hierbei Flammenlöschung durch Streckung (die vorher schon ausführlich besprochen worden ist) und Flammenlöschung an der Wand und in Spalten.

18.1.1 Flammenlöschung durch Streckung

Flammenlöschung durch Streckung ist ein Prozeß, der ausschließlich von den Prozessen in der verbrennenden Gasmischung kontrolliert wird. Starke Streckung von Flammenfronten (bewirkt z. B. durch intensive Turbulenz) führt zu einer lokalen Löschung der Flammen (siehe Kapitel 13 und 14). Findet keine erneute Zündung statt, so verläßt der Brennstoff unverbrannt die Reaktionszone. Der Effekt der Flammenlöschung durch Streckung ist besonders wichtig bei fetten oder mageren Flammen (siehe Kapitel 14) und ist z. B. der Grund für das Problem der hohen Kohlenwasserstoff-Emissionen von Magermotoren.

18.1.2 Flammenlöschung an der Wand und in Spalten

Flammenlöschung an der Wand und in Spalten wird durch Wechselwirkung der Flamme mit den Wänden des Reaktionsraums verursacht. Verantwortlich hierfür sind sowohl Wärmeableitung an die Wand (Abkühlung der Reaktionszone) als auch die Zerstörung reaktiver Zwischenprodukte (z. B. Radikale) durch Reaktionen an der Oberfläche der Wand. Nach den geometrischen Gegebenheiten lassen sich hier Löschung einer zur Wand parallelen Flammenfront, Löschung einer zur Wand senkrechten Flammenfront und die Flammenlöschung in Spalten unterscheiden.

Löschen einer Flammenfront parallel zu einer Wand: Flammenfronten können in der Nähe kalter Wände nicht existieren; der *Löschabstand* ist dabei von der Größenordnung der Flammenfrontdicke (Williams 1984). Die Wanderung einer brennenden flachen Flammenfront auf eine Wand zu (schematisch dargestellt in Abb. 18.1) kann als eindimensionales zeitabhängiges Problem behandelt werden; es ist also die Lösung der laminaren zeitabhängigen Erhaltungsgleichungen (siehe Kapitel 10) nötig. Lösungen liegen hier z. B. für die Methanol-Verbrennung bei hohem Druck vor (Westbrook und Dryer 1981).

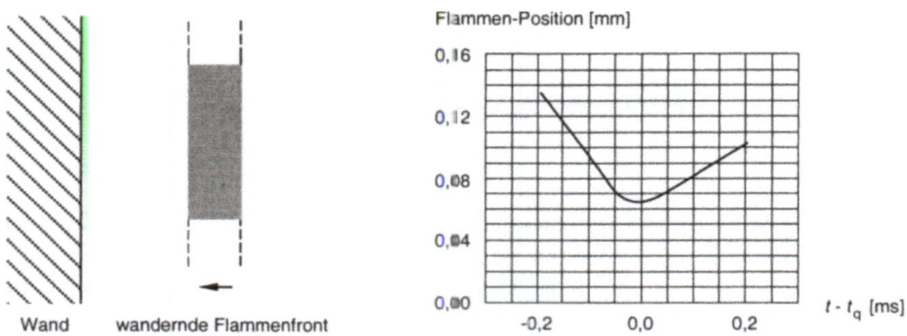

Abb. 18.1. Löschung einer zu einer Wand parallelen Flammenfront; CH_3OH-Luft-Flamme, $p = 10$ bar, $\Phi = 1$, $T_w = 300$ K

Abbildung 18.1 zeigt zusätzlich den zeitlichen Verlauf der Position der Flammenfront bei einer zur Wand parallelen Flamme (t_q ist die Zeit der größten Annäherung der Flamme an die Wand). Der minimale Abstand der Flamme zur Wand beträgt hier etwa 0,07 mm. Nachdem die Flamme diese Position erreicht hat, bewirken Wärmeableitungs- und Diffusionsprozesse eine Verbreiterung und damit erneute Änderung der Flammenposition.

Bis vor einigen Jahren bestand die Vermutung, daß ein erheblicher Teil der von Otto-Motoren emittierten Restkohlenwasserstoffe aus Flammenlöschung an den relativ kalten Wänden resultiert. Es zeigt sich jedoch, daß der unverbrannte Kohlenwasserstoff aus der Löschzone nicht übrig bleibt, sondern in die relativ lange lebende verlöschende Flamme hineindiffundiert und so bis auf wenige ppm verbraucht wird. Die Löschung von Flammenfronten parallel zur Wand trägt demnach kaum zur Emission von Kohlenwasserstoffen aus Otto-Motoren bei.

Löschen einer Flammenfront senkrecht zu einer Wand: Die Löschung einer senkrecht zur Wand brennenden Flammenfront ist in Abb. 18.2 dargestellt. Dieses ist sicherlich ein viel realistischerer Fall als das Löschen einer Flammenfront, die sich parallel zu einer Wand ausbreitet. Jedoch sind für ein quantitatives Verständnis dieser Konfiguration Lösungen der zweidimensionalen Erhaltungsgleichungen mit einer komplexen detaillierten Chemie (mindestens 100 Reaktionen von etwa 20 Spezies) notwendig.

Solche Rechnungen sind zur Zeit leider routinemäßig noch nicht ausführbar; aus Simulationen kleinerer Systeme (siehe z. B. Maas und Warnatz 1989) läßt sich jedoch abschätzen, daß dies in naher Zukunft möglich sein wird und hier eine Absicherung des Verständnisses dieser Prozesse zu erwarten ist.

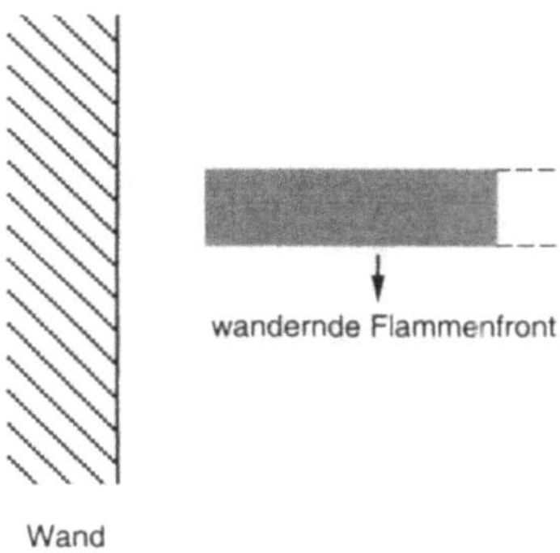

Abb. 18.2. Löschen einer zur Wand senkrechten Flammenfront

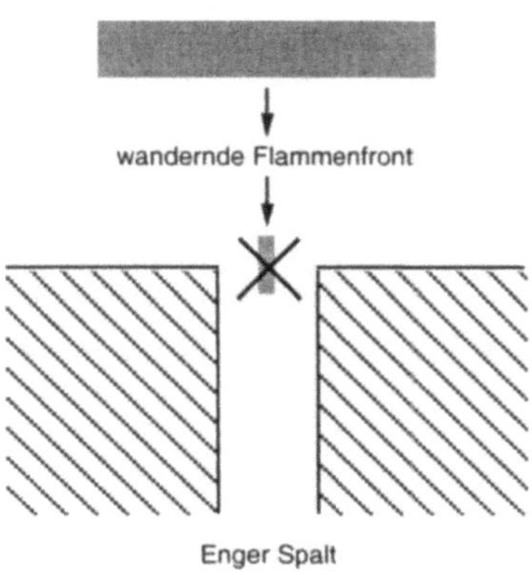

Abb. 18.3. Löschen einer Flammenfront in einem engen Spalt

Löschen einer Flammenfront in einem Spalt: Auch bei der Bewegung einer Flammenfront in einen engen Spalt (z. B. zwischen Zylinder und Kolben vor den Kolbenringen) hinein muß Flammenlöschung eintreten (vergleiche Abb. 18.3). Über den Einfluß von Spalten und Rauhigkeit von Wänden auf die Kohlenwasserstoff-Emission gibt es systematische experimentelle Ergebnisse (siehe z. B. Bergner et al. 1983). Eine quantitative Modellierung wird jedoch erst in Zukunft möglich sein.

18.2 Bildung von polyzyklischen aromatischen Kohlenwasserstoffen (PAK)

Findet keine Flammenlöschung statt, so wird der Brennstoff in der Flammenfront vollkommen abgebaut. Höhere Kohlenwasserstoffe, die nach dem Abbau in der Flammenfront entstehen, müssen also aus kleinen Kohlenwasserstoff-Bausteinen (C_1- und C_2-Verbindungen) wieder aufgebaut werden. Die wichtigste Klasse dieser höheren Kohlenwasserstoffe, die insbesondere bei fetter Verbrennung gebildet werden, sind die *polyzyklischen aromatischen Kohlenwasserstoffe* (*PAK*, im englischen Sprachgebrauch *PAH*, *polycyclic aromatic hydrocarbons*). Sie sind zum Teil karzinogen (z. B. Benzpyren) und spielen außerdem eine wichtige Vorläuferrolle bei der Rußbildung. Der wichtigste Vorläufer für die Bildung höherer Kohlenwasserstoffe ist das Ethin (Acetylen, C_2H_2), das in brennstoffreichen Flammen in recht hohen Konzentrationen gebildet wird (siehe Abbildung 18.4 und Reaktionsschema 17.4).

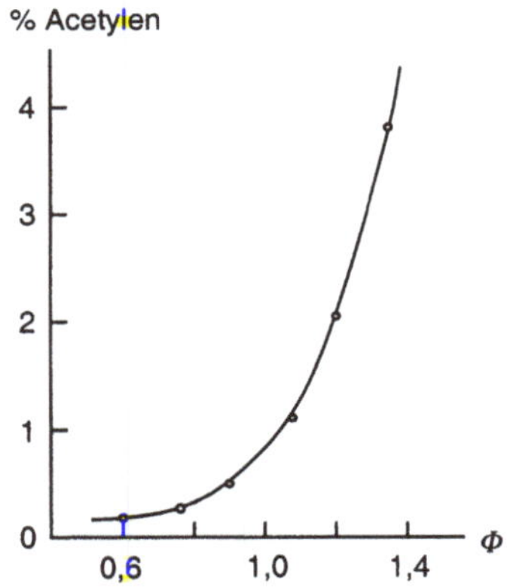

Abb. 18.4. Ethin-Bildung in CH_4-O_2-Flammen in Abhängigkeit vom Äquivalenzverhältnis (Wagner 1979)

Die aromatischen Ringstrukturen entstehen dann durch Reaktion von CH oder CH_2 mit C_2H_2 unter Bildung von C_3H_3, das dann durch Rekombination (Alkemade und Homann 1989) und Umlagerung den ersten Ring bilden kann (Stein et al. 1991):

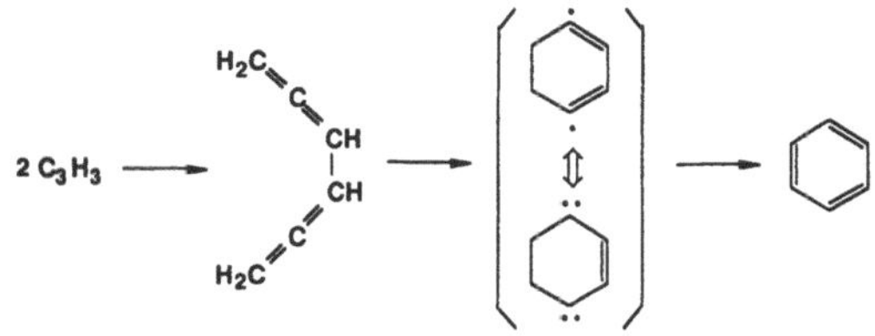

Bittner und Howard (1981) schlugen als erste einen Elementarreaktions-Mechanismus für den Wachstum von PAK mit Acetylen als Wachstums-Spezies vor. Er startet mit der Addition von C_2H_2 an Phenyl-Radikale, wobei Styryl-Radikale gebildet werden. Ein zweites C_2H_2 lagert sich dann an das Styryl-Radikal, und es folgt ein Ringschluss unter Bildung von Naphthalin. Frenklach und Wang (1991) und Bockhorn und Schäfer (1994) haben ähnliche Folgen von Elementarschritten für das Ringwachstum vorgeschlagen.

Durch weitere Anlagerung von C_2H_2 können dann weitere Ringe entstehen (siehe weiter unten); weiterhin wurde vorgeschlagen, dass PAK-Wachstum teilweise auch durch aromatische Strukturen verursacht werden kann (McKinnon 1989, Böhm et al. 1998). Typisches Kennzeichen für derartige *Kondensationsprozesse* ist, daß die Produkte um so mehr vom Äquivalenzverhältnis Φ abhängen, je mehr Aufbauschritte benötigt werden.

Ein Beispiel für ein Ringwachstum ist in Abbildung 18.5 wiedergegeben (Frenklach und Clary 1983, Frenklach und Wang 1991):

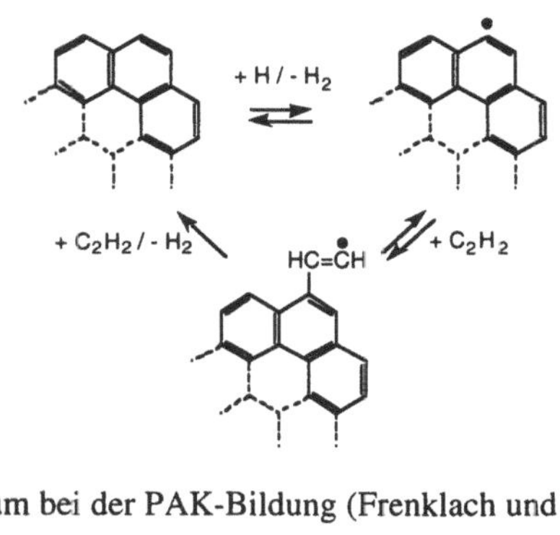

Abb. 18.5. Ringwachstum bei der PAK-Bildung (Frenklach und Clary 1983, Frenklach und Wang 1991)

Einen Vergleich von experimentellen Ergebnissen (Bockhorn et al. 1983) und Simulationen (Frenklach und Warnatz 1987) der Bildung von PAK gibt Abb. 18.6 wieder. Zwar werden die Gruppierungen der Stoffe und ihre Konzentrationsmaxima leidlich gut wiedergegeben, die Simulationen sagen jedoch im Gegensatz zu den Experimenten einen viel zu schnellen Abbau der PAK durch Oxidation voraus.

Daraus ist ersichtlich, daß die grundlegenden Modelle für Aromatisierung und PAK-Wachstum noch stark weiterentwickelt werden müssen.

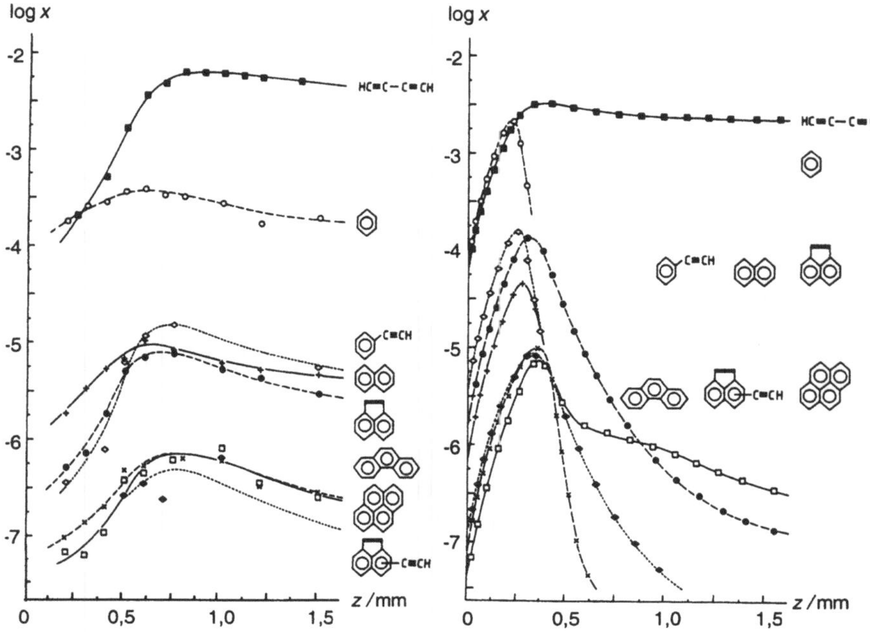

Abb. 18.6. Experimentell bestimmte (Bockhorn et al. 1983, links) und berechnete (Frenklach und Warnatz 1987, rechts) Profile von PAK in einer laminaren vorgemischten Ethin-Sauerstoff-Argon-Flamme bei Niederdruck und starkem Brennstoff-Überschuß

18.3 Phänomenologie der Rußbildung

Es ist heute weitgehend akzeptiert, daß das weitere Wachstum der PAK zum *Ruß* führt (siehe z. B. Wagner 1979, Haynes und Wagner 1981, Homann 1984, Bockhorn 1994).

Der erste Schritt hierbei ist die Bildung von teilchenartigen Strukturen durch Zusammenlagerung von Molekülen (Bockhorn 1994). Diese *Keimbildung* findet bei molekularen Massen zwischen 500 und 2000 a.m.u. statt. Anschließend (siehe Abb. 18.7) wachsen diese Teilchen durch *Oberflächen-Wachstum* durch Addition vorwiegend von Acetylen und durch *Koagulation.* In vorgemischten Systemen kommt es dann zur *Ruß-Oxidation* nach Mischung mit Sauerstoff-haltigem Gas.

Die Verbrennung von Kohlenwasserstoffen in brennstoffreichen Gemischen (mit CO und H_2 als Hauptprodukten bei diesen Bedingungen) kann durch die formale Reaktion

$$C_nH_m \ + \ k\,O_2 \ \rightarrow \ 2k\,CO \ + \ m/2\,H_2 \ + \ (n-2k)\,C_s\ ,$$

beschrieben werden, wobei C_s fester Kohlenstoff sein soll. Wenn die Rußbildung thermodynamisch kontrolliert wäre, würde der feste Kohlenstoff bei $n > 2k$ oder einem C/O-Verhältnis größer als 1 erscheinen. Dies ist jedoch nicht der Fall, wie aus Tabelle 18.1 geschlossen werden kann.

Also muss der Schluss gezogen werden, dass die Rußbildung kinetisch kontrolliert ist. Eine einfache Beschreibung durch thermodynamische Gleichgewichtsannahmen ist also leider nicht möglich! Man kommt nicht umhin, für ein quantitatives Verständnis die Kinetik des Prozesses (zumindestens die geschwindigkeitsbestimmenden Schritte) zu verstehen,

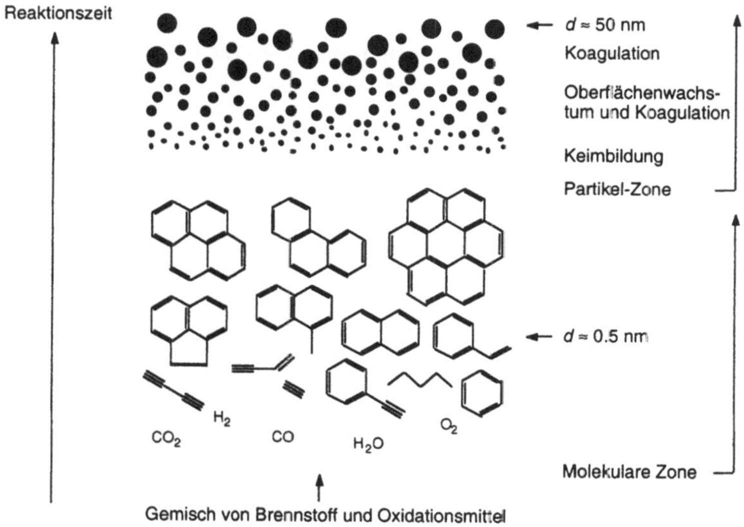

Abb. 18.7. Schematischer Reaktionsweg der Rußbildung in homogenen Mischungen oder vorgemischten Flammen (Bockhorn 1994); ≡ ist eine acetylenische Dreifachbindung (z. B. ≡ = Acetylen)

Tab. 18.1. Gemessene Rußgrenzen als Funktion des C/O-Verhältnisses bei 1800 K (Haynes und Wagner 1981); —— = nicht vorhanden

Verbrennungssystem	Bunsen-Brenner	Idealer Rühr-Reaktor	Flache Flamme 1 bar	Flache Flamme 26 mbar
CH_4 -O_2	—	—	0,45	—
C_2H_6 -air	0,48	—	0,47	—
C_3H_8 -air	0,47	—	0,53	—
C_2H_4 -air	0,61	0,70	0,60	—
C_2H_4 -O_2	—	—	0,71	—
C_4H_8 -air	0,52	0,68	—	—
C_2H_2 -air	0,83	—	—	—
C_2H_2 -O_2 ($T \approx 3000$ K)	0,95	—	—	0,95
C_6H_6 -air	0,57	0,57	0,65	—
C_6H_6 -O_2	—	—	—	0,74
$C_{11}H_{10}$-air	0,42	0,50	—	—

Die Rußbildung wird üblicherweise beschrieben unter Zuhilfenahme des *Ruß-Volumenbruches* f_V, der das Verhältnis von Rußvolumen und dem Gesamtvolumen V_{total} ist,

$$f_V = V_{Ruß} / V_{total} \,, \tag{18.1}$$

und der *Ruß-Teilchenzahldichte* $[n]_{Ruß}$, die das Verhältnis von Ruß-Teilchenzahl $n_{Ruß}$ und dem Gesamtvolumen ist und mit der Ruß-Konzentration $c_{Ruß}$ über die Avogadro-Konstante N_A verknüpft werden kann,

$$[n]_{Ruß} = n_{Ruß}/V_{Ruß} = N_A \cdot c_{Ruß} \,. \tag{18.2}$$

Wenn gleiche Größe für alle Rußteilchen angenommen wird (*Monodispersität*), ist der resultierende *Ruß-Teilchendurchmesser* gegeben durch

$$d_{Ruß} = \sqrt[3]{\frac{6 f_V}{\pi \cdot c_{Ruß} \cdot N_A}} \,. \tag{18.3}$$

Eine Fülle von Messungen dieser Größen f_V, $[n]_{Ruß}$ und $d_{Ruß}$ kann in der Literatur gefunden werden. Das Problem mit diesen Messungen liegt jedoch darin, dass sie nicht im Zusammenhang entstanden sind. Tabelle 18.2 gibt eine (notwendigerweise nicht vollständige) Auswahl experimenteller Resultate aus der Literatur.

Tab. 18.2. Experimentelle Werte für Ruß-Volumenbruch, Ruß-Konzentration und Ruß-Teilchengröße in rußenden Verbrennungssystemen

Konfiguration	System	Autoren	Jahr
Homogene Mischung (Stoßrohr)	$CH_4/C_2H_2/C_2H_4/C_3H_8/C_7H_{16}$-Luft	Kellerer et al.	1996
Laminare Vormischflamme	CH_4-O_2	d'Alessio et al.	1975
	C_2H_4-Ar-O_2	Harris et al.	1986a,b,1988
	C_2H_4-Ar-O_2	Wieschnowski et al.	1988
	CH_4-O_2	d'Anna et al.	1994
	C_2H_2-Ar-O_2	Mauss et al.	1994a
Lam. nicht-vorgem. Gegenstrom	C_2H_4/C_3H_8-N_2-O_2	Vandsburger et al.	1984
	C_2H_2-Luft	Mauss et al.	1994b
Lam. nicht-vorgem. Gleichstrom	C_2H_4-Luft	Santoro et al.	1987
	C_2H_4-N_2-Luft	Moss et al.	1995
Turbul. nicht-vorgem. Gleichstrom	Kerosin-N_2-O_2	Moss	1994
	C_2H_2-N_2-O_2	Geitlinger et al.	1998

Ein generelles Ergebnis dieser Messungen ist, dass der Ruß-Volumenbruch f_V mit steigendem Druck p und steigendem C/O-Verhältnis ansteigt, und dass die Temperaturabhängigkeit durch eine Glockenkurve beschrieben wird (Abb. 18.8), was durch zwei Tatsachen bewirkt wird: Die Rußbildung braucht radikalische Vorläufer (wie C_3H_3; siehe Abschnitt 18.2) und kann daher nicht bei niedrigen Temperaturen ablaufen. Bei hohen Temperaturen werden die Rußvorläufer dagegen pyrolysiert und oxidiert, so dass die Rußbildung auf Temperaturen zwischen 1000 K und 2000 K begrenzt ist.

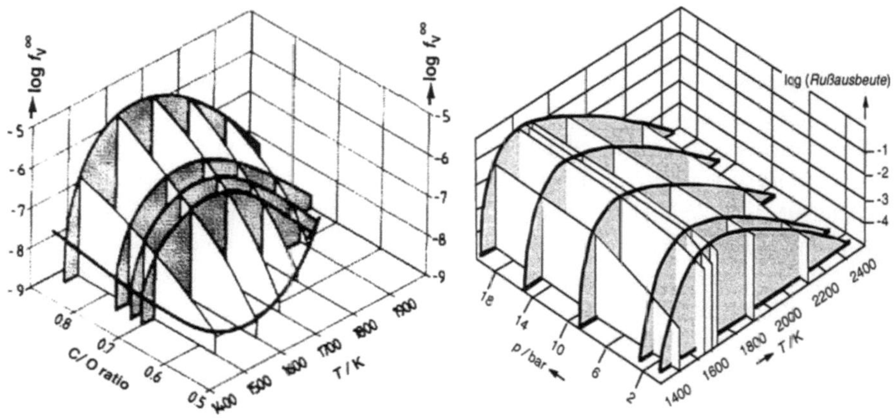

Abb. 18.8. Experimentelle Temperatur-, Druck- und C/O-Abhängigkeit des Ruß-Volumenbruchs f_V^∞ und der Ruß-Ausbeute = Bruchteil an C, der als Ruß erscheint (Böhm et al. 1989, Jander 1995)

Es kann bei der Rußbildung zwar eine weite Palette von Produkten gebildet werden, die sich in ihrem Kohlenstoff- und Wasserstoff-Gehalt unterscheiden (siehe z. B. Wagner 1979, Homann 1984, Bockhorn 1994). Trotz dieser Vielfalt kann Ruß jedoch oft durch eine (gewöhnlich logarithmisch-normale, siehe Abb. 18.16) Verteilung der molaren Massen der gebildeten Stoffe charakterisiert werden.

Die Struktur des Rußes ist nur schwer zu charakterisieren. Es gibt keinen klaren Übergang von Gas zu Flüssigkeit oder Flüssigkeit zu fester Phase. Frisch gebildeter Ruß besteht aus Polyzyklen mit Seitenketten, die ein molares H/C-Verhältnis von etwa 1 besitzen. Alterung, bedingt durch Erhitzen, führt zu einem Konglomerat von Verbindungen mit höherem Kohlenstoff-Gehalt, die Graphit ähneln.

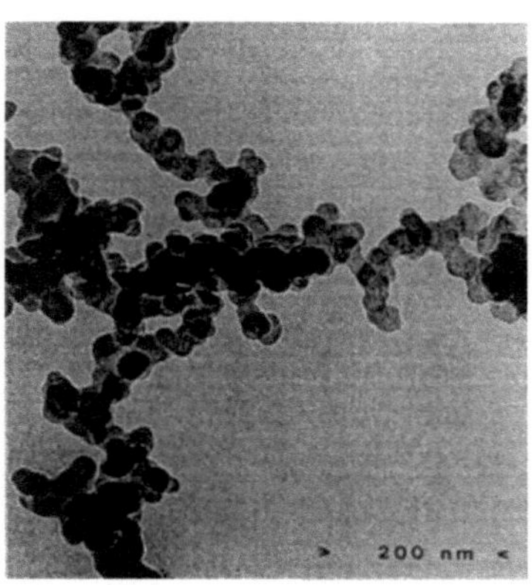

Abb. 18.9. Photographie eines Ruß-Teilchens aus einer nicht-vorgemischten Flamme (Dobbins und Subramaniasivam 1994)

Physikalisch erscheint Ruß in Form von traubenähnlichen Clustern von kleinen Kugeln (*Spherule*); siehe Abb. 18.9. Die einzelnen Spherule erreichen typischerweise einen Durchmesser von 20-50 nm (Palmer und Cullis 1965), wobei natürlich die Verbrennungbedingungen eine Rolle spielen.

Ruß wird in vielen industriellen Prozessen benutzt wie z. B. bei der Produktion von Druckfarben oder als Füllmaterial in „Gummi"-Reifen (60% der Masse eines Reifens besteht aus Ruß). In Verbrennungsprozessen ist Ruß ein unerwünschtes Endprodukt. Nicht-vorgemischte Verbrennung – wie in Dieselmotoren – führt zu Ruß, der selbst unter dem Verdacht steht, karzinogen zu sein, oder karzinogene aromatische Kohlenwasserstoffe zu adsorbieren.

Ruß ist jedoch ein überaus erwünschtes Zwischenprodukt bei der Verbrennung in Öfen oder Feuerungen, da es zu einem großen Teil die Wärmeübertragung (durch Strahlung) besorgt. Die Strategie besteht also darin, Ruß früh in der Flamme zu erzeugen, ihn strahlen zu lassen und ihn dann zu oxidieren, bevor er den Brennraum verlassen kann. Erlaubt man zu viel Strahlung, ist der Ruß zu kalt ($T < 1\,500$ K) für eine genügend schnelle Oxidation und wird emittiert (Rauchen von Kerosinlampen, wenn der Docht zu lang ist).

18.4 Modellierung und Simulation der Rußbildung

Keimbildung: Der erste Schritt bei der Rußbildung ist die Bildung von teilchenartigen Strukturen durch Zusammenlagerung von PAK-Molekülen (Bockhorn 1994) oder PAK-Molekülwachstum in die dritte Dimension durch Addition von Ringstrukturen mit 5 Kohlenstoffatomen, wie sie aus C_{60}-Molekülen bekannt sind (Zhang et al. 1986). Messungen der Geschwindigkeit dieser *Keimbildung* (engl.: *particle inception*) und ihrer Verzögerungzeit τ (siehe Abb. 18.10) liegen vor (siehe z. B. Harris et al. 1986a, Mauss et al. 1994a).

Die Keimbildung scheint bei molekularen Massen von 500 a.m.u. (Pfefferle et al. 1994), 300-700 a.m.u. (Frenklach und Ebert 1988), 1600 a.m.u. (Miller 1990) and 2000 a.m.u. (Löffler et al. 1994, d'Anna et al. 1994) vor sich zu gehen, wenn die Moleküle groß genug sind, um durch van-der-Waals-Kräfte zusammengehalten zu werden. Eine theoretische Behandlung (Reh 1991) führt zu einer van-der-Waals-Potential-Taltiefe von ~6 kJ/mol pro C-Atom. In Übereinstimmung damit würde die Koagulation bei Bindungsenergien, die chemischen Bindungen entsprechen, bei 300-500 a.m.u. starten.

Ruß-Oberflächenwachstum: Der überwiegende Teil des Rußes (> 95 %) wird durch Oberflächenwachstum gebildet, nicht durch Keimbildung (siehe z. B. Harris et al. 1986a, Mauss et al. 1994a).

Meistens wird angenommen, dass das Teilchenwachstum ähnlich wie die Bildung von PAK erfolgt, d. h., durch Addition von Acetylen und wahrscheinlich auch von Aromaten. Das Hauptproblem in diesem Zusammenhang besteht darin, dass Oberflächenwachstum nicht eine Gasphasenreaktion von kleinen Molekülen ist, sondern ein heterogener Prozess (siehe Abschnitt 6.7), wobei Adsorptions- und Desorptionsprozesse an Oberflächen berücksichtigt werden müssen.

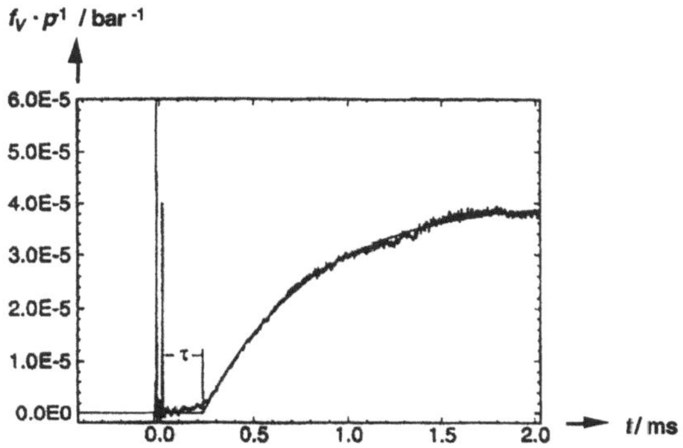

Abb. 18.10. Experimentell bestimmtes Wachstum des (reduzierten) Ruß-Volumenbruchs durch Oberflächen-Wachstum; C_3H_8, $\Phi = 5$, verdünnt in 99% Ar, $p = 60$ bar, $T = 1940$ K (Kellerer et al. 1996)

Wegen des Fehlens von präzisen Daten werden in der Literatur überwiegend phänomenologische Ansätze behandelt. Das Massenwachstum von Ruß in vorgemischten Flammen steigt typischerweise asymptotisch an und nähert sich einem Grenzwert, obwohl noch C_2H_2 vorhanden ist und die Temperatur genügend hoch für weiteres Wachtum ist. Dieses Verhalten kann durch eine Geschwindigkeits-Gleichung erster Ordnung beschrieben werden (Wagner 1981),

$$\frac{\mathrm{d}f_V}{\mathrm{d}t} = k_{\mathrm{sg}}(f_V^\infty - f_V) \;, \tag{18.4}$$

wobei k_{sg} ein durch Anpassung ermittelter Oberflächenwachstums-Geschwindigkeitskoeffizient ist und f_V^∞ ein angepasster Parameter, der den Endwert des Ruß-Volumenbruchs repräsentiert. Die Temperatureffekte für beide Parameter (k_{sg} und f_V^∞) sind empirisch bestimmt worden. Der Geschwindigkeitskoeffizient k_{sg} kann gut durch eine Arrhenius-Darstellung mit einer Aktivierungsenergie von 180 kJ/mol und einem präexponentiellen Faktor von $\sim 1{,}5 \cdot 10^7$ s^{-1} wiedergegeben werden (abgeleitet von Baumgärtner et al. 1985). Der Endwert des Ruß-Volumenbruchs f_V^∞ hat ein Maximum bei einer Temperatur um 1600 K (Böhm et al. 1989).

Diese Wachstums-Parameter sind jedoch empirische Werte und können nicht das Massenwachstum bei nicht untersuchten Bedingungen vorhersagen; die einfache Struktur des Ansatzes (18.4) kann auch nicht den zugrundeliegenden Mechanismus widerspiegeln. Oberflächenwachstum durch Acetylen als Depositionsspezies würde bei naiver Betrachtung (Vernachlässigung der Einzelheiten der heterogenen Reaktion) zu einem Geschwindigkeitsausdruck (Dasch 1985, Harris and Weiner 1990)

$$\frac{\mathrm{d}f_V}{\mathrm{d}t} = k_{C_2H_2} \cdot p_{C_2H_2} \cdot S \qquad (18.5)$$

führen, wobei S = Ruß-Oberflächendichte (in z. B. m^2/m^3) und $p_{C_2H_2}$ = Partialdruck des Gasphasen-Acetylens. Wenn konstante Bedingungen in der rußenden Zone der Flamme angenommen werden (d. h., $p_{C_2H_2}$ = const, S = const), führt ein Vergleich von Gl. (18.4), die ein exponentielles Anschmiegen an f_V^∞ voraussagt (siehe Abb. 18.10), und von Gl. (18.5) zur Konsequenz, dass $k_{C_2H_2}$ exponentiell abnimmt, $k_{C_2H_2} = k_{(t=0)} \cdot \exp(-\delta t)$, wobei $k_{(t=0)}$ der Oberflächenwachstums-Geschwindigkeitskoeffizient am Beginn der Rußzone ist und δ eine charakteristische Zeit für eine „Desaktivierung" der Ruß-Oberfläche.

Erklärungen dieser Desaktivierung werden in der Literatur versucht (Woods und Haynes 1994), aber eine wirklich überzeugende physikalische Interpretation gibt es bisher noch nicht, obwohl hier ein dringender Bedarf besteht.

Ruß-Koagulation: Koagulation findet nur für relativ kleine Partikel statt, die durch große Wachstums-Geschwindigkeiten charakterisiert werden können (bis zu einem Durchmesser von ~10 nm in vorgemischten Niederdruck-Systemen; Homann 1967, Howard et al. 1973).

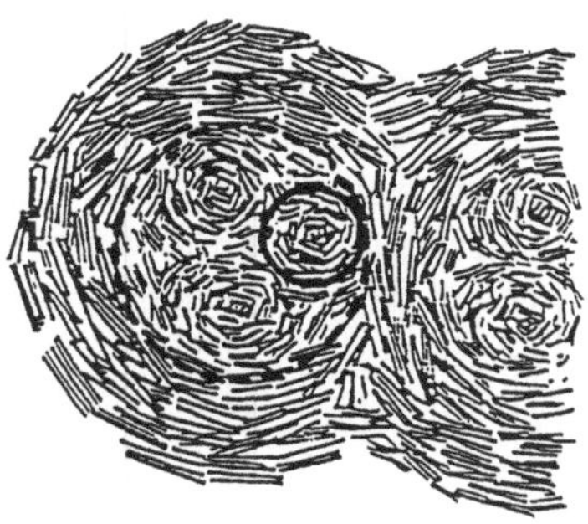

Abb. 18.11. Einfaches Modell der Koagulation von Ruß-Teilchen (Ishiguro et al. 1997)

Der Koagulationsprozess scheint aus dem Zusammenhaften zweier Partikel zu bestehen, die danach durch eine gemeinsame äußere Schale „zusammengeklebt" werden, die durch Deposition analog zum Oberflächenwachstum erzeugt wird (siehe Abb. 18.11, in der dieser Prozess zweimal beobachtet werden kann).

Koagulation ist im wesentlichen ein Haftprozess, dessen Geschwindigkeit ohne große Schwierigkeiten über die Stoßzahl berechnet werden kann (Smoluchowski 1917). Charakteristisch für solche Rechnungen sind folgende Annahmen: (1) Die Rußteilchen sind klein im Vergleich zur mittleren freien Weglänge im Gas; (2) jeder Stoß von zwei Teilchen führt zur Koagulation; (3) alle Teilchen sind kugelförmig. Die erste Annahme ist erfüllt für kleine Teilchen oder niedrige Gasdichte, so dass der Teilchendurchmesser viel kleiner als die mittlere freie Weglänge ist. Dies ist in Niederdruckflammen für den gesamten Koagulationsprozess erfüllt (Homann 1967, Howard et al. 1973), jedoch kann es Abweichungen bei hohen Drücken geben (Kellerer et al. 1996). Auch die zweite und die dritte Annahme scheinen für die Koagulation von Rußteilchen gut erfüllt zu sein (Homann 1967, Wersborg et al. 1973, Delfau et al. 1979). Eine alternative Behandlung für kontinuierliche Systeme ist ähnlich komplex und wird z. B. von Friedlander (1977) beschrieben.

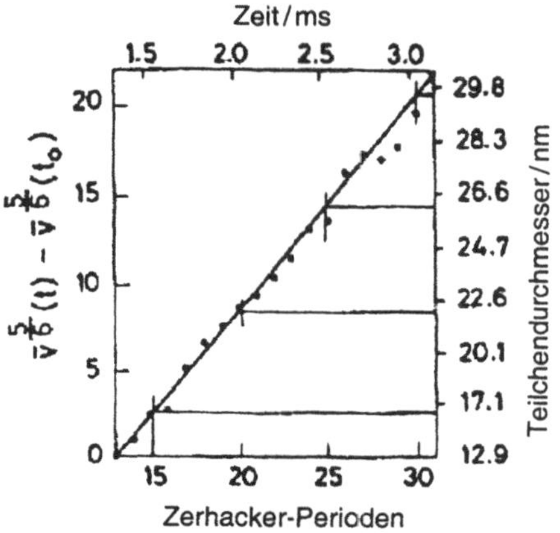

Abb. 18.12. Variation des mittleren Teilchenvolumens $\bar{v}$ mit der Zeit für Ruß aus dem Stoßwellen-induzierten Zerfall von Ethylbenzol in Argon bei 1750 K (Graham et al. 1975a,b)

In einer Studie der Ruß-Koagulation in Stoßwellen-erhitzten Kohlenwasserstoff/Argon-Gemischen hat Graham (1976) gezeigt, dass die vorher aufgeführten Annahmen erfüllt sind; es resultiert eine Koagulationsgeschwindigkeit (ausgedrückt als Geschwindigkeit der Abnahme der Teilchenzahldichte $[n]$) der Form

$$-\mathrm{d}[n]/\mathrm{d}t = (5/6)\, k_{\text{Theorie}} f_V^{1/6}\, [n]^{11/6} \text{ mit } k_{\text{Theorie}} = (5/12)\,(3/4\pi)^{1/6}\,(6k_\mathrm{B}T/\rho_{\text{Ruß}})^{1/2} \cdot G \cdot \alpha\,.$$

Dabei ist f_V der Ruß-Volumenbruch, k_B die Boltzmann-Konstante, ρ ist die Dichte des kondensierten Rußes, α ist ein Faktor, der die polydisperse Natur des Systems widerspiegelt, und G ist ein Faktor, der dem Anwachsen des Stoßquerschnittes über den der harten Kugel hinaus Rechnung trägt (aufgrund von elektronischen und Dispersionskräften). Grahams Ergebnisse zeigen, dass für kugelförmige Teilchen $G \sim 2$ gilt und für eine selbsterhaltende Größenverteilung, dass $\alpha = 6{,}55$.

Für konstanten Rußvolumenbruch f_V (die Koagulation alleine bestimmt das Teilchenwachstum) ist das mittlere Teilchenvolumen $\bar{v} = f_V/[n]$ gegeben durch

$$\frac{\mathrm{d}\bar{v}}{\mathrm{d}t} = \frac{6}{5} k_{\text{Theorie}} \cdot f_V \cdot \bar{v}^{1/6} \qquad \text{oder} \qquad \bar{v}^{5/6} - \bar{v}_0^{5/6} = k_{\text{Theorie}} \cdot f_V \cdot t\,.$$

Eine experimentelle Verifizierung dieser Beziehung, die die oben beschriebene Koagulationstheorie unterstützt, ist in Abb. 18.12 gezeigt.

Ruß-Oxidation: Rußteilchen können durch O-Atome, OH-Radikale und O_2 oxidiert werden. Diese Oberflächenreaktionen können im Prinzip durch den Formalismus für die katalytische Verbrennung in Abschnitt 6.7 behandelt werden. Wegen Datenmangel und dem Zwang zur Vereinfachung wird oft eine Einschritt-Behandlung benutzt, wobei das Geschwindigkeitsgesetz für die CO-Bildung gegeben ist durch

$$\frac{\mathrm{d[CO]}}{\mathrm{d}t} = \gamma_i \cdot Z_i \cdot a_\mathrm{S} \quad ; \quad i = \mathrm{O, OH, O_2} \ ,$$

wobei γ_i = Reaktionswahrscheinlichkeit beim Stoß eines Moleküls i auf die Ruß-Oberfläche, Z_i = Stoßzahl des Moleküls i pro Zeit- und Flächeneinheit (siehe Abschnitt 6.7), und a_S = Rußoberflächendichte (Rußoberfläche bezogen auf das Volumen).

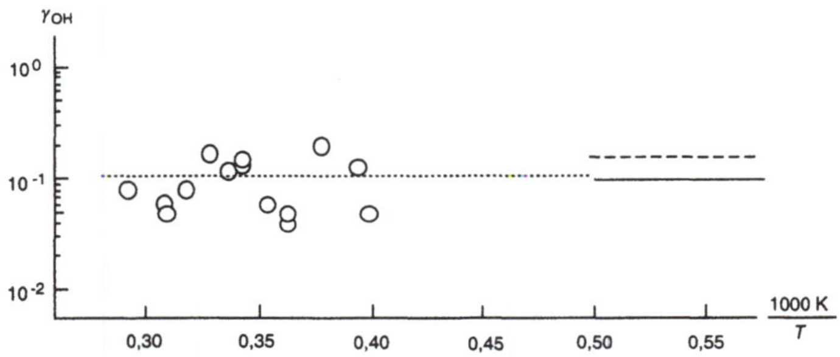

Abb. 18.13. Temperaturabhängigkeit der Reaktionswahrscheinlichkeit γ pro Stoß von OH-Radikalen mit Ruß; ○ von Gersum und Roth (1992), —— Fenimore und Jones (1967), Garo et al. (1990), – – – Neoh et al. (1974), ----- Mittelwert der Messungen

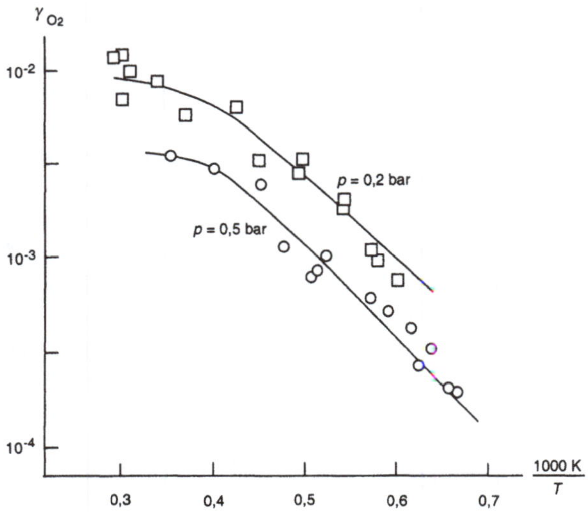

Abb. 18.14. Temperaturabhängigkeit der Reaktionswahrscheinlichkeit γ pro Stoß von O_2-Molekülen mit Ruß bei verschiedenen Drücken (Roth et al. 1990, von Gersum und Roth 1992)

Wegen der niedrigen Konzentration von O-Atomen in rußenden Flammen ([O] = 0,01·[OH]; El-Gamal 1995) und deren begrenzter Reaktionswahrscheinlichkeit auf Ruß-Oberflächen von $\gamma_O \approx 0{,}5$ bei Flammentemperaturen (siehe z. B. von Gersum und Roth 1992, Roth und von Gersum 1993) ist anzunehmen, dass die Ruß-Oxidation hauptsächlich auf OH und O_2 zurückzuführen ist; Reaktionswahrscheinlichkeiten sind in den Abbildungen 18.13 und 18.14 wiedergegeben.

Ruß-Agglomeration: *Ruß-Agglomeration* findet in der späten Phase der Rußbildung statt, wenn wegen des Fehlens von Oberflächenwachstum die Koagulation, wie sie in Abb. 18.11 beschrieben ist, nicht länger möglich ist. Als Folge bilden sich locker strukturierte Aggregate (siehe Abb. 18.9), die 30 - 1800 primäre Rußteilchen (Spherulen) enthalten und durch eine logarithmisch-normale Größenverteilung charakterisiert sind (Köylü und Faeth 1992). Eine Beziehung zwischen der Zahl N von Primärteilchen und der maximalen Länge L der Aggregate kann abgeleitet werden als $N = k_f \cdot (L/3d_p)^{D_f}$, wobei k_f ein konstanter fraktaler Vorfaktor, d_p der Primärteilchen-Durchmesser und D_f eine fraktale Dimension von etwa 1,8 sind (Köylü et al. 1995).

Detaillierte Simulation der Ruß-Bildung und -Oxidation: „*Lumping*" ist eine Technik, mit der man die Bildung z. B. von Polymermaterial behandeln kann, ohne eine riesige Zahl von einzelnen Spezies und einen unbewältigbaren Reaktionsmechanismus einbeziehen zu müssen. Die Behandlung geschieht vielmehr mit Hilfe einer Verteilungsfunktion für den Polymerisationsgrad und einen immer wieder durchlaufenen Reaktionszyklus für das Teilchenwachstum, wobei jeweils der Polymerisationsgrad erhöht wird (siehe Abb. 18.15).

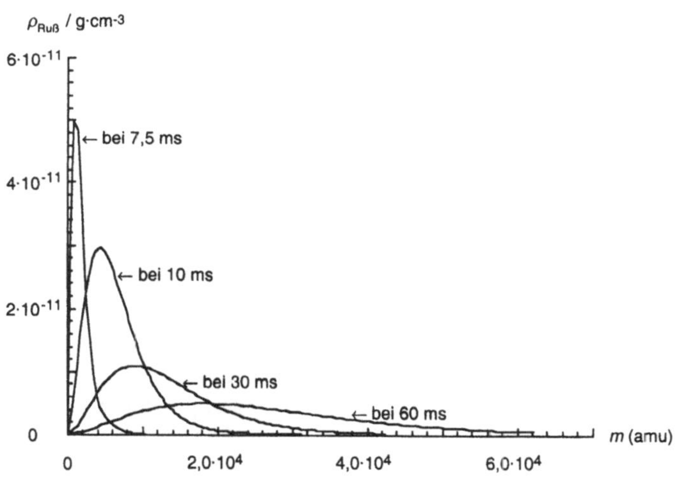

Abb. 18.15. Berechnete Größenverteilungsfunktion für PAK nach verschiedenen Zeiten (entsprechend verschiedenen Höhen über dem Brenner) in einer brennstoffreichen vorgemischten flachen C_2H_2-O_2-Ar-Flamme bei einem Druck von p = 120 mbar (El-Gamal und Warnatz 1995)

Die *diskrete Galerkin-Methode* (Deuflhard und Wulkow 1989, Ackermann und Wulkow 1990) bietet einen eleganten Weg, die Nachteile einer *Momenten-Methode* (Frenklach 1985) zu vermeiden. Diese Behandlung beruht auf der Tatsache, daß eine Verteilungsfunktion immer ausgedrückt werden kann als

$$P_s^{(\infty)}(t) = \Psi(s;\rho) \cdot \sum_{k=0}^{\infty} a_k(t;\rho) \cdot l_k(s;\rho) \ ,$$

wobei $\Psi(s;\rho)$ eine Gewichtsfunktion ist (hier: $\psi(s;\rho) = (1-\rho)\rho^{s-1}$ mit $0 < \rho < 1$; *Schulz-Flory-Verteilung*). Die $l_k(s;\rho)$ sind der Gewichtsfunktion zugeordnete orthogonale Polynome (hier: *Laguerre*-Polynome), die $a_k(t;\rho)$ sind zeitabhängige Koeffizienten (die aus der Theorie der orthogonalen Polynome erhalten werden) und ρ ist ein Parameter zu Optimierung dieser Darstellung.

Für die Anwendung genügt es, diesen Galerkin-Ansatz auf eine endliche Summe (oberer Index n) zu beschränken. Zur Implementierung dieses Schemas muß die abgeschnittene Verteilungsfunktion $P_s^{(n)}(t)$ vorverarbeitet werden. Dazu wird die Funktion bezüglich der Zeit t differenziert, und dann werden die Geschwindigkeitsgleichungen für den ausgewählten Reaktionsmechanismus eingesetzt. Das führt zu einem Satz von gewöhnlichen Differentialgleichungen für die Koeffizienten $a_k(t;\rho)$ und den Parameter ρ in der Schulz-Flory-Verteilung.

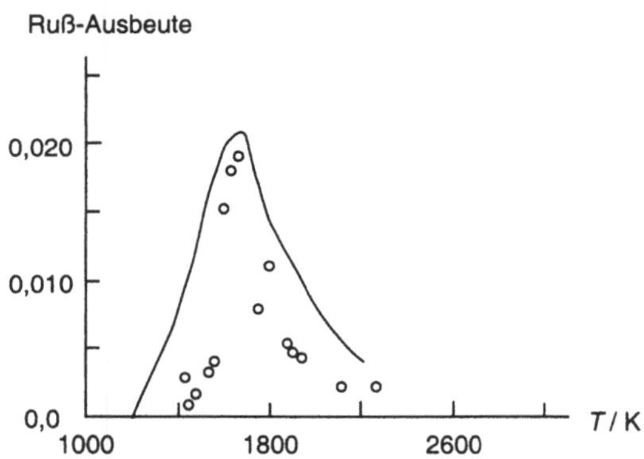

Abb. 18.16. Rußausbeute in einer räumlich homogenen C_2H_2-O_2-Ar-Mischung bei einem C/O-Verhältnis von 3,1 und $p = 1$ bar als Funktion der Temperatur; Punkte: (ungeeichte) Messungen im Stoßwellenrohr (Frenklach et al. 1984). Linie: Simulation (El-Gamal und Warnatz 1995)

Für eine einfache Anwendung der Galerkin-Methode wird die Rußausbeute in einem räumlich homogenen System bei verschiedenen Anfangstemperaturen berechnet; entsprechende Messungen wurden von Frenklach et al. (1984) ausgeführt. Der benutzte Gasphasen-Mechanismus ist in Tabelle 6.1 wiedergegeben. Die Zyklisierung zum Benzol P(1) geschieht dabei über die C_3H_3-Kombination (Alkemade und Homann 1989, Miller und Melius 1991). Die verwendeten Geschwindigkeitskoeffizienten für das Galerkin-Approximationsschema (P(N) ist ein stabiler polyaromatischer Kohlenwasserstoff, A(*N*) und B(*N*) sind Zwischenprodukte während des Ringwachstums)

$$
\begin{array}{lllll}
C_3H_3 & + \; C_3H_3 & = & P[1] & \\
P[N] & + \; H & = & A[N] & + \; H_2 \\
A[N] & + \; C_2H_2 & = & B[N] & \\
B[N] & + \; C_2H_2 & = & P[N+1] & + \; H \\
P[N] & + \; P[M] & = & P[N+M] &
\end{array}
$$

sind dieselben, wie sie von Frenklach et al. (1985, 1986) vorgeschlagen wurden; der Geschwindigkeitskoeffizient für die Koagulationsreaktion $P[N] + P[M] = P[N+M]$ ist $k = 6 \cdot 10^{15}\ cm^3 \cdot mol^{-1} \cdot s$. Ein Beispiel für ein Resultat ist in Abb. 18.16 gezeigt.

Typisch für die Rußbildung ist eine glockenförmige Temperaturabhängigkeit, die auf zwei Tatsachen beruht: Die Rußbildung braucht radikalische Vorläufer (wie das oben erwähnte C_3H_3) und wird daher bei niedriger Temperatur unterdrückt. Weiterhin zerfallen die Rußvorläufer bei hoher Temperatur oder werden oxidiert, so daß die Rußbildung auf die Temperatur zwischen 1000 K und 2000 K beschränkt ist.

19 Literaturverzeichnis

Abdel-Gayed RG, Bradley D, Hamid NM, Lawes M (1984) Lewis number effects on turbulent burning velocity. Proc Comb Inst 20:505

Ackermann J, Wulkow M (1990) MACRON - A Program Package for Macromolecular Kinetics. Konrad-Zuse-Zentrum Berlin, Preprint SC-90-14

Alkemade V, Homann KH (1989) Formation of C_6H_6 isomers by recombination of propynyl in the system sodium vapour/propynylhalide. Z Phys Chem NF 161:19

Amsden AA, O'Rourke PJ, Butler TD (1989) KIVA II: A computer program for chemically reactive flows with sprays. LA-11560-MS, Los Alamos National Laboratory, Los Alamos

Aouina Y (1997) Modellierung der Tropfenverbrennung unter Einbeziehung detaillierter Reaktionsmechanismen. Dissertation, Universität Stuttgart

Aris R (1962) Vectors, tensors, and the basic equations of fluid mechanics. Prentice Hall, New York

Arnold A, Becker H, Hemberger R, Hentschel W, Ketterle W, Köllner M, Meienburg W, Monkhouse P, Neckel H, Schäfer M, Schindler KP, Sick V, Suntz R, Wolfrum J (1990a) Laser in situ monitoring of combustion processes. Appl Optics 29:4860

Arnold A, Hemberger R, Herden R, Ketterle W, Wolfrum J (1990b) Laser stimulation and observation of ignition processes in CH_3OH-O_2-mixtures. Proc Comb Inst 23:1783

Arrhenius S (1889) Über die Reaktionsgeschwindigkeit bei der Inversion von Rohrzucker durch Säuren. Z Phys Chem 4:226

Ashurst WT (1995) Modeling turbulent flame propagation. Proc Comb Inst 25:1075

Atkins PW (1996) Physical chemistry, 5th ed. Freeman, New York

Bachalo W (1995) A review of laser scattering in spray. Proc Comb Inst 25:333

Bamford CH, Tipper CFH (Ed) (1977) Comprehensive Chemical Kinetics, Vol 17: Gas Phase Combustion. Elsevier, Amsterdam/Oxford/New York

Bar M, Nettesheim S, Totermund HH, Eiswirth M, Ertl G (1995) Transition between fronts and spiral waves in a bistable surface reaction. Phys Rev Lett 74:1246

Barlow R (1998) Private communication. Combustion Research Facility, Sandia National Laboratories, Livermore

Bartok W, Engleman VS, Goldstein R, del Valle EG (1972) Basic kinetic studies and modeling of nitrogen oxide formation in combustion processes. AIChE Symp Ser 68(126):30

Bäuerle B, Hoffmann F, Behrendt F, Warnatz J (1995) Detection of Hot Spots in the End Gas of an IC Engine Using Two-Dimensional LIF of Formaldehyde. Proc Comb Inst 25:135

Baulch DL, Cox AM, Just T, Kerr JA, Pilling MJ, Troe J, Walker RW, Warnatz J (1991) Compilation of rate data on C_1/C_2 Species Oxidation. J Phys Chem Ref Data 21:3

Baulch DL, Cobos CJ, Cox AM, Frank P, Hayman G, Just T, Kerr JA, Murrels T, Pilling MJ, Troe J, Walker RW, Warnatz J (1994) Compilation of rate data for combustion modelling Supplement I. J Phys Chem Ref Data 23:847

Baumgärtner L, Hess D, Jander H, Wagner HG (1985) Rate of soot growth in atmospheric premixed laminar flames. Proc Comb Inst 20:959

Bazil R, Stepowski (1995) Measurement of vaporized and liquid fuel concentration fields in a burning spray jet of acetone using planar laser induced fluorescence. Exp Fluids 20:1

Becker H, Monkhouse PB, Wolfrum J, Cant RS, Bray KNC, Maly R, Pfister W, Stahl G, Warnatz J (1991) Investigation of extinction in unsteady flames in turbulent combustion by 2D-LIF of OH radicals and flamelet analysis. Proc Comb Inst 23:817

Beebe KW, Cutrone MB, Matthews R, Dalla Betta RA, Schlatter JC, Furuse Y, Tsuchiya T (1995) Design and test of a catalytic combustor for a heavy duty industrial gas turbine. ASME paper no 95-GT-137

Behrendt F, Bockhorn H, Rogg B, Warnatz J (1987) Modelling of turbulent diffusion flames with detailed chemistry, in: Warnatz J, Jäger W (eds.) Complex chemical reaction systems: Mathematical modelling and simulation, Springer, Heidelberg, p. 376

Behrendt F, Deutschmann O, Maas U, Warnatz J (1995) Simulation and sensitivity analysis of the heterogeneous oxidation of methane on a platinum foil. J Vac Sci Technol A13:1373

Behrendt F, Deutschmann O, Schmidt R, Warnatz J (1996) Simulation and sensitivity analysis of the heterogeneous oxidation of methane on a platinum foil. In: Warren BK, Oyama ST (eds) Heterogeneous hydrocarbon oxidation, ACS symposium series 638, p 48

Bergner P, Eberius H, Just T, Pokorny H (1983) Untersuchung zur Kohlenwasserstoff-Emission eingeschlossener Flammen im Hinblick auf die motorische Verbrennung. VDI-Berichte 498:233

Bertagnolli KE, Lucht RP (1996) Temperature profile measurements in stagnation-flow diamond-forming flames using hydrogen CARS spectroscopy. Proc Comb Inst 26:1825

Bilger RW (1976) The structure of diffusion flames. Comb Sci Technol 13:155

Bilger RW (1980) Turbulent flows with nonpremixed reactants. In: Libby PA, Williams FA (Ed) Turbulent reactive flows. Springer, New York

Bird RB, Stewart WE, Lightfoot EN (1960) Transport phenomena. J. Wiley & Sons, New York

Bish ES, and Dahm WJA (1995) Strained dissipation and reaction layer analysis of nonequilibrium chemistry in turbulent reacting flows. Comb Flame 100:457

Bittner JD, Howard JB (1981) Pre-particle chemistry in soot formation. In: Siegla DC, Smith GW (eds) Particulate carbon formation during combustion. Plenum Press, New York

Bockhorn H (Ed) (1994) Soot formation in combustion. Springer, Berlin/Heidelberg

Bockhorn H, Schäfer T (1994) Growth of soot particles in premixed flames by surface reactions. In: Bockhorn H (ed), Soot formation in combustion. Springer, Berlin/Heidelberg

Bockhorn H, Fetting F, Wenz HW (1983) Investigation of the formation of high molecular hydrocarbons and soot in premixed hydrocarbon-oxygen flames. Ber Bunsenges Phys Chem 87:1067

Bockhorn H, Chevalier C, Warnatz J, Weyrauch V (1990) Bildung von promptem NO in Kohlenwasserstoff-Luft-Flammen. 6. TECFLAM-Seminar, TECFLAM, DLR Stuttgart

Bockhorn H, Chevalier C, Warnatz J, Weyrauch V (1991) Experimental Investigation and modeling of prompt NO formation in hydrocarbon flames. In: Santoro RJ, Felske JD (Ed) HTD-Vol 166, Heat transfer in fire and combustion systems, Book No G00629-1991

Boddington T, Gray P, Kordylewski W, Scott SK (1983) Thermal explosions with extensive reactant consumption: A new criterion for criticality. Proc R Soc London, Ser A, 390 (1798): 13

Bodenstein M, Lind SC (1906) Geschwindigkeit der Bildung des Bromwasserstoffs aus seinen Elementen. Z Phys Chem 57:168

Böhm H, Hesse D, Jander H, Lüers B, Pietscher J, Wagner HG, Weiss M (1989) The influence of pressure and temperature on soot formation in premixed flames. Proc Comb Inst 22:403

Böhm H, Jander H, Tanke D (1998) PAH growth and soot formation in the pyrolysis of acetylene and benzene at high temperatures and pressures. Proc Comb Inst 27:1605

Bond GC (1990) Heterogeneous catalysis: Principles and applications, 2nd ed. Oxford Press, Oxford

Borghi R (1984) In: Bruno C, Casci C (Ed) Recent advances in aeronautical science. Pergamon, London

Boudart M, Djega-Mariadassouo G (1984) Kinetics of heterogeneous catalytic reactions. Princeton University Press, Princeton

Bowman CT (1993) Control of combustion-generated nitrogen oxide emissions: Technology driven by regulation. Proc Comb Inst 24:859

Bradley D (1993) How fast can we burn? Proc Comb Inst 24:247

Braun M (1988) Differentialgleichungen und ihre Anwendungen. Springer, Berlin/Heidelberg/ New York/London/Paris/Tokyo, S 521

Braun J, Hauber T, Többen H, Zacke P, Chatterjee D, Deutschmann O, Warnatz J (2000) Influence of physical and chemical parameters on the conversion rate of a catalytic converter: A numerical simulation study. SAE Technical Paper Series 2000-01-0211

Bray KNC (1980) Turbulent flows with premixed reactants. In: Libby PA, Williams FA (Ed) Turbulent reacting flows. Springer, New York

Bray KNC, Libby PA (1976) Interaction effects in turbulent premixed flames. Phys Fluids 19: 1687

Bray KNC, Moss JB (1977) A unified statistical model of the premixed turbulent flame. Acta Astron 4:291

Brena de la Rosa A, Sankar SV, Wang G, Balchalo WD (1992) Particle diagnostics and turbulence measurements in a confined isothermal liquid spray. ASME paper no 92-GT-113

Brown GM, Kent JC (1985) In: Yang WC (Ed) Flow Visualization III. Hemisphere, London, S 118

Buch KA, Dahm WJA (1996) Fine scale structure of conserved scalar mixing in turbulent flows Part I: $Sc >> 1$. J Fluid Mech 317:21

Buch KA, Dahm WJA (1998) Fine scale structure of conserved scalar mixing in turbulent flows Part II: $Sc \approx 1$, J Fluid Mech 364:1

Burcat A (1984) In: Gardiner WC (Ed) Combustion chemistry. Springer, New York

Burke SP, Schumann TEW (1928) Ind Eng Chem 20:998

Candel S, Veynante D, Lacas F, Darabiha N (1994) Current progress and future trends in turbulent combustion. Combust Sci Technol 98:245

Chatterjee D, Deutschmann O, Warnatz J (2001) Detailed surface reaction mechanism in a 3-way catalyst. Faraday Discussions 119, in Druck

Chen JY, Kollmann W, Dibble RW (1989) PDF modeling of turbulent nonpremixed methane jet flames. Comb Sci Technol 64:315

Chevalier C, Louessard P, Müller UC, Warnatz J (1990a) A detailed low-temperature reaction mechanism of n-heptane auto-ignition. Proc. 2nd Int. Symp. on diagnostics and modeling of combustion in reciprocating Engines. The Japanese Society of Mechanical Engineers, Tokyo, S 93

Chevalier C, Warnatz J, Melenk H (1990b) Automatic generation of reaction mechanisms for description of oxidation of higher hydrocarbons. Ber Bunsenges Phys Chem 94:1362

Chiu HH, Kim HY, Croke EJ (1982) Internal group combustion of liquid droplets. Proc Comb Inst 19:971

Cho SY, Yetter RA, Dryer FL (1992) A computer model for one-dimensional mass and energy transport in and around chemically reacting particles, including complex gas-phase chemistry, multicomponent molecular diffusion, surface evaporation, and heterogeneous reaction. J Comp Phys 102:160

Christensen M, Johansson B, Ammneus P, Mauss F (1998) Supercharged homogeneous charge compression ignition. SAE paper 980787

Christmann K (1991) Introduction to surface physical chemistry. Springer, Berlin/Heidelberg

Chue RS, Lee JHS, Scarinci T, Papyrin A, Knystautas R (1993) Transition from fast deflagration to detonation under the influence of wall obstacles. In: Kuhl AL, Leyer JC, Borisov AA, Sirignano WA (Ed), Dynamic aspects of detonation and explosion phenomena. Progress in Astronautics and Aeronautics 153:270

Clift R, Grace JR, Weber ME (1978) Bubbles, drops, and particles. Academic Press, New York

Coltrin ME, Kee RJ, Rupley FM (1993) Surface Chemkin: A general formalism and software for analyzing heterogeneous chemical kinetics at a gas-surface interface. Intl J Chem Kin 23:1111

Correa SM (1992) A review of NO_x formation under gas-turbine combustion conditions. Comb Sci Technol 87:329

Curtiss CF, Hirschfelder JO (1959) Transport properties of multicomponent gas mixtures. J Chem Phys 17:550

Dahm WJA, Bish ES (1993) High resolution measurements of molecular transport and reaction processes in turbulent combustion. In: Takeno T (Ed), Turbulence and molecular processes in combustion, S 287. Elsevier, New York

Dahm WJA, Tryggvason G, Zhuang MM (1995) Integral method solution of time-dependent strained diffusion-reaction equations with multi-step kinetics, to appear in SIAM Journal of Applied Mathematics

Dalla Betta RA, Schlatter JC, Nickolas SG, Cutrone MB, Beebe KW, Furuse Y, Tsuchiya T (1996) Development of a catalytic combustor for a heavy duty utility gas turbine. ASME paper no 96-GT-485

D'Alessio A, Lorenzo A, Sarofim AF, Beretta F, Masi S, Venitozzi C (1975) Soot formation in methane-oxygen flames. Proc Comb Inst 15:1427

Damköhler G (1940) Z Elektrochem 46:601

D'Anna A, D'Alessio A, Minutulo P (1994) Spectroscopic and chemical characterization of soot inception processes in premixed laminar flames at atmospheric pressure. In: Bockhorn H (ed), Soot formation in combustion. Springer, Berlin/Heidelberg

D'Anna A, Violi A (1998) A kinetic model for the formation of aromatic hydrocarbons in premixed laminar flames. Proc Comb Inst 27:425

Dasch JC (1985) Decay of soot surface growth reactivity and its importance in total soot formation. Comb Flame 61:219

Dean AM, Hanson RK, Bowman CT (1990) High temperature shock tube study of reactions of CH and C-atoms with N_2. Proc Comb Inst 23:259

Delfau JL, Michaud P, Barassin A (1979) Formation of small and large positive ions in rich and in sooting low-pressure ethylene and acetylene premixed flames. Comb Sci Tech 20:165

Deuflhard P, Wulkow M (1989) Impact of Computing in Science and Engineering 1:269

Deutschmann O, Behrendt F, Warnatz J (1994) Modelling and Simulation of Heterogeneous Oxidation of Methane on a Platinum Foil. Catalysis Today 21:461

Deutschmann O, Schmidt R, Behrendt F, Warnatz J (1996) Numerical modelling of catalytic ignition. Proc Comb Inst 26:1747

Dibble RW, Masri AR, Bilger RW (1987) The spontaneous Raman scattering technique applied to non-premixed flames of methane. Comb Flame 67:189

Dimotakis PE, Miller PL (1990) Some consequences of the boundedness of scalar fluctuations. Phys Fluids A2:1919

Dinkelacker F, Buschmann A, Schäfer M, Wolfrum J (1993) Spatially resolved joint measurements of OH- and temperature fields in a large premixed turbulent flame. Proceedings of the Joint Meeting of the British and German Sections of the Combustion Institute, Queens College, Cambridge, S 295

Dixon-Lewis G, Fukutani S, Miller JA, Peters N, Warnatz J et al. (1985) Calculation of the structure and extinction limit of a methane-air counterflow diffusion flame in the forward stagnation region of a porous cylinder. Proc Comb Inst 20:1893

Dobbins AR, Subramaniasivam H (1994) Soot precursor particles in flames. In: Bockhorn H (ed) Soot formation in combustion. Springer, Berlin/Heidelberg

Dopazo C, O'Brien EE (1974) An approach to the description of a turbulent mixture. Acta Astron 1:1239

Dreier T, Lange B, Wolfrum J, Zahn M, Behrendt F, Warnatz J (1987) CARS measurements and computations of the structure of laminar stagnation-point methane-air counterflow diffusion flames. Proc Comb Inst 21:1729

Du DX, Axelbaum RL, Law CK (1989) Experiments on the sooting limits of aerodynamically-strained diffusion flames. Proc Comb Inst 22:387

Eberius H, Just T, Kelm S, Warnatz J, Nowak U (1987) Konversion von brennstoffgebundenem Stickstoff am Beispiel von dotierten Propan-Luft-Flammen. VDI-Berichte 645:626

Eckbreth AC (1988) Laser diagnostics for combustion temperature and species. In: Gupta AK and Lilley DG (Ed), Energy and engineering sciences Vol 6

Eckbreth AC (1996) Laser diagnostics for combustion temperature and species, 2nd edition. In: Sirignano WA (Ed), Combustion science and technology book series Vol 3, Gordon and Breach

Edgar B, Dibble RW (1996) Process for removal of oxides of nitrogen. U.S. Patent No 5 547 650

Edwards DH (1969) A survey of recent work on the structure of detonation waves, Proc Comb Inst 12:819

El-Gamal M, Warnatz J (1995) Soot formation in combustion processes. In: Der Arbeitsprozess des Verbrennungsmotors, S. 87. Technische Universität Graz

Esser C, Maas U, Warnatz J (1985) Chemistry of the combustion of higher hydrocarbons and its relation to engine knock. Proc. 1st Int. Symp. on diagnostics and modeling of combustion in reciprocating Engines. The Japanese Society of Mechanical Engineers, Tokyo, S 335

Faeth GM (1984) Evaporation and combustion of sprays. Prog Energy Combust Sci 9:1

Farrow RL, Mattern PL, Rahn LA (1982) Comparison between CARS and corrected thermocouple temperature measurements in a diffusion flame. Appl Opt 21:3119

Fenimore CP (1979) Studies of fuel-nitrogen in rich flame gases. Proc Comb Inst 17:661

Fenimore CP, Jones GW (1967) Oxidation of soot by hydroxyl radicals. J Phys Chem 71:593

Flower WL, Bowman CT (1986) Soot production in axisymmetric laminar diffusion flames at pressures one to ten atmospheres. Proc Comb Inst 21:1115

Forsythe GE, Wasow WR (1969) Finite-difference methods for partial differential equations. Wiley, New York

Frank-Kamenetskii DA (1955) Diffusion and heat exchange in chemical kinetics. Princeton University Press, Princeton

Frenklach M (1985) Chem. Eng. Sci. 40:1843

Frenklach M, Clary D (1983) Ind Eng Chem Fundam 22:433

Frenklach M, Warnatz J (1987) Detailed modeling of PAH profiles in a sooting low pressure acetylen flame. Comb Sci Technol 51:265

Frenklach M, Ebert LB (1988) Comment on the proposed role of spheroidal carbon clusters in soot formation. J Phys Chem 92:561

Frenklach M, Wang H (1991) Detailed modeling of soot particle nucleation and growth. Proc Comb Inst 23:1559

Frenklach M, Ramachandra MK, Matula MA (1984) Soot formation in shock-tube oxidation of hydrocarbons. Proc Comb Inst 20:871

Frenklach M, Clary DW, Gardiner jr WC, Stein SE (1985) Proc Comb Inst 20:887

Frenklach M, Clary DW, Yuan T, Gardiner jr WC, Stein SE (1986) Combust. Sci. Tech. 50:79

Fric TF (1993) Effects of fuel-air unpremixedness on NO_x emissions. J Propulsion Power 9:708

Friedlander SK (1977) Smoke, dust and haze. John Wiley and Sons, New York

Fristrom RM, Westenberg AA (1965) Flame structure. McGraw-Hill, New York

Fristrom RM (1995) Flame structure and processes. Oxford University Press, New York/Oxford

Fritz A, Pitchon V (1997) The current state of research on automotive lean NO_x catalysis. Applied Catalysis B: Environmental 13:1

Garo A, Prado G, Lahaye J (1990) Chemical aspects of soot particles oxidation in a laminar methane-air diffusion flame. Comb. Flame 79, 226 (1990)

Gaydon A, Wolfhard H (1979) Flames, their structure, radiation, and temperature. Chapman and Hall, London

Gehring M, Hoyermann K, Schacke H, Wolfrum J (1973) Direct studies of some elementary steps for the formation and destruction of nitric oxide in the H-N-O system. Proc Comb Inst 14:99

Geitlinger H, Streibel T, Suntz R, Bockhorn H (1998) Two-dimensional imaging of soot volume fractions, particle number densities and particle radii in laminar and turbulent diffusion flames. Proc Comb Inst 27:1613

Gill A, Warnatz J, Gutheil E (1994) Numerical investigation of the turbulent combustion in a direct-injection stratified-charge engine with emphasis on pollutant formation. Proc. COMODIA (1994), S 583. JSME, Yokohama

Glarborg P, Miller JA, Kee RJ (1986) Kinetic modeling and sensitivity analysis of nitrogen oxide formation in well-stirred reactors. Comb Flame 65:177

Gordon S, McBride BJ (1971) Computer program for calculation of complex chemical eqilibrium compositions, rocket performance, incident and reflected shocks and Chapman-Jouguet detonations. NASA SP-273

Görner K (1991) Technische Verbrennungssysteme. Springer Berlin/Heidelberg/New York

Goyal G, Warnatz J, Maas U (1990a) Numerical studies of hot spot ignition in H_2-O_2 and CH_4-air mixtures. Proc Comb Inst 23:1767

Goyal G, Maas U, Warnatz J (1990b) Simulation of the transition from deflagration to detonation. SAE 1990 Transactions, Journal of Fuels & Lubricants, Section 4, Vol 99, Society of Automotive Engineers, Inc, Warrendale, PA, S 1

Graham SC (1976) The collisional growth of soot particles at high temperatures. Proc Comb Inst 16:663

Graham SC, Homer JB, Rosenfeld JLJ (1975a) The formation and coagulation of soot aerosols. In: Kamimoto G (ed) Modern developments in shock-tube research: Proceedings of the tenth shock tube symposium, p 621

Graham SC, Homer JB, Rosenfeld JLJ (1975b) The formation and coagulation of soot aerosols generated by the pyrolysis of aromatic hydrocarbons. Proc Roy Soc A 344:259

Grimstead JH, Finkelstein ND, Lempert W, Miles R, Lavid M (1996) Frequency-modulated filtered Rayleigh scattering (FM-FRS): A new technique for real-time velocimetry. AIAA paper no 96-0302

Günther R (1987), 50 Jahre Wissenschaft und Technik der Verbrennung, BWK 39 Nr 9

Gutheil E, Sirignano WA (1998) Counterflow spray combustion modeling with detailed transport and detailed chemistry. Combustion and Flame 113:92

Gutheil E, Bockhorn H (1987) The effect of multi-dimensional PDF's in turbulent reactive flows at moderate Damköhler number. Physicochemical Hydrodynamics 9:525

Hall RJ, Eckbreth AC (1984) In: Erf RK (Ed) Laser applications Vol V. Academic Press, New York

Hanson RK (1986) Combustion Diagnostics: Planar Imaging Techniques. Proc Comb Inst 21:1677

Hanson RK, Seitzman JM, Paul P (1990) Planar laser-fluorescence imaging of combustion gases. Appl Phys B50:441

Härle H, Lehnert A, Metka U, Volpp HR, Willms L, Wolfrum J (1998) In-situ detection of chemisorbed CO on a polycristalline platinum foil using infrared-visible sum-frequency generation (SFG). Chem Phys Lett 293:26

Harris SJ, Weiner AM (1990) Surface growth and soot particle reactivity. Combust Sci Technol 72:67

Harris SJ, Weiner AM, Ashcraft CC (1986a) Soot particle inception kinetics in a premixed ethylene flame. Comb Flame 64:65

Harris SJ, Weiner AM, Blint RJ, Goldsmith JEM (1986b) A picture of soot particle inception. Proc Comb Inst 22:333

Harris SJ, Weiner AM, Blint RJ (1988) Formation of small aromatic molecules in a sooting ethylene flame. Comb Flame 72:91

Harville T, and Holve D (1997) Method for measuring particle size in presence of multiple scattering. U.S. Patent No 5 619 324

Haynes BS, Wagner HG (1981) Soot formation. Prog Energy Combust Sci 7:229

He LT, Lee JHS (1995) The dynamical limit of one-dimensional detonations. Phys Fluids 7:1151

Heard DE, Jeffries JB, Smith GP, Crosley DR (1992) LIF measurements in methane/air flames of radicals important in prompt-NO formation. Comb Flame 88:137

Heck RM, Farrauto RJ (1995) Catalytic air pollution control. Van Nostrand Reinhold, New York

Heywood JB (1988) Internal combustion engine fundamentals. McGraw-Hill, New York

Hinze J (1972) Turbulence, 2nd ed. McGraw-Hill, New York

Hirschfelder JO (1963) Some remarks on the theory of flame propagation. Proc Comb Inst 9:553

Hirschfelder JO, Curtiss CF (1949) Theory of propagation of flames. Part I: General equations. Proc Comb Inst 3:121

Hirschfelder JO, Curtiss CF, Bird RB (1964) Molecular theory of gases and liquids. Wiley, New York

Hobbs ML, Radulovic PT, Smoot LD (1993) Combustion and gasification of coals in fixed-beds. Progr Energy Comb Sci 19:505

Hodkinson JR (1963) Computational light scattering and extinction by spheres according to diffraction and geometrical optics and some comparison with Mie theory. J Opt Soc Amer 53:577

Holve DJ, Self SA (1979a) Optical particle sizing for in-situ measurement I. Appl. Opt. 18:1632

Holve DJ, Self SA (1979b) Optical particle sizing for in-situ measurement II. Appl. Opt. 18:1646

Homann, KH (1967) Carbon formation in premixed flames. Comb Flame 11:265

Homann KH (1975) Reaktionskinetik. Steinkopff, Darmstadt

Homann KH (1984) Formation of large molecules, particulates, and ions in premixed hydrocarbon flames; progress and unresolved questions. Proc Comb Inst 20:857

Homann K, Solomon WC, Warnatz J, Wagner HGg, Zetzsch C (1970) Eine Methode zur Erzeugung von Fluoratomen in inerter Atmosphäre. Ber Bunsenges Phys Chem 74:585

Hottel HC, Hawthorne WR (1949) Diffusion in laminar flame jets. Proc Comb Inst 3:254

Howard JB, Wersborg BL, Williams GC (1973) Coagulation of carbon particles in premixed flames. Faraday Symp Chem Soc 7:109

Hsu DSY, Hoffbauer MA, Lin MC (1987) Surface Sci. 184:25

Hurst BE (1984) Report 84-42-1, Exxon Research

Ishiguro T, Takatori Y, Akihama K (1997) Microstructure of Diesel soot particles probed by electron microscopy: First observation of inner core and outer shell. Comb Flame 108:231

Jander H (1995) private communication. Universität Göttingen

John F (1981) Partial differential equations. In: Applied mathematical sciences Vol 1. Springer, New York Heidelberg Berlin, S 4

Johnston HS (1992) Atmospheric ozone. Annu Rev Phys Chem 43:1

Jones WP, Whitelaw JH (1985) Modelling and measurement in turbulent combustion. Proc Comb Inst 20:233

Jost W (1939) Explosions- und Verbrennungsvorgänge in Gasen. Julius Springer, Berlin

Kauzmann W (1966) Kinetic theory of gases. Benjamin/Cummings, London

Kee RJ, Rupley FM, Miller JA (1987) The CHEMKIN thermodynamic data base. SANDIA Report SAND87-8215, Sandia National Laboratories, Livermore CA

Kee RJ, Rupley FM, Miller JA (1989a) CHEMKIN-II: A Fortran chemical kinetics package for the analysis of gas-phase chemical kinetics. Sandia National Laboratories Report SAND89-8009

Kee RJ, Miller JA, Evans GH, Dixon-Lewis G (1989b) A computational model of the structure and extinction of strained opposed-flow premixed methane-air flames. Proc Comb Inst 22:1479

Kellerer H, Müller A, Bauer HJ, Wittig S (1996) Soot formation in a shock tube under elevated pressure conditions. Combust Sci Technol 113:67

Kent JH, Bilger RW (1976) The prediction of turbulent diffusion flame fields and nitric oxide formation. Proc Comb Inst 16:1643

Kerstein AR (1992) Linear-eddy modelling of turbulent transport 7. Finite-rate chemistry and multistream mixing. J Fluid Mech 240:289

Kissel-Osterrieder R, Behrendt F, Warnatz J (1998) Detailed modeling of the oxidation of CO on platinum: A Monte-Carlo model. Proc Comb Inst 27:2267

Kissel-Osterrieder R, Behrendt F, Warnatz J (2000) Dynamic Monte-Carlo Simulations of Catalytic Surface Reactions. Proc Comb Inst 28, in press

Klaus P, Warnatz J (1995) A contribution towards a complete mechanism for the formation of NO in flames. Joint meeting of the French and German Sections of the Combustion Institute, Mulhouse

Kolb T, Jansohn P, Leuckel W (1988) Reduction of NO_x emission in turbulent combustion by fuel-staging / effects of mixing and stoichiometry in the reduction Zone. Proc Comb Inst 22:1193

Kolmogorov AN (1942) Izw Akad Nauk SSSR Ser Phys 6:56

Kompa K, Sick V, Wolfrum J (1993) Laser diagnostics for industrial processes. Ber Bunsenges Phys Chem 97:1503

Kordylewski W, Wach J (1982) Criticality for thermal ignition with reactant consumption. Comb Flame 45:219

Köylü ÜÖ, Faeth GM (1992) Structure of overfire soot in buoyant turbulent diffusion flames at long residence times. Comb Flame 89:140

Köylü ÜÖ, Faeth GM, Farias TL, Carvalho MG (1995) Fractal and projected structure properties of soot aggregates. Comb Flame 100:621

Kramer MA, Kee RJ, Rabitz H (1982) CHEMSEN: A computer code for sensitivity analysis of elementary reaction models. SANDIA Report SAND82-8230, Sandia National Laboratories, Livermore CA

Lam SH, Goussis DA (1989) Understanding complex chemical kinetics with computational singular perturbation. Proc Comb Inst 22:931

Lange M, Riedel U, Warnatz J (1998) Parallel DNS of turbulent flames with detailed reaction schemes. AIAA paper no 98-2979

Launder BE, Spalding DB (1972) Mathematical models of turbulence. Academic Press, London/New York

Lauterbach J, Asakura K, Rotermund HH (1995) Subsurface oxygen on Pt(100): kinetics of the transition from chemisorbed to subsurface state and its reaction with CO, H_2, and O_2. Surf Sci 313:52

Law CK (1989) Dynamics of stretched flames. Proc Comb Inst 22:1381

Lee JC, Yetter RA, Dryer FL (1995) Comb. Flame 101:387

Libby PA, Williams FA (1980) Fundamental aspects of turbulent reacting flows. In: Libby PA, Williams FA (Ed) Turbulent reacting flows. Springer, New York

Libby PA, Williams FA (1994) Turbulent reacting flows. Academic Press, New York

Lieuwen T, Zinn BT (1998) The role of equivalence ration oscillations in driving combustion instabilities in low NO_x gas turbines. Proc Comb Inst 27:1809

Liew SK, Bray KNC, Moss JB (1984) A stretched laminar flamelet model of turbulent non-premixed combustion. Comb Flame 56:199

Liñán A, Williams FA (1993) Fundamental aspects of combustion. Oxford University Press, Oxford

Lindemann FA (1922) Trans Farad Soc 17:599

Liu Y, Lenze B (1988) The Influence of turbulence on the burning velocity of premixed CH_4-H_2 flames with different laminar burning velocities. Proc Comb Inst 22:747

Ljungström S, Kasemo B, Rosen A, Wahnström T, Fridell E (1989) Surface Sci. 216:63

Lobert JM, Warnatz J (1993) Emissions from the Combustion Process in Vegetation, in: Crutzen PJ, Goldammer JG (Ed), Fire in the environment: The ecological, atmospheric, and climatic importance of vegetation fires (Dahlem Konferenzen ES 13), S 15. John Wiley & Sons, Chicester

Löffler L, Löffler P, Weilmünster P, Homann K-H (1994) Growth of large ionic polycyclic aromatic hydrocarbons in sooting flames. In: Bockhorn H (ed), Soot formation in combustion. Springer, Berlin/Heidelberg

Long MB, Levin PS, Fourguette DC (1985) Simultaneous two-dimensional mapping of species concentration and temperature in tubulent flames. Opt Lett 10:267

Long MB, Smooke MD, Xu Y, Zurn RM, Lin P, Frank JH (1993) Computational and experimental study of OH and CH radicals in axisymmetric laminar diffusion flames. Proc Comb Inst 24:813

Lovell W (1948) Knocking characteristics of hydrocarbons. Ind Eng Chem 40:2388

Lovett JA, Abuaf N (1992) Emissions and stability characteristics of flameholders for lean-premixed combustion. Proc. International Gas Turbine and Aeroengine Congress, JASME 92-GT-120

Lozano A, Yip B, Hanson RK (1992) Acetone: a tracer for concentration measurements in gaseous flows by planar laser-induced fluorescence. Exp. Fluids 13:369

Lutz AE, Kee RJ, Miller JA (1987) A Fortran program to predict homogeneous gas-phase chemical kinetics including sensitivity analysis. SANDIA Report SAND87-8248, Sandia National Laboratories, Livermore CA

Lutz AE, Kee RJ, Miller JA, Dwyer HA, Oppenheim AK (1989) Dynamic effects of autoignition centers for hydrogen and $C_{1,2}$-hydrocarbon fuels. Proc Comb Inst 22:1683

Lyon RK (1974) U.S. Patent No 3 900 544

Maas U (1990) private communication

Maas U (1998) Efficient Calculation of Intrinsic Low-Dimensional Manifolds for the Simplification of Chemical Kinetics. Comp Vis Sci 1: 69-82

Maas U, Pope SB (1992) Simplifying chemical kinetics: Intrinsic low-dimensional manifolds in composition space. Comb Flame 88:239

Maas U, Pope SB (1993) Implementation of simplified chemical kinetics based on intrinsic low-dimensional manifolds. Proc Comb Inst 24:103

Maas U, Pope SB (1994) Laminar Flame Calculations Using Simplified Chemical Kinetics Based on Intrinsic Low-Dimensional Manifolds. Proc Comb Inst 25: 1349-1356

Maas U, Warnatz J (1988) Ignition processes in hydrogen-oxygen mixtures. Comb Flame 74:53

Maas U, Warnatz J (1989) Solution of the 2D Navier-Stokes equation using detailed chemistry. Impact of Computing in Science and Engineering 1:394

Mach JJ, Varghese PL (1998) Velocity measurements using filtered Rayleigh scattering of near-IR diode lasers. AIAA paper no 98-0510

Magre P, Dibble RW (1988) Finite chemical kinetic effects in a subsonic turbulent hydrogen flame. Comb Flame 73:195

Malte PC, Pratt DT (1974) Measurement of atomic oxygen and nitrogen oxides in jet-stirred combustion. Proc Comb Inst 15:1061

Marsal (1976) Die numerische Lösung partieller Differentialgleichungen in Wissenschaft und Technik. Bibliographisches Institut Mannheim/Wien/Zürich

Masri AR, Bilger RW, Dibble RW (1988) Turbulent nonpremixed flames of methane near extinction: probability density functions. Comb Flame 73:261

Mathur S, Tondon PK, Saxena SC (1967) Heat conductivity in ternary gas mixtures. Mol Phys 12:569

Mauss F, Schäfer T, Bockhorn H (1994a) Inception and growth of soot particles in dependence on the surrounding gas phase. Comb Flame 99:697

Mauss F, Trilken B, Breitbach H, Peters N (1994b) Soot formation in partially premixed diffusion flames at atmospheric pressure. In: Bockhorn H (ed) Soot formation in combustion. Springer, Berlin/Heidelberg

McKinnon JT (1989) Chemical and physical mechanisms of soot formation. Ph.D. Dissertation, MIT, Cambridge (Massachusetts)

McMillin BK, Palmer JL, Hanson RK (1993) Temporally resolved two-line fluorescence imaging of NO temperature in a transverse jet in a supersonic cross flow. Appl Optics 32:7532

McMurtry PA, Menon S, Kerstein AR (1992) A linear eddy sub-grid model for turbulent reacting flows: application to hydrogen-air combustion. Proc Comb Inst 24:271

Miller JH (1990) The kinetics of polynuclear aromatic hydrocarbon agglomeration in flames. Proc Comb Inst 23:91

Miller JA (1996) Theora and modeling in combustion chemistry. Proc Comb Inst 26:461

Miller JA, Melius CF (1991) 202nd ACS National Meeting, New York, S 1440

Mittelbach G, Voje H (1986) Anwendung des SNCR-Verfahrens hinter einer Zyklonfeuerung. In: NO_x-Bildung und NO_x-Minderung bei Dampferzeugern für fossile Brennstoffe. VGB-Handbuch

Mongia RM, Tomita E, Hsu FK, Talbot L, Dibble RW (1996) Use of an optical probe for time-resolved in situ measurement of local air-to-fuel ratio and extent of fuel mixing with application to low NOx emissions in premixed gas turbines. Proc Comb Inst 26:2749

Mongia R, Dibble RW, Lovett J (1998) Measurements of air-fuel ratio fluctuations caused by combustor driven oscillations. ASM paper no 98-GT-304

Morley C (1987) A fundamentally based correlation between alkane structure and octane number. Comb Sci Technol 55:115

Moss JB (1979) Simultaneous measurements of concentration and velocity in an open premixed turbulent flame. Comb Sci Technol 22:115

Moss JB (1994) Modeling soot formation for turbulent flame prediction. In: Bockhorn H (ed) Soot formation in combustion. Springer, Berlin/Heidelberg

Moss JB, Stewart CD, Young KJ (1995) Modeling soot formation and burnout in a high temperature laminar diffusion flame burning under oxygen-enriched conditions. Comb Flame 101:491

Mungal MG, Lourenco LM, and Krothapalli A (1995) Instantaneous velocity measurements in laminar and turbulent premixed flames using on-line PIV. Comb. Sci. Tech 106:239

Nau M, Wölfert A, Maas U, Warnatz J (1996) Application of a combined pdf/finite-volume scheme on turbulent methane diffusion flames. 8th International Symposium on Transport Pheneomena in Combustion, S 986

Nehse M, Warnatz J, Chevalier C (1996) Kinetic modelling of the oxidation of large aliphatic hydrocarbons. Proc Comb Inst 26:773

Neoh KG, Howard JB, Sarofim AF (1974) Effect of oxidation on the physical structure of soot. Proc Comb Inst 20:951

Nguyen QV, Edgar BL, Dibble RW (1993) Experimental and numerical comparison of extractive and in-situ laser measurements of non-equilibrium carbon monoxide in lean-premixed natural gas combustion. Comb Flame 100:395

Nowak U, Warnatz J (1988) Sensitivity analysis in aliphatic hydrocarbon combustion. In: Kuhl AL, Bowen JR, Leyer J-C, Borisov A (Ed) Dynamics of reactive systems, Part I. AIAA, New York, S 87

NO_x-Symposium Karlsruhe, Proceedings (1985). Rentz O, Ißle F, Weibel M (Hrsg). VDI, Düsseldorf

Onsager L (1931) Phys Rev 37:405, 38:2265

Oppenheim AK, Manson N, Wagner HGg (1963) AIAA J 1:2243

Oran ES, Boris JP (1993) Computing turbulent shear flows – a convenient conspiracy. Computers in Physics 7:523

Palmer HB, Cullis CF (1965) The formation of carbon from gases. In: Walker PL (ed), Chemistry and physics of carbon Vol 1, p 265. Marcel Dekker, New York.

Paul P, Warnatz J (1998) A re-evaluation of the means used to calculate transport properties of reacting flows. Proc Comb Inst 27:495

Paul P, van Cruyningen I, Hanson RK, Kychakoff G (1990) High resolution digital flow-field imaging of jets. Exp Fluids 9:241

Penner SS, Bernard JM, Jerskey T (1976a) Laser scattering from moving polydisperse particles in flames I: Theory. Acta Astr. 3:69

Penner SS, Bernard JM, Jerskey T (1976b) Laser scattering from moving polydisperse particles in flames II Preliminary experiments. Acta Astr. 3:93

Perrin M, Namazian N, Kelly J, Schefer RW (1995) Effect of confinement and blockage ratio on nonpremixed turbulent bluff-body burner flames. Poster, 23rd Symposium (International) on Combustion, Orleans

Peters N (1987) Laminar flamelet concepts in turbulent combustion. Proc Comb Inst 21:1231

Peters N, Warnatz J (Ed) (1982) Numerical methods in laminar flame propagation. Vieweg-Verlag, Wiesbaden

Pfefferle LD, Bermudez G, Byle J (1994) Benzene and higher hydrocarbon formation during allene pyrolysis. In: Bockhorn H (ed), Soot formation in combustion. Springer, Berlin/Heidelberg

Pitz WJ, Warnatz J, Westbrook CK(1989) Simulation of auto-ignition over a large temperature Range. Proc Comb Inst 22:893

Poinsot T, Veynante D, Candel S (1991) Diagrams of premixed turbulent combustion based on direct numerical simulation. Proc Comb Inst 23:613

Pope SB (1986) PDF methods for turbulent reactive flows. Prog Energy Combust Sci 11:119

Pope SB (1991) Computations of Turbulent Combustion: Progress and Challenges. Proc Comb Inst 23:591

Prandtl L (1925) Über die ausgebildete Turbulenz. Zeitschrift für Angewandte Mathematik und Mechanik 5:136

Prandtl L (1945) Über ein neues Formelsystem der ausgebildeten Turbulenz. Nachrichten der Gesellschaft der Wissenschaften Göttingen, Mathematisch-Physikalische Klasse, S 6

Raffel B, Warnatz J, Wolfrum J (1985) Experimental study of laser-induced thermal ignition in O_2/O_3 mixtures. Appl Phys B 37:189

Raja LL, Kee RJ, Deutschmann O,Warnatz J, Schmidt LD (2000) A critical evaluation of Navier-Stokes, boundary-layer, and plug-flow models of the flow and chemistry in a catalytic-combustion monolith. Catalysis Today 59:47

Razdan MK, Stevens JG (1985) CO/air turbulent diffusion flame: Measurements and modeling. Comb Flame 59:289

Reh CT (1991) Höhermolekulare Kohlenwasserstoffe in brennstoffreichen Kohlenwasserstoff/Sauerstoff-Flammen. Dissertation, TH Darmstadt

Reynolds WC (1986) The element potential method for chemical equilibrium analysis: implementation in the interactive program STANJAN version 3. Dept. of Engineering, Stanford University

Reynolds WC (1989) The potential and limitations of direct and large eddy simulation. In: Whither turbulence? Turbulence at crossroads. Lecture notes in physics, Springer, New York, S 313

Rhodes RP (1979) In: Murthy SNB (Ed) Turbulent mixing in non-reactive and reactive flows, Plenum Press, New York, S 235

Riedel U, Schmidt R, Warnatz J (1992) Different levels of air dissociation chemistry and Its coupling with flow models. In: Bertin JJ, Periaux J, Ballmann J (Ed), Advances in Hypersonics - Vol. 2: Modeling Hypersonic Flows. Birkhäuser, Boston

Riedel U, Schmidt D, Maas U, Warnatz J (1994) Laminar flame calculations based on automatically simplified chemical kinetics. Proc. Eurotherm Seminar #35, Compact Fired Heating Systems, Leuven, Belgium

Roberts WL, Driscoll JF, Drake MC, Goss LP (1993) Images of the quenching of a flame by a vortex – To quantify regimes of turbulent combustion. Comb Flame 94:58

Robinson PJ, Holbrook KA (1972) Unimolecular reactions. Wiley-Interscience, New York

Rogg B, Behrendt F, Warnatz J (1987) Turbulent non-premixed combustion in partially premixed diffusion flamelets with detailed chemistry. Proc Comb Inst 21:1533

Roshko A (1975) Progress and Problems in Turbulent Shear Flows. In: Murthy SNB (Ed) Turbulent Mixing in Nonreactive and Reactive Flow, Plenum, New York

Rosner DE (2000) Transport processes in chemically reacting flow systems. Dover Publication, Mineola NY

Rosten H, Spalding B (1987) PHOENICS: Beginners guide; user manual; photon user guide. Concentration Heat and Momentum LTD, London

Roth P, von Gersum S (1993) High temperature oxidation of soot particles by O, OH, and NO. In: Takeno T (ed), Turbulence and molecular processes in combustion, Elsevier, London, p 149.

Roth P, Brandt O, von Gersum S (1990), High temperature oxidation of suspended soot particles verified by CO and CO_2 measurements. Proc Comb Inst 23:1485

Rumminger MD, Dibble RW, Heberle NH, Crosley DR (1996) Gas temperature above a porous radient burner: Comparison of measurements and model predictions. Proc Comb Inst 26:1755

Santoro RJ, Yeh TT, Horvath JJSemerjian HH (1987) The transport and growth of soot particles in laminar diffusion flames. Comb Sci Technol 53:89

Schlatter JC, Dalla Betta RA, Nickolas SG, Cutrone MB, Beebe KW, Tsuchiya T (1997) Single digit emissions in a full scale catalytic combustor. ASME paper no 97-GT-57

Schmidt D (1996) Modellierung reaktiver Strömungen unter Verwendung automatisch reduzierter Reaktionsmechanismen, PhD Thesis, Universität Heidelberg

Schwanebeck W, Warnatz J (1972) Reaktionen des Butadiins I: Die Reaktion mit Wasserstoffatomen. Ber Bunsenges Phys Chem 79:530

Semenov NN (1928) Z Phys Chem 48:571

Semenov NN (1935) Chemical Kinetics and Chain Reactions. Oxford University Press, London

Seinfeld JH (1986) Atmospheric chemistry and physics of air pollution. John Wiley and Sons, New York

Seitzman JM, Kychakoff G, Hanson RK (1985) Instantaneous temperature field measurements using planar laser-induced fluorescence. Opt Lett 10:439

Sherman FS (1990) Viscous Flow. McGraw-Hill, New York

Shirley JA, Winter MA (1993) Air mass flux measurement system using Doppler-shifted filtered Rayleigh scattering. AIAA paper no 93-0513

Shvab VA (1948) Gos Energ izd Moscow-Leningrad

Sick V, Arnold A, Dießel E, Dreier T, Ketterle W, Lange B, Wolfrum J, Thiele KU, Behrendt F, Warnatz J (1991) Two-dimensional laser diagnostics and modeling of counterflow diffusion flames. Proc Comb Inst 23:495

Sirignano WA (1984) Fuel droplet vaporization and spray combustion theory. Prog Energy Combust Sci 9:291

Sirignano WA (1992) Fluid dynamics of sprays – 1992 Freeman scholar lecture. J Fluids Engin 115:345

Smith JR, Green RM, Westbrook CK, Pitz WJ (1984) An experimental and modeling study of engine knock. Proc Comb Inst 20:91

Smith DA, Frey SF, Stansel DM, Razdan MK (1997) Low emission combustion system for the Allison ATS engine. ASME paper no 97-GT-292

Smoluchowski MV (1917) Versuch einer mathematischen Theorie der Koagulationskinetik kolloider Loesungen. Z. Phys. Chem. 92, 129

Smooke MD (Ed) (1991) Reduced kinetic mechanisms and asymptotic approximations for methane-air flames. Lecture notes in physics 384, Springer, New York

Smooke MD, Mitchell RE, Keyes DE (1989) Numerical solution of two-dimensional axisymmetric laminar diffusion flames. Comb Sci Technol 67:85

Smoot LD (1993) Fundamentals of coal combustion. Elsevier, Amsterdam/Oxford/New York

Solomon PR, Hamblen DG Carangelo RM, Serio MA, Deshpande, GV (1987) A general model of coal devolatilization. ACS paper 58/ WP No 26

Spalding DB (1970) Mixing and chemical reaction in steady confined turbulent flames. Proc Comb Inst 13:649

Speight JG (1994) The chemistry and technology of coal. Marcel Dekker, Amsterdam/New York

Stahl G, Warnatz J (1991) Numerical investigation of strained premixed CH_4-air flames up to high pressures. Comb Flame 85:285

Stapf P, Maas U, Warnatz J (1991) Detaillierte mathematische Modellierung der Tröpfchenverbrennung. 7. TECFLAM-Seminar „Partikel in Verbrennungsvorgängen", Karlsruhe, S 125. DLR Stuttgart

Stapf P, Maly R, Dwyer HA, Warnatz J (1994) A Numerical Study of Heating, Mixture Formation, and Detailed Combustion Around a Fuel Droplet Under Engine-Like Conditions. Proc. COMODIA, S 343. JSME, Yokohama

Stefan J (1874) Sitzungsberichte Akad. Wiss. Wien II 68:325

Stein SE, Walker JA, Suryan MM, Fahr A (1991) A new path to benzene in flames. Proc Comb Inst 23:85

Strehlow RA (1985) Combustion fundamentals. McGraw-Hill, New York

Stull DR, Prophet H (Ed) (1971) JANAF thermochemical tables. U.S. Department of Commerce, Washington DC, and addenda

Subramanian VS, Buermann DH, Ibrahim KM, Bachalo WD (1995) Application of an integrated phase Doppler interferometer/rainbow thermometer7point-diffraction interferometer for characterizing burning droplets. Proc Comb Inst 23:495

Tait NP, Greenhalgh DA (1992) 2D laser induced fluorescence imaging of parent fuel fraction in nonpremixed combustion. Proc Comb Inst 24:1621

Takagi Y (1998) A new era in spark ignition engines featuring high pressure direct injection. Proc Comb Inst 27:2055

Takeno T (1995) Transition and structure of jet diffusion flames. Proc Comb Inst 25:1061

Takeno T, Nishioka M, Yamashita H (1993) Prediction of NO_x emission index of turbulent diffusion flames, in: Takeno T (Ed), Turbulence and molecular processes in combustion, S 375. Elsevier, Amsterdam/London

Tien CL, Lienhard JH (1971) Statistical Thermodynamics. Holt, Rinehart, and Winston, New York

Thiele M, Warnatz J, Maas U (2000) Geometrical Study of Spark Ignition in Two Dimensions. Comb. Theory and Modelling 4:413

Thorne AP (1988) Spectrophysics, 2nd ed, Chapman and Hall, London/New York

Thring RH (1989) Homogeneous charge compression ignition (HCCI) engines. SAE paper 892068

Tsuji H, Yamaoka I (1967) The counterflow diffusion flame in the forward stagnation region of a porous cylinder. Proc Comb Inst 11:979

Tsuji H, Yamaoka I (1971) Structure analysis of counterflow diffusion flames in the forward stagnation region of a porous cylinder. Proc Comb Inst 13:723

Turns SR (1996) An introduction to combustion. McGraw-Hill, New York

Vagelopoulos CM and Egolfopoulos FN (1998) Direct experimental determination of laminar flame speeds. Proc Comb Inst 27:513

Vandsburger U, Kennedy I, Glassman I (1984) Sooting Counterflow Diffusion Flames with Varying Oxygen Index. Comb Sci Technol 39:263

von Gersum S, Roth P (1992) Soot oxidation in high temperature N_2O/Ar and NO/Ar mixtures. Proc Comb Inst 24:999

von Karman Th (1930) Mechanische Ähnlichkeit und Turbulenz. Nachrichten der Gesellschaft der Wissenschaften Göttingen, Mathematisch-Physikalische Klasse, S 58

Wagner HGg (1979) Soot formation in combustion. Proc Comb Inst 17:3

Wagner HG (1981) Mass growth of soot. In: Siegla DC, Smith GW (eds), Particulate carbon formation during combustion. Plenum Press, New York

Waldmann L (1947) Der Diffusionsthermoeffekt II. Z Physik 124:175

Warnatz J (1978a) Calculation of the structure of laminar flat flames I: Flame velocity of freely propagating ozone decomposition flames. Ber Bunsenges Phys Chem 82:193

Warnatz J (1978b) Calculation of the structure of laminar flat flames II: Flame velocity of freely propagating hydrogen-air and hydrogen-oxygen flames. Ber Bunsenges Phys Chem 82:643

Warnatz J (1979) The structure of freely propagating and burner-stabilized flames in the H_2-CO-O_2 system. Ber Bunsenges Phys Chem 83:950

Warnatz J (1981a) The structure of laminar alkane-, alkene-, and acetylene flames. Proc Comb Inst 18:369

Warnatz J (1981b) Concentration-, pressure-, and temperature dependence of the flame velocity in the hydrogen-oxygen-nitrogen mixtures. Comb Sci Technol 26:203

Warnatz J (1981c) Chemistry of stationary and instationary combustion processes. In: Ebert KH, Deuflhard P, Jäger W (Ed) Modelling of chemical reaction systems, Springer, Heidelberg, S 162

Warnatz J (1982) Influence of transport models and boundary conditions on flame structure. In: Peters N, Warnatz J (Ed), Numerical methods in laminar flame propagation, Vieweg, Wiesbaden

Warnatz J (1983) The mechanism of high temperature combustion of propane and butane. Comb Sci Technol 34:177

Warnatz J (1984) Critical survey of elementary reaction rate coefficients in the C/H/O system. In: Gardiner WC jr. (Ed) Combustion chemistry. Springer-Verlag, New York

Warnatz J (1987) Production and homogeneous selective reduction of NO in combustion processes. In: Zellner R (Ed) Formation, distribution, and chemical transformation of air pollutants. DECHEMA, Frankfurt, S 21

Warnatz J (1988) Detailed studies of combustion chemistry. Proceedings of the contractors' meeting on EC combustion research, EC, Bruxelles, S 172

Warnatz J (1990) NO_x Formation in high-temperature processes. Eurogas '90, Tapir, Trondheim, S 303

Warnatz J (1991) Simulation of ignition processes. In: Larrouturou B (Ed) Recent advances in combustion modeling. World Scientific, Singapore, S 185

Warnatz J (1993) Resolution of gas phase and surface chemistry into elementary reactions. Proc Comb Inst 24:553

Warnatz J, Bockhorn H, Möser A, Wenz HW (1983) Experimental investigations and computational simulations of acetylene-oxygen flames from near stoichiometric to sooting conditions. Proc Comb Inst 19:197

Warnatz J, Allendorf MD, Kee RJ, Coltrin ME (1994) A model of hydrogen-oxygen combustion on flat-plate platinum catalytist. Combust. Flame 96:393

Weinberg FJ (1975) The first half-million years of combustion research and today's burning problems. Proc Comb Inst 15:1

Weinberg FJ (1986) Advanced combustion methods. Academic Press, London/Orlando

Wersborg BL, Howard JB, Williams GC (1973) Physical mechanisms in carbon formation in flames. Proc Comb Inst 14:929

Westblom U, Aldén M (1989) Simultaneous multiple species detection in a flame using laser-induced fluorescence. Appl Opt 28:2592

Westbrook CK, Dryer FL (1981) Chemical kinetics and modeling of combustion processes. Proc Comb Inst 18:749

Wieschnowsky U, Bockhorn H, Fetting F (1988) Some new observations concerning the mass growth of soot in premixed hydrocarbon-oxygen flames. Proc Comb Inst 22:343

Williams A (1990) Combustion of liquid fuel sprays. Butterworth & Co, London

Williams FA (1984) Combustion theory. Benjamin/Cummings, Menlo Park

Williams WR, Marks CM, Schmidt LD (1992) Steps in the reaction $H_2 + O_2 = H_2O$ on Pt: OH desorption at high temperature. J Chem Phys 96:5922

Wilke CR (1950) A viscosity equation for gas mixtures. J Chem Phys 18:517

Wolfrum J (1972) Bildung von Stickstoffoxiden bei der Verbrennung. Chemie-Ingenieur-Technik 44:656

Wolfrum J (1986) Einsatz von Excimer- und Farbstofflasern zur Analyse von Verbrennungsprozessen VDI Berichte 617:301

Wolfrum J (1992) Laser in der Reaktionstechnik-Analytik und Manipulation. Chem Ing-Tech 64, Nr 3:242

Wolfrum J (1998), Lasers in combustion – From basic theory to practical devices. Proc Comb Inst 27:1

Woods IT, Haynes BS (1994) Active sites in soot growth. In: Bockhorn H (ed) Soot formation in combustion. Springer, Berlin/Heidelberg

Xu J, Behrendt F, Warnatz J (1994) 2D-LIF Investigation of Early Stages of Flame Kernel Development after Spark Ignition. Proc. COMODIA, S 69. JSME, Yokohama

Yang JC, Avedisian CT (1988) The combustion of unsupported heptane/hexadecane mixture droplets at low gravity. Proc Comb Inst 22:2037

Zeldovich YB (1946) The oxidation of nitrogen in combustion and explosions. Acta Physicochim. USSR 21:577

Zeldovich YB (1949) Zhur Tekhn Fiz 19, 1199; English: NACA Tech Memo No 1296 (1950)

Zeldovich YB, Frank-Kamenetskii DA (1938) The theory of thermal propagation of flames. Zh Fiz Khim 12:100

Zhang QL, O'Brien SC, Heath JR, Liu Y, Curl RF, Kroto HW, Smalley RE (1986) Reactivity of large carbon clusters: Spheroidal carbon shells and their possible relevance to the formation and morphology of soot. J Phys Chem 90:525

20 Index

D

E

G

H

M

T

U

V

MIX
Papier aus verantwortungsvollen Quellen
Paper from responsible sources
FSC® C105338

If you have any concerns about our products,
you can contact us on
ProductSafety@springernature.com

In case Publisher is established outside the EU,
the EU authorized representative is:
Springer Nature Customer Service Center GmbH
Europaplatz 3, 69115 Heidelberg, Germany

Printed by Libri Plureos GmbH
in Hamburg, Germany